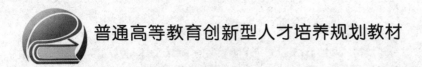

普通高等教育创新型人才培养规划教材

物联网技术及应用

邵　欣　刘继伟　曹鹏飞　编著

北京航空航天大学出版社

内 容 简 介

本书在阐述物联网概念及其分层架构的基础上,重点介绍了物联网的 RFID 技术、传感器技术、自动识别技术、ZigBee 网络技术、无线传感器网络技术、物联网支撑技术等物联网关键技术,深入探讨了物联网技术在智能物流、智能家居、智能交通等生产与生活领域中的应用。通过本书的学习,读者可以对物联网技术有较为系统和全面的了解与认识,为从事物联网相关工作奠定一定的基础。

本书可作为物联网、电气信息类、自动化类、工程类及相关专业本科及高职院校物联网技术教材或教学参考书;同时,本书也可以作为有一定相关基础并希望在物联网技术方面有所提高的工程技术及管理人员的参考读物。

图书在版编目(CIP)数据

物联网技术及应用 / 邵欣,刘继伟,曹鹏飞编著
. -- 北京 : 北京航空航天大学出版社,2018.5
ISBN 978 - 7 - 5124 - 2698 - 6

Ⅰ.①物… Ⅱ.①邵… ②刘… ③曹 Ⅲ.①互联网络-应用-高等学校-教材②智能技术-应用-高等学校-教材 Ⅳ.①TP393.4②TP18

中国版本图书馆 CIP 数据核字(2018)第 079871 号

物联网技术及应用
邵 欣 刘继伟 曹鹏飞 编著
责任编辑 蔡 喆 李丽嘉

*

北京航空航天大学出版社出版发行

北京市海淀区学院路 37 号(邮编 100191) http://www.buaapress.com.cn
发行部电话:(010)82317024 传真:(010)82328026
读者信箱:goodtextbook@126.com 邮购电话:(010)82316936
北京时代华都印刷有限公司印装 各地书店经销

*

开本:787×1 092 1/16 印张:19 字数:486 千字
2018 年 5 月第 1 版 2018 年 5 月第 1 次印刷 印数:3 000 册
ISBN 978 - 7 - 5124 - 2698 - 6 定价:49.00 元

前　言

物联网作为一个近些年形成并迅速发展的新概念,是感知、信息、控制、网络、云计算等多学科相互渗透与融合的发展结果,是一种将现有的、遍布各处的传感设备和网络设施联为一体的应用模式。物联网作为一个新生事物,被称为继计算机、互联网之后,信息产业的一次新浪潮,开发应用前景十分巨大。

从"智慧地球"的理念到"工业4.0""中国制造2025"概念的提出,全球一体化、工业自动化和信息化进程不断加深,物联网应用已经涉及生产的方方面面,渗透到人们的日常工作和生活当中。物联网是通过各种信息传感设备及系统、条码与二维码、全球定位系统(GPS),以各种接入网、互联网等传输信息载体进行信息交换,按约定的通信协议将物与物、人与物之间连接起来,从而实现智能化识别、定位、跟踪、监控和管理的一种信息网络。网络中的任何一个物体都可以寻址和控制,都能实现通信,这是物联网的显著特征。

物联网对新一代信息技术的应用具有非常重要的意义,美国、欧盟等国家和组织都将其作为重点战略领域之一,我国也已将物联网的发展提升至国家战略层面。作为带动中国经济结构转型的重要引擎之一,我国已经明确将物联网作为战略性新兴产业来培育发展,重点支持包括智能工业、智能农业、智能物流、智能交通、智能电网、智能环保、智能安防、智能医疗和智能家居等领域在内的各行业的发展。

本书紧紧围绕物联网中"感知、网络、应用"所涉及的三项技术架构的物联网知识体系,比较全面地介绍了物联网的概念、实现技术和典型应用。本书兼顾理论和实践,通过系统、清晰、生动的内容使读者掌握物联网技术的基本知识和技术,全面展示物联网涵盖的关键技术和强大功能,帮助读者建立从原理到应用、从概念到技术且软硬件兼顾的物联网知识体系。物联网涉及的新知识和新技术众多,本书在各种复杂技术中准确把握知识脉络,突出重点,为读者深入学习物联网技术搭建了一条有效途径。

本书第1章介绍物联网的概念。第2~4章按照物联网的数据流动和层次划分,分别介绍感知层、网络层、应用层等物联网的相关知识和技术,重点介绍自动识别、RFID、WSN技术、云计算、数据挖掘等技术。第5章介绍物联网安全技术。第6章介绍物联网在各行业中的应用。第7章使用物联网系统开发平台作为实验工具,在理论学习的基础上,帮助读者进一步了解和学习物联网开发的基本知识和技术。

本书由天津中德应用技术大学邵欣博士(副教授)、天津理工大学中环信息学院刘继伟(副教授)和天津中德应用技术大学曹鹏飞(高级工程师)共同编著,并受到天津市自然科学基金(基金号17JCYBJC16800)的资助和支持。本书第2章的第2.1~2.10节(约11万字)由天津中德应用技术大学邵欣负责编写,第3章的第3.3~3.9节(约11万字)由天津理工大学中环信息学院刘继伟负责编写,第4章的4.1节、第5章的5.1节和第6章的6.1节(约10.5万字)由天津中德应用技术大学曹鹏飞负责编写,第 6 章的 6.2～6.7 节(约 5.5 万字)由檀盼龙负责编写,第 2 章的 2.11 节、第 3 章的 3.1～3.2 节和第 6 章的 6.8～6.9 节(约 5.5 万字)由张莹负责编写,第 1 章(约 4 万字)由韩思奇负责编写。

　　本书引用了互联网上一些最新资讯内容,在此一并向原作者和刊发机构致谢,对于由于时间、疏忽等原因不能一一注明引用来源的深表歉意。同时,天津中德应用技术大学的王崇超、李梦月、马学彬和张灵旺四位同学在本书的资料整理、排版和校稿方面也做了许多工作。此外,由于作者能力有限,加之时间仓促,本书的欠缺之处,恳请读者批评指正。

编　者
2018 年 3 月

目　　录

1

第1章　物联网的概念和体系结构

物联网(Internet of Things，IOT)就是将所有物品通过自动识别、传感器等信息采集技术与互联网连接起来，实现物品的智能化管理。物联网是信息技术发展到一定阶段后出现的集成技术，被认为是继计算机、互联网和移动通信技术之后信息产业最新的革命性发展。这种集成技术具有高度的聚合性和提升性，涉及的领域比较广泛。

1.1　物联网概述

1.1.1　物联网定义

物联网的英文名是 Internet of Things(IOT)，也称为 Web of Things。1999 年，美国麻省理工学院建立了自动识别中心(Auto‐ID)，首次提出"物联网"的概念，即把所有物品通过射频识别等信息传感设备与互联网连接起来，实现智能化识别和管理。其设想是基于射频识别(RFID)、电子代码(EPC)等技术，在互联网的基础上，构造一个实现全球物品信息实时共享的实物互联网，即物联网。这一理念包含两方面含义：一方面强调物联网的核心和基础是互联网，它是在互联网基础上延伸和扩展的网络；另外一方面说明用户端延伸和扩展到了任何物体与物体之间，并进行信息交换和通信。

2010 年，时任总理温家宝在十一届全国人大三次会议上所作政府工作报告中对物联网做了如下定义：物联网是指通过信息传感设备，按照约定的协议，把任何物品与互联网连接起来，进行信息交换和通信，以实现智能化识别、定位、跟踪、监控和管理的一种网络。它是在互联网基础上延伸和扩展的网络。

另外，国际上一些组织机构也为物联网做出了相关的定义。

① 国际电信联盟(International Telecommunication Union，ITU)对物联网的定义是：物联网主要解决物品到物品(Thing to Thing，T2T)、人到物品(Human to Thing，H2T)、人到人(Human to Human，H2H)之间的互连。与传统互联网含义有所不同，H2T 是指人利用通用装置与物品之间的连接，H2H 是指人之间不依赖于个人计算机而进行的互连。传统互联网没有考虑的、对于任何物品连接的问题需要利用物联网才能获得解决。对于物联网里涉及的 M2M 的概念，其实质是人到人(Man to Man)、人到机器(Man to Machine)、机器到机器(Machine to Machine)的连接。换句话说，大部分机器与机器、人与机器的相互交互过程是为了实现人与人之间的信息交互。

② 欧盟对物联网的定义是：将现有的互联的计算机网络扩展到互联的物品网络。

对于物联网，虽然不同的组织进行了不同的定义，但是目前国内外还没有一个统一的共识，未形成标准定义。物联网技术的发展几乎涉及了信息技术的各个方面，被称为是信息产业的第三次革命性创新，是一种聚合性、系统性的创新应用与发展。物联网技术在本质上主要体现在三个方面：一是具有识别与通信特征，即加入物联网的"物"一定要具备自动识别、物物通信的功能;二是具有互联网特征,即需要联网的"物"一定要有能够实现互联互通的互联网络;三是智能化特征,即网络系统应该具有自动化、自我反馈与智能控制的特点。通过对物联网的本质分析可知,物联网是现代信息技术发展到一定阶段后,伴随着聚合性应用与技术提升而出现的一种综合应用技术,它将各种感知技术、现代网络技术和人工智能技术加以组合与集成,使人与物实现智慧对话,使构建的世界智慧化。

一般而言,物联网可以概括为:利用传感器、射频识别技术、全球定位系统等技术,实时采集各种需要监控、连接、互动的物体或过程的声、光、电、热、力学、化学、生物、位置等各种需要的信息,通过接入各种可靠的网络,实现物与物、人与物的广泛连接,从而实现对物品和过程的智能化感知、识别和管理。

因此,可以把物联网按照功能定义为是一种通过红外感应器、射频识别(RFID)、全球定位系统、激光扫描器等信息传感设备,把任何物体与互联网相连接,按约定的协议进行信息交换和通信,以实现对物体的智能化识别、定位、跟踪、监控和管理的网络。需要注意的地方是物联网中的"物"不是一般日常而言的物体,这里的"物"包含以下几部分内容:

① 具有数据收发器;

② 具有数据传输通路;

③ 具有操作系统;

④ 具有一定的计算和存储功能;

⑤ 具有专门的应用程序;

⑥ 遵循物联网的通信协议;

⑦ 在世界网络中有可被识别的唯一编号。

物联网的基本特征可以简要概括为全面感知、可靠传送和智能处理,关键是实现物与物以及人与物之间的信息交互和信息共享。

1.1.2　物联网的发展历程

物联网被视作为互联网的扩展应用,应用创新是其发展的核心,以用户体验为关键创新是物联网发展的灵魂。物联网的实践最早可以追溯到1990年施乐公司的网络可乐贩售机。

1999年,在美国召开的移动计算和网络国际会议提出了"传感网是下一个世纪人类面临的又一个发展机遇"。同年,MIT Auto-ID 中心的 Ashton 教授在研究 RFID 时最早提出物联网这个概念,提出了结合物品编码、RFID 和互联网技术的解决方案。当时基于互联网、RFID 技术、EPC 标准,在计算机互联网的基础上,利用射频识别技术、无线数据通信技术等,构造了一个实现全球物品信息实时共享的实物互联网"Internet of things"(简称物联网),

2003年,美国《技术评论》提出传感网络技术将是未来改变人们生活的十大技术之首。同年,中国物联网应用的热潮开始逐渐兴起。

2005年11月,国际电信联盟(ITU)发布了《ITU互联网报告2005:物联网》,报告指出,无所不在的"物联网"通信时代即将来临,世界上所有的物体,从牙刷到轮胎、从纸巾到房屋都可以通过 Internet 主动进行信息交换,射频识别技术、传感器技术、纳米技术、智能嵌入式技术将得到更加广泛的应用。物联网的定义和范围开始发生变化,不再仅仅指基于 RFID 技术的物联网,覆盖范围有了较大的拓展。

2008年以后,为了促进科技发展,寻找经济新的增长点,各国政府开始重视下一代技术规划,纷纷将关注的目光放在了物联网上。美国的 IBM 提出"智慧地球"的概念,即"互联网＋物联网＝智慧地球",以此作为经济振兴的战略。

同年 11 月,在北京大学举行的第二届中国移动政务研讨会"知识社会与创新 2.0"提出,移动技术、物联网技术的发展代表着新一代信息技术的形成,并带动了经济社会形态、创新形态的变革,推动了面向知识社会的以用户体验为核心的下一代创新(创新 2.0)形态的形成,创新与发展更加关注用户、注重以人为本。而创新 2.0 形态的形成又进一步推动了新一代信息技术的健康发展。

2009 年 1 月 28 日,IBM 首席执行官彭明盛首次提出"智慧地球"这一概念,建议新政府投资新一代的智慧型基础设施。当年,美国将新能源和物联网列为振兴经济的两大重点。

2009 年 2 月 24 日,2009 IBM 论坛上,IBM 大中华区首席执行官钱大群公布了名为"智慧的地球"的最新策略。IBM 认为,IT 产业下一阶段的任务是在各行各业中充分运用新一代 IT 技术,把感应器嵌入和装备到电网、公路、铁路、桥梁、隧道、建筑、供水系统、大坝、油气管道等各种物体中,并且普遍连接,形成物联网。在策略发布会上,IBM 还提出,如果在基础建设的执行中,加入"智慧"的理念,不仅能够在短期内有力地刺激经济、促进就业,而且能够在短时间内为中国打造一个成熟的智慧基础设施平台。IBM 希望"智慧的地球"策略能掀起"互联网"浪潮之后的又一次科技产业革命。

2009 年 8 月,时任总理温家宝在视察中科院无锡物联网产业研究所时,对物联网应用也提出了一些看法和要求。物联网被正式列为国家五大新兴战略性产业之一,并在政府工作报告中进行了介绍。从此,物联网在中国受到全社会极大的关注,并得到了迅速发展。

物联网技术涵盖范围广、发展速度快,涉及的领域与时俱进,已经超越了 1999 年 Ashton 教授和 2005 年 ITU 报告所指的范围。物联网技术自从引入中国,获得了飞速的发展。

物联网的发展,从一开始就和信息技术、计算机技术,特别是网络技术紧密相关。"计算模式每隔 15 年发生一次变革"是一个被称为"15 年周期定律"的观点。它最早由美国国际商用机器公司(IBM)前首席执行官路易斯·郭士纳提出,并被认为同戈登·摩尔(英特尔创始人之一)提出来的摩尔定律一样准确,因为它们都同样经受了历史的检验。摩尔定律的内容为:集成电路上可容纳的晶体管数目,每隔约 18 个月便会增加一倍,性能也将提升一倍。从历史上看,1965 年前后发生的变革以大型机为标志,1980 年前后的变革以个人计算机的普及为标志,而 1995 年前后则发生了互联网革命。而互联网革命一定程度上是由美国"信息高速公路"战略所催化。20 世纪 90 年代,美国克林顿政府计划用 20 年时间,耗资 2 000 亿～4 000 亿美元,建设美国国家信息基础结构,由此产生了巨大的社会和经济效益。每一次技术变革又导致企业、产业甚至国家间的竞争格局发生重大动荡和变化,新一代的技术变革已经出现在了物联网领域。

从 1999 年的概念提出至今,物联网经历了 10 余年历程,特别是近几年,其发展极其迅速。伴随着我国国家大发展战略的制定,物联网不再停留在单纯的概念、设想阶段,而是逐渐成为国家支持、社会关注、企业积极投入的重点发展领域。

1.1.3　物联网与 RFID、传感器网络和泛在网的关系

1. 传感器网络与 RFID 的关系

RFID 和传感器具有不同的技术特点,传感器可以监测感应到各种信息,但缺乏对物品的

标识能力,而 RFID 技术恰恰具有强大的标识物品能力。尽管 RFID 也经常被描述成一种基于标签并用于识别目标的传感器,但 RFID 读写器不能实时感应当前环境的改变,其读写范围受到读写器与标签之间距离的影响。在传感器网络应用中,较长的有效距离将拓展 RFID 技术的应用范围。因此,提高 RFID 系统的感应能力与覆盖能力是解决 RFID 应用问题的关键。传感器、传感器网络和 RFID 技术都是物联网技术的重要组成部分,它们彼此之间相互融合和系统集成将极大地推动物联网的应用,其应用前景势头良好。

2. 物联网与传感器网络的关系

传感器网络(Sensor Network)的概念最早由美国军方提出,起源于 1978 年美国国防部高级研究计划局(DARPA)资助的卡耐基梅隆大学研究的分布式传感器网络项目,当时此概念局限于由若干具有无线通信能力的传感器节点自组织构成网络。随着近年来互联网技术和多种接入网络以及智能计算技术的飞速发展,2008 年 2 月,ITU - T 发表了《泛在传感器网络(Ubiquitous Sensor Networks)》研究报告。在报告中,ITU - T 指出传感器网络已经向泛在传感器网络的方向发展,它是由智能传感器节点组成的网络,能够以"任何地点、任何时间、任何人、任何物"的形式被部署。该技术可以在广泛的领域中推动新的应用和服务,从安全保卫和环境监控到推动个人生产力和增强国家竞争力。传感器网络已被认为是物联网的重要组成部分,如果将智能传感器的范围扩展到 RFID 等其他数据采集技术,从技术构成和应用领域来看,泛在传感器网络等同于现在提到的物联网。

3. 物联网与泛在网络的关系

泛在网是指无所不在的网络,又称泛在网络。最早提出泛在网络战略的日本和韩国给出的定义是:无所不在的网络社会将是由智能网络、最先进的计算技术以及其他领先的数字技术基础设施武装而成的技术社会形态。根据这样的构想,泛在网络的基本特征包括"无所不在""无所不包""无所不能",帮助人类实现"5A"化通信,即在任何时间(anytime)、任何地点(anywhere)、任何服务(anyservice)、任何网络(anynetwork)和任何对象(anyobject)都能顺畅地通信。故相对于物联网技术的当前可实现性来说,泛在网属于未来信息网络技术发展的理想状态和长期愿景。

传感器网络、物联网、互联网和泛在网络之间的关系如图 1-1 所示。

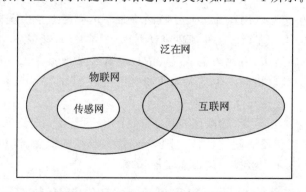

图 1-1 传感器网络、物联网、互联网和泛在网络之间的关系

未来泛在网、物联网、传感器网侧重点各不相同,传感器网络是物联网的组成部分,物联网是泛在网发展的物联阶段,通信网、互联网、物联网之间相互协同融合是泛在网发展的目标。

传感器网络最主要的特征是利用各种功能的传感器加上中低速的近距离无线通信技术搭建网络。

物联网解决的主要问题是广域或大范围的物与物、人与物之间信息交换需求的联网,其采用各种不同的技术把物理世界的各种传感器、智能物体接入网络。物联网通过接入延伸技术,实现末端网络(个域网、汽车网、家庭网络、社区网络、小物体网络)等的互联来实现人与物、物与物之间的通信,在这个网络中,物体、机器和环境都将被纳入人类感知的领域,利用传感器技术、智能技术,所有的物体将变得智能化。

虽然不同概念的起源不一样,侧重点也不一致,但是从发展的视角来看,未来的网络发展看重的是无处不在的网络基础设施的发展,以此真正帮助人类实现"5A"化通信。

1.1.4　物联网的基本特征

互联网的主要目的是构建一个全球性的计算机通信网络,而物联网则与互联网有着本质的区别。物联网主要是从应用出发,在传感器网络的基础上,利用互联网、无线通信网络资源进行业务信息的传送,是互联网、移动通信网应用的延伸,是综合了自动化控制、遥控遥测及信息应用技术的新一代信息系统。

物联网是在计算机互联网的基础上,利用感知技术、无线数据通信、智能计算等技术,构造的一个覆盖世界上万事万物的网络。在这个网络中,物品能够彼此进行"交流",而无须人的干预。其关键是利用能够让物品实现信息交流的 RFID 技术,通过计算机互联网实现物品的自动识别和信息的互联与共享。在物联网实施过程中,RFID 标签中存储着规范而具有互用性的信息,通过无线数据通信网络把它们自动采集到中央信息系统,实现物品的识别,进而通过开放性的计算机网络实现信息交换和共享,实现对物品的"透明"管理。因此,从嵌入式短距离的移动收发器到互联网,逐步发展到将更广泛的工具及日常用品接入互联网,促成了人与物、物与物之间互联的新通信形式的形成。

作为一种综合性信息系统,物联网还包括信息的感知、传输、处理决策、服务等多个方面。因此,物联网应该具备以下 3 个基本特征。

① 实时感知:即利用 RFID、传感器、二维码等随时随地获取物体的信息,具备在线实时、全面、精确定位感知的功能。数据采集方式众多,实现数据采集多点化、多维化、网络化。而且从感知层面来讲,不仅表现在对单一的现象或目标进行多方面的观察获得综合的感知数据,也表现在对现实世界各种物理现象的普遍感知。

② 可靠传递:包括互联网、电信网等公共网络,及电网和交通网等专用网络在内,通过各种承载网络,建立起物联网内实体间的广泛互联。具体表现在各种物体经由多种接入模式实现异构互联,网络错综复杂,但依然能将物体的信息实时准确地相互传递。

③ 智能处理:具有超越个人大脑的大智慧、超智慧的日常管理与应急处置能力以及系统集成、系统协同的巨大能量。利用云计算、模糊识别和数据融合等各种智能计算技术,能够对海量数据和信息进行处理、分析并对物体实施智能化的控制,具有全角度、无死角的庞大数据比对、查询能力。其主要体现在物联网中从感知到传输到决策应用的信息流,并最终为控制提供支持,也广泛体现出物联网中大量的物体和物体之间的关联和互动。物体互动经过从物理空间到信息空间,再从信息空间到物理空间的过程,形成感知、传输、决策、控制的开放式循环模式。物联网和互联网相比较,最突出的特征是实现了非计算设备间的点点互联、物物互联。

物联网不同于感知信息收集的传感器网络,也不同于信息传输的互联网。它包含数量庞大的物体,承载和处理海量的感知信息,容纳各种模式的接入和通信模式,实现从感知、处理到控制的循环过程。

除以上几个基本特征以外,物联网还具有显著的异构性、混杂性和超大规模等特点。异构性主要表现在不同拥有者、不同制造商、不同级别、不同类型、不同范畴的对象网络共存于物联网中,网络之间在通信协议、信息属性、应用特征等多个方面存在差异,并形成混杂的异构网络或"网中网"形态。混杂性表现在网络形态和组成的异构混杂性,多信息源的并发混杂性,场景、服务和应用的混杂性等多个方面。针对物联网这些数据的特性,目前已经有了与之相关的特殊的存储和计算模式。为节省通信带宽,减少无效感知数据的传输,大量的感知信息在本地进行存储,经过处理后的中间结果或最后结果存储在互联网上,放到云中的数据中心。感知信息的预处理、判断和决策等信息处理主要在当前场景下的前端完成,有些需要大运算量的计算才通过"云端"的数据中心来处理。与此同时,通过这样的方式还可以节省存储空间,数据中心不可能做到完全保存实时流的原始感知数据,不存储原始感知数据也可以满足实时性的交互处理。如果全部通过互联网或云计算来做出处理和决定,就不能满足很多实时性的应用。更为重要的是,物联网是物理世界与信息空间的深度融合系统,涉及全球的人、机、物的综合信息系统,涵盖众多领域。所以物联网一定是分布式的系统,局部空间内的高度动态自治管理才有利于大规模扩展性的实现。

1.1.5 物联网的四大技术形态

物联网的四大技术形态包括 RFID、传感网、M2M 和两化融合。

1. RFID

RFID 是射频识别的英文缩写,类似于我们在超市中常见的条码扫描,又被称作电子标签、无线射频识别,是一种通信技术。使用时首先把 RFID 标签附着于目标物上,然后利用专用的 RFID 读写器对标签进行感知,主要是利用频率信号将信息由标签传送给读写器。射频识别技术可通过无线电信号识别特定目标并读写相关数据,而无须在识别系统与特定目标之间建立机械或光学接触。读写器通过天线与 RFID 电子标签进行无线通信,可以实现对标签识别码和内存数据的读写操作。

从有线到无线的转变,让射频识别技术迅速得以推广。目前,许多行业都运用了射频识别技术:射频标签在物流行业中,可以给仓库中的物品添加标签用于物品的定位;射频识别的身份识别卡可以使员工得以进入机房或保密基地;汽车上的射频应答器可以用来征收停车费用;射频应答器也可以附于宠物和孩子上,方便对儿童与宠物进行辨识和追踪。

2. 传感网

传感网就是把传感器、定位系统、扫描仪器等信息传感设备和互联网结合起来而形成的一个巨大网络。传感网中所有的物品经由网络连接在一起,方便了物体的识别和管理,实现了物联网中的"万物互联"。传感网主要由集成了传感器、数据处理单元和通信单元的微小节点组成,它们通过自组织的方式相互连接,主要解决"最后 100 m"连接问题。

3. M2M

M2M 是将数据从一台终端传送到另一台终端,从狭义上说,也就是机器与机器(Machine

to Machine)的对话,但 M2M 不仅仅是简单的数据传输,更重要的是,它是机器和机器之间的一种智能化、交互式的通信。也就是说,即使人们没有实时发出信号,机器也会根据既定程序主动进行通信,并根据所得到的数据智能化地做出选择,对相关设备发出正确的指令。可以说,智能化、交互式成了 M2M 有别于其他应用的典型特征。

目前,人们提到 M2M 的时候,更多的是指非 IT 机器设备通过移动通信网络与其他设备或 IT 系统的通信,从广义上说,M2M 包括机器对机器(Machine to Machine)、人对机器(Man to Machine)、机器对人(Machine to Man)、移动网络对机器(Mobile to Machine)之间的连接与通信,它涵盖了所有在人、机器、系统之间建立通信连接的技术和手段。

M2M 具有以下三个基本特征:① 数据和节点(DEP);② 通信网络;③ 数据融合点(DIP)。

DEP 和 DIP 可以用于任何子系统集成。一般而言,一个数据端点(DEP)指的是一个微型计算机系统,一个端点连接到程序或者是更高层次子系统,另一个端点连接到通信网络。在大多数的 M2M 应用中,都有几个 DEP。另一方面,一个典型的 M2M 应用只有一个数据融合点。M2M 应用的信息流未必是面向服务器的。相反,DIP 和 DIP 之间支持直接通信,还有单个 DEP 之间直接和间接的联系,就像我们所熟知的 P2P(Peer to Peer)联系一样。

M2M 应用的通信网络是 DEP 和 DIP 之间的中央连接部分。就物理部分来说,这种网络的建立可以使用局域网、无线网络、电话网络/ISDN,或者是类似的基于 M2M 的监控基础架构。

现在,M2M 应用遍及电力、交通、工业控制、零售、公共事业管理、医疗、水利、石油等多个行业,实现车辆防盗、安全监测、自动售货、机械维修、公共交通管理等多种用途。

4. 两化融合

两化融合就是指信息化和工业化的高层次的深度结合,只有把高端的技术引入日常的生活生产,才能产生真正的效益。两化融合包括技术融合、产品融合、业务融合、产业衍生四个方面。

① 技术融合是指工业技术与信息技术的融合,产生新的技术,推动技术创新。例如,汽车制造技术和电子技术融合产生的汽车电子技术,工业和计算机控制技术融合产生的工业控制技术。

② 业务融合是指信息技术应用到企业研发设计、生产制造、经营管理、市场营销等各个环节,推动企业业务创新和管理升级。例如,计算机管理方式改变了传统手工台账,极大地提高了管理效率;信息技术应用提高了生产自动化、智能化程度,生产效率大大提高;网络营销成为一种新的市场营销方式,受众大量增加,营销成本大大降低。

③ 产品融合是指电子信息技术或产品渗透到产品中,在产品中得到应用,从而增加产品的技术含量。信息技术含量的提高使产品的附加值大大提高。

④ 产业衍生是指两化融合可以催生出的新产业,形成一些新兴业态,如工业电子、工业软件、工业信息服务业。工业电子包括机械电子、汽车电子、船舶电子、航空电子等;工业软件包括工业设计软件、工业控制软件等;工业信息服务业包括 B2B 电子商务、工业原材料或产品大宗交易、工业企业信息化咨询等。

现阶段,两化融合是工业化和信息化发展到一定阶段的必然产物。以信息化带动工业化、以工业化促进信息化,走新型工业化道路,是当前阶段的重要任务。

1.1.6　设计物联网系统的步骤和原则

一般来讲,构建一个物联网系统的主要步骤如下。

① 属性标识的建立。对物体属性进行标识,包括静态和动态属性。静态属性可以直接保存到标签中,动态属性需要先由传感器完成实时探测。

　　② 属性读取和数据整理。利用专门的识别设备读取物体属性,并将信息转换为适合网络传输的数据格式。

　　③ 数据传输和计算。将物体的信息通过网络传输到信息处理中心,由处理中心完成物体通信的相关计算。处理中心可能是分布式的,如个人的计算机或者手机;也可能是集中式的,如中国移动的互联网数据中心(Internet Data Center,IDC)。

　　设计物联网系统的体系结构时应该遵循以下几条原则。

　　① 互联性原则。物联网体系结构需要能与互联网实现互联互通,而不是另行设计一套互联通信协议及其描述语言。

　　② 时空性原则。物联网尚在发展之中,其体系结构应能满足物联网在时间、空间和能源方面的需求。

　　③ 多样性原则。物联网体系结构须根据物联网的服务节点、类型的不同,分别设计多种类型的体系结构,不能也没有必要建立起统一的标准体系结构。

　　④ 安全性原则。在实现物物互联之后,物联网的安全性变得更为重要,物联网的体系结构应该能够防御大范围内的网络攻击。

　　⑤ 健壮性原则。物联网体系结构应具备相当好的健壮性和可靠性。

　　⑥ 扩展性原则。对于物联网体系结构的架构,应该具有一定的扩展性设计,以便最大限度地利用现有网络通信基础设施,保护已投资利益。

1.2　物联网体系架构

　　从物联网体系架构上来看,一共可分为三层:感知层、网络层、应用层,如图1-2所示。

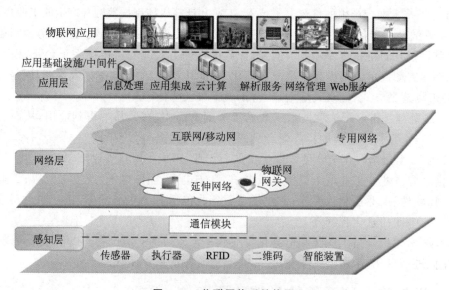

图1-2　物联网体系结构图

　　如果把物联网比喻成一个人,那么感知层相当于人体的皮肤和五官;传输层相当于人体的血管和神经网络;应用层相当于人的社会分工。

1.2.1　感知层

在物联网的三层架构中,感知层处于最底层,也是物联网发展和应用的基础层,具有物联网全面感知的核心能力。作为物联网最为基本的一层,感知层具有十分重要的作用。物联网在传统网络的基础上,扩大通信的对象范围,即通信不仅仅局限于人与人之间的通信,还扩展到人与现实世界的各种物体之间的通信。物联网的感知层解决的就是人类世界和物理世界的数据获取问题。

感知层的主要功能是识别物体和采集信息。安装在设备上的 RFID 标签和用来识别RFID 信息的扫描仪、感应器都属于物联网的感知层,现在的二维码标签及其识读器、摄像头、GPS、高速公路不停车收费系统、超市仓储管理系统等,都是基于感知层技术的物联网应用。感知层主要用来识别物体、采集信息和进行信息的短距离传输。在感知层中,信息获取与物品的标识符相关,与数据采集技术相关,而涉及的数据采集技术主要有自动识别技术和传感器技术。信息的短距离传输技术(包括无线传感器网技术、红外技术、蓝牙技术、ZigBee 技术等)用于收集终端装置采集的信息,并负责将信息在终端装置和网关之间双向传送。由网关将收集到的感应信息通过网络层提交到后台处理,当后台对数据处理完毕,发送执行命令到相应的执行机构完成对监测对象的控制参数调整或发出某种提示信号就可以实现远程监控。

1.2.2　网络层

网络层承担的主要功能是各种数据的传输,是物联网最重要的基础设施之一。在物联网中,要求网络层能够把感知层感知到的数据无障碍、高可靠、安全地进行传送。网络层包括无线局域网、无线城域网、无线广域网、无线个域网及互联网等各种网络。它解决的问题主要是感知层所获得的数据在一定范围内,尤其是远距离的传输。

网络层需要传递感知层获取的信息。网络层包括各种私有网络、互联网、有线和无线通信网、网络管理系统、信息中心等。

网络层在物联网三层架构中连接感知层和应用层,其作用是实现感知层和应用层数据的高效、稳定、及时、安全地传输,具有强大的纽带作用。

物联网的网络层可以分为两级:接入网络和核心网络。接入网被形象地称为"最后一公里",它是指骨干网络到用户终端之间的所有设备,其长度一般为几百米到几千米。传统的接入网主要以铜缆的形式为用户提供一般的语音业务和数据业务。随着网络的不断发展,一系列新的接入网技术不断涌现,包括同轴接入技术、光纤接入技术、电力网接入技术、无线接入技术等。物联网要满足未来不同的信息化应用,在接入层面需要考虑多种异构网络的融合与协同作业。核心网通常是指除接入网和用户驻地网之外的网络部分。核心网是指基于 IP 的统一、高性能、可扩展的分组网络,它支持移动性以及异构接入,目前应用较广的核心网以互联网和移动通信网为主。其中,互联网是物联网核心网络的重要组成部分;移动通信网络充分发挥了其全面、实时、高速、高覆盖率、多元化处理等特点。

1.2.3　应用层

应用层任务主要与行业需求相结合,实现广泛智能化。物联网的行业特性主要体现在应用领域。应用层是物联网与行业专业技术的深度融合,是物联网和用户(包括人、组织和其他系统)的接口,其与行业需求结合,实现行业智能化及物联网的智能应用。这类似于人类的社会分工,最终构成人类社会。目前在城市管理、远程医疗、智能家居、绿色农业、工业监控、公共安全、智能交通和环境监测等行业均有物联网应用的探索。

感知层生成的大量信息经过网络层传输汇聚到应用层,应用层对这些信息进行分析和处理,做出正确的控制和决策,实现智能化的管理、应用和服务。应用层解决数据如何存储(数据库与海量存储技术)、检索(搜索引擎)、使用(数据挖掘与机器学习)和防止滥用(数据安全与隐私保护)等信息处理问题以及人机界面的问题。

应用层综合使用了多种关键技术,包括数据库、海量信息存储、搜索引擎、数据中心、数据挖掘等。

① 数据库:物联网数据的特点是海量性、多态性、关联性及语义性。为了适应这种需求,在物联网中主要使用的是关系数据库和新兴数据库系统。作为一项常见和成熟的数据处理技术,关系数据库系统在物联网中依然被广泛使用,为物联网的运行提供支撑;新兴数据库系统(NoSQL 数据库)针对非关系型、分布式的数据存储,并不要求数据库具有确定的模式,通过避免连接操作提升数据库性能。

② 海量信息存储:海量信息早期采用大型服务器存储,基本都是以服务器为中心的处理模式,使用直连存储(Direct Attached Storage,DAS)方式,存储设备(包括磁盘阵列、磁带库、光盘库等)作为服务器的外设使用。随着网络技术的发展,服务器之间交换数据或向磁盘库等存储设备备份时,都可以通过局域网进行,主要以应用网络附加存储(Network Attached Storage,NAS)技术来实现网络存储,这种技术的缺点是占用大量的网络开销,严重影响网络的整体性能。为了能够共享大容量、高速度存储设备,并且不占用局域网资源的海量信息传输和备份,就需要专用存储区域网络(Storage Area Network,SAN)来实现。

③ 数据中心:数据中心包括计算机系统和配套设备、冗余的数据通信连接、环境控制设备、监控设备及安全装置等,可以提供及时、持续的数据服务,并具有高度的安全性和可靠性,为物联网应用提供良好的支持。Hadoop 数据中心即是典型的数据中心。

④ 搜索引擎:Web 搜索引擎是一个综合体,它的主要作用是能够在合理响应时间内,根据用户查询的关键词,返回一个包含相关信息的结果列表(Hits List)服务。传统的 Web 搜索引擎是基于关键词的查询,对于相同的关键词,会得到相同的查询结果。而物联网时代的搜索引擎能够主动识别物体并提取有用信息。结合从用户角度出发的多模态信息利用,使查询结果更精确、智能及定制化。

⑤ 数据挖掘:物联网需要对海量的数据进行更透彻的感知,要求对海量数据进行多维度整合与分析,更深入的智能化需要具有普适性的数据搜索和服务,也需要从大量数据中获取潜在的、有用的且易于理解的模式,其基本类型有关联分析、聚类分析、演化分析等。这些需求都以数据挖掘技术为手段。数据挖掘技术可以用于农业实时监测环境数据,发现影响产量的重要因素,获得产量最大化配置方式。该技术同样可用于市场营销,可以通过数据库行销和货篮分析等方式获取顾客购物意向和兴趣所在。

1.2.4　未来物联网架构

未来物联网架构有以下几种发展趋势:

① 未来的物联网架构需要有良好的、明确定义的、呈现为粒度形式的层次划分。物联网的架构技术应该促进用户丰富的选择权，而不应该将用户锁定到必须使用某一家或者某几家较大的、处于垄断地位的解决方案服务提供商所发布的各种应用。

② 未来的物联网需要一个开放的架构来最大限度地满足各种不同系统和分布式资源之间的互操作性需求。这些系统和资源既可能是来自于信息和服务的提供者，也可能来自于信息和服务的使用者或客户。

③ 物联网的架构技术需要设计为可以抵御物理网络中各种中断以及干扰的形式，同时尽可能将这些情况所带来的影响降到最低。

④ 包括手机、平板电脑在内的移动设备是物联网的重要组成部分，因此未来的物联网架构需要考虑移动设备在网络搭建时的重要性。

⑤ 从对于未来物联网的架构来说，在应用前应该了解以下几个方面：

● 对于身处未来物联网中的各种节点，它们中的大多数将需要有能力与其他节点一起动态、自主地组建各式各样的本地或远程对等网络；

● 未来的物联网中产生的数据将是海量的，物联网的架构技术一定要具有自主模式识别、信息过滤、自主机器学习以及自主判断决策能力，要让这些能力能够达到各种物联网子网络的边缘地带，而无须考虑数据是在附近产生的还是远程生成的。

● 在未来物联网架构的设计过程中，一方面要使得基于事件的处理、存储、检索、路由以及引用能力成为可能；另外一方面还要允许这些能力可以在离线的、非连接的情况下进行操作。

1.3　物联网关键技术

自主知识产权的核心技术是物联网产业可持续发展的根本驱动力。作为国家战略新兴技术，只有掌握关键的核心技术，才能形成产业核心竞争力，才能在未来的国际竞争中不处处受制于人。因此，建立国家级和区域物联网研究中心，掌握具有自主知识产权的核心技术将成为物联网产业的重中之重。物联网基于互联网发展而来，从数据处理到信息传输，从硬件技术到软件技术，物联网涵盖了多种信息化技术，主要有传感技术、控制器/移动终端技术、云计算、工业信息化技术、SOA/Web 服务、集成中间件技术、SaaS/多租户模式。

物联网关键的共性技术主要集中在无线传感器网络节点与传感器网关系统微型化技术、超高频 RFID、智能无线技术、通信与异构同组网、网络规划与部署技术、综合性感知信息处理技术、中间件平台、编码解析、检索与跟踪以及信息分发等方面。

1. 传感器与传感网络

传感技术同计算机技术与通信技术一起被称为信息技术的三大支柱。

传感器可以用于感知热、力、光、电、声、位移以及视频、图像等信号，为网络系统的处理、传输、分析和反馈提供最原始的信息数据。传感技术是一门多学科交叉的现代科学与工程技术，它能够从自然信源获取信息，并对之进行处理变换和识别。它涉及传感器、信息处理和识别的规划设计、开发、制造、测试、应用及评价改进等活动，主要研究通过何种介质准确地感受和获取相关的信息。

随着科学技术水平的不断发展，传统的传感器正逐步微型化、信息化、网络化、智能化，实现传统传感器向智能传感器和嵌入式 Web 传感器方向的发展。面向物联网的传感网络技术研究包括：智能化传感器网络节点研究；传感器网络组织结构及底层协议研究；对传感器网络自身的检测与控制；低耗自组、异构互连、泛在协同的无线传感器网络；先进测试技术及网络化测控；传感网络的安全问题等。

2. 智能技术

智能技术是为了有效地达到某种预期目的的技术,利用知识、采用各种方法和手段,通过在物体中植入智能系统,可以使得物体具备一定的智能性,能够主动或被动地实现与用户的沟通,是物联网的关键技术之一。其主要研究内容和方向包括人工智能理论研究、智能控制技术与系统、智能信号处理、机器学习等。

控制器就像人体的大脑一样,它是发布命令的决策机构,协调和指挥整个系统的操作。移动终端是指可以在移动中使用的设备,像日常使用的手机、笔记本计算机、平板电脑、POS 机甚至车载电脑都是移动终端。

随着网络和技术朝着越来越宽带化的方向发展,同时伴随着集成电路技术的飞速发展,控制器和移动终端已经拥有了强大的处理能力,最终将会形成一个综合信息处理平台,物联网产业将真正走向移动信息时代。

3. 信息物理系统

信息物理系统(Cyber Physical Systems,CPS)是一个综合计算、网络和物理环境的多维复杂系统,通过 3C(Computation,Communication,Control)技术的有机融合与深度协作,实现大型工程系统的实时感知、动态控制和信息服务。CPS 具有重要而广泛的应用前景,可实现计算、通信与物理系统的一体化设计,提高系统的可靠性和实时协同性。

4. 纳米技术

纳米技术是研究结构尺寸在 0.1～100 nm 范围内材料的性质和应用,主要包括纳米力学、纳米物理学、纳米化学、纳米生物学、纳米材料学、纳米电子学、纳米加工学等。在纳米材料、纳米器件和纳米尺度的检测与表征这 3 个研究领域,这几个相对独立又相互渗透的学科得以集中体现。纳米材料的制备和研究是整个纳米科技的基础,纳米物理学和纳米化学是纳米技术的理论基础,而纳米电子学是纳米技术最重要的内容。纳米技术的优势意味着物联网中体积越来越小的物体能够进行交互连接和信息传递。

5. 工业信息化技术

尽管当前物联网发展速度很快,但是实现快速普及还存在诸多问题。如在应用中,如何将工业生产与用户需求结合起来,使工业生产和终端用户能够实时相互了解供需要求,进行有效的信息传递和共享,实现最终的社会资源效率化,这都需要在发展过程中逐步完善。例如,当用户想买一辆汽车的时候,可以实时地知道该汽车的生产过程,从零件的打磨到发动机的选择都会及时地得到告知,这就是工业和生活的结合。而随着物联网的发展,工业信息化成为一种发展的必然趋势,它涉及 DCS、MES 等技术的应用。

分布式控制系统(Distributed Control Systems,DCS)又称为分散控制系统,是以微处理机为基础,以分散控制、操作和管理集中为特性的新型控制系统。它集先进的 4C 技术(Control(控制技术)、Computer(计算机技术)、Communication(通信技术)、Cathode Ray Tube(显示技术))于一体。

制造执行系统（Manufacturing Execution System，MES）的概念在 20 世纪 90 年代初产生，是通过执行系统把车间作业现场控制系统（如数据采集器、条形码、各种计量及检测仪器、机械手等）联系起来。它设置了必要的接口，与提供生产现场控制设施的厂商建立合作关系。

在物联网领域中，物联网与工业信息化是一脉相承的。工业信息化包含采集、传输、计算等环节，而物联网是全面感知、可靠传递、智慧处理，这两者是完全可以类比的。物联网只是更加强调无线、海量数据及智能计算。物联网把传感器装备到发电系统及电网、轨道交通、道路桥梁、建筑物、供水系统、家用电器等各种真实物体上，使用各种网络技术经由互联网连接起来，进而运行特定的程序，最终实现远程控制或者物与物的直接通信。

6. IPv6 地址技术

IP 地址作为识别码用来区别每个物联网连接的对象，而目前有限的 IPv4 的地址已经远远满足不了网络地址分配的需求。IPv6 有巨大的地址空间，它的地址空间完全可以满足节点标识的需要。同时，IPv6 采用了无状态地址分配的方案来解决高效率海量地址分配的问题，因此，网络不再需要保存节点的地址状态、维护地址的更新周期，这大大简化了地址分配的过程，网络可以以很低的资源消耗来达到海量地址分配的目的。从整体来看，IPv6 具有很多适合物联网大规模应用的特性，很大程度上成为物联网应用的基础网络技术，不仅能够满足物联网的地址需求，同时还能满足物联网对节点冗余、节点移动性、基于流的服务质量保障的需求。

7. 云计算

云计算是一种基于互联网的相关服务的增加、使用和交付模式。云计算通常涉及通过网络来提供一些动态的、容易扩展的资源，因为这些资源经常是虚拟化的，所以被人们用云来类比和命名。

8. SOA /Web 服务

SOA/Web 服务主要是数据集成和设备接口标准化服务的手段。面向服务的体系结构（Service - Oriented Architecture，SOA）是一个组件模型。

SOA 通过松散的方式将分布式的软件模块结合起来，对于服务的使用者来说，可以简单地通过服务的描述来获取服务，系统各部分之间不必为了某一部分的升级而进行任何改变，在服务的过程中不同的软件模块可以充当不同的角色，从而构成整个系统的工作体系。与旧有系统集成相比，SOA 具有明显的优势。

在 SOA 当中，一个服务代表的是一个由服务提供者向服务请求者发布的一些处理过程，这个过程在被调用之后，获得服务请求者所需要的一个结果。在这个过程中，服务实现的过程对于服务请求者来说是透明的，服务请求者可以向任何能够提供此项服务的服务提供者提出请求服务。

Web Services，简单说就是通过 Web 提供的服务。它是自包含的、模块化的应用程序，它可以在网络（通常为 Web）中被描述、发布、查找以及调用；也可以理解 Web Services 是基于网络的、分布式的模块化组件，它执行特定的任务，遵守具体的技术规范，这些规范使得 Web Sevices 能与其他兼容的组件进行互操作；换句话说，所谓 Web 服务，是指由企业发布的在线应用服务，能够完成特别商务需求，其他公司或应用软件能够通过 Internet 来访问并使用这项应用服务。

在物联网领域中，有很多技术还需要继续加以改善。例如，感知层中海量的数据级设备、海量数据存储和处理、需要认证鉴权的海量中断、急需处理的海量服务交互；网络层中多种环境的部署、差异性比较大的终端、多应用平台的交互等问题。物联网终端设备能力受限，需要一种轻量级的面向服务的模式，结合 SOA/Web 服务，可以比使用专用的 API 减少更多服务开销，同时还可以降低能耗。

轻量级相对重量级而言，是根据对容器的依赖性而决定的，某种程度上是以启动程序需要的资源来决定的。

9. 集成中间件技术

中间件是一种独立的系统软件或服务程序，之所以被命名为中间件，是因为它起着承上启下的作用，位置又处于中间，中间件在客户机/服务器的操作系统之上，管理计算机资源和网络通信，主要用于连接两个独立应用程序或独立系统的软件。通过中间件应用软件可以在不同的技术之间共享资源。

物联网领域中的核心关键技术是基于各种技术的中间件，它们是实现物联网集成和运营的主要手段。但是该技术的研究仍然受两种情况的制约：一是受限于底层不同的网络技术和硬件平台，研究内容主要还集中在底层的感知和互联互通方面，距离现实目标还有很大差距，主要体现在屏蔽底层硬件及网络平台差异，支持物联网应用开发、运行时共享和开放互联互通，保障物联网相关系统的可靠部署与可靠管理等方面；二是当前物联网应用复杂度和规模还处于初级阶段，支持大规模物联网应用还存在远距离多样式无线通信、环境复杂多变、异构物理设备、海量数据融合、大规模部署、复杂事件处理、综合运维管理等诸多问题亟待解决。

1.4　物联网发展趋势与挑战

1.4.1　物联网产业趋势

1. 网络从虚拟走向现实，从局域走向泛在

人类对于信息自动化和智慧化的巨大的消费需求推动了通信企业网络泛在化、终端泛在化、业务泛在化 3 大趋势。

① 网络泛在化：随时随地、无处不在的信息网络成为未来发展的重要网络趋势，例如 M2M 网和物联网的发展。

② 终端泛在化：网络的泛在化使得终端出现泛在化趋势，终端形态、终端功能基于终端开发的应用不断延伸。

③ 业务泛在化：客户需求的多元化推动了基于终端的应用不断丰富化，无处不在的信息服务成为可能。

2. 物联网将信息化过渡到智能化

物联网时代的信息化将地球上的人与人、人与物、物与物的沟通与管理全部纳入新的信息化世界，物联网发展的目标和功能就是构建智慧地球。例如，健康监测系统将帮助人类应对老龄化问题；"树联网"能够制止森林过度采伐；"车联网"可以减少交通拥堵；"电子呼救系统"在汽车发生严重交通事故时可以自动呼叫紧急救援服务等。

3．巨大的需求将牵引物联网产业快速发展

有预测显示，未来物联网的发展将经历 4 个阶段：

- 2010 年之前，RFID 被广泛应用于物流、零售和制药领域；
- 2010—2015 年，物体互联；
- 2015—2020 年，物体将进入半智能化；
- 2020 年之后，物体将进入全智能化。

中国物联网产业的发展是以应用为先导，存在着从公共管理和服务市场、到企业、行业应用市场，再到个人家庭市场逐步发展成熟的细分市场递进趋势。目前，我国的物联网产业还处于产业链逐步形成阶段，缺乏成熟的技术标准和完善的技术体系，整体产业处于酝酿阶段。此前，RFID 市场一直期望在物流零售等领域取得突破，但是由于涉及的产业链过长、产业组织过于复杂、交易成本过高、产业规模有限、成本难于降低等问题使得整体市场成长较为缓慢。物联网概念提出以后，面向具有迫切需求的公共管理和服务领域，通过政府应用示范项目带动物联网市场的启动将是合适的举措之一。随着公共管理和服务市场应用解决方案的不断成熟、企业集聚、技术的不断整合和提升逐步形成比较完整的物联网产业链，从而可以带动各行业大型企业的应用市场。当物联网各个行业的应用逐渐发展和成熟后，进一步推动流程的改进，及各项服务不断完善，个人应用市场也会随之发展起来。

物联网是实现信息化与工业化相融合的一个突破口，也是国家通过科技创新并转化为实际生产力的现实载体。物联网发展将以行业用户的需求为主要推动力，以需求创造应用，通过应用推动需求，从而全面促进标准的制订和行业的发展。

物联网将以行业应用为核心，创建示范性的大型项目，利用大项目来带动产业链某个环节或某个方面，将会加速物联网产业在中国的发展。研发和推广应用技术，加强行业领域的物联网技术解决方案的研发和公共服务平台建设，以应用技术为支撑突破应用创新，从而突破关键性技术。

4．从互联网手机到物联网手机

目前，智能手机终端成为物联网产品中重要组成部分，可以预见，"互联网手机"最终的演变趋势是"物联网手机"。依托智能手机而产生的手机物联网商务将有很大发展空间，可在手机上安装应用软件和植入应用卡，加之手机本身自带 GPS、高精度摄像头、RFID、重力感应器等功能，可以很容易地实现物与物之间的链接。

5．运营商正在加速引导物联网的发展

基于物联网的发展现状和发展前景，运营商已经认识到了物联网蕴藏的巨大商机。从电子商务、手机购物、物流信息化到企业一卡通、校讯通、公交视频、移动安防等，一批物联网概念的业务已经展示在业界眼前，他们积极与各方合作，完善物联网产业链的构建。基于中国移动技术的物联网与嵌入式系统融合，将带给中小型企业新的机会。中小制造企业可以使得产品智能化，提高市场竞争力与利润空间。中小服务型企业可以升级自己的服务，使得服务更加智能化。融合网络与嵌入式系统，可以远程维护与服务，智能化地实现设备管理和调度。

6．物联网产业链将逐步完善

从物联网发展时间进度来看，最先受益的是 RFID 和传感器厂商，接着是系统集成商，最后是物联网运营商。从空间角度来看，增长最大的是物联网运营商，其次是系统集成商，最小

的是 RFID 和传感器供应商。短期看,二维码、RFID 厂商和 SIM 卡企业业绩前景更突出。中期看,系统集成企业业绩会后劲十足。在物联网导入期,应用多处于垂直行业应用阶段,对系统集成的要求并不是很高,RFID 厂商可以基本满足需求。在物联网成长期,由于涉及的技术和界面开始增多,专业的系统集成企业需求会明显增加。长期看,物联网运营企业在导入期和成长期的前期,由于下游需求应用较为分散,物联网运营企业的竞争力也难以辨别,投资风险较大。随后,投资风险将逐渐降低,效益和竞争力将会逐渐显现。

7. 智慧城市将成为物联网的载体

虽然物联网在中国取得了一定的发展,但其商业模式依然不够成熟。目前,物联网的应用推广还处于探索阶段,缺乏清晰的规划,也没有进入普遍的产业化应用。因此,未来中国物联网发展的关键是打开规模化应用的突破口。

物联网的应用将在中国的发达城市率先取得突破,很多城市相继制定了建设智慧城市的规划和方案。主要包括信息基础设施建设——无线传感器网络和无线城市建设;智慧城市公共服务和管理体系建设——医疗、教育、人口、卫生、土地资源、社会保障、城市交通、综合管理、公共安全、生态环境等;新兴智慧产业——物联网基础产业、智能电网、智慧家居、智慧农业、各类现代服务业。

8. 物联网与移动网进一步融合

物联网的核心是大力发展并整合传感、网络和信息系统三大现有技术。中国已经逐步掌握第 3 代、第 4 代移动通信系统的核心技术,并在 5G 技术中实现技术突破和率先大范围测试应用,系统时钟借助北斗导航系统,已不再依赖 GPS 系统,传感网的战略安全得到了最大限度地保障。中国移动通信与无线传感网融合,必将带动起一个更大的民族产业,推动自主创新和经济产业更好更快地发展。

9. 物联网标准体系

物联网概念涵盖众多技术、众多行业、众多领域,但还没有一套标准具有普适性和统一性。物联网标准体系是一个渐进发展成熟的过程,将呈现从成熟应用方案提炼形成行业标准、以行业标准带动关键技术标准、分阶段逐步演进形成标准体系的趋势。物联网产业的标准将是一个涵盖面很广的标准体系,将随着市场的逐渐发展而成熟。在物联网产业发展过程中,能够持续下去的关键问题是标准的开放性和所面对的市场的大小,单一技术的先进性并不一定保证其标准一定具有活力和生命力。随着物联网应用的逐步扩展和市场的成熟,将由市场决定相关标准的采用,哪一个应用占有的市场份额更大,该应用所衍生出来的相关标准将更有可能成为被广泛接受的事实标准。

10. 物联网技术平台逐步出现和发展

随着行业应用的逐渐成熟,新的通用性强的物联网技术平台将出现。物联网的创新是应用集成性的创新,一个产品类型众多、应用界面友好、服务完善、技术成熟的应用,一定是技术方案商、设备提供商、运营商、服务商协同合作的结果。随着产业的成熟,支持不同互联协议、不同设备接口、可集成多种服务的共性技术平台将发挥重要作用。物联网时代,移动设备、嵌入式设备、互联网服务平台将成为主流。随着行业应用的逐渐成熟,将会有更多大的公共平台、共性技术平台出现。无论终端生产商、软件制造商、网络运营商、应用服务商、系统集成商,都需要重新定位,充分发挥自己的特长与优势。

11. 创新模式的发展

针对物联网领域的商业模式创新将是把技术与人的行为模式充分结合的结果。物联网将机器、人、社会的行动都互联在一起,把物联网相关技术与人的行为模式充分结合的结果是新的商业模式将出现。中国具有领先世界的制造能力和产业基础,在物联网领域完全可以产生领先于世界的新的商业模式。

1.4.2　物联网发展面临的挑战

未来,物联网重点解决的问题主要有国家安全、标准体系、信息安全、关键技术以及商业模式完善等。物联网的实现不仅仅是技术方面的问题,建设物联网的过程涉及国家和各地方的发展规划、协调、管理、合作等各个方面,还涉及标准和安全保护等方面的众多问题。

1. 信息安全

随着以物联网为代表的新技术的兴起,信息安全迈进了一个更加复杂多元、综合交互的新时期,关注焦点不再局限于传统的病毒感染、网络黑客及资源滥用。在网络社会里,物联网中的任何人都可以通过一个终端进入网络,对物联网终端进行访问和操作,网络中的不法分子和网络病毒已严重威胁着网络安全,黑客恶意攻击政府网站,导致信息泄露,危害国家利益。物联网是全球商品联动的网络,一旦出现商业信息泄露,将造成巨大的经济损失,危及国家经济安全。

在物联网中,传感网的建设要求 RFID 标签预先被嵌入任何与人相关的物品中。可是人们还不是很能接受自己周围的生活物品甚至包括自己时刻都处于一种被监控的状态,人们无法忽视个人的隐私权受到侵犯的问题。因此,如何确保标签物的拥有者个人隐私不受侵犯便成为射频识别技术以至物联网推广的关键问题。嵌入了射频识别标签的物品还可能不受控制地被定位、被跟踪和被识读,这势必带来对物品持有者个人隐私的侵犯或企业机密泄漏等问题。在物联网时代中,人类会将基本的日常管理交给人工智能去处理,从而从烦琐的低层管理中解脱出来,将更多的人力、物力投入到新技术的研发中。在这种状况下,如果某一天物联网遭到恶意的病毒攻击,也许就会出现工厂停产,社会秩序混乱,甚至于连人们的生命安全也会受到威胁。

2. 缺乏应用的统一标准

互联网发展到今天,已经普及到世界每个角落,这是因为标准化问题得到了较好的解决。全球进行传输的协议 TCP/IP 协议,路由器协议,终端的构架与操作系统,都发挥了重要作用,很方便上网。在物联网核心层面是基于 TCP/IP 协议,但是在接入层面,协议种类很多,如GPRS、短信、传感器、CDMA 等,物联网需要一个统一的协议基础。

3. 亟待掌握核心技术

传感器是物联网的基础,可谓重中之重。它是一种物理装置或生物器官,能够探测、感受外界的信号、物理条件(如光、热、湿度)或化学组成(如烟雾),并将探知的信息传递给其他装置或器官。我国的传感器芯片,从技术到制造工艺,都相对滞后于欧美发达国家。掌握传感器等核心技术刻不容缓。

4. 管理平台的建设

物联网技术的相关应用已经越来越普遍。但对应于每一种具有实际管理要求和应用的物联网,都需要开发与之相适应的管理平台或服务,因此物联网的应用受到一定的限制和影响。开发一种通用的物联网管理平台,并将之应用于所有不同的异构网络,同时实现对该网络资源的管理将会使物联网的应用更加灵活和普遍。

5. 商业模式尚未成熟

物联网的网络架构分为感知、网络、应用三个层次,每个层次上都有多种选择去开拓市场。这样,在未来生态环境的建设过程中,商业模式变得异常关键。对于任何一次信息产业的革命来说,出现一种新型并能成熟发展的商业盈利模式是必然的结果,可是这一点至今还没有在物联网的发展中得以体现,也没有任何产业可以在这一点上统一引领物联网的发展浪潮。目前物联网发展直接带来的一些经济效益主要集中在与物联网有关的电子元器件领域,如射频识别装置、感应器等。

1.5　物联网技术开发平台简介

1.5.1　产品概述

全功能物联网教学科研平台(标准版)是北京赛佰特科技有限公司基于物联网多功能、全方位教学科研需求,推出的一款集无线 ZigBee、IPv6、蓝牙、Wi - Fi、RFID 和智能传感器等模块于一体的全功能物联网教学科研平台,以强大的 Cortex - A9(可支持 Linux/Android)嵌入式处理器作为核心智能终端,支持多种无线传感器通信模块组网方式。它由浅入深,提供丰富的实验例程和文档资料,便于物联网无线网络、传感器网络、RFID 技术、嵌入式系统及下一代互联网等多种物联网课程的教学和实践。CBT - SuperIOT - II 型开发平台如图 1 - 3 所示。全功能物联网教学科研平台的应用结构拓扑图如图 1 - 4 所示。

图 1 - 3　**CBT - SuperIOT - II 型开发平台**

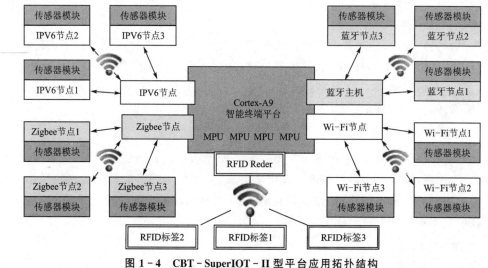

图 1 - 4　**CBT - SuperIOT - II 型平台应用拓扑结构**

1.5.2 产品特点

1. 丰富快捷的无线组网功能

系统配备 ZigBee、IPv6、蓝牙、Wi-Fi 四种无线通信节点及 RFID 读/写卡器,可以快速构成小规模 ZigBee、IPv6、蓝牙、Wi-Fi 无线传感器通信网络。

2. 丰富的传感器数据采集和扩展功能

配备温湿度、光敏、震动、三轴加速计、红外热释、烟雾等 12 种基于 MCU 的智能传感器模块,可以通过标准接口与通信节点建立连接,实现传感器数据的快速采集和通信。

3. 可视化终端界面开发

基于 Qt 的跨平台图形界面开发,用户可以快速开发友好的人机界面。

1.5.3 平台硬件资源

全功能物联网科研教学平台硬件由 Cortex-A9 嵌入式智能终端、无线通信模块和智能传感器模块几部分构成,如表 1-1~表 1-5 所列。

表 1-1 Cortex-A9 智能终端

Cortex-A9 智能终端	
CPU 处理器	• 处理器 Samsung Exynos4412,基于 CortexM-A9,运行主频 1.5 GHz • 内置 Mali-400 MP 高性能图形引擎 • 支持流畅的 2D/3D 图形加速 • 最高可支持 1080p@30fps 硬件解码视频流畅播放,格式可为 MPEG4,H.263,H.264 等 • 最高可支持 1080p@30fps 硬件编码(Mpeg-2/VC1)视频输入
RAM 内存	• 1G DDR3 • 32 bit 数据总线,单通道 • 运行频率:400 MHz
FLASH 存储	emmc 8 GB
显示	• 7 寸 LCD 液晶电阻触摸屏
接口	• 1 路 HDMI 输出 • 4 路串口,RS232 * 2、TTL 电平 * 4 • USB Host 2.0,mini USB Slave 2.0 接口 • 3.5 mm 立体声音频(WM8960 专业音频芯片)输出接口、板载麦克风 • 1 路标准 SD 卡座 • 10~100 M 自适应 DM9000AEP 以太网 RJ45 接口 • SDIO 接口 • CMOS 摄像头接口 • AD 接口 * 6,其中 AIN0 外接可调电阻,用于测试 • I2C-EEPROM 芯片(256byte),主要用于测试 I2C 总线 • 用户按键(中断式资源引脚)* 8 • PWM 控制蜂鸣器 • 板载实时时钟备份电池
电源	• 电源适配器 5 V(支持睡眠唤醒)

表 1-2　无线通信模块

无线通信节点	
ZigBee 节点 (ST 方案可选)	• 处理器 STM32W108,基于 ARM Cortex - M3 高性能的 32 位微处理器,集成了 2.4 GHz IEEE 802.15.4 射频收发器,板载天线 • 存储器:128 KB 闪存和 8 KB RAM • 射频数据速率:250 KB/s,RX 灵敏度:-99 dBm(1%收包错误率) • 用户自定制:按键 *2,LED *2 • 供电电压:3.7 V　收发电流:27~40 mA,支持电池供电 • 扩展 ST - Link 调试接口
ZigBee 节点 (TI 方案标配)	• 处理器 CC2530,内置增强型 8 位 51 单片机和 RF 收发器,符合 IEEE802.15.4/ZigBee 标准规范,频段范围 2 045~2483.5 M,板载天线 • 存储器:256 KB 闪存和 8 KB RAM • 射频数据速率:250 KB/s,可编程的输出功率高达 4.5 dB • 用户自定制:按键 *2,LED *2 • 供电电压:2~3.6 V,支持电池供电 • 扩展调试接口
IPv6 节点	• 处理器 STM32W108,基于 ARM Cortex - M3 高性能的微处理器,集成了 2.4 GHz IEEE 802.15.4 射频收发器,板载天线 • 存储器:128 KB 闪存和 8 KB RAM • 用户自定制:按键 *1,LED *2 • 供电电压:3.7 V　收发电流:27~40 mA,支持电池供电 • 扩展 J - Link 调试接口
蓝牙节点	• CC2540 蓝牙模块,板载天线 • 处理器 STM32F103 基于 ARM Cortex - M3 内核,主频 72 MHz • 完全兼容蓝牙 4.0 规范,硬件支持数据和语音传输,最高可支持 3M 调制模式 • 支持 UART 透传,IO 配置 • 扩展 J - Link 接口,外设主从开关,支持一键主从模式转换 • 支持电池供电
Wi - Fi 节点	• 型号:嵌入式 Wi - Fi 模块(支持 802.11b/g/n 无线标准)内置板载天线 • 处理器 STM32F103 基于 ARM Cortex - M3 内核,主频 72 MHz • 支持多种网络协议:TCP/IP/UD,支持 UART/以太网数据通信接口 • 支持无线工作在 STA/AP 模式,支持路由/桥接模式网络架构 • 支持透明协议数据传输模式,支持串口 AT 指令 • 扩展 J - Link 接口 • 支持电池供电
RFID 阅读器	• MF RC531(高集成非接触读写卡芯片)支持 ISO/IEC 14443A/B 和 MIFARE 经典协议 • 处理器 STM8S105 高性能 8 位架构的微控制器,主频 16 MHz • 支持 mifare1 S50 等多种卡类型 • 用户自定制:按键 *1,LED *1 • 最大工作距离:100 mm,最高波特率:424 kb/s • Crypto1 加密算法并含有安全的非易失性内部密匙存储器 • 扩展 ST - Link 接口

表 1 - 3　传感器模块

传感器模块		
处理器	・ STM8S103 高性能 8 位框架结构的微控制器，主频 1 MHz	
・ 外设	LED 灯、UART 串口及电源接口	
传感器种类	・ 磁检测传感器 ・ 光照传感器 ・ 红外对射传感器 ・ 红外反射传感器 ・ 结露传感器 ・ 酒精传感器	・ 人体检测传感器 ・ 三轴加速度传感器 ・ 声响检测传感器 ・ 温湿度传感器 ・ 烟雾传感器 ・ 振动检测传感器

表 1 - 4　外扩模块

外扩辅助模块	
USB - UART 扩展板	・ 核心芯片：FT232RL ・ 功能：连接 PC 机与网络节点串口调试功能 ・ 接口：VCC GND TXD GND RXD
电池模块	・ 功能：锂电池供电，提供低电压报警，提示用户充电 ・ 接口：3.7 V
电池充电板	5 V 电源适配器，双路锂电池充电
调试工具	ST - Link 仿真调试工具、J - Link 仿真调试工具

表 1 - 5　软件资源

Cortex - A9 智能终端平台	・ 操作系统：Linux - 3.0.8 ＋ Qt4.7/Qtopia2/Qtopia4、Android 4.0、WinCE6.0 ・ 实验内容：可进行 Linux 系统嵌入式编程开发，包括开发环境搭建、Bootloader 开发、嵌入式操作系统移植、驱动程序调试与开发、应用程序的移植与项目开发等
ZigBee 通信 节点（ST 方案选配）	・ 开发环境：IAR for STM32W108 ・ 协议：ZigBee pro 协议（EmberZNet 4.30 协议栈） ・ 功能：自动组网、无线数据传输等
ZigBee 通信 节点（TI 方案标配）	・ 开发环境：基于 IAR for 8051 ・ 协议：ZigBee pro 协议（Z - Stack2007 协议栈） ・ 功能：自动组网、自动路由、无线数据传输等
IPv6 通信节点	・ 操作系统：Contiki 2.5 ・ 协议：基于 Contiki OS 在 802.15.4 平台上实现完整的 IPv6 协议（Contiki OS uIPv6 协议栈） ・ 功能：自动组网、自动路由、无线数据传输等
蓝牙通信节点	・ 协议：完整的蓝牙通信 4.0 协议 ・ 功能：蓝牙模块组网、SPP 蓝牙串行服务、无线数据传输等

Wi－Fi 通信节点	· 网络类型：Station/AP 模式 · 安全机制：WEP/WAP－PSK/WAP2－PSK/WAPI · 加密类型：WEP64/WEP128/TKIP/AES · 工作模式：透明传输模式，协议传输模式 · 串口命令：AT＋命令结构 · 网络协议：TCP/UDP/ARP/ICMP/DHCP/DNS/HTTP · 最大 TCP 连接数：32 · 功能：自动组网、支持 AP 模式/AT 命令、无线数据传输等
RFID 阅读器	功能：支持与节点通信、组网，支持快速 CRYPTO1 加密算法、IC 卡识别、IC 卡读写
传感器模块	功能：基于 IAR for STM8 的开发环境，实现传感器数据采集与串口协议通信

1.5.4 平台的连线使用

1. 电 源

平台使用 5 V 直流电源适配器进行供电。主板上的 Cortex－A9 终端和无线通信模块接有单独的电源开关，使用时，请有选择地打开电源。另外，主板上的无线通信模块可以单独使用平台配套锂电池供电。

2. 连 线

Cortex－A9 智能终端在进行实验时，通常需要连接平台配套串口线和网线。串口线连接至 Cortex－A9 默认串口 0 接口（靠近电源接口一端的 RS232）。

无线通信模块在进行实验时，根节点（LCD 下方的模块）可以使用主板上的 RS232 口，子节点（LCD 左侧 12 个模块）和传感器模块默认无法使用 RS232 串口，需要时可以拔下子节点或传感器模块，通过平台配套 USB2UART 模块连接至 PC 机转接出来串口使用，此时采用 USB 线供电。

3. 启动与调试

Cortex－A9 终端的启动可以支持从 SD 卡和 NANDFLASH 两种方式，默认出厂为 NANDFLASH 方式，两者可以通过 Cortex－A9 终端的 BOOT 拨码开关进行选择。

连接平台配套 5 V 电源适配器，启动 Cortex－A9 智能终端电源开关，我们可以通过平台配套的串口线与 PC 机连接。PC 端需要安装相应串口终端软件，这种软件有很多，下面介绍 Windows XP 系统自带的超级终端软件与平台 ARM Linux 系统连接。

① 打开电脑，选择"开始"→"程序"→"附件"→"通信"→"超级终端"。

② 在弹出的位置对话框中输入任意区号，单击"确定"。

③ 调制解调器选项中直接选择"确定"。

④ 在弹出的连接描述中输入任意名称，如 arm，单击"确定"。

⑤ 根据 PC 机串口设备号，选择 COM1，选择"确定"按钮。

⑥ 设置串口属性：波特率 115200，数据位 8，奇偶校验"无"，停止位 1，流控制"无"，选择应用"确定"。

⑦ 重启 CBT－SuperIOT Cortex－A9 智能终端系统，在超级终端中登录系统。

习 题

一、名词解释

物联网 传感网 互联网 泛在网

二、简答题

1. 物联网有何基本特点？

2. 简述物联网与互联网的关系。

3. 简述物联网的技术体系框架。

4. 感知层、网络层、应用层的功能分别是什么？

5. 简述物联网感知层、网络层和应用层分别有哪些关键技术。

第2章　物联网感知技术

感知功能是物联网的基础功能,感知技术是物联网的关键技术,对应于物联网体系结构的感知层。感知层的主要功能是信息的自动采集与感知,主要是采集物理世界中发生的物理事件和数据,包括各类物理量、标识、音频、视频数据等,实现对物的全面感知。感知技术所涉及的内容主要包括自动识别技术、生物识别技术、语音识别技术、磁卡及IC卡技术、图像识别技术、条形码技术、RFID技术等。

2.1　自动识别技术

自动识别技术是实现信息数据自动识别与采集的重要手段,是当今世界高科技领域中的一项重要的系统工程。

人们在现实生活中每天都会面对这样或者那样的活动或事件,因此在过程中会产生各种各样的数据,这些数据的主体包括人、财、物,内容包括采购、生产和销售等。这些数据的采集与分析对于生活或生产决定来说是非常重要的,借助于这些来自实际情况的数据支持,人们在进行生产和生活决策时可以更好地进行分析和判断。

在人类信息系统早期的处理阶段,人们都是通过手工录入来完成相当一部分数据的处理,这样不仅数据多,劳动强度大,而且数据误码率比较高,同时获得的结果相对滞后。研究者们开始研究和发展不同类型的自动识别技术来解决这些问题,将人们从繁重、重复的手工劳动中解放出来,帮助人们快速、准确地进行数据的自动采集和输入,解决了人工操作中数据输入速度慢、出错率高的问题。在改善系统性能方面,提高了整个系统信息的实时性和准确性,从而为决策的正确制定、生产的实时调整以及财务的及时总结提供有意义的参考依据。

作为现代信息技术的一个重要组成部分,自动识别技术在20世纪70年代开始出现,在长期的发展过程中,逐步形成了一门包括条码技术、智能卡技术、射频技术、生物识别和系统集成等集计算机、光、机、电、通信技术为一体的高技术学科。在物联网时代,自动识别技术承担的是一个信息载体和载体认知的角色。它也是物联网感应技术的重要组成部分,将发挥越来越重要的作用。

1. 自动识别技术概念

自动识别(Automatic Equipment Identification,AEI)技术是指应用一定的识别装置,通过被识别物品和识别装置之间的接近活动,主动地获取被识别物品的相关信息,并向后台计算机处理系统提供数据来完成分析和处理的一种技术,用来实现人们对各类物体或设备(人员、物品)在不同状态(移动、静止)下的自动识别和管理。自动识别技术是一种高度自动化的信息和数据采集技术,同时也是信息数据自动识读、自动输入计算机的重要方法和手段,目前在国际上受到高度重视,发展很快。

2. 自动识别技术的特点

自动识别技术具有效率高、准确性好和兼容性强的特点。效率高,即数据采集速度快,信息交换可实时进行；准确性好，即自动进行数据采集，极大地降低人为错误；兼容性强，即以计算机技术为基础，可实现与信息管理系统的融合。

3. 自动识别技术的种类

自动识别系统根据识别对象的特征可以分成两种，分别是数据采集技术和特征提取技术。这两种自动识别技术的基本功能都是完成物品的自动识别和信息的自动采集。

数据采集技术的基本特征是需要被识别物体具有特定的识别特征载体（如标签等，光学字符识别是一个例外）；而特征提取技术则根据被识别物体的本身的行为特征（包括静态的、动态的和属性的特征）来完成数据的自动采集。

（1）数据采集技术

数据采集技术按照存储器介质的不同可分为电存储器类、光存储器类和磁存储器类：电存储器类包括触摸式存储、RFID 射频识别（无芯片、有芯片）、存储卡（非接触式或接触式智能卡）、视觉识别、能量扰动识别；磁存储器类包括磁条、非接触磁卡、磁光存储、微波；光存储器类包括条码（一维、二维）、矩阵码、光标阅读器、光学字符识别（OCR）。

（2）特征提取技术

特征提取技术按照特征的性质可分为静态特征提取、动态特征提取及属性特征提取。静态特征提取包括指纹识别、视网膜识别、虹膜识别、人脸识别等；动态特征提取包括声音（语音）识别、签名识别、键盘敲击识别等；属性特征提取包括物理感觉特征提取、化学感觉特征提取、生物抗体病毒特征提取、联合感觉系统等。

2.2　生物识别技术

生物识别技术即通过计算机与声学、光学、生物传感器和生物统计学原理等高科技手段密切结合，利用人体固有的生理特性（如指纹、虹膜、人脸等）和行为特征（如笔迹、声音、步态等）来进行个人身份的鉴定。

传统的身份鉴定方法包括身份标识物品（如证件、钥匙、ATM 卡等）和身份标识知识（如用户名和密码），但由于其主要借助体外物，一旦证明身份的标识物品和标识知识遗忘或被盗，其身份很容易被他人冒名顶替。生物识别技术比传统的身份鉴定方法在安全性、保密性、方便性等方面获得了更大的提高。生物特征识别技术具有防伪性能好、不易伪造或被盗、不易遗忘以及可以随时随地使用等优点。

1. 基于生理特征的识别技术

（1）指纹识别

指纹指的是手指末端正面皮肤上的纹线，具有凹凸不平的特点。这些纹线有规律地排列形成不同的纹型。指纹是遗传与环境共同作用产生的，指纹的重复率极小，大约只有 150 亿分之一。

纹线的起点、终点、结合点和分叉点，被称为指纹的细节特征点。指纹也分成三种类型：有一边开口类似簸箕的箕形纹，有同心圆或螺旋纹线的斗形纹，还有类似弯弓的弓线纹。每个人指纹的形状、纹形、长短各不相同。由于指纹具有终身不变性、唯一性和测试方便性，几乎已经成为生物特征识别的代名词。常见指纹类型如图 2-1 所示。

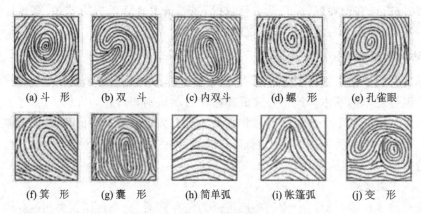

| (a)斗 形 | (b)双 斗 | (c)内双斗 | (d)螺 形 | (e)孔雀眼 |
| (f)箕 形 | (g)囊 形 | (h)简单弧 | (i)帐篷弧 | (j)变 形 |

图 2-1　常见指纹类型

中国古代就懂得了利用指纹进行身份识别,《黄帝内经》上面就有相关记载。唐代时,国家法律已规定"按指为契",即契约必须加盖指纹。按手印相当于盖章签名,通过这种方式证明事件的真实性并以此作为依据。

19 世纪末,阿根廷在犯罪侦破过程中首先正式使用了指纹进行身份鉴别。

指纹识别技术在各行各业的身份验证中也得到了广泛的使用。例如,在手机用户的身份鉴别方面,指纹识别技术已经成为一项普遍应用的检测手段。

（2）虹膜识别

虹膜识别技术是一种基于眼睛中的虹膜特征进行身份识别的技术,可以应用于安防设施的人体检测,也可用于有高度保密性要求的场所。

人眼的结构组成包括巩膜、虹膜、瞳孔晶状体以及视网膜等部分。在眼球上位于白色巩膜和黑色瞳孔之间的圆环状部分就是虹膜。虹膜都包含独有的基于水晶体、细丝、斑点、凹点、条纹等特征的结构。虹膜的特征从胎儿发育阶段就已经形成了,因此可以唯一地标识一个人的身份。

通过采集人体的虹膜图像信息与检测设备虹膜图像信息库中的记录进行比较,根据图像特征之间的相似性就可以确定检测人的身份。一般来说,虹膜识别技术的过程包括 4 个步骤:虹膜图像采集、图像预处理、特征提取、特征匹配。

在目前的各种生物识别技术当中,虹膜识别技术是一种较为方便和精确的技术。由于虹膜识别技术的先进性,在许多实际应用环境中已经取得了满意的效果。在出入境口岸、大型会议、国防、医疗、校园等各个领域均有广泛的应用前景。

（3）视网膜识别

类似于虹膜识别技术,视网膜识别技术也是一种利用人眼的生物特征进行身份识别的技术,视网膜甚至比虹膜更具有唯一性的特征。

视网膜指的是一些位于眼球后部十分细小的神经组织,用于生物识别的血管分布在神经视网膜周围,即视网膜四层细胞的最远处。除非眼球部位发生病理性的改变,否则视网膜的形态也是稳定不变的。

唯一性和稳定不变性使视网膜可以作为有效的身份识别特征。采用视网膜识别技术进行检测时用户不需要与设备直接进行接触。另外,由于视网膜位于眼球后部,具有"隐藏性"的特征,伪造者无法直接获取图像信息,因此无法进行伪造,提高了识别系统的可靠性。而采用视网膜识别技术的缺点在于:在设备工作过程中需要由激光照射眼球的背面,有可能对使用者的健康带来一定的危害,影响用户的接受程度;而且由于检测设备昂贵,对于大规模应用存在一定的难度。

(4) 人脸识别

人脸识别技术是指通过人脸进行身份确认或者身份查找的技术,通过对面部特征和它们之间的关系来进行识别。首先利用高精度的摄像设备进行图像采集,判断采集图像中是否存在人脸。判断方法有参考模板法、人脸规则法、样品学习法、肤色模型法等方法。经过对存在的人脸图像进行分析,进而识别出每张人脸的位置、大小和面部五官等的位置信息。在此基础上,进一步识别面部特征,并和已知的人脸数据库中保存的信息进行对比,根据比较结果进行人物身份信息的判定。

人脸识别技术包括人脸检测、面部跟踪、人脸比对等。将一张或一系列含有未确定身份的人脸图像输入人脸识别检测系统,与人脸数据库中的人脸图像进行数据编码的对比,输出相似百分比等判别信息,从而识别人脸的身份。人脸的面部识别是非接触式的,用户不需要和测试仪器直接接触,操作简单方便,这是面部识别技术的主要优点。

采用面部识别技术的主要缺点有:第一,拍摄人脸图像的摄影设备性能要好,精度要高,需要有高速捕捉采集面部特征变化的能力;其次,人脸图像采集受环境影响较大,光线的明暗、光照的强弱都会影响图像采集的精确度;第三,面部识别技术依赖于图像采集后的特征提取和分析,因此对图像处理设备的分析能力要求较高;第四,由于采集人脸面部特征是一个复杂图像的处理过程,对于一些面部特征的变化,如头发、饰物、面部衰老等改变必须要进行人工智能补偿,进行关键数据的修正和弥补,能够满足这些功能要求的检测设备价格较高。另外,人体整形技术的开展给人脸识别技术带来了一些困扰。

(5) 掌纹识别

掌纹是指手指末端到手腕部分的手掌图像。其中很多特征可以用来进行身份识别,如主线、皱纹、细小的纹理、脊末梢、分叉点等。掌纹识别也是一种非侵犯性的识别方法,用户比较容易接受,对采集设备要求不高。

目前采用的掌纹图像主要分脱机掌纹和在线掌纹两大类。脱机掌纹图像是指在手掌上涂上油墨,在一张白纸上按下印迹,最后通过扫描仪进行扫描而得到数字化的图像。在线掌纹则是用专用的掌纹采样设备直接获取图像,图像质量相对比较稳定。随着网络、通信技术的发展,在线身份认证更加受到青睐。

掌纹识别常用做整体分离后的同一认定,也可以用作批量商品的防伪,以防止成箱的货物当中有部分商品被“调包”,以次充好甚至以假乱真。掌纹识别用于通道口安全防范系统。

(6) 手形识别

手形指的是手的外部轮廓所构成的几何图形。手形识别技术中,可利用的手形几何信息包括手指不同部位的宽度、手指的长度、手掌宽度和厚度等。经过生物学家大量实验证明,人的手形在一段时期具有稳定性,任何两个人的手形都是不同的,即手形作为人的生物特征具有唯一性,手形作为生物特征也具有稳定性,同时手形信息方便采集,因此可以利用手形对人的身份进行识别和认证。

手形识别是速度最快的一种生物特征识别技术,它对设备的要求不高,图像处理简单,而且这种方式对大多数人来说也比较容易接受。但是手形特征不像指纹和掌纹特征那样具有高度的唯一性,一般只用于认证,满足中低级的安全要求。

（7）静脉识别技术

静脉识别技术是指通过静脉识别仪等测试设备取得人体的静脉分布图,按照一定算法从静脉分布图提取相关特征参数,分析静脉血管的结构来进行身份识别。

静脉是一种导血回心的血管,起于毛细血管,止于心房。血液中的血红素有吸收红外光线的特质,借助于这种特质,可以通过具近红外线感应度的照相机获取手指、手掌、手背静脉的图像,再将处理过的静脉数字图像数据存贮在计算机系统中,作为个体识别的参照信息。在进行静脉比对时,实时采集活体的静脉图,并提取所采集的数字图像数据的有效特征值,采用匹配算法同数据库中的静脉特征值进行比对匹配,根据比对结果确定用户的身份信息。图 2-2 所示为手指静脉识别系统图。

图 2-2　手指静脉识别系统图

静脉识别的优点在于可以利用静脉活体识别仪采用非接触方式获取静脉图像信息,只需轻轻一放,即可获取信息,减轻了测试对象对于接触设备卫生问题的担心。扫描过程简单方便,消除了用户因为设备使用麻烦而有可能产生的抵触心理。

相比于指纹识别、掌纹识别以及视网膜和虹膜的识别,静脉技术属于活体识别技术,识别是通过静脉识别由血液流动构成的动态图像,不易复制。而如指纹识别的静态技术只是靠单纯的手指纹路,容易被复制。静脉识别不存在由于皮肤表面磨损、受伤、污渍而产生的识别障碍,安全而可靠。

静脉识别的缺点在于指静脉的长久稳定性没有得到明确的认定,随着年龄的增长和人体生理机能的缓慢变化,静脉特征可能也会发生变化;相关采集设备设计相对较为复杂,需要一定的制造成本。

（8）人耳识别

人耳识别技术是从 20 世纪 90 年代末开始兴起的一种生物特征识别技术。人耳识别的对象实际上是外耳裸露在外的耳廓。一套完整的人耳自动识别系统一般包括以下几个部分:人耳图像采集、图像的预处理、人耳图像的边缘检测与分割、特征提取、人耳图像的识别。目前的人耳识别技术依赖于特定的人耳图像库,一般通过数码相机或数码摄像机采集一定数量的人耳图像,建立人耳图像库,而更复杂的动态人耳图像检测与获取方式尚待研究。

人耳识别与其他生物特征识别技术相比具有以下几个特点。

① 人耳识别方法不受面部表情、化妆品和胡须变化的影响,同时保留了面部识别图像采集方便的优点。与人脸相比,整个人耳的颜色更加一致、图像尺寸更小,数据处理量也变得更小。

② 人耳图像可以通过非接触的方式获取,其信息获取方式容易被人接受。

③ 人耳图像采集更为方便,并且人耳采集装置的成本低于虹膜采集装置。

（9）味纹识别

人的身体是一种味源,人类的气味虽然会受到饮食、环境、情绪、时间等因素的影响,而且它的成分和含量会发生一定的变化和波动,但是作为由基因决定的那一部分气味——味纹却始终存在,而且终生不会改变,因此可以作为识别任何一个人的标记。

基于气味稳定性的特点,如果将其密封在试管里制成气味档案,可以保存 3 年之久,即使是在露天环境中也能保存 18 个小时。人的味纹从手掌中可以轻易获得。首先将手掌握过的物品,用一块经过特殊处理的棉布包裹,放进一个密封的容器中,然后输入氮气,让气流慢慢地把气味分子转移到棉布上,之后这块棉布就成了保持人类味纹的档案。

类似于训练有素的警犬能够对不同的气味源进行识别,采用电子鼻等设备也可以完成味纹识别。

2. 基于行为特征的生物识别技术

(1) 步态识别技术

步态是指走路时所表现的姿态及伴随的动作,这是一种复杂的行为特征。步态识别作为一种新兴的生物特征识别技术,主要是利用人们走路的姿态信息进行身份识别。它是融合计算机视觉、模式识别与图像序列处理的一门技术。与其他的生物识别技术相比,步态识别具有不易伪装和非接触、远距离的优点。

在智能视频监控领域,由于拍摄角度和画面清晰度的原因,相比人脸识别,步态识别更有优势。在犯罪现场,罪犯可以为自己乔装打扮,销毁作案痕迹,但是有一种情况他们很难遮掩,这就是自身的步态,除非刻意做出僵硬的动作,否则很难控制和改变一个人的步态。

人们在肌肉力量、骨骼密度、肌腱和骨骼长度、肌肉或骨骼受损程度、视觉灵敏程度、协调能力、体重、重心、生理条件以及个人走路风格上都存在细微差异。一个人要伪装走路姿势非常困难,每个个体都有截然不同的走路姿势,不管罪犯是否戴着面具自然地走入银行大厅还是从犯罪后的现场逃跑,他们的步态就可以让人识别出来。

人类自身具有步态识别的能力,即使在一定的距离之外,凭借记忆和经验,人们也能够根据人的步态辨别出自己熟悉的人。步态识别采集系统的图像数据量较大,因此步态识别的计算复杂性比较高,处理起来相对困难一些。

智能视频监控的自动步态识别系统的结构较为紧凑,其主要组成部分包括监控摄像机、计算机、步态视频序列的处理与识别软件等。其中,最核心的部分是步态识别的软件算法。对智能视频监控系统的自动步态识别的研究,主要也是基于对步态识别软件算法的研究。

(2) 击键识别技术

这是基于人击键时的特征,如击键的持续时间、点击不同键之间的时间、出错的频率以及力度大小等而达到进行身份识别的目的。20 世纪 80 年代初期,美国国家科学基金和国家标准局研究证实,击键方式是一种可以被识别的动态特征。

(3) 笔迹识别技术

笔迹特征属于行为性的生物特征。就个体书写者而言,其所体现的笔迹运用具有一定的习惯性和独特性。我们经常说一个人的字迹优美,一个人的字迹潦草,实际上说明了个体笔迹的差异性,而笔迹的局部变化显示了书写者笔迹的固有特性。从古代开始,笔迹识别就得到了一定的应用,在现代社会,更是获得了广泛的应用。在各种确认性文件的签署上,个体的签名是用于识别身份的一个重要途径,这正是笔迹识别价值的体现。在司法机构的调查中,通常正式签名的文件都具有一定的法律效力。

在笔迹识别中,通过确定检材笔迹和样本笔迹两者之间的相同特征与不同特征来完成比对任务,主要分析的是笔的移动特点,包括压力、方向、加速度以及字体笔画的大小、长度和角度等。笔迹识别比较检验需要进行精确地统计分析,用数学方法反映书写习惯的量与质方面的异同。采用的方法主要以直接观察比较为主,并借助于摄影机、比较显微镜等设备进行形态比较。

2.3　语音识别技术

2.3.1　语音识别的特点

语音识别本质上是模式识别。语音识别时需要被识别的人员讲一句或几句试验短句,供识别系统对它们进行某些测量,提取参考信息,然后计算量度矢量与存储的参考矢量之间的一个或多个距离函数。语音信号获取方便,并且可以通过电话进行鉴别。语音识别系统对人们在感冒时变得沙哑的声音比较敏感;语音识别同时具有一定的欺骗性,同一个人的磁带录音也能让语音识别系统造成误判断。

语音识别技术始于 20 世纪 50 年代。这一时期,语音识别的研究主要集中在对元音、辅音、数字以及孤立词的识别。20 世纪 60 年代,语音识别研究取得突破性进展。线性预测分析和动态规划的提出较好地解决了语音信号模型的产生和语音信号不等长两个问题,并通过语音信号的线性预测编码,有效地解决了语音信号的特征提取。产生的技术理论包括:基于动态规划的动态时间规整(Dynamic Time Warping,DTW)、隐马尔可夫模型(Hidden Markov Model,HMM)和矢量量化(Vector Quantization,VQ)理论。

20 世纪 90 年代以来,人们更多地关注话者自适应、听觉模型、快速搜索识别算法以及进一步的语言模型的研究等课题。同时,语音识别系统进一步走向实用化,语音识别在细化模型的设计、参数提取和优化、系统的自适应方面取得明显进展。此外,语音识别技术开始与其他领域相关技术进行结合,识别的准确率大为提高,进而更便于实现语音识别技术的产品化。

2.3.2　语音识别技术基本方法

一般来说,语音识别的方法有三种:基于声道模型和语音知识的方法、模板匹配的方法以及利用人工神经网络的方法。

1. 基于声学和语音学的方法

基于声学和语音学的方法起步较早,在语音识别技术提出的开始阶段,就有了这方面的研究,但由于其模型及语音知识过于复杂,现阶段没有达到实用的阶段,仍在研究当中。

通常认为常用语言中有有限个不同的语音基元,而且可以通过其语音信号的时域或频域特性来区分。该方法可以按照两个步骤实现:

① 分段和标号。把语音信号按时间分成离散的段,每段对应一个或几个语音基元的声学特性。然后根据相应声学特性对每个分段给出相近的语音标号。

② 得到词序列。根据第一步所得语音标号序列得到一个语音基元网格,从词典得到有效的词序列,也可结合句子的文法和语义同时进行。

2. 模板匹配的方法

模板匹配的方法发展比较成熟,目前已达到了实用阶段。在模板匹配方法中,要经过四个步骤:特征提取、模板训练、模板分类、判决。常用的技术有三种:矢量量化(VQ)、动态时间规整(DTW)、隐马尔可夫(HMM)理论技术。

(1) 矢量量化(VQ)

矢量量化(Vector Quantization)是一种重要的信号压缩方法。矢量量化主要适用于孤立词、小词汇量的语音识别。其过程是：将语音信号波形的 k 个样点的每一帧，或有 k 个参数的每一参数帧，构成 k 维空间中的一个矢量，然后对矢量进行量化。量化时，将 n 维无限空间划分为 M 个区域边界，然后将输入矢量与这些边界进行比较，并被量化为"距离"最小的区域边界的中心矢量值。矢量量化器的设计就是从大量信号样本中训练出好的码书，从实际效果出发寻找到好的失真测度定义公式，设计出最佳的矢量量化系统，用最少的搜索和计算失真的运算量，实现最大可能的平均信噪比。

编码器本身存在区分能力。如果一个码书是为某一特定的信源而优化设计的，那么由这一信息源产生的信号与该码书的平均量化失真就应小于其他信息的信号与该码书的平均量化失真。

在实际的应用过程中，人们还研究了多种降低复杂度的方法，这些方法大致可以分为两类：无记忆的矢量量化和有记忆的矢量量化。

(2) 动态时间规整(DTW)

语音信号的端点检测是进行语音识别中的一个基本步骤，它是特征训练和识别的基础。所谓端点检测就是在语音信号中的各种段落(如音素、音节、词素)的始点和终点的位置检测，从语音信号中排除无声段。在研究早期阶段，进行端点检测的主要依据是能量、振幅和过零率，但往往效果不明显。20 世纪 60 年代日本学者 Itakura 提出了动态时间规整算法。

动态时间规整(Dynamic Time Warping，DTW)曾经是语音识别的一种主流方法。由于语音信号是一种具有相当强的随机性的信号，即使相同说话者说相同的词，每一次发音的结果都不一样，同样不可能具有完全相同的时间长度。因此在与已存储模型相匹配时，未知单词的时间轴要不均匀地扭曲或弯折，以使其特征与模板特征对正。用时间规整手段对正是一种非常有效的措施，可以充分提高系统的识别精度。动态时间规整的本质是一个典型的优化问题，主要是使用满足一定条件的时间规整函数描述输入模板和参考模板的时间对应关系，求解两模板匹配时累计距离最小所对应的规整函数。

(3) 隐马尔可夫法(HMM)

20 世纪 70 年代，HMM 框架作为一种统计分析模型被提出。20 世纪 80 年代得到了一定的传播和发展，成为信号处理的一个重要方向，现已成功地用于语音识别、行为识别、文字识别以及故障诊断等领域。隐马尔可夫法引入语音识别理论后，使得自然语音识别系统取得了实质性的突破。HMM 方法现已成为语音识别的主流技术，目前大多数非特定人语音识别系统都是基于 HMM 模型设计的，可以进行大词汇量、连续语音的识别。

隐马尔可夫模型是一种马尔可夫链，不能直接观察到它的状态，但能通过观测向量序列观察到隐马尔可夫模型是一个双重随机过程，每个观测向量都是通过某些概率密度分布表现为各种状态，每一个观测向量是由一个具有相应概率密度分布的状态序列产生。

一个是用具有有限状态数的 Markov 链来模拟语音信号统计特性变化的隐含的随机过程，另一个是与 Markov 链的每一个状态相关联的观测序列的随机过程。前者通过后者得以展现，但前者的具体参数无法测量。HMM 作为一种语音模型，合理地模仿了这一过程，并且较好地描述了语音信号的局部平稳性和整体非平稳性。

3. 神经网络的方法

人工神经网络（Artificial Neural Network，ANN）是模拟生物神经系统的组织结构、处理方式和系统功能的简化系统。它是一门产生于 20 世纪 40 年代的交叉学科，是人工智能的一个分支，近年来随着计算机技术和数学理论的发展逐渐得到发展和应用。可以说，人类大脑是思维活动的物质基础，而思维是人类智能的集中体现。长期以来，人们试图了解人脑的工作机理从而模仿人脑的功能。人工神经网络是对人脑的抽象、简化和模拟，它是由大量处理单元（神经元）广泛互连而成的网络，通过研究试图反映人脑的基本特性。

20 世纪 80 年代末期提出的一种新的语音识别方法就是利用人工神经网络。人工神经网络本质上是一个自适应非线性动力学系统，模拟了人类神经活动的原理，具有自适应性、鲁棒性、容错性、并行性和学习特性，其强大的分类能力和输入/输出映射能力在语音识别中都非常具有吸引力。但由于存在训练、识别时间过长的缺点，目前仍处于实验探索阶段。

由于 ANN 在描述语音信号的时间动态特性存在一定的局限性，所以常把 ANN 技术与传统识别方法结合，这样可以充分利用各自优点来进行语音识别。

2.3.3 语音识别系统结构

目前主流的语音识别技术是基于统计模式识别的基本理论。语音识别系统的模型通常由声学模型和语言模型两部分组成，分别对应于语音到音节概率的计算和音节到字概率的计算。一个连续语音识别系统大致分为五个部分：预处理、特征提取、声学模型训练、语言模型训练和解码器。语音识别系统如图 2-3 所示。

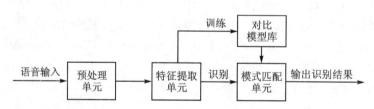

图 2-3　语音识别系统图

语音识别系统在未知语音经过话筒变换成电信号后加在识别系统的输入端，首先经过预处理，再根据人的语音特点建立语音模型，对输入的语音信号进行分析，并抽取所需的特征，在此基础上建立语音识别所需的模板。而计算机在识别过程中要根据语音识别的模型，将输入的语音信号的特征与计算机中存放的语音模板进行比较，按照一定的搜索和匹配策略，找出一系列最优的与输入语音匹配的模板。然后根据此模板的定义，利用查表就可以给出计算机的识别结果。这种最优的结果直接受特征的选择、语音模型的完善程度、模板是否准确等条件的影响。

（1）预处理

预处理是进行语音识别的准备阶段，是指在特征提取之前，对输入的原始语音信号进行处理，滤除掉其中不重要的信息以及背景噪声，并进行语音信号的端点检测（找出语音信号的始末）、语音分帧（近似认为在 $10 \sim 30$ ms 内语音信号是短时平稳的，将语音信号划分结构进行分析）以及预加重（提升高频部分）等处理。

最常用的预处理有端点检测和语音增强。端点检测是指在语音信号中区分语音信号和非语音信号时段,准确地确定出语音信号的起始点。经过端点检测后,后续处理就可以只针对语音信号,这对提高模型的精确度和识别正确率更有意义。语音增强的主要任务就是消除环境噪声对语音的影响。目前通用的方法是采用维纳滤波,该方法在噪声较大的情况下效果好于其他滤波器。

（2）特征提取

语音识别研究的第一步是选择识别单元。去除语音信号中对于语音识别无用的冗余信息,保留能够反映语音本质特征的信息,并用一定的形式表示出来,也就是提取出反映语音信号特征的关键特征参数形成特征矢量序列,以便用于后续处理。目前比较常用的提取特征的方法一般都是由频谱衍生出来的。

语音识别关键是合理的选用特征。为了对语音信号进行分析处理需要提取特征参数,去掉与语音识别无关的冗余信息,从而获得影响语音识别的重要信息,同时对语音信号进行压缩。在实际应用中,语音信号的压缩率介于 $10\% \sim 100\%$ 之间。语音信号包含了大量各种不同的信息,提取哪些信息、如何进行提取,需要综合考虑各方面条件,如成本、性能、响应时间、计算量等。非特定人语音识别系统一般侧重提取反映语义的特征参数,尽量去除说话人的个人信息;而特定人语音识别系统既提取反映语义的特征参数,同时也对说话人的个人信息进行提取分析。

线性预测（LP）分析技术是目前应用广泛的特征参数提取技术,大量有效的应用系统都采用基于 LP 技术提取的倒谱参数。但线性预测模型是纯数学模型,没有考虑人类听觉系统对语音的处理特点。

Mel 参数和基于感知线性预测（PLP）分析提取的感知线性预测倒谱,在一定程度上模拟了人耳对语音的处理特点,应用了人耳听觉感知方面的一些研究成果。实验证明,采用这种技术,能增强语音识别系统的性能。从目前使用的情况来看,梅尔刻度式倒频谱参数已逐渐取代原本常用的线性预测编码导出的倒频谱参数,这是由于它考虑了人类发声与接收声音的特性,具有更好的鲁棒性。也有学者试图将小波分析技术应用在特征提取上,但目前性能难以与上述技术相比,有待进一步研究。

（3）声学模型训练

根据训练语音库的特征参数训练出声学模型参数。在识别时可以将待识别的语音的特征参数同声学模型进行匹配,得到识别结果。

目前的主流语音识别系统多采用 HMM 进行声学模型建模。

声学模型通常是将获取的语音特征使用训练算法进行训练后产生。在识别时将输入的语音特征同声学模型进行匹配与比较,得到最佳的识别结果。

声学模型是语音识别系统中最关键的一部分,它是整个识别系统的底层模型,声学模型的获取也是语音识别的关键步骤。声学模型的目的是提供一种有效的方法计算语音的特征矢量序列和每个发音模板之间的距离。声学模型的设计和语言发音特点密切相关。声学模型单元大小(字发音模型、半音节模型或音素模型)在很大程度上影响了语音训练数据量大小、系统识别率以及灵活性。必须根据识别系统词汇量的大小、不同语言的特点决定识别单元的大小。

（4）语言模型训练

语言模型是用来计算一个句子出现概率的模型。它主要用于决定哪个词序列的可能性更大,或者在出现了几个词的情况下预测下一个即将出现的词语的内容。简单来说,语言模型主要用来约束单词搜索。它决定了哪些词能跟在上一个已经识别的词的后面,这样就可以为匹配过程排除一些不可能的单词。

语言建模能够有效地结合汉语语法和语义的知识,描述词之间的内在关系,从而提高识别率,减少搜索范围。语言模型分为三个层次:句法知识、语法知识、字典知识。

对训练文本数据库进行语法、语义分析,经过基于统计模型训练得到语言模型。语言建模方法主要有基于规则模型和基于统计模型两种方法。

(5) 语音解码和搜索算法

解码就是指语音技术中的识别过程。针对输入的语音信号,按照已经训练好的 HMM 声学模型、语言模型及字典建立一个识别网络,根据搜索算法在该网络中寻找一条最佳的路径,这个路径就是能够以最大概率输出该语音信号的词串,这样就可以确定这个语音样本所包含的文字了。解码操作是为了在解码端通过搜索技术寻找最优词串,它同时也是搜法算法的具体实现。

连续语音识别中的搜索,就是寻找一个词模型序列以描述输入语音信号,从而得到词解码序列。搜索所依据的是对公式中的声学模型打分和语言模型打分。当今的主流解码技术一般都采用 Viterbi 搜索算法。

2.4 磁卡及 IC 卡技术

卡类是日常生活中使用较多的终端识别设备,卡类识别技术的产生和推广使用加快了人们日常生活信息化的速度。一般可以将用于信息处理的卡片分为半导体卡和非半导体卡两大类。半导体卡主要指 IC 卡等;非半导体卡包括磁卡、PET 卡、光卡、凸字卡等,其中,磁卡技术和 IC 卡技术是实际生活和工作当中应用最为广泛的两种技术。

1. 磁卡技术

磁卡(Magnetic Card)是利用磁性载体来记录信息的,磁卡技术应用了物理学和磁力学的基本原理。一般的磁性载体通常以磁条或液体磁性材料作为信息载体,将宽 6～14 mm 的磁条压贴在卡片上(如银行卡)或将液体磁性材料涂覆在卡片上(如存折),如图 2-4 所示。

磁卡具有以下优点:

图 2-4 一般常见磁卡图

- 能黏附于许多不同规格和形式的基材上;
- 数据可读写,具有现场改造数据的能力;
- 数据的存储量能够满足大多数需要,成本低廉,便于使用;
- 具有一定的数据安全性。

这些优点使得磁卡在众多领域得到比较广泛的应用,如银行信用卡、ATM 卡、自动售货卡、公共汽车票、机票、会员卡、现金卡(如电话磁卡)等。

2. 磁卡技术基础

(1) 磁记录原理

铁磁材料是一种在移走外部磁场后仍可以保留磁性的物质,将其附着于类似塑料胶带上就形成了磁条。磁条上数据的存储就是靠改变磁条上氧化粒子的磁性来实现的。

在数据的写入过程中,需要输入的数据首先通过编码器变换成二进制的机器代码,然后控制器控制的"磁头"在与磁条的相对移动过程中,改变磁条磁性粒子的极性来实现数据的写入。数据的读出是"磁头"先读出机器代码,再通过译码器还原出人们可以识读的数据信息。

磁卡的磁性面在记录时以一定的速度移动,或记录磁头以一定的速度移动,并分别和记录磁头的空隙或磁性面相接触。一旦磁头的线圈被通上电流,在空隙处就会产生与电流成比例的磁场。这样,磁卡与空隙接触部分的磁性体就被磁化。

如果记录信号电流随时间而变化,那么当磁卡上的磁性体通过空隙时(因为磁卡或磁头是移动的),磁卡便随着电流的变化而被不同程度地磁化。在磁卡被磁化之后,离开空隙的磁卡磁性层就留下相应于电流变化的剩磁。

通过磁粒附着技术,利用不同的频率改变磁条上附着的磁粒的极性实现了逻辑数据"0"和"1"的数据记录,再通过二进制数据编码,就可以在磁条上记录各种信息了。

（2）磁条和磁道

磁卡的两面一般具有不同的作用。一面印刷说明提示性的信息,如插卡方向等;另一面则有磁层或磁条,具有 2～3 个磁道以记录有关信息数据。

磁道(Track):磁条上存储信息的分区。

磁道 1:记录密度为 210 比特/英寸,可记录数字(0～9)、字母(A～Z)和其他一些符号(如括号、分隔符等),包含 79 个 7 位的二进制码(6 位 ALPHA 编码＋1 位奇校验位)。磁道 1 记录数字型数据、字母(字母用于记录持卡人的姓名),为只读磁道,在使用时,磁道上记录的信息只允许读出而不能写入或修改。

磁道 2:记录密度为 75 比特/英寸,所记录的字符只允许是数字(0～9),包含 40 个 5 位的二进制码(4 位 BCD 编码＋1 位奇校验位)。磁道 2 记录数字型数据,也为只读磁道。

磁道 3:记录密度为 210 比特/英寸,所记录的字符只能是数字(0～9),包含 107 个 5 位二进制码(4 位 BCD 编码＋1 位奇校验位)。磁道 3 记录数字型数据,如记录账面余额等,为可读写磁道,既可以读出,也可以写入。

磁道必须符合 ANSI 及 ISO/IEC 标准的磁卡的物理尺寸定义,这些尺寸的定义涉及磁卡读写的标准化。磁道1、磁道2、磁道3 的每个磁道宽度相同,皆为 2.80 mm 左右,用于存放用户的数据信息;相邻两个磁道约有 0.5 mm 的间隙,用于区分相邻的两个磁道;整个磁带宽度在 10.29 mm 左右(3 磁道磁卡),或 6.35 mm 左右(2 磁道磁卡)。对磁卡上各个磁道编码数据时,如果数据在磁带上的物理位置偏差了哪怕几个 mm,这些已编码的数据信息就会偏移到其他的磁道上。

在实际生活中,人们所接触的银行磁卡上的磁带宽度会加宽 1～2 mm,因此磁带总宽度一般为 12～13 mm。

（3）磁道的格式和内容

磁道的应用分配是按照特殊的使用要求而定制的,如门禁控制系统、身份识别系统、驾驶员驾驶证管理系统、银行系统、证券系统等,都会对磁卡上 3 个磁道提出不同的应用格式。例如,MII＝1 标识为航空业,MII＝3 标识为旅游或娱乐业,MII＝5 标识为银行/金融业。

3. IC 卡技术

（1）IC卡技术简介

继磁卡出现之后，集成电路（Integrated Circuit Card，IC）卡是又一种新型信息工具，在有些国家和地区IC卡也称为智能卡（Smart Card）、智慧卡（Intelligent Card）、微电路卡（Micro-Circuit Card）或微芯片卡等。它是将一个微电子芯片嵌入符合ISO 7816标准的卡基中，做成卡片形式，利用集成电路的可存储特性，保存、读取和修改芯片上的信息，目前已经广泛地应用于包括交通、金融、社保等许多领域。

IC卡的主要特性如下所述：

● 体积小、质量轻、抗干扰能力强、便于携带；
● 存储容量大，其内部可含RAM、ROM、EPROM、EEPROM等存储器，存储容量从几字节到几兆字节；
● 安全性高，在无源情况下数据也能保存，数据的安全性和保密性都非常好；
● 智能卡与计算机系统相结合，可以方便地满足对各种信息的采集、传送、加密和管理的需要。

（2）IC卡的种类

IC卡按通信方式可分为接触式IC卡、非接触式IC卡和双界面卡，如图2-5所示。

① 接触式IC卡：接触式IC卡是通过读写设备的触点与IC卡的触点接触后，进行数据的读写。国际标准ISO 7816对此类卡的机械、电气特性等进行了规定。具有标准形状的铜皮触点，通过和卡座的触点相连后，实现外部设备的信息交换。按芯片的类型划分，接触IC卡可分为4种类型，包括存储器卡、逻辑加密卡、CPU卡和超级智能卡。

图2-5 IC卡

● 存储器卡——存储器卡内的集成电路是电可擦除的可编程只读存储器EEPROM，只能对数据进行存储，没有数据处理能力。该卡本身不提供硬件加密功能，只能存储通过系统加密的数据，保密性较差。
● 逻辑加密卡——逻辑加密卡内的集成电路包括加密逻辑电路和电可擦除可编程只读存储EEPROM。卡中有若干个密码口令，只有在正确输入密码后，才能对相应区域的信息内容进行读写操作。如果密码输入错误达到一定次数以后，该卡自动封锁，成为死卡。此类卡适用于需要加密处理的系统，常见于食堂就餐卡等应用。
● CPU卡——CPU卡也称为智能卡，卡内的集成电路包括中央处理器（CPU）、电可擦除可编程只读存储器EEPROM、随机存储器RAM、固化的卡内操作系统COS（Chip Operating System）和只读存储器ROM。此卡的主要功能由一个带操作系统的单片机来提供，严格防范非法用户访问卡内信息。当非法访问被发现以后，也可以锁住某个信息区域，但可以通过高级命令进行解锁，以保护卡内信息安全，系统可靠性高。此卡一般可用于绝密系统中，如银行金融卡等。
● 超级智能卡——超级智能卡上有MPU和存储器，并配备有键盘、液晶显示器和电源，有的卡上还具有指纹识别装置等。此卡也适用于绝密系统中。

② 非接触式IC卡（射频卡）：非接触式IC卡与读写设备没有电路直接接触，而是通过非接触式的方式进行读写（例如光或者无线技术）。

③ 双界面 CPU 卡是一种同时支持接触式与非接触式两种通信方式的 CPU 卡,接触接口和非接触接口共用一个 CPU 进行控制,接触模式和非接触模式自动选择。

4. IC 卡技术基础

根据应用的检测技术和设备的不同,IC 卡从接口方式上分为接触式 IC 卡、非接触式 IC 卡;从保密特性上分为非加密存储卡、加密存储卡。

(1) 接触式 IC 卡

① 接触式 IC 卡的结构:IC 卡读写器要能读写符合 ISO7816 标准的 IC 卡。接触式 IC 卡的构成由半导体芯片、电极模片、塑料基片等几个部分组成。IC 卡接口电路作为 IC 卡与卡内 CPU 的唯一通道,为保证通信和数据交换的安全与可靠,其产生的电信号必须符合一定要求。

② 接触式 IC 卡的工作原理:接触式 IC 卡获取工作电压的方法是通过接触式 IC 卡表面的金属电极触点将卡的集成电路与外部接口电路直接接触连接,由外部接口电路提供卡内集成电路工作的电源。接触式 IC 卡与读写器交换数据的原理为接触式 IC 卡通过其表面的金属电极触点将卡的集成电路与 IC 接口电路直接接触连接,与读卡器通过串行方式交换数据进行通信。

(2) IC 卡的保密性

非加密卡不具有安全性,可以任意修改卡内的数据;加密存储卡在普通存储卡的基础上增加了逻辑加密电路。

由于采用密码控制逻辑,逻辑加密存储卡能够实现对 EEPROM 的访问和改写,在使用前要校验密码,才可以进行写操作。因此,对于芯片本身来说是安全的,但在应用上是不安全的。

其不安全因素具体体现在以下几点:

① 密码在线路上是明文传输的,易被截取;

② 逻辑加密卡无法认证应用是否合法;

③ 对于系统商来说,密码及加密算法都是透明的。

举一个例子,如果有人伪造了 ATM,你无法知道它的合法性,当插入信用卡输入密码的时候,信用卡的密码就被暗中截获了。再比如网上购物,如果使用逻辑加密卡,购物者同样无法确定网上商店的合法性。

逻辑加密卡使用上的不安全因素促进了 CPU 卡的发展。CPU 卡可以做到对人、对卡、对系统的三方合法性认证。

(3) CPU 卡的三种认证

CPU 卡具有以下三种认证方法:

① 对持卡者进行合法性认证——密码校验,通过持卡人输入个人口令来进行验证;

② 对卡的合法性进行认证——内部认证;

③ 对系统的合法性进行认证——外部认证。

CPU 卡的认证过程是通过系统,传送随机数 X,用指定算法、密钥对随机数加密,用指定算法、密钥解密 Y,得到结果 Z,然后比较 X、Z 的数据,如果结果相同,那么表示系统是合法有效的,如果不同,则表示系统无效。

以上认证过程中,密钥每次的送出都是经过随机数加密的,它是不能在线路上以明文出现的,而且因为随机数的加入,可以确保每次传输的内容都不同,这样即使被截获也没有任何意义。

这不单是密码对密码的认证,也是一种方法认证,就像早期在军队中使用的密码电报,发送方将报文按一定的方法加密成密文发送出去,接收方收到密文后按照一定的方法解密。虽然通过这种认证方式,线路上可以避免攻击点的产生,也可以验证应用的合法性,但是由于系统方用于认证的密钥及算法还是包含在应用程序中,因此不能完全去除系统商的攻击性,为此,引进了 SAM 卡的概念。

(4) SAM 卡

SAM 卡是一种具有特殊性能的 CPU 卡,可用于存放密钥和加密算法,能够完成交易中的相互认证、密码验证和加解密运算,常用于身份标志使用。

目前 SAM 卡分为了很多种,主要包括:

① PSAM 卡:终端安全控制模块,一般用于小额支付扣款中;

② ESAM 卡:厂商(系统)的 SAM 卡,用于设备的认证;

③ ISAM 卡:用于充值。

SAM 卡的出现可以提供更完整的系统解决方案,因此具有多样化的实现方式。例如,有的设备认证并不是用 ESAM 卡,而是采用专用的模块。这样就存在一个问题,即密钥用软件实现,可能会存在密钥泄露的问题。解决方法是存储多组密钥,在随机数中指定采用一组密钥。在发卡时,主密钥被存入 SAM 卡中,然后由 SAM 卡中的主密钥对用户卡的特征字节(如用序列号)加密生成子密钥,将子密钥注入用户卡中。基于应用序列号的唯一性,使得每张用户卡内的子密钥都不一样。密钥被注入卡中后,就不会在卡外出现。在使用时,由 SAM 卡的主密钥生成子密钥存放在 RAM 区中,可用于加解密数据。

上述的认证过程就成为如下形式:通过 SAM 卡系统,传送随机数 X,SAM 卡生成子密钥对随机数加密;SAM 卡解密 Y,得到结果 Z;比较 X、Z 的值,如果相同,则表示系统是合法的。这样,在应用程序中的密钥就转移到了 SAM 卡中,认证成为卡到卡的认证,系统商不再承担任何责任。

卡与外界进行数据传输时,如果以明文方式传输,数据很容易被截获和分析,同时,也可以对传输数据进行篡改。为了解决这一问题,CPU 卡提供了线路保护功能。线路保护分为两种,一是将传输的数据进行 DES 加密,以密文形式传输,以防止截获和分析;二是对传输的数据附加安全报文鉴别码,接收方收到后首先进行校验,校验正确后才予以接收。这样可以保证数据的真实性与完整性。

2.5 图像识别技术

图像识别是指利用感觉器官接收图形图像的刺激,人们经过辨认,确认它是某一图形的过程,也叫图像再认。在图像识别中,既要有当时进入感官的信息,也要有记忆中存储的信息。只有通过存储的信息与当前的信息进行比较的加工过程,才能完成对图像的再认。

图像识别技术是人工智能的一个重要领域,它是以图像的主要特征为基础的。为了编制模拟人类图像识别活动的计算机程序,人们提出了不同的图像识别模型。例如模板匹配模型,这种模型认为,识别某个图像,必须在过去的经验中有这个图像的记忆模式,又叫模板。当前的刺激如果能与大脑中的模板相匹配,这个图像也就被识别了。举个例子,假定有一个字母 A,如果在脑中有个模板 A,字母 A 的大小、方位、形状都与这个模板 A 完全一致,字母 A 就被识别了。

这种模型简单明了，也容易得到实际应用。但这种模型强调图像必须与脑中的模板完全符合才能加以识别，而事实上人不仅能识别与脑中的模板完全一致的图像，也能识别与模板不完全一致的图像。例如，人们不仅能识别某一个具体的字母 A，也能识别字体不同、方向不同、大小不同的各种字母 A。同时，人能识别大量图像，如果所识别的每一个图像在脑中都有一个相应的模板，也是不切实际的。

格式塔心理学家提出了一个原型匹配模型用来解决模板匹配模型存在的问题。这种模型认为，在长时记忆中存储的并不是所要识别的无数个模板，而是图像的某些"相似性"。从图像中抽象出来的"相似性"就可作为原型，拿它来检验所要识别的图像。如果能找到一个相似的原型，这个图像也就被识别了。从神经上和记忆探寻的过程上来看，这种模型比模板匹配模型更适宜，而且还能识别一些不规则的、但某些方面与原型相似的图像。但是，这种模型没有说明人是怎样对相似的刺激进行辨别和加工的，也难以实现计算机程序的开发。因此又有人提出了一个更复杂的模型，称之为"泛魔"识别模型。这一模型的特点在于它的层次划分。

随着图像识别技术领域的基本理论逐步成熟，具有数据量大、运算速度快、算法严密、可靠性强、集成度高、智能性强等特点的各种图像识别系统在各行业得到了广泛的应用，并逐渐推广到家庭生活和安全保卫中。当前，不论是通信、广播、计算机技术、工业自动化、国防工业，乃至印刷、医疗等部门的众多课题都与图像识别领域密切相关。

从广义上讲，图像信息不必以视觉形象乃至非可见光谱（红外、微波）的"准视觉形象"为背景，只要是对同一复杂的对象或系统，从不同的空间点、不同的时间等多方面收集到的全部信息的总和，就称为多维信号或广义的图像信号。目前，在工业过程控制、交通网管理及复杂系统的分析等理论研究中，多维信号的观点得到了广泛认可和应用。

目前的图像识别技术主要应用在以下方面。

1. 遥感技术

图像识别是立体视觉、运动分析、数据融合等实用技术的基础，在导航、地图与地形配准、自然资源分析、天气预报、环境监测、生理病变研究等许多领域有重要的应用价值。

图像识别技术在现阶段的典型应用主要是图像遥感技术的应用。

航空遥感和卫星遥感图像通常用图像识别技术进行加工以便提取有用的信息。

2. 医用图像处理

图像识别在现代医学中的应用非常广泛，具有直观、无创伤、安全方便等特点。在临床诊断和病理研究中广泛借助图像识别技术。例如，对生物医学的显微图像处理分析方面，包括对红白细胞和细菌、染色体进行分析，胸部线照片的鉴别、眼底照的分析，以及超声波图像的分析等都是医疗辅助诊断的有力工具。目前这类应用已经发展成为专用的软件和硬件设备，其中，计算机层析成像技术也被称为电子计算机 X 射线，得到了大规模应用。

断层扫描技术（Computed Tomography，CT），其理论依据是人体不同组织对 X 射线的吸收与透过各不相同，通过使用灵敏度极高的仪器对人体进行测量，然后将测量所获取的数据输入电子计算机，再由电子计算机对数据进行处理，即可拍摄人体被检查部位的断面或立体的图像，发现体内任何部位的微小病变。

在 CT 技术发明之后又出现了核磁共振技术，这一技术使人体免受各种硬射线的伤害，并且图像更为清晰。目前，图像处理技术在医学上的应用正在进一步发展。

3. 工业领域中的应用

在工业领域中的应用一般包括以下几方面：工业产品的无损探伤，工件表面和外观的自动检查和识别，装配和生产线的自动化，弹性力学照片的应力分析，流体力学图片的阻力和升力分析。其中最值得注意的是"计算机视觉"，采用摄影和输入二维图像的机器人，可以确定物体的位置、方向、属性以及其他状态等，它不但可以完成部件装配、材料搬运、产品集装、生产过程自动监控等工作，还可以在恶劣环境里完成喷漆、焊接、自动检测等工作。

4. 智能机器人机器视觉

作为智能机器人的重要感觉器官，机器视觉主要进行 3D 图像的理解和识别，该技术也是目前研究的热门课题之一。机器视觉的应用领域也十分广泛，例如用于军事侦察、危险环境的自主机器人，邮政、医院和家庭服务的智能机器人。此外，机器视觉还可用于工业生产中的工件识别和定位及太空机器人的自动操作等。

5. 军事公安方面

图像识别技术在军事、公安刑侦方面的应用非常广泛，其主要应用包括：各种侦察照片的判读，对运动目标图像的自动跟踪技术，例如军事目标的侦察、制导和警戒系统；自动灭火器的控制及反伪装；公安部门的现场照片、指纹、手迹、人像、印章等的处理和辨识；历史文字和图片档案的修复和管理等。目前在导弹和军舰上采用了视频跟踪技术，该技术在演习和实践中取得了良好的效果。

6. 文化、艺术及体育方面

图像识别不仅广泛应用于生产生活中，其在文化艺术中也有非常广泛的应用前景。如可以完成电视画面的数字编辑、动画片的制作、服装的花纹设计和制作、文物资料的复制和修复。在体育方面，该技术还有助于运动员的训练、动作分析和评分等。

2.6　条形码技术

条形码(简称条码)技术是集条码理论、计算机技术、通信技术、光电技术、条码印制技术于一体的一种自动识别技术。条码技术具有准确率高、可靠性强、速度快、寿命长、成本低廉等特点，因而广泛应用于商品流通、图书管理、仓储标证管理、信息服务、工业生产等领域。条码是物流信息的载体，它是解决企业信息化管理的基础技术之一，是一种全球通用的标识系统。

2.6.1　条形码概述

1. 条形码的概念

条形码是将宽度不等的多个黑条和空白按照一定的编码规则排列，用以表达一组信息的图形标识符。常见的条形码是由反射率相差很大的黑条和白条排成的平行线图案。条码技术的使用解决了数据录入和数据采集的瓶颈问题，条形码可以标示物品的商品名称、生产日期、制造厂家、生产国家、图书分类号、邮件起止地点、商品类别等许多信息，它的应用也非常广泛，包括商品流通、图书管理、邮政管理、银行系统等众多领域。

2. 条形码的分类

按照码制进行分类，条形码可以分为 UPC 码、EAN 码、交叉 25 码、39 码、库德巴码、49

码、93 码、128 码。按照维数进行分类,条形码可以分为一维条码和二维条码。仅在一维几何空间表示信息的条形码为一维条码,其高度不表示信息,一维条码对"物品"的标识,即只给出"物品"的识别信息;二维条码是在一维条码的基础上发展而来的信息储存和解读技术。交叉25 码和 QR 码如图 2-6 所示。

(a) 交叉25码 　　　　　(b) QR码

图 2-6　一维条码和二维条码

3. 一维条码与二维条码的比较

我们通常见到的商品上的条码和储运包装物上的条码,基本上是一维条码,其原理是利用条码的粗细及黑白线条来代表信息,当拿扫描器来扫描一维条码,即使将条码上下遮住一部分,其所扫描出来的信息都是一样的,所以一维条码的条高并没有意义,只有左右的粗细及黑白线条有意义。二维条码除了左右(条宽)的粗细及黑白线条有意义外,上下的条高也有意义。与一维条码相比,由于左右(条宽)和上下(条高)的线条皆有意义,故可保存的信量就比较大。

二维条码和一维条码都是信息表示、携带和识读的手段。但在实际使用中,尽管在一些特定场合可以选择其中一种来满足需要,但它们的应用侧重点是不同的:一维条码用于对"物品"进行标识,二维条码用于对"物品"进行描述。和一维条码相比,二维条码的优点包括信息容量大、可靠性高、保密性强、易于制作、成本较低。

2.6.2　条形码的识别原理

1. 基本原理

要将按照一定规则编译出来的条形码转换成有意义的信息,需要经历扫描和译码两个过程。反射光的类型决定了物体的颜色,白色物体能反射各种波长的可见光,黑色物体可以吸收各种波长的可见光。当条形码扫描器光源发出的光在条形码上反射后,反射光照射到条码扫描器内部的光电转换器上,光电转换器根据反射光信号的强弱不同,转换成相应的电信号。

电信号输出到条码扫描器的放大电路之后,再经过模数变换电路将模拟信号转换成数字信号。白条、黑条的宽度不同,相应的电信号持续时间长短也不同。然后译码器通过测量脉冲数字电信号 0、1 的数目来判别条和空的数目。通过测量 0、1 信号持续的时间来判别条和空的宽度。此时所得到的数据不是有效数据,需要根据对应的编码规则(例如 EAN-8 码),将条形符号经过翻译转换成相应的数字、字符信息。最后,由计算机系统进行数据处理与管理,这样物品的详细信息就被正确识别了。

2. 条形码的识读

(1) 条形码识读系统构成

条形码识读系统是由扫描系统、信号整形、译码 3 部分组成,见图 2-7。

扫描系统由光电转换器件组成,包括光学系统及探测器,它完成对条码符号的光学扫描,

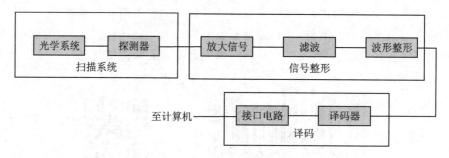

图 2-7　条形码识读系统构成图

并通过光电探测器,将条码条空图案的光信号转换成为对应的电信号;信号整形部分由信号放大电路、滤波电路、波形整形电路组成,它的功能在于将条码的光电扫描信号处理成为标准电位的矩形波信号,其高低电平的宽度对应于条码符号的条空尺寸;译码部分一般由嵌入式微处理器组成,它的主要功能是对条码的矩形波信号进行译码,其结果通过接口电路输出到条码应用系统中的数据终端。

（2）条码识读器的通信接口

条码识读器的通信接口一般是键盘接口和 RS-232 串口。

① 键盘接口方式。条码识读器与计算机通信的一种方式是键盘输入,即条码阅读器通过计算机键盘接口给计算机发送信息。条码识读器与计算机键盘口通过一个 4 芯电缆连接,通过数据线串行传递扫描信息。这种方式的优点在于:与操作系统无关,可以直接在各种操作系统上直接使用,不需要安装驱动程序,不需要外接电源。

② RS-232 方式。扫描条码得到的数据由串口输入,需要驱动或直接读取串口数据,并且需要外接电源。条码扫描器在传输数据时使用 RS-232 串口通信协议,使用时需要先设定一些串口参数,如波特率、数据位长度、有无奇偶校验和停止位等。

2.6.3　条形码技术的优点

相比其他自动识别技术,条形码是目前比较经济、实用的一种技术选择,应用非常广泛。它具有以下优点。

① 可靠性强。条形码的读取准确率远远超过人工记录,统计表明,平均每 15 000 个字符才会出现一个错误。键盘输入数据出错率为 1/300,利用光学字符识别技术出错率为万分之一,而采用条形码技术误码率低于百万分之一。

② 效率高。条形码的读取速度非常快,相当于每秒处理 40 个字符。与键盘输入相比,条形码输入的速度是键盘输入的 5 倍,并且能实现"即时数据输入"。

③ 易于制作。条形码编写简单,仅仅需要印刷即可完成制作,因此它也被称作为"可印刷的计算机语言",其识别设备简单、操作容易。

④ 成本低。条形码技术仅仅需要一小张贴纸和相对构造简单的光学扫描仪,与其他识别技术相比具有成本方面的显著优势。

⑤ 采集信息量大。利用传统的一维条码一次可采集几十位字符的信息,二维条码可以采集数千个字符的信息,并有一定的自动纠错能力。

⑥ 灵活实用。条形码符号可以手工键盘输入,也可以和有关设备组成识别系统实现自动

化识别,还可和其他控制设备联合起来实现整个系统的自动化管理。

2.6.4 条形码的结构及其扫描

1. 条形码的结构

条形码扫描器利用自带光源照射条形码,使用光电转换器接受反射的光线,根据反射光线的明暗转换成数字信号。不论采取何种规则印制的条形码,都包括空白区、起始字符、数据字符和终止字符四部分。有些条码在数据字符与终止字符之间还有校验字符。条形码的结构见图2-8,其中的含义如下。

① 空白区:没有任何印刷符或条形码信息,它通常是白的,位于条形码符号的两侧。其作用是提示阅读器处于扫描条形码符号的准备状态。

② 起始字符:条形码符号的第一位字符是起始字符,识别一个条形码符号的开始就是利用此起始字符的特殊条、空结构。阅读器首先确认此字符的存在,然后处理,获得一系列脉冲信号。

图2-8 条形码的结构

③ 数据字符:由条形码字符组成,用于代表一定的原始数据信息。

④ 校验字符:检验读取到的数据是否正确,不同编码规则可能会有不同的校验规则。如果条形符号有效,阅读器就向计算机传送数据并向操作者提供"有效读入"的反馈,其作用是避免输入不完整的信息。当采用校验字符时,终止字符指示阅读器对数据字符实施校验计算。

⑤ 终止字符:最后一位字符,用于告知代码扫描完毕,同时还能够起到校验计算的作用。为了方便进行双向扫描,起止字符结构通常是不对称的。因此扫描器扫描时可以自动对条码信息进行重新排列。

2. 条码扫描器

条码扫描器是用于读取条码所包含信息的阅读设备。条码扫描器利用光学原理,通过数据线或者无线的方式把条形码的内容解码后传输到计算机或其他设备,又称为条码阅读器及条码扫描枪。其广泛应用于超市、图书馆,用于扫描商品、单据的条码及物流快递等。商品条码需要条码软件,条码软件和条码扫描器同样密切相关。条码软件打印出来的条码直接决定了能不能被条码扫描器所识别。条码识读器如图2-9所示。

图2-9 条码识读器

2.6.5 条形码的编码规则和编码方案

1. 编码规则

① 唯一性。同种规格的同种产品对应同一个产品代码,同种产品不同规格需要对应不同的产品代码。结合产品的不同特征,如重量、气味、颜色、形状、包装、规格等,赋予不同的商品

代码。

② 永久性。产品代码一经分配，就不再改变，并且维持终身。当此种产品不再生产时，其对应的产品代码只能搁置起来，不得重复使用。

③ 无含义。为了保证代码有足够的容量以适应产品频繁更新换代的需要，一般采用没有含义的顺序码。

2. 编码方案

① 宽度调节法：宽度调节编码法是指条形码符号由宽窄的条单元和空单元以及字符符号间隔组成，窄的条单元和空单元逻辑上表示"0"，宽的条单元和空单元逻辑上表示"1"。

② 色度调节法：条形码符号是利用条和空的反差来标识的，空逻辑上表示"0"，而条逻辑上表示"1"。"0"和"1"的条空称为基本元素宽度或基本元素编码宽度，连续的"0""1"可以有 2 倍宽、3 倍宽、4 倍宽等。因此，这种编码法称为多种编码元素方式。

2.6.6 条形码的制作

条形码一般通过条码打印机或激光雕刻机打印的方式进行制作。条码打印机和普通打印机最大的区别在于，条码打印机的打印是以热转印为基础，以碳带为打印介质（或直接使用热敏纸）完成打印，配合不同材质的碳带可以实现高质量的打印效果和在无人看管的情况下实现连续高速打印。检测条码等级须使用专用的条码检测仪检测，条码等级可以从 A 级到 F 级进行划分，C 级以下的条码属于不合格条码。

1. 商品条码

世界上常用的码制有 EAN 条形码、UPC 条形码、标准 25 条形码、交叉 25 条形码、矩阵 25 码、MSI 码、ISBN 码、ISSN 码、库德巴条形码、39 条形码和 128 条形码等，可供选择的形式和标准较多，而商品上最常使用的就是 EAN 商品条形码、39 条形码和 128 条形码等。

EAN - 13 通用商品条形码一般由前缀部分、制造厂商代码、商品代码和校验码组成。商品条形码中的前缀码是用来标识国家或地区的代码，国际物品编码协会拥有赋码权，如 00～09 代表美国、加拿大，45～49 代表日本，690～695 代表中国大陆，471 代表中国台湾地区，489 代表香港特别行政区。制造厂商代码的赋码权在各个国家或地区的物品编码组织，我国由国家物品编码中心赋予制造厂商代码。商品代码是用来标识商品的代码，生产企业按照规定条件自己决定在何种商品上使用哪些阿拉伯数字作为商品条形码。商品条形码最后用 1 位校验码来校验商品条形码中左起第 1～12 位数字代码的正确性。EAN - 8 码类似于 EAN - 13 码，有效位数为 8 位。EAN - 13 码和 EAN - 8 码见图 2 - 10 所示。

39 码是一种可供使用者双向扫描的分布式条形码，它是指相临两数据码之间，必须包含一个不具任何意义的空白（或窄白，其逻辑值为 0），且其具有支持文字的能力，故应用较一般一维条形码广泛，目前一般应用于工业产品、商业数据及医院用的保健资料，它的最大优点是没有强制限定码数，可使用大写英文字母码，且检查码可忽略不计。

标准的 39 码是由起始安全空间、起始码、数据码、可忽略不计的检查码、终止安全空间及终止码所构成，其所编成的 39 码如图 2 - 11 所示。

一般来说，39 码具有以下特性：

① 条形码的长度没有限制，可随着需求作弹性调整，但在规划长度的大小时，应考虑条形

码阅读机所能允许的范围,避免扫描时无法读取完整的数据;

(a) EAN-13码

(b) EAN-8码

图 2-10 EAN-13 码和 EAN-8 码

起始码　　　　　　　　　　终止码

图 2-11 39 码的结构

② 起始码和终止码必须固定为" * "字符;

③ 允许条形码扫描器进行双向的扫描处理;

④ 由于 39 码具有自我检查能力,故检查码可有可无,不一定要设定;

⑤ 可表示的资料有:0～9 的数字,A～Z 的英文字母,以及"＋""－"" * ""/""％"" $ ""."等特殊符号,再加上空格符,共计 44 组编码,并可组合出 128 个 ASCII CODE 的字符符号。

Code 128 码和与 Code 39 码有很多的相近性,一般都运用在企业内部管理、生产流程、物流控制系统方面。不同之处在于 Code 128 能够比 Code 39 表现更多的字符,单位长度里的编码密度更高。当单位长度里不能容下 Code 39 编码或编码字符超出了 Code 39 的限制时,就可选择 Code 128 来编码。所以 Code 128 比 Code 39 更加灵活。

2. 印刷制作条形码的要求

商品条形码的标准尺寸是 37.29 mm×26.26 mm,放大倍率是 0.8～2.0。当印刷面积允许时,应选择 1.0 倍率以上的条形码,以满足识读要求。放大倍数越小的条形码,印刷精度要求越高,当印刷精度不能满足要求时,容易造成条形码识读困难。

条形码的识读是通过条形码的条和空的颜色对比度来实现的,只要能够满足对比度的要求的颜色即可使用。通常采用浅色作空的颜色,如白色、橙色、黄色等,采用深色作为条的颜色,如黑色、暗绿色、深棕色等,而最好的颜色搭配是黑条白空。根据条形码检测的实践经验,透明、金色不能作空的颜色,红色、金色、浅黄色不宜作条的颜色。

3. 商品条码数字的含义

以条形码 6936983800013 为例,此条形码分为 4 个部分,从左到右分别如下。

① 1～3 位:共 3 位,对应该条码的 693,是中国的国家代码之一。

② 4～8 位:共 5 位,对应该条码的 69838,代表生产厂商代码,由厂商申请,国家分配。

③ 9～12 位:共 4 位,对应该条码的 0001,代表着厂内商品代码,由厂商自行确定。

④ 第 13 位:共 1 位,对应该条码的 3,是校验码,依据一定的算法,由前面 12 位数字计算而得到。

2.6.7 二维条码

1. 一维条码的局限

一维条形码只是在一个方向(一般是水平方向)表达信息,而在垂直方向则不表达任何信息,其一定的高度通常是为了便于阅读器对准。一维条形码的应用可以提高信息录入的速度,减少差错率,由于受信息容量的限制,只能包含字母和数字,一维条码仅仅是对"物品"的标识,而不是对"物品"的描述,故一维条码的使用不得不依赖数据库的存在。在没有数据库和不便联网的地方,一维条码的使用受到了较大的限制,有时甚至变得毫无意义。条形码遭到损坏后便不能阅读。另外,用一维条码不方便表示汉字,且效率很低。随着现代高新技术的发展,迫切要求用条码在有限的几何空间内表示更多的内容,从而满足千变万化的信息表示的需要。

2. 二维条码的优点

因为具有高密度、高可靠性的特点,二维条码自出现以来,得到了人们的普遍关注,并且得到了快速发展。用它可以表示数据文件(包括汉字文件)、图像等。二维条码是大容量、高可靠性信息实现存储、携带并自动识读的理想方法。

① 信息容量大:二维条码可容纳多达 1 850 个大写字母或 500 多个汉字,比一维条码信息容量高几十倍。

② 编码范围广:二维条码可以把文字、图片、声音、指纹等信息先完成数字化,再用条码表示出来。

③ 纠错能力强:二维条码因穿孔、污损等引起局部损坏时,同样可以正确得到识读,损毁面积在 50% 左右仍可恢复信息。

④ 可靠性高:二维条码比一维条码译码错误率要低得多,误码率不超过千万分之一。

⑤ 保密性好:二维条码可引入加密措施,保密性好、防伪性高。

⑥ 阅读方便:二维条码可以使用激光或者 CCD 阅读器识读。

⑦ 灵活实用:条码标识既可以作为一种识别手段单独使用,也可以和有关识别设备组成一个系统实现自动化识别,还可以和其他控制设备连接起来实现自动化管理。

⑧ 易于制作:二维条码对设备和材料没有特殊要求,持久耐用,识别设备操作容易,不需要特殊培训,而且设备也相对便宜。

3. 二维条码的原理

二维条码是用某种特定的几何图形按一定规律,以平面分布的黑白相间的图形记录数据信息的。在代码编制上巧妙地利用构成计算机内部逻辑基础的"1""0"比特流的概念,使用若干个与二进制相对应的几何形体来表示信息,通过图像输入设备或光电扫描设备自动识读用来实现信息自动处理。它具有条码技术的一些共性,每种码制包含特定的字符集。每个字符占有一定的宽度,具有一定的校验功能,同时还可以对不同行的信息自动识别以及处理图形旋转改变。二维条码能够同时在横、纵两个方向表达信息,因此能在很小的面积内表达大量的信息。

4. 二维条码的分类

(1)矩阵式二维码

矩阵式二维条码(又称棋盘式二维条码)是建立在计算机图像处理技术、组合编码原理等基础上的一种新型图形符号自动识读处理码制,其利用在一个矩形空间通过黑、白像素在矩阵中的不同分布进行编码。在矩阵相应元素位置上,不出现点表示二进制的"0",用点(方点、圆点或其他形状)的出现表示二进制"1",点的排列组合确定了矩阵式二维条码所代表的意义。具有代表性的矩阵式二维条码有 Code One、Maxi 码、QR 码、DataMatrix 码等。Maxi 码和

Datamatrix 码如图 2-12 所示。

(2) 堆叠式/行排式二维条码

堆叠式/行排式二维条码(又称堆积式二维条码或层排式二维条码)编码原理是建立在一维条码基础之上,按需要堆积成两行或多行。它在编码设计、识读方式、校验原理等方面继承了一维条码的一些特点,条码印刷、识读设备可以与一维条码技术兼

(a) Maxi码　　(b) Datamatrix码
图 2-12　Maxi 码和 Datamatrix 码

容。但由于行数的增加,需要对行进行判定,其译码算法与软件也与一维条码不完全相同。Code 16K、Code 49、PDF 417 等是行排式二维条码的代表。PDF 417 码、Code 16K 码、Code 49 码如图 2-13 所示。

(a) PDF 417码　　　(b) Code 16K码　　　(c) Code 49码
图 2-13　PDF 417 码、Code 16K 码、Code 49 码

5. 二维条码的识别

二维条码的识别有两种方法:透过线型扫描器逐层扫描进行解码和透过照相、图像处理对二维条码进行解码。对于堆叠式二维条码,可以采用上述两种方法识读,但对绝大多数的矩阵式二维条码则必须使用面型 CCD 等扫描器设备,用照相方法识读。

用线型扫描器对二维条码进行识别的关键是如何防止垂直方向的信息漏读,因为在识别二维条码符号时,扫描线往往不会与水平方向平行。解决这个问题的方法之一是必须保证条形码的每一层至少有一条扫描线完全穿过,这样解码程序才能识读。这种方法简化了处理过程,但却降低了信息密度,因为每层必须要有足够的高度来确保扫描线完全穿过。

不同于其他堆叠式二维条码,PDF 417 码建立了一种能"缝合"局部扫描的机制,只要确保一条扫描线完全落在任一层中即可,因此层与层间不需要分隔线,而是以不同的符号码元来区分相邻层,因此,PDF 417 码的信息密度较高,是 Code 49 及 Code 16K 的数倍,但其识读设备也较为复杂。

6. 二维条码识读设备

按照阅读原理的不同阅读器可以划分为以下三类。

① 线性 CCD 和线性图像式阅读器。这种阅读器采用"扫动式阅读"方式,可阅读一维条码和线性堆叠式二维条码,在阅读二维条码时需要沿条形码的垂直方向扫过整个条形码。

② 带光栅的激光阅读器。可阅读一维条码和线性堆叠式二维条码。阅读二维条码时,不需要手工扫动,只需将光线对准条形码,由光栅元件完成垂直扫描即可。

③ 图像式阅读器。将条形码图像采用面阵 CCD 摄像方式摄取后进行分析和解码,可阅读一维条码和所有类型的二维条码。

另外,二维条码的识读设备依工作方式的不同还可以分为手持式、小滚筒式和平板扫描式。二维条码的识读设备对于二维条码的识读会受到一些限制,但是均能识别一维条码。

7. 二维条码的应用

二维条码从诞生之时就受到了各个行业的普遍关注,现已广泛地应用在交通运输、医疗保健、工业、商业、金融、海关、公共安全、国防及政府管理等领域。二维条码在信息存储和传递等实际应用中深度和广度已经超出了人们原先的想象,并发挥着越来越重要的作用。

2.7 RFID 技术概述

2.7.1 RFID 技术的特点

无线射频识别技术(Radio Frequency Identification,RFID)是一种能实现快速、实时、准确采集与处理信息的高新技术和信息标准化基础的重要技术之一。RFID 技术通过对实体对象(包括零售商品、生产零部件、集装箱、货运包装、物流单元等)的唯一有效标识,被广泛应用于生产、物流、交通、零售等各个行业。RFID 技术已逐步成为企业核心竞争力不可缺少的技术工具和手段。

RFID 技术是从 20 世纪 90 年代兴起的一项自动识别技术。RFID 在历史上的首次应用可以追溯到第二次世界大战期间,当时主要用于分辨敌方飞机与我方飞机。20 世纪 70 年代末,美国政府通过 Los Alamos 科学实验室将 RFID 技术转移到民用领域。RFID 技术最先在商业上的应用是在牲畜行业。20 世纪 80 年代,美国与欧洲的几家公司开始着手生产 RFID 标签。当前,RFID 技术已经被广泛应用于各个领域,从门禁管制、牲畜管理到物流管理,都获得了一定的应用。

RFID 是利用磁场和电磁波,通过无线射频方式进行非接触双向通信以识别目的并且交换数据,可识别高速运动的物体并可同时识别多个目标。RFID 技术无须直接接触、无须光学可视、无须人工干预即可完成信息输入和处理,操作方便快捷,与传统识别方式相比更具有优势。涵盖的应用领域包括生产、物流、医疗、防伪、跟踪、设备和资产管理等,适用于需要收集和处理数据的场合。

RFID 自动识别的优势及特点主要表现在如下几个方面。

(1) 快速扫描

一次只能有一个条形码被扫描;RFID 读写器可同时辨识读取数个 RFID 标签。

(2) 体积趋于小型化、形状趋于多样化

RFID 在读取上并不受尺寸大小与形状限制,无须为了读取精确度而配合纸张的固定尺寸和印刷品质。此外,RFID 标签更可向小型化与多样形态发展,以应用于不同产品。

(3) 穿透性和无屏障阅读

在被覆盖的情况下 RFID 能穿透纸张、木材和塑料等非金属或非透明的物质,并能进行穿透性通信。条形码扫描机必须在近距离而且没有物体阻挡的情况下才可辨读条形码。

(4) 抗污性和耐久性强

传统条形码的载体是纸张,因此容易受到污染,但 RFID 对水、油和化学药品等物质具有很强的抵抗性。此外,由于条形码是附着在外包装纸箱或塑料袋上,容易受到折损;RFID 标签是将数据存在芯片中,因此可以免受污损。

（5）数据存储容量大

一维条形码的容量是 50 B,二维条形码(PDF417 码)可以容纳 1 848 个字母字符或 2 729 个数字字符,约 500 个汉字信息,RFID 最大的容量则有数兆字节。随着记忆载体的发展,数据容量也有不断扩大的趋势。未来物品所需携带的资料量会越来越大,这对标签储存容量也提出了更高的要求。

（6）可重复使用

条形码识别技术中,条形码印刷上去之后就无法更改,而 RFID 标签则可以重复地新增、修改和删除。RFID 标签内存储的数据,可以随时进行更新。

（7）安全性

RFID 承载的是电子式信息,其数据内容可经由密码保护,使其内容不易被伪造及更改。RFID 不仅可以帮助企业大幅提高货物、信息管理的效率,还可以使销售企业和制造企业信息互连,从而更加准确地接收反馈信息,控制需求信息,优化整个供应链。在统一的标准平台上,RFID 标签在整条供应链内任何时候都可提供产品的流向信息,让每个产品信息具有共同的表达方式。利用计算机互联网就能实现物品的自动识别和信息变换与共享,进而实现对物品的透明化管理,实现真正意义上的"物联网"。

2.7.2　RFID 系统的组成

典型的 RFID 系统主要由阅读器、电子标签、RFID 中间件和应用系统软件三部分构成,一般把中间件和应用软件统称为应用系统,如图 2-14 所示。下面对系统的各个组成部分进行介绍。

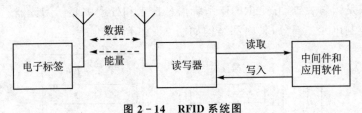

图 2-14　RFID 系统图

1. 硬件组件

（1）电子标签

电子标签的内部结构如图 2-15 所示。

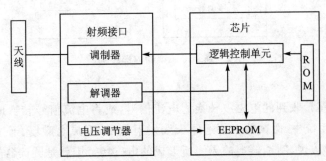

图 2-15　电子标签的内部结构图

电子标签(Electronic Tag)也称为智能标签(Smart Label),是指由无线通信天线和IC芯片组成的超微型小标签,其内置的射频天线用于和阅读器进行通信。系统工作时,阅读器发出查询能量信号,无源标签在收到查询能量信号后将其一部分整流为直流电源,激活电子标签内的工作电路;另一部分能量信号被电子标签内保存的数据信息调制后反射回阅读器。

电子标签内部各模块功能描述如下。

① 天线:用来接收阅读器送来的信号,并把要求的数据送回给阅读器。

② 电压调节器:把阅读器送来的射频信号转换为直流电源,并经大电容存储能量,再经由稳压电路处理以提供稳定的电源。

③ 调制器:逻辑控制电路送出的数据经调制电路调制后加载到天线送给阅读器。

④ 解调器:去除载波以得到真正的调制信号。

⑤ 逻辑控制单元:用来译码阅读器送来的信号,并依其要求回送数据给阅读器。

⑥ 存储单元:包括EEPROM与ROM,作为系统运行及存放识别数据的位置。

根据其应用场合不同表现为不同的应用形态,可以制作出不同形式用于识别的电子标签,如在动物跟踪和追踪领域中称为动物标签或动物追踪标签、电子狗牌;在不停车收费或车辆出入管理等车辆自动识别领域中称为车辆远距离IC卡、车辆远距离射频标签或电子牌照;在访问控制领域中称为门禁卡或一卡通。

(2) 阅读器

阅读器(Reader)又称读头、读写器等,在RFID系统中扮演着重要的角色,阅读器主要负责与电子标签的双向通信,同时接收来自主机系统的控制指令。阅读器的频率决定了RFID系统工作的频段,射频识别的有效距离由其功率决定。根据使用的结构和技术不同,阅读器可以是只读装置或是读写装置,它是RFID系统信息控制和处理中心。阅读器通常包括天线、射频接口和逻辑控制单元三部分,其内部结构如图2-16所示。

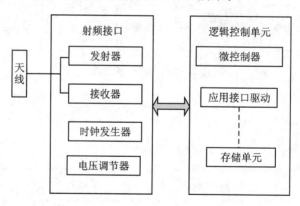

图2-16 阅读器内部结构图

1) 天 线

天线是一种能将接收到的电磁波转换为电流信号,或将电流信号转换成电磁波发射出去的装置。在RFID系统中,阅读器必须通过天线发射能量,形成电磁场,通过电磁场对电子标签进行识别,因此可以说,阅读器上的天线所形成的电磁场范围就是阅读器的可读区域。

2) 射频接口

射频接口模块完成以下主要任务:

① 产生高频发射能量,激活电子标签并为其提供能量;

② 对发射信号进行调制,将数据传输给电子标签;

在射频接口通过两个分隔开的信号通道完成电子标签与阅读器两个方向的数据传输。通过发射器分支通道发射传送给电子标签的数据,而通过接收器分支通道接收来自于电子标签的数据。

3) 逻辑控制单元

逻辑控制单元也称为读写模块,其具有以下主要任务:

① 信号的编解码;

② 控制阅读器与电子标签的通信过程;

③ 与应用系统软件进行通信,并执行从应用系统软件发送过来的指令;

④ 对阅读器和标签之间传输的数据进行加解密;

⑤ 执行防碰撞算法;

⑥ 对阅读器和标签的身份进行验证。

2. 软件组件

(1) 中间件

中间件是一种独立的系统软件或服务程序,分布式应用软件借助这种软件在不同的技术之间共享资源。中间件位于客户机、服务器的操作系统之上,管理计算资源和网络通信。

RFID 中间件在电子标签和应用程序之间扮演着中介角色,从应用程序端使用中间件提供的一组通用的应用程序接口(API),即能连到 RFID 阅读器,读取电子标签数据。这样,即使存储电子标签信息的数据库软件或后端应用程序增加或被其他软件取代,或者当 RFID 阅读器种类增加等情况发生时,应用端不需做任何修改,依然能够处理数据,解决了多对多连接时维护较为复杂的问题。

RFID 中间件主要包括以下 4 个功能。

1) 阅读器协调控制

终端用户可以通过 RFID 中间件接口直接配置、监控及发送指令给阅读器。例如,终端用户可以配置阅读器,当频率碰撞发生时,阅读器自动关闭。一些 RFID 中间件开发商还提供了支持阅读器即插即用的功能,终端用户新添加不同类型的阅读器时不需要增加额外的程序代码。

2) 数据过滤与处理

当标签信息传输发生错误或者有冗余数据产生时,RFID 中间件可以通过一定的算法纠正错误并过滤掉冗余数据。RFID 中间件可以避免不同的阅读器读取同一电子标签的碰撞,确保高于阅读器水平的数据准确性。

3) 进程管理

在进程管理中,RFID 中间件根据客户定制的任务负责事件的触发与数据的监控。例如,在仓储管理中,设置中间件来监控货品库存的数量,当库存量低于设置的标准时,RFID 中间件会触发事件,通知相应的应用软件。

4) 数据路由与集成

RFID 中间件能够决定采集到的数据传递给哪一个应用。RFID 中间件可以与企业现有的企业资源计划(ERP)、客户关系管理(CRM)、仓储管理系统(WMS)等软件集成在一起,提供数据的路由与集成,同时中间件还可以保存数据,给各个应用分批地提交数据。

（2）RFID 应用系统软件

RFID 应用系统软件可以有效地控制阅读器读写电子标签信息,可以根据不同行业需求进行定制开发。RFID 应用系统软件用于对收集到的目标信息进行集中的统计与处理。RFID 应用系统软件可以集成到现有的电子商务和电子政务平台中,与 ERP、CRM 以及 WMS 等系统结合以提高各行业的生产效率。

2.7.3 RFID 技术基础

1. RFID 通信方式

RFID 通信是指电子标签和读写器之间的数据传输,传输的是无线电信号,其主要特点是通信距离短。

读写器通过其天线向标签发射载波能量,标签天线接收载波能量后,一部分变成标签的电能,另一部分向外反射。标签用 110010 脉冲序列（示例）控制标签天线开关,改变其反射能量。读写器收到后再解读反射能量,提取脉冲序列 110010,完成数据反向传输。

2. RFID 常用的编码方法

REID 常用的编码方式有反向不归零码（Non - Return to Zero,NRZ）、曼彻斯特编码（Man - Chester）、单极性归零编码（Unipolar RZ）、差分二相编码（Differential Binary Phase,DBP）、密勒编码（Miller）、变形密勒编码和差分编码。

RFID 系统的一项重要工作就是编码,二进制编码是用不同形式的代码来表示二进制的 0 和 1。对于传输数字信号来说,最常用的方法是用不同的电压电平来表示两个二进制数字,也即数字信号由矩形脉冲组成。按数字编码方式,可以将编码划分为单极性码和双极性码,单极性码使用＋（或－）的电压表示数据;双极性码 1 为反转,0 为保持零电平。以信号是否归零作为判断条件,还可以将编码分为归零码和非归零码,归零码码元中间的信号回归到 0 电平,而非归零码遇 1 电平翻转,遇 0 保持不变。

3. RFID 常用的调制方法

按照从读写器到电子标签的传输方向,读写器中发送的信号一般先需要进行编码,然后通过调制器调制信号,最后经过传输通道传送出去。基带数字信号往往具有丰富的低频分量,必须用数字基带信号对载波进行调制,而不是直接传送基带信号,以便信号与信道的特性相匹配。用数字基带信号控制载波,把数字基带信号变换为数字已调信号的过程称为数字调制,RFID 主要采用的方式就是数字调制。

数字调制与模拟调制的基本原理相同,但数字信号有离散取值的特点,数字调制技术利用这一特点,通过开关键控载波,从而实现数字调制。这种方法一般也称为键控法。通过对载波的振幅、频率或相移进行键控,使高频载波的振幅、频率或相位与调制的基带信号相关,从而获得三种基本的数字调制方式:振幅键控、频移键控和相移键控。

数字信号可以按照二进制与多进制进行处理,数字调制也分为二进制调制与多进制调制。在二进制调制中,调制信号只有两种可能的取值;在多进制调制中,调制信号可能有 M 种取值,M 一般大于 2,其中包括多进制相移键控等,如正交相移键控 QPSK。

为了提高调制的性能,经过研究,又提出了多种新的调制解调体系,其中包括振幅和相位联合键控等,出现了一些特殊的、改进的和现代的调制方式,如最小频移键控 MFSK、正交振幅调制 QAM 和正交频分复用 OFDM 等。

2.7.4　RFID 系统的工作原理

根据不同的通信原理,RFID 系统一般分为两类:一类是电感耦合(Inductive Coupling)系统,另一类是电磁反向散射耦合(Backscatter Coupling)系统。电感耦合系统依据的是电磁感应定律,通过空间高频交变磁场实现耦合。该方式一般适用于低频和中频工作的近距离 RFID 系统,典型工作频率为 125 kHz、134.2 kHz、13.56 MHz。其识别作用距离一般小于 1 m,典型作用距离为 0～20 cm。

电磁反向散射耦合基于雷达模型,依据的是电磁波的空间传播规律,发射出去的电磁波碰到目标后反射,同时携带目标信息。该方式一般适用于高频、微波段的远距离 RFID 系统,典型的工作频率为 433 MHz、915 MHz、2.45 GHz、5.8 GHz。识别作用距离大于 1 m。

(1) RFID 系统的基本工作原理

RFID 系统的基本工作原理是由读写器通过发射天线发送特定频率的射频信号,当电子标签进入有效工作区域时产生感应电流,从而获得能量,进而被激活,使得电子标签通过内置射频天线将自身编码信息发送出去;读写器的接收天线接收到从标签发送来的调制信号,经天线调节器传送到读写器信号处理模块,经解调和解码后将有效信息送至后台主机系统进行相关的处理;主机系统根据逻辑运算识别该标签的身份,针对不同的设定做出相应的处理和控制,最终发出指令信号控制读写器完成相应的读写操作。

(2) 电感耦合 RFID 系统的工作原理

1) 能量传送

电感耦合 RFID 系统的能量传送如图 2-17 所示,读写器天线线圈激发磁场,其中一部分磁力线穿过电子标签天线线圈,通过感应,在电子标签的天线线圈上产生电压 U,将其整流后作为微芯片的工作电源。

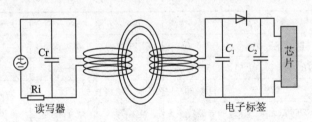

图 2-17　电感耦合方式能量传送原理图

电容器 Cr 与读写器的天线线圈并联,形成谐振频率与读写器发射频率相符的并联振荡回路,该回路的谐振能够使读写器的天线线圈产生较大的电流。

电子标签的天线线圈和电容器 C_1 构成振荡回路,调谐到读写器的发射频率。通过该回路的谐振,电子标签线圈上的电压 U 达到最大值。这两个线圈的结构可以被解释为变压器的耦合。

2) 数据传输

在电感耦合系统中,对于电子标签和读写器天线之间的作用距离不超过 0.16 λ,电子标签处于近场范围内,与读写器的数据传输为负载调制。

如果把谐振的电子标签放入读写器天线的交变磁场,那么电子标签就可以从磁场获得能量,通过采样读写器天线中的电流,以及读写器内阻上的压降,可计算出传送给电子标签的能耗。电子标签天线上负载电阻的接通与断开促使读写器天线上的电压发生变化,完成用电子标签对天线电压的振幅调制。如果通过数据控制负载电压的接通和断开,这些数据就可以从标签传输到读写器。

此外,由于读写器天线和电子标签天线之间的弱耦合,读写器天线上表示有用信号的电压波动比读写器的输出电压小。对于 13.56 MHz 的系统,天线电压只能得到约 10 mV 的有用信号。因为不方便检测这些小电压的变化,所以可以采用天线电压振幅调制所产生的调制波边带。如果电子标签的附加负载电阻以很高的时钟频率接通或断开,那么在读写器发送频率将产生两条谱线,此时该信号就容易检测了,这种调制也称为副载波调制。

(3) 电磁反向散射 RFID 系统的工作原理

1) 反向散射

雷达技术为 RFID 的反向散射耦合方式提供了理论和应用基础。电磁波从天线向周围空间发射,到达目标的电磁波能量的一部分被目标吸收,另一部分以不同的强度散射到各个方向。在散射的能量中,一小部分反射回发射天线,并被天线接收,对接收信号进行放大和处理,就可以获得目标的有关信息。

2) RFID 反向散射耦合方式

一个目标反射电磁波的频率由反射横截面来确定。反射横截面的大小与目标的大小、形状和材料,电磁波的波长和极化方向等参数有关。由于目标的反射性能通常随频率的升高而增强,所以 RFID 反向散射耦合方式主要应用于 915 MHz、2.45 GHz 甚至更高频率的系统中,标签和读写器的作用距离通常大于 1 m。

(4) RFID 与其他自动识别技术的比较

表 2-1 所列为常见自动识别技术的性能对比。

表 2-1　常见自动识别技术的性能对比

	条形码	磁卡	IC 卡	光学字符	生物识别	射频识别
传输介质	纸、塑料、金属	磁介质	EEPROM	物质表面	—	EEPROM
字节长度	1~100	16~64 k	16~64 k	1~100		16~64 k
读写性能	读	读/写	读/写	读	读	读/写
读取方式	CCD/激光束扫描	电磁转换	电擦写	光电转换	机器识别	无线通信
人工识别性	受约束	不可	不可	简单	不可	不可
机器识别效果	好	好	好	好	速度慢	好
国际标准	有	有	有	无	无	有
识别速度	低	低	低	低	很低	很快
识别距离	0~50 cm	直接接触	直接接触	<1 cm	直接接触	0~5 m
通信速度	慢	块	块	低	较低	很快
信息量	小	较小	大	小	大	大
方向位置影响	很小	单向	单向	很小	—	无

	条形码	磁卡	IC 卡	光学字符	生物识别	射频识别
智能化	无	无	有	无	—	好
保密性	无	一般	好	无	好	好
多标签识别	不能	不能	不能	不能	不能	能
环境适应性	差	一般	一般	差	—	很好
遮光影响程度	失效	—	—	失效	可能	无
成本	低	低	较高	一般	较高	较高

目前广泛使用的条形码、磁卡、IC 卡等自动识别技术受连线和空间的限制较大,而 RFID 技术主要以无线方式进行双向通信,不易受空间限制,可以快速进行物品追踪和数据交换,同时具有以下几个显著特点。

- 数据的读写功能。只要通过 RFID 读写器即可不需接触,直接读取标签信息并发送到数据库内,还可一次处理多个标签,并将处理的状态写入标签,供后续处理单元读取判断使用。
- 易于小型化和多样化的形状。RFID 在读取中不受尺寸大小与形状限制,标签可采用小型化与多样形状,以应用在不同场合。
- 适应环境能力强。RFID 经封装处理后对水、油和化学药品等物质有强力的抗污性,且在黑暗或强光环境之中,读取数据不受影响。
- 穿透性好。RFID 被纸、木材和塑料等非金属或非透明的材质覆盖时,也可以进行穿透性通信,但遇到金属材质阻挡时,通常须经特殊处理才能通信。
- 数据的存储容量大。数据容量会随着记忆规格的发展而扩大,未来物品所需携带的信息量越来越大,对标签所能扩充容量的需求也在增加,通过扩展存储芯片的容量,RFID 很容易满足这类需求。
- 动态实时通信。RFID 标签能以 50~100 次/秒的频率与读写器进行通信,所以只要 RFID 标签所附着的物体出现在读写器的有效识别范围内,就可以对其位置进行动态的追踪和监控。
- 可重复使用。RFID 标签可以重复擦写,因此可以回收标签重复使用。
- 安全性更高。RFID 电子标签不仅可以嵌入或附着在不同形状、类型的产品上,而且可以为标签数据的读写设置密码保护,从而获得更高的安全性。

2.7.5　电子标签

1. 电子标签概述

电子标签作为射频识别的信息载体,由 IC 芯片和通信天线组成,它是 RFID 系统中存储可识别数据的电子装置,又称应答器(Transponder、Responder)、射频卡、数据载体等,简称标签(Tag)。

在实际应用中,电子标签通常安装在被识别对象表面,读写器可采用非接触方式读写标签存储器中的信息,是目前使用的条形码的无线版本。电子标签的应用给零售、物流等产业带来了革命性的变化。如果电子标签技术能与电子供应链更好地融合,则它很有可能比条形码扫描技术获得更广泛的应用。

电子标签采用无线电射频透过外部材料读取数据,而不仅仅像条形码技术一样局限于可视范围,因此可突破条形码的技术局限,可以识别单个的非常具体的物体,而不是像条形码那样只能识别一类物体;而且不像条形码只能一个一个地识读物体,可以同时对多个物体进行识读;此外,电子标签存储的信息量也非常大。

2. 电子标签种类

针对标签使用对象的材料特性以及涉及的应用环境不同,标签具有不同的形状、大小和工作频率;工作频率不同标签读取的范围也会有很大的变化;标签的内存作为一种电子设备,需要提供能量才能工作;另外,标签的内存是一种受限资源,取决于标签数据写入的频率,即多长时间写一次。考虑到安全因素,有些标签的数据一旦写入,就不能改变。因此,按照能量获取方式、数据调制方式、可读写性、工作频率和数据存储特性等方面的不同,电子标签可划分为不同的种类。

(1)按能量来源分类

尽管电子标签的电能消耗非常低(一般是 1/100 mW 级别),但在实际应用中,电子标签的天线和 IC 芯片必须在有足够的电能供应条件下才能正常工作。按照标签获取电能方式的不同,标签可分为无源标签和有源标签;根据使用电能的方式不同,标签又可分成主动式标签、被动式标签和半被动式标签。

1)无源标签和有源标签

无源标签的内部不带电池,需靠外界提供能量才能正常工作。无源标签典型的产生电能的装置是天线与线圈,当标签进入系统的工作区域,天线接收到特定的电磁波,线圈就会产生感应电流,再经过整流并给电容充电,电容电压经过稳压后可作为工作电压。无源标签具有永久的使用期,经常被用于标签信息需要进行频繁读写的场合,而且无源标签支持长时间的数据传输和永久性的数据存储。它的主要缺点是数据传输的距离要比有源标签短。因为无源标签依靠外部的电磁感应供电,电能比较弱,数据信号强度和传输的距离就会受到限制,所以需要敏感性比较高的信号接收器才能可靠识读。但它的易用性、价格、体积决定了它是电子标签的主流。

有源标签需要通过其自带的内部电池进行供电,因此电能充足,信号传送的距离远,工作可靠性高。另外,有源标签可以通过设计电池的不同寿命对标签的使用时间或使用次数进行限制,它可以用在需要限制数据传输量或者使用数据有限制的地方。其缺点主要是体积大,价格高,标签的使用寿命受到限制,而且随着标签内电池电力的消耗,数据传输的距离会越来越小,影响系统的正常工作。

2)主动式标签、被动式标签和半被动式标签

① 主动式标签。一般来说主动式 RFID 系统为有源系统,即主动式标签用自身的射频能量主动地发送数据给读写器,在有障碍物的情况下,只需穿透障碍物一次。由于主动式电子标签自带电池供电,可提供充足的电能,工作可靠性高,信号传输距离远。主要缺点是随着标签内部电池能量的逐渐降低,数据传输距离越来越短,以致影响系统的正常工作,也导致标签的使用寿命受到限制。

② 被动式标签。被动式标签必须利用读写器的载波来调制自身的信号,标签产生电能的

装置是天线和线圈。标签进入 RFID 系统工作区后,天线接收特定的电磁波,线圈产生感应电流供给标签工作,在有障碍物的情况下,读写器的能量必须来回穿越障碍物两次。这类标签一般用于门禁系统或交通系统中,因为读写器可以确保只激活一定范围内的电子标签。

③ 半主动式标签。在半主动式 RFID 系统里,电子标签本身带有电池,但是标签并不通过自身能量主动发送数据给读写器,电池只负责对标签内部电路供电。标签需要被读写器的能量激活,然后才通过反向散射调制方式传送自身数据。

半主动式标签内的电池能为本身耗电很少的标签电路供电,仅对标签内要求供电维持数据的电路供电或者为标签芯片工作所需的电压提供辅助支持。标签未进入工作状态前一直处于休眠状态,标签内部电池能量消耗很少,因而电池能量可维持几年,甚至长达 10 年之久。当标签进入读写器的读取区域,受到读写器发出的射频信号激励而进入工作状态时,标签内部电池的作用主要在于弥补标签所处位置的射频场强不足,标签内部电池的能量并不转换为射频能量,标签与读写器之间信息交换的能量来源以读写器供应的射频能量为主。

(2) 按标签读写方式分类

基于标签的存储器类型,可以将标签分成 3 种,分别是只读(Read Only,RO)标签、可读可写(Read and Write,RW)标签和一次写入多次读出(Write Once Read Many,WORM)标签。

1) 只读标签

只读标签内部使用只读存储器(Read Only Memory,ROM)。标签的标识信息被存储在 ROM 中。这些信息是由制造商在标签制造过程中写入 ROM,电子标签在出厂时,即已将完整的标签信息写入标签。这种情况在实际使用过程中,电子标签一般具有只读功能。也可以在标签开始使用时由使用者根据特定的应用目的写入特殊的编码信息。

只读标签信息的写入,在更多情况下是在电子标签芯片的生产过程中将标签信息写入芯片,使得每一个电子标签拥有一个唯一的标识 UID(如 96b)。应用过程中,须再建立标签唯一 UID 与待识别物品的标识信息之间的对应关系(如车牌号)。只读标签信息的写入也有在应用之前将完整的标签信息由专用的初始化设备写入的模式。

一般电子标签的 ROM 区存放有厂商代码和无重复的序列码,每个厂商的代码是固定和唯一的,每个厂商的每个产品的序列码也不相同。所以每个电子标签都有唯一码,这个唯一码又被存放在 ROM 当中,所以标签就没有可仿制性,能起到防伪作用。

2) 可读可写标签

可读可写标签内部的存储器,除了 ROM、缓冲存储器之外,还有非活动可编程记忆存储器。这种存储器一般是电可擦除可编程只读存储器(EEPROM),它除了具有存储数据功能外,还可以在适当的条件下允许对数据重新写入以及多次擦除。可读可写标签还可能有随机存取器(Random Access Memory,RAM),用于存储标签反应和数据传输过程中临时产生的数据。

可读写标签适合存储数据量比较大的场合,这种标签一般都是用户可编程的,标签中除了存储标识码外,还可以存储许多被标识项目的其他相关信息,如生产信息、防伪校验码等。在实际应用中,在标签中存储了被标识项目的所有信息,读标签就可以得到关于被标识目标的大部分信息,而不必连接到数据库进行信息读取。另外,在读标签的过程中,可以根据特定的应用目的控制选择数据保存的地址,读取用户感兴趣的信息内容。

3）一次写入多次读出标签

一次写入多次读出（Write Once Read Many，WORM）的电子标签也在实际中广泛应用，包括有接触式改写和无接触式改写两种使用形式。这类 WORM 标签一般大量用在一次性使用的场合，如航空行李标签、特殊身份证件标签等。RW 卡一般比 WORM 卡和 RO 卡价格更高，如电话卡、信用卡等；WORM 卡是用户可以一次性写入的卡，写入后数据不能改变，比 RW 卡要便宜。RO 卡存有一个唯一的 ID 号码，不能修改，具有较高的安全性。

利用编程器可以读写电子标签。编程器是向标签写入数据的装置。编程器写入数据一般来说是离线（Off - Line）完成的，也就是在标签中预先写入数据，等到开始应用时直接把标签黏附在被标识项目上。也有一些 RFID 应用系统用于生产环境中作为交互式便携数据文件处理，写数据是在线（On - Line）完成的。

（3）按标签功能分类

按照电子标签完成的功能进行划分，电子标签还可以分为 1 位标签、声表面波标签、芯片标签、微处理器标签。

1）1 位电子标签

1 位电子标签是通过天线开关状态的改变实现数据的传送，只表示两个状态 0 和 1，相当于只有 1 位数据，因此，称其为 1 位电子标签，它是最早的商用电子标签，在 20 世纪 60 年代的商品电子监视器（EAS）中获得了一定的应用。它不需要芯片，可以采用微波法、射频法、分频法、电磁法等方法进行工作。

2）声表面波标签

声表面波（Surface Acoustic Wave，SAW）是传播于压电晶体表面的机械波。基于 SAW 技术制造的电子标签称为声表面波标签，它以声表面波器件为核心，克服了 IC 芯片工作时要求直流电源供电的缺陷，同样实现了电子标签的数据保存功能及无接触空间无限通信的功能。它不需要芯片，能够在有金属物体、液体、强电磁干扰的环境及高温恶劣环境中正常工作，应用了电子学、声学、半导体平面技术及信号处理技术，具有纯无源阅读距离远（可达数米至数十米）、批量成本低、工作温度范围宽（-100～300 ℃）和抗电磁干扰能力强等特点，是 IC 芯片标签的重要补充，它作为一种新兴的自动识别技术已经获得了广泛的关注。

SAW 标签的组成包括叉指换能器和若干反射器，换能器的两条总线与电子标签的天线相连接。阅读器的天线周期地发送高频询问脉冲，在电子标签天线的接收范围内，被接收到的高频脉冲通过叉指换能器转变成声表面波，并在晶体表面传播。反射器组对入射表面波部分反射，并返回到叉指换能器，叉指换能器又将反射声脉冲串转变成高频电脉冲串。如果将反射器组按某种特定的规律设计，使其反射信号表示规定的编码信息，那么阅读器接收到的反射高频电脉冲串就带有该物品的特定编码。通过解调与处理，达到自动识别的目的。

3）无芯片标签

无芯片标签指的是不含有 IC 芯片的电子标签。其特点是超薄、低成本，存储数据量少。典型的实现技术有远程磁学技术（Remote Magnetics）、层状非晶体管电路技术（Laminar Transistorless Circuits）、层状晶体管电路技术等。

从成本方面考虑，无芯片标签最终能以 0.1 美分的花费直接印在产品和包装上，才有可能在诸如包装消费品、邮递物品、药品和书籍等最大的 RFID 应用领域内得到全面实施，以更灵活可靠的特性取代每年十万亿使用量的条形码。无芯片电子标签最适宜应用于物品管理、大容量安全文档、空运包裹等高价值物流。

4）芯片标签

芯片标签是以集成电路芯片为基础的电子标签,这也是目前使用最广泛的一类电子标签。它主要由天线、射频电路和控制电路三部分组成,具有存储功能。根据实际要求,可设计为只读标签、可读写标签和加密标签。

5）微处理器标签

微处理器标签是指增加了独立 CPU 处理器和芯片操作系统的电子标签,可以实现更加复杂的功能,同时具有更高的安全性。微处理器标签可以集成各类传感检测功能、无线通信功能,支持更大的存储容量。目前的典型应用是车载电子标签,它是由微处理器、射频模块、天线单元、存储单元高能电池、IC 卡等组成,具有 433 MHz 无线通信功能和 IC 卡功能,能精确记录车辆行驶路径,路侧天线设备与车载电子标签的无线通信灵敏度高达 −109 dBm,通信距离最远可达 300 m。这种标签非常适合高速公路使用,当车辆行驶速度小于 200 km/h 时,路侧天线设备与车载电子标签之间的通信依然稳定可靠。

（4）按标签工作频率分类

从应用概念来说,电子标签工作频率也就是 RFID 系统工作频率,是其最重要的特点之一。电子标签的工作频率不仅决定着 RFID 系统的工作原理是基于电感耦合还是电磁耦合,识别距离的远近,还决定着电子标签及读写器实现的难易程度和设备的成本。工作在不同频段或频点上的电子标签具有不同的特点。射频识别应用占据的频段或频点在国际上有公认的划分,即位于 ISM 波段。典型的工作频率有 125 kHz、133 kHz、13.56 MHz、27.12 MHz、433 MHz、902~928 MHz、2.45 GHz、5.8 GHz 等。

1）低频段电子标签

低频段电子标签,简称为低频标签,其工作频率范围为 30~300 kHz。典型工作频率有 125 kHz、133 kHz。低频标签一般为无源式电子标签,其工作能量通过电感耦合方式从读写器耦合线圈的辐射近场中获得。低频标签与读写器之间传送数据时,低频标签需位于读写器天线辐射的近场区内。一般情况下低频标签的阅读距离小于 1 m。

低频标签的典型应用有容器识别、工具识别、电子闭锁防盗(带有内置应答器的汽车钥匙)、动物识别等。与低频标签相关的国际标准有 ISO 11784/11785(用于动物识别)、ISO 18000-2(125~135 kHz)。低频标签有多种外观形式,应用于动物识别的低频标签外观有项圈式、耳牌式、注射式、药丸式等。

2）中高频段电子标签

中高频段电子标签的工作频率一般为 3~30 MHz。典型工作频率为 13.56 MHz。该频段的电子标签从射频识别应用角度来看,因其工作原理与低频标签完全相同,即采用电感耦合方式工作,所以适合将其归为低频标签类中;另外,如果按照无线电频率的一般划分,其工作频段又称为高频,所以也常常将其称为高频标签。

高频电子标签一般也同低频标签一样采用无源方式,也是通过电感耦合方式从读写器耦合线圈的辐射近场中获得。标签与读写器进行数据交换时,标签必须位于读写器天线辐射的近场区内。中频标签的阅读距离一般情况下也小于 1 m。高频标准的基本特点与低频标准相似,由于其工作频率的提高,可以选用较高的数据传输速率。电子标签天线设计相对简单,标签一般制成标准卡片形状。

由于高频标签可方便地做成卡片形状，能够应用于电子车票、电子身份证、电子闭锁防盗等场合。

3）超高频标签

RFID 在超高频段（300～1 000 MHz）使用两个频段，分别是 433 MHz 和 860～960 MHz。工作在超高频段的电子标签，称为超高标签，其典型工作频率为 433.92 MHz、862（902）—928 MHz。

从频率特性考虑，433 MHz 频率用于主动式标签，而 860～960 MHz 频段大部分用于被动式标签和一些半被动式标签。工作在这一频段的标签和读写器称为超高频标签和超高频读写器。虽然超高频读写器的成本通常比高频读写器高很多，但超高频标签正在逐渐降低。

超高频读写器与标签进行通信时采用电磁耦合方式，当电磁波通过多个路径到达接收器时，电磁波的发射、衍射和折射将产生多径效应。一些从多径到达的信号削弱了原始的信号。这将在读取区内产生多变的信号强度。超高频标签在低信号点可能无法读取，这会导致随机的标签无法读取的问题。超高频天线是方向性的，将会产生一个具有明确边界的读取区，尽管这个区域可能含有盲区。

超高频标签的数据存储容量一般限定在 2 KB 以内，因此微波电子标签并不适合作为大量数据的载体，它的主要功能在于标识物品并完成无接触的识别过程。典型的数据容量指标有 1 KB、64 KB、128 KB 等，EPC 的容量为 90 B。

超高频标签的典型应用包括仓储物流管理、航空包裹管理、移动车辆识别、电子身份证和电子防盗、集装箱运输管理、铁路包裹管理、制造自动化管理等。

4）微波标签

微波标签的天线具有方向性，有助于确定被动式和半被动式标签的读取区。由于微波波长更短，微波天线更容易设计成和金属物体一起发挥作用的形式。微波频段上的带宽更宽，同时跳频信道也更多。很多家用设备，如无绳电话和微波炉也使用微波频段，因此彼此之间也会产生干扰。

主动式微波标签应用于实时定位系统，半被动式 RFID 微波标签应用于车辆大范围的访问控制、舰艇识别和高速公路收费机。

微波电子标签的典型特点主要集中在是否无源、无线通信距离、是否支持多标签读写、是否适合高速识别应用、读写器的发射功率容限、电子标签及读写器的价格等方面。对于可无线写入的电子标签而言，通常情况下，写入距离比识读距离要小，其原因在于写入时要求更多的能量。

不同频段电子标签的优缺点见表 2-2。

表 2-2　不同频段电子标签的优缺点

工作频段	优　点	缺　点
低　频	标准的 CMOS 工艺，技术简单，可靠成熟，无频率限制	通信速率低，工作距离短，小于 10 cm，天线尺寸大
高　频	与标准 CMOS 工艺兼容，与 125 kHz 频段相比有较高的通信速度和较远的工作距离	通信距离最大 75 cm，天线尺寸大，受金属材料等的影响较大

续表 2 - 2

工作频段	优　点	缺　点
超高频	工作距离长,大于 1 m;天线尺寸小,可绕过障碍物,无须视距(LOS)通信,可定向识别	各国都有不同的频段的管制,对人体有伤害,发射功率受限制,受某些材料影响较大
微　波	除具有超高频标签的特点外,还具有更高的带宽、更高的通信速率、更长的工作距离和更小的天线尺寸	共享此频段产品多,易受干扰,技术相对复杂,对人体有伤害,发射功率受限制

2.7.6　双频标签和双频系统

　　低频穿透能力较强,可以穿透水、金属、动物(包括人)的躯体等导体材料,但是在同样功率下,传播距离较短。由于频率低,可以利用的频带窄,数据传输速率较低,并且信噪比不高,容易受到干扰。

　　相对低频段,如果为了得到相同的传输效果,选择高频系统可以让发射功率较小、设备较简单、成本较低,且具有较远的传播距离。与低频相比,高频系统数据传播速率较高,不存在低频的信噪比限制。但是,其穿透能力或者绕射能力较差,很容易被水等导体媒介所吸收,因此对于可导媒介物很敏感。

　　因此,可以说 RFID 系统的工作频率对系统的工作性能具有很强的支配作用,或者说,从识别距离和穿透能力等特性来看,不同工作频率的表现存在较大的差异,特别是在低频和高频两个频段的特性上具有较大的差异。

　　那么是否可以结合高频和低频各自的优点来设计识别距离较远又具有较强穿透能力的产品呢?目前普遍采用混频和双频(Dual Frequency,DF)技术。特别是双频产品,既具有低频的穿透能力,又有高频的识别距离,能够广泛地运用在动物识别、有导体材料干扰的环境或者潮湿的环境中。

　　根据 RFID 系统的标签能源特性和目前市场上常见的产品,混频或双频系统可划分为无源系统和有源系统两种工作形式。

　　由于双频 RFID 系统同时具有低频系统的穿透特性和高频系统的远距离特性,结合了两种系统的优点,因此,在使用上也扩大了应用范围。特别是无源双频系统的出现,使得双频系统的应用无论是在技术上还是在范围上又提高了一个层次。双频产品主要应用在可导媒介物要求多卡识别、传输距离远及高速识别的场合。

2.7.7　读写器的基本原理

　　RFID 读写器在发送端,将待发送的信号经过编码后加载在特定频率的载波信号上,再经天线向外发送,在接收端,进入读写器工作区域的电子标签将接收到此脉冲信号,并返回响应信号;读写器对接收到的返回信号进行解调、解码和解密处理后,最后送至计算机处理。

1. 读写器的基本功能

　　读写器的基本任务是和电子标签建立通信关系,完成对电子标签信息的读写。在这个过程中会需要完成一系列任务,如通信的建立、防止碰撞和身份验证等都是由读写器处理完成的。具体来说,读写器具有以下功能:

① 给标签提供能量。标签在被动式或者半被动式的情况下,需要读写器提供能量来激活电子标签。

② 实现与电子标签的通信。读写器对电子标签进行数据读取和数据写入,完成对电子标签的数据访问。

③ 实现与计算机的通信。读写器能够利用一些接口实现与计算机的通信,并能够给计算机提供信息,用于系统终端与信息管理中心进行数据交换,从而解决整个系统的数据管理和信息分析需求。

④ 实现移动目标识别。读写器不但可以识别静止不动的物体,还可以识别移动的物体。

⑤ 实现多个电子标签识别。读写器能够正确地识别其工作范围内的多个电子标签,具备防碰撞功能,可以与多个电子标签进行数据交换。

⑥ 读写器必须具备数据记录功能,即实时记录需要记录的数据信息,并将采集的信息送到信息中心进行处理来完成对数据的进一步分析。

2. 读写器的工作过程

电子标签是一种非接触通信,人们必须借助位于应用系统与电子标签之间的读写器来实现数据的读写功能。读写器可将应用系统的读写命令发送给电子标签,然后从电子标签返回数据并送到应用系统。

读写器与射频标签(数据载体)之间通过空间信道实现读写器向射频标签发送指令,射频标签接收读写器的指令后做出响应,由此实现射频识别功能。

一般来说,读写器所获得的信息均要回送到应用系统,同时能够接收应用系统下达的指令。如果应用系统要从电子标签中读写数据,需要以非接触的读写器作为接口。从应用软件的角度分析,对数据载体的访问应该尽可能做到透明。

读写器主要有两种工作方式,一种是读写器先发言(Reader Talks First,RTF),另一种是标签先发言(Tag Talks First,TTF),这是读写器的防碰撞协议方式。

在一般情况下,电子标签在未使用时处于等待的工作状态,当电子标签进入读写器的作用范围,检测到一定特征的射频信号后,立即转变工作状态,从等待状态转到接收状态,接收到读写器发送的指令后,进行相应的处理,最后将结果返回读写器。这类只有接收到读写器的特殊命令才发送数据的电子标签被称为 RTF 方式。

采用 RTF 工作方式时,用软件作为主动方,而读写器则作为从动方对应用软件的指令做出响应。而相对于电子标签,此时读写器的角色是主动方。读写器工作区域内的电子标签接收到命令信号之后,标签内芯片对此信号进行解调解码处理,然后对命令请求、密码、权限等进行判断。若为读取命令,控制逻辑电路就从存储器中读取有关信息,经编码、加密以及调制后通过标签内的天线发送给读写器;读写器对接收到的标签信号进行解调、解码以及解密等处理后送至计算机处理。

与此相反,一旦进入读写器能量场就主动发送自身序列号的电子标签被称为 TTF 方式。与 RTF 方式相比,TTF 方式具有识别速度快、适应噪声能力强等特点,在处理标签数量动态变化的场合也较为实用。

3. 读写器的基本组成

读写器的基本组成包括射频模块(高频接口)、控制处理模块和天线三部分。射频模块包含接收器和发送器,控制系统通常采用专用集成电路 ASIC(Application Specific Integrated Circuit)组件和微处理器来实现其相应功能。

4. 读写器的结构形式

读写器具有各种各样的结构和外观形式。根据读写器的应用场合,读写器大致可以划分为以下几种类型:固定式读写器、便携式读写器以及大量特殊结构的读写器。

(1) 固定式读写器

固定式读写器是最常见的一种读写器形式,它是将射频控制器和高频接口封装在一个固定的外壳中,完全集成射频识别的功能。有时为了减少设备尺寸、降低成本和方便运输,也可以将天线和射频模块一起封装在一个外壳单元中,这样就可构成一体化读写器或集成式读写器。工业读卡器和发卡机是常见的固定式读写器。固定式读写器如图 2-18 所示。

(a) 工业读写器　　(b) 发卡机

图 2-18　固定式读写器

1) 工业读写器

对于用在安装或生产设备中的应用,需要采用工业读写器。工业读写器大多具备标准的现场总线接口,便于集成到现有设备中,它主要应用的工业领域包括矿井、畜牧、自动化生产等。这类读写器可以满足多种不同的防护需要,甚至有的读写器还带防爆保护措施。

2) 发卡机

发卡机也叫读卡器、发卡器等,主要用来对电子标签进行具体内容的操作,包括建立档案、消费纠正、挂失、补卡以及信息纠正等,经常与计算机放在一起。发卡机实际上就是小型的射频读写器。

3) OEM 模块

在很多应用中,如一些应用需要将读写器集成到数据操作终端、出入控制系统、收款系统及自动装置等,读写器并不需要封装外壳,或者 RFID 读写器只是作为集成设备中的一个单元。这样只需要标准读写器的射频前端模块,而后端的控制处理模块和 I/O 接口可以大为简化。OEM 读写器模块经过简化可以作为应用系统设备中的一个嵌入式单元。

(2) 便携式读写器

便携式读写器(也叫手持式读写器,如图 2-19 所示)是适合于用户手持使用的一类射频电子标签读写设备,其工作原理与其他形式的读写器类似。便携式读写器主要作为检查设备、付款结账设备、服务及测试工作中的辅助设备等。从外观上看,便携式读写器一般带有键盘面板和 LCD 显示屏,方便操作和显示数据。通常可以选用 RS-232 串口来实现便携式读写器与 PC 之间的数据交换。

图 2-19　手持式读写器

通常来说,便携式读写器是一种适合短时工作、功能相对简单、成本相对低廉的读写装置。在未来的物联网商业应用中,便携式读写器将获得更大的应用。

便携式读写器一般采用大容量可充电的电池进行供电,操作系统可选择嵌入式 Linux、

WinCE 等嵌入式操作系统。根据环境的不同,还可能具有其他的特性,如防水、防尘等。便携式读写器还有其自身的一些特点,主要包括省电设计和天线与读写器一体化设计。

① 省电设计:便携式读写器由于要自带电源工作,因而其所有电源需求均由内部电池供给。基于读写标签功率以及电源转换效率的要求,以及考虑到人们对设备能够长时间工作的期望等因素,省电设计已成为便携式读写器首要考虑的问题。

② 一体化设计:便携式的特点决定了读写器与天线应采用一体化的设计方案。在个别情况下,也可采用可替换的天线以满足对便携式读写器更大读取范围的要求。

2.8　EPC 系统

EPC 系统是在计算机互联网和射频技术的基础上,通过利用全球产品电子编码技术给每一个实体对象赋予一个唯一的代码,构造了一个实物物联网,能够实现全球万事万物信息的实时共享。EPC 系统是一个全面的、复杂的、综合的网络系统,包括 RFID、EPC 编码、通信协议、网络等,其中 RFID 只是系统的一个组成部分。

产品电子代码(EPC)的概念是美国麻省理工学院的自动识别实验室提出的,要在计算机互联网的基础上,利用 RFID、无线数据通信技术,构造一个覆盖世界万物的系统。随后由国际物品编码协会和美国统一代码委员会主导,实现了全球统一标识系统中的 GTIN 编码体系与 EPC 概念的有效结合,将 EPC 纳入了全球统一标识系统,从而确立了 EPC 在全球统一标识体系中的重要地位。EPC 标签是每一个商品唯一号码的载体,当 EPC 标签贴在物品上或内嵌在物品中的时候,即将该物品与 EPC 标签中的产品电子码建立起了一对一的对应关系。EPC 标签实际上是一个电子标签,通过射频识别系统的电子标签读写器可以实现对 EPC 标签内存信息的读取。这个内存信息通常就是产品电子码,产品电子码经读写器上报给物联网中间件,再经处理后存储在分布式数据库中。用户只要在网络浏览器的地址栏输入产品名称、生产商、供货商等信息就可以查询具体的产品信息,实时获悉产品在供应链中的状况。

1. EPC 系统的构成

EPC 系统的目标是为每个物品建立全球的、开放的标识标准,具有综合性。它由全球产品电子编码体系、射频识别系统以及信息网络系统三大部分组成,涉及的内容包括 EPC 标签、EPC 读写器、EPC 编码标准、神经网络软件 Savant、对象名解析服务以及实体标记语言。

(1) EPC 标签

EPC 标签是装载了产品电子代码的射频标签,通常 EPC 标签是安装在被识别对象上,存储被识别对象相关信息。标签存储器中的信息可由读写器进行非接触读写。

(2) 读写器

读写器是利用射频技术读取标签信息或将信息写入标签的设备。读写器读出的标签的信息通过计算机及网络系统进行管理和信息传输。

(3) EPC 编码标准

EPC 编码是 EPC 系统的重要组成部分,可将实体及实体的相关信息进行代码化,通过统一并规范化的编码建立全球通用的信息交换语言。

(4) Savant(神经网络软件)

Savant 是一个物联网系统的"中间件",用来处理从一个或多个解读器发出的标签流或传感器数据,之后将处理过的数据发往特定的请求方。

(5) 对象名解析服务(Object Naming Service,ONS)

EPC 标签对于一个开放式的、全球性的追踪物品的网络而言需要一些特殊的网络结构。因为标签中只存储了产品电子代码,计算机还需要一些将产品电子代码匹配到相应商品信息的方法。这个角色就由 ONS 担当,它是一个自动的网络服务系统,类似于域名解析服务(DNS),DNS 是将一台计算机定位到万维网上的某一具体地点的服务。

(6) 物理标记语言(Physical Markup Language,PML)

实体标记语言(PML)通过一种通用的、标准的方法来描述物理世界。PML 的目标是为物理实体的远程监控和环境监控提供一种简单、通用的描述语言。适用的场合包括存货跟踪、自动处理事务、供应链管理、机器控制和物对物通信等。

2. EPC 系统工作流程

通过无线射频电子标签、产品电子代码、互联网这三个元素的有效组合,构成了一个物联网系统的重要组成部分。产品电子编码主要存储在物品的电子标签中,读写器可通过对电子标签进行读写达到对产品的识别,电子标签与读写器共同构成一个识别系统。读写器对电子标签进行读取后,将产品电子编码发送给中间件。中间件通过互联网向名称解析服务(IOT Name Service,IOT-NS)发送一条查询指令,名称解析服务根据特定规则查询获得物品存储信息的 IP 地址,并根据 IP 地址访问物联网信息发布服务(IOT Information Service,IOT-IS)以获得物品的详细信息。IOT-IS 中存储着该物品的详细信息,当其收到查询要求后,就以网页的形式将该物品的详细信息返回给中间件以供查询。在上述过程中,通过将产品电子编码与物联网信息发布服务联系起来,不仅可以获得大量的物品信息,同时可以实现对物品数据的实时更新。通过这种方式可建立一个全新的物联网。

3. 产品电子编码

产品电子编码的概念是美国麻省理工学院于 1999 年提出的,其核心思想是为全球每个商品提供一个唯一的电子标识符,通过射频识别技术来识别电子标识符号的信息,从而完成对物品数据的自动采集。麻省理工学院成立了 Auto-ID 中心,主要从事对射频识别技术的研究工作,进一步推进了产品电子编码的发展。研究中心创建了射频识别技术标准,并利用网络技术建立了 EPC 系统。

2003 年美国统一编码委员会和国际物品编码协会联合收购了 EPC 系统,之后共同成立了全球产品电子编码中心,并将 Auto-ID 中心更名为 Auto-ID 实验室。与此同时,在美国、英国、日本、韩国、中国等国家相继建立了 Auto-ID 实验室,主要负责 EPC 技术的本地化以及产业化研究工作。目前,EPC Global 通过各国的编码组织管理当地的 EPC 系统。在我国,管理 EPC 系统的组织是中国物品编码中心。

EPC Global 是一家全球性非营利组织,成立的目的以及主要职能是对全球商品建立产品电子编码并进行管理。产品电子编码是全球统一标识系统的重要组成部分,是 EPC 系统的核心与关键。它通过为全球每个物品进行编码,用以实现全球范围内的物品跟踪与信息共享。产品电子编码被认为将会逐步取代传统条码编码,并将被广泛运用于商业、物流、仓储、工业生产、交通和安全保卫等多个领域。

1. EPC 码

EPC 码是由版本号、域名管理者、对象分类代码和序列号 4 个数据字段组成的一组数字。

其中版本号标识了 EPC 的版本,它确定了域名管理者、对象分类代码、序列号的长度。域名管理者描述了生产厂商的信息,是厂商的识别代码。对象分类代码是商品分类号,记录产品的类别信息。序列号则实现对每个商品的唯一标识。换句话说,管理实体负责为每个对象分类代码分配唯一的、不重复的序列代码。

目前,EPC 码的版本有 64 位、96 位和 256 位 3 种编码格式。

已经研制出的 64 位 EPC 代码有 3 种类型。

① Ⅰ型 EPC-64 编码提供 2 位的版本号编码,21 位的管理者编码,17 位的库存单元和 24 位序列号。该 64 位 EPC 代码包含最小的标识码。21 位的管理者分区就会允许 200 万个组使用该 EPC-64 码。对象种类分区可以容纳 13 万个库存单元——远远超过 UPC 所能提供的量,这样就可以满足绝大多数公司的需求。

② EPC-64 Ⅱ型适合产品众多以及价格反应敏感的消费品生产者。那些产品数量超过 2 万亿并且想要申请唯一产品标识的企业,可以采用方案 EPC-64 Ⅱ。采用 34 位的序列号,最多可以标识 171 亿件不同产品。与 13 位对象分类区结合(允许多达 8 192 库存单元)后远远超过了世界上最大的消费品生产商的生产能力。

③ EPC-64 Ⅲ型是为了推动 EPC 应用过程,将 EPC 扩展到更加广泛的组织和行业。因此,希望通过扩展分区模式来满足小公司、服务行业和组织的应用。就像 EPC-64 Ⅱ型那样,除了扩展单品编码的数量以外,也会增加可以应用的公司数量来满足要求。

EPC-96 Ⅰ型的设计目的是成为一个公开的物品标识代码。它的应用类似于目前的统一产品代码(UPC),或者 EAN/UCC 的运输集装箱代码。

在 EPC-96 位编码结构下,版本号具有 8 位大小,以此来保证 EPC 版本的唯一性。另外 3 个数据段则包括 28 位的域名管理者,主要用来标识制造商或某个组织;24 位的对象分类码,用来对产品进行分组归类;36 位的序列号,号用来对每件商品的身份信息进行唯一编码。根据计算,EPC-96 位数据结构的编码,可以为 2.68 亿个厂商提供唯一标识,每个厂商可以有 1 678 万个商品种类,每个商品种类可以有 687 亿个产品。这样大的容量意味着可以为未来世界的每个产品分配一个标识身份的唯一电子代码。EPC-96 位编码结构如图 2-20 所示。

	8 bit	28 bit	24 bit	36 bit
	版本号	域名管理者代码	对象分类代码	序列代码
GID-96	00110101 (二进制)	268,435,456 (十进制)	16,777,216 (十进制)	68,719,476,736 (十进制)

图 2-20　EPC-96 位编码结构图

EPC-96 和 EPC-64 是作为物理实体标识符的短期使用而设计的。在原有表示方式的限制下,EPC-64 和 EPC-96 版本的不断发展使得 EPC 代码作为一种世界通用的标识方案已经不足以长期使用。更长的 EPC 代码表示方式受到了人们的欢迎。EPC-256 就是在这种情况下发展起来的。256 位 EPC 可以更好地满足未来的使用需求。

2. EPC 的特点

产品电子编码 EPC 主要有以下特点。

(1)编码容量大

产品电子编码 EPC 的具有非常大的编码容量,可以为全球每一件商品编码。

（2）兼容性强

EPC 编码标准与目前广泛应用的 EAN/UCC 编码标准是兼容的，全球贸易项目代码（GlobalTrade Item Number，GTIN）是 EPC 编码结构中的重要组成部分。此外，目前广泛使用的全球贸易项目代码 GTIN、系列货运包装箱代码（Serial Shipping Container Code，SSCC）和全球位置码（Global Location Number，GLN）等都可以顺利转换到 EPC 编码。

（3）设计合理

EPC 编码标准由 EPC Global、各国 EPC 管理机构（中国的管理机构称为 EPC Global China）和被标识物品的管理者分段管理，具有结构明确、易于使用、能够共同维护和统一应用等特点，因此在 EPC 架构的设计上具有合理性。

（4）应用广泛

EPC 编码标准不局限于某一个具体国家、企业或组织，编码标准全球协商一致，编码采取全面数字形式，不受地方色彩、种族语言、经济水平和政策观点等限制，是无歧视性的编码，因而具有国际性。同时 EPC 编码标准可全面应用于生产、流通、存储、结算、跟踪、召回等供应链的各环节。

3. EPC 识别系统

EPC 识别系统主要由 EPC 读写器与 EPC 电子标签构成。EPC 读写器可读取 EPC 电子标签的 EPC 代码，并将代码输入到与 EPC 读写器相连的互联网或其他物联网的设备。EPC 电子标签，即 EPC 标签，是采用 EPC 编码进行物品标识的电子标签，是 EPC 代码的物理载体，附着在可跟踪的物品上，可进行全球流通，并可以对其进行识别和读写。

EPC 标签与 EPC 读写器之间要实现安全、可靠、有效的数据通信，通信双方必须遵守相互约定的通信协议。相比于传统信息识别方式，EPC 系统的电子标签与读写器之间主要利用 RFID 等无线方式进行信息交换。这种交换方式具有非接触识别、识别距离远、可识别快速移动的物品和可同时识别多个物品等众多优点。EPC 射频识别方式在物品数据采集过程中排除了人工干预，它在物联网实现中是实现物品自动识别和物物相连的重要环节。

4. EPC 系统的特点

（1）体系结构开放

EPC 系统采用全球最大的公用的互联网系统，既避免了系统的复杂性，同时也大大降低了系统的成本，并且还有利于系统的增值。梅特卡夫（Metcalfe）定律表明，一个网络开放的结构体系远比复杂的多重结构更有价值。

（2）平台独立、互动性强

EPC 系统识别的对象是一个十分广泛的实体对象，因此，不可能有哪一种技术适用所有的识别对象。同时，不同国家、不同地区的射频识别技术标准也不相同。所以开放的结构体系必须具有独立的平台和高度的交互操作性。EPC 系统网络基于因特网建立，可以与因特网所有可能的组成部分协同工作。

（3）灵活的可持续发展的体系

EPC 系统是一个灵活的开放的可持续发展的体系，可在不替换原有体系的情况下满足系统升级的需求。

2.9　传感器技术

2.9.1　传感器简介

1. 传感器定义

人类在研究自然规律及生产规律时,一般通过大量实验进行数据研究,单纯依赖人类的"五官"感觉是远远不够的,这时需要借助于仪器设备完成研究,这种能够完成对外界检测并将检测信号转换成电信号的仪器设备就是传感器。因此可以说,传感器是人类"五官"的延伸,又称为"电五官"。

中华人民共和国国家标准 GB 7665—87 对传感器的定义是:能感受规定的被测量并按照一定的规律转换成可用信号的器件或装置,通常由敏感元件和转换元件组成。

定义表明传感器有这样三层含义:它是由敏感元件和转换元件构成的一种检测装置;能按一定规律将被测量转换成电信号输出;传感器的输出与输入之间存在确定的关系。按使用的场合不同传感器又称为变换器、换能器、探测器。

换句话说,传感器是一种检测装置,它能感受到被测量的信息,并能将检测感受到的信息按一定规律变换成电信号或其他所需形式的信息输出,以满足信息的传输、处理、存储、显示、记录和控制等要求。它是实现自动检测和自动控制的关键环节。因此,传感器是以一定的精度和规律把被测量转换为与之有确定关系的、便于应用的某种物理量的测量装置。

2. 传感器的组成

传感器一般由敏感元件、转换元件和转换电路组成,如图 2-21 所示。

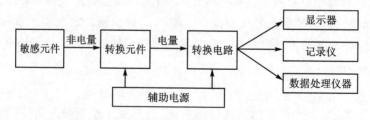

图 2-21　传感器的组成框图

（1）敏感元件

敏感元件可以直接感受被测量,输出与被测量有确定关系且易于测量的其他物理量。例如,弹性敏感元件将力、力矩转换为位移或应变量输出。

（2）转换元件

转换元件是指传感器中将敏感元件感受到的被测量转换成适于传输或测量的电信号（如电阻、电容等）部分。

（3）转换电路

转换电路是把转换元件输出的电信号变换成易于处理、显示、控制、记录和传输的可用电信号（如电压、电流等）。

实际的传感器功能各不相同,有的很简单,有的很复杂。有些传感器可以只利用转换元件感受被测量直接输出电压信号,如利用热电偶传感器测量温度;有些传感器只有敏感元件和转换元件,不需要转换电路;有些传感器需要敏感元件、转换元件和转换电路,并且可能有多个敏感元件。

3. 传感器的特性

在检测控制系统中,需要处理传感部件的各种参数,并进行检测和控制,要求传感器能够感受到被测量并将其转换为相应的电量,然后再继续完成控制和处理。传感器所测量的被测量往往不断变化,传感器能否将被测量的变化无失真地变换成相应的电量,主要由传感器的基本特性(即输入-输出特性)决定。传感器系统信号如图 2 - 22 所示。传感器的基本特性包括静态特性和动态特性。

图 2 - 22 传感器系统信号图

(1) 传感器的静态特性

静态特性是指检测系统的输入信号不随时间变化或随时间变化缓慢时,系统的输出与输入之间的关系,主要包括测量范围、量程、线性度、灵敏度、迟滞、重复性、漂移、精度、分辨力、阈值和稳定性等。

1) 测量范围和量程

测量范围是指传感器在误差允许范围内,其测量下限和测量上限表示的测量区间。传感器所能测量的最小被测量的数值称为测量下限;传感器所能测量的最大被测量的数值称为测量上限。量程指传感器在测量范围内的测量下限与测量上限之间的差值。例如,某测力传感器的测量范围为 $-10 \sim 10$ N,其量程为 20 N。

2) 线性度

理论上来说,传感器的输入-输出特性是线性的。在实际应用中,传感器会有不同程度的非线性。因为数据处理和分析带来非线性误差,能反映非线性误差程度的量称为线性度。线性度指传感器输出量与输入量之间的实际关系曲线偏离拟合直线的程度。线性度是以拟合直线为基准确定的,拟合方法不同,线性度的大小也不同。常用的拟合方法有理论直线法、端点连线法、最小二乘法、最佳直线法、割线法等。其中端点连线法简单直观,应用广泛,缺点是拟合精度较低。以端点连线法为例,$\Delta L_{\max}$ 为实际测量值与拟合直线之间的最大偏差,y 表示传感器的量程,则非线性误差可以表示为

$$\eta_L = \frac{|\Delta L_{\max}|}{y} \times 100\%$$

线性范围越宽,表明传感器的工作量程越大并工作在线性区域内。任何传感器都不容易保证其绝对线性,只要在许可限度内,就可以在其近似线性区域内应用。选用时必须考虑被测物理量的变化范围,使其在非线性误差允许的范围以内。

3) 灵敏度

灵敏度 K 是指输出量的变化量 Δy 与引起该变化量的相应输入量变化量 Δx 之比,即

$$K = \frac{\Delta y}{\Delta x}$$

传感器的灵敏度的实质是校准曲线的斜率。线性传感器特性曲线的斜率处处相同,即灵敏度是一个常数。当传感器或传感器检测系统各组成环节的灵敏度分别为 $K_1,K_2,\cdots,K_n$ 时,该传感器或传感器检测系统的总灵敏度 $K=K_1K_2\cdots K_n$。灵敏度表示传感器对被测量变化的反应能力。一般说来,灵敏度越高,传感器能感知的变化量越小,性能也越好。但是,高的灵敏度会影响传感器适用的测量范围。

4）精 度

传感器的精度说明传感器的输出结果与被测量的实际值之间的符合程度,代表测量结果的可靠程度,是测量中各类误差的综合反映。测量误差越小,传感器的精度越高。

传感器制作技术要求越高,制作难度越大,可以达到的精度也就越高,价格也随之变得昂贵。在实际选择传感器的时候应结合实际需要,只需要满足设计要求即可。

传感器的精度用其量程范围内的最大基本误差与满量程输出之比的百分数表示,其基本误差是传感器在规定的正常工作条件下所具有的测量误差,由系统误差和随机误差两部分组成。工程技术中为简化传感器精度的表示方法,引用了精度等级的概念。精度等级以一系列标准百分比数值分档表示,代表传感器测量的最大允许误差。仪表精度等级有 0.005,0.01,0.02,0.05(工级标准表);0.1,0.2,0.4,0.5(Ⅱ级标准表);1.0,1.5,2.5,4.0（工业用表)等。一般精度等级会在仪表刻度标尺或铭牌上进行标识。

5）漂 移

传感器的漂移是指在外界的干扰下,输出量发生与输入量无关的不需要的变化。漂移包括零点漂移和灵敏度漂移等。零点漂移和灵敏度漂移又可分为时间漂移和温度漂移。时间漂移是指在规定的条件下,零点或灵敏度随时间的缓慢变化;温度漂移指零点或灵敏度在环境温度变化时,也随之发生变化。

6）迟 滞

传感器在输入量由小到大(正行程)及输入量由大到小(反行程)的变化期间,其输入输出特性曲线不重合的现象称为迟滞,如图 2-23 所示。即对于同一大小的输入信号,传感器的正反行程输出信号大小不相等,这个差值称为迟滞差值。一般用两曲线之间输出的最大迟滞差值 ΔH_{max} 与量程 Y 的百分比表示迟滞误差,即

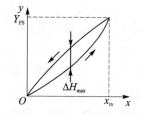

图 2-23 传感器的迟滞现象

$$\eta_H=\frac{|\Delta H_{max}|}{Y}\times100\%$$

迟滞现象反映了传感器机械结构和制造工艺上的缺陷,如轴承摩擦、间隙、螺钉松动、元件腐蚀等。

7）分辨力和阈值

传感器能检测到输入量最小变化量 Δx_{min} 的能力称为分辨力。对于某些传感器,如电位器式传感器,当输入量发生连续变化时,输出量只做阶梯变化,则分辨力就是输出量的每个"阶梯"所代表的输入量的大小。对于数字式仪表,分辨力就是仪表指示值的最后一位数字所代表的值。当分辨力以满量程的百分数表示时则称为分辨率。一般而言,灵敏度越高,分辨力越好。

传感器的输入从零开始缓慢增加,达到某一最小值时,才能在输出端测量出变化,这个最

小值就是传感器的阈值,这个阈值也代表了在零点附近的分辨力。

阈值表示传感器可测出的最小输入量,分辨力指传感器可测出的最小输入变量。

8）稳定性

传感器的稳定性是指在室温条件下经过一定的时间间隔,传感器的输出与起始标定时的输出之间的差异。通常有长期稳定性(如年、月、日)和短期稳定性(如时、分、秒)之分,传感器的稳定性一般用长期稳定性表示。

9）重复性

重复性反映了传感器在同一工作条件下,对同一被测量进行多次连续测量所得结果之间的不一致程度,是显示传感器工作稳定性的重要指标。重复性是指传感器在输入量按同一方向作全量程连续多次变化时,所得特性曲线不一致的程度。测量结果分散范围越小说明重复性越好。

（2）传感器的动态特性

传感器的动态特性是指传感器在测量快速变化的输入信号时,输出对输入的响应特性。传感器测量静态信号时,由于被测量不随时间变化,测量和记录的过程不受时间限制。但是在工程实践中,检测的是大量随时间变化的动态信号,这就要求传感器不仅能精确地测量信号幅值大小,而且还能显示被测量随时间变化的规律,即正确地再现被测量波形。用动态特性来表示传感器测量动态信号的能力。

在研究传感器检测系统的动态特性时,通常先建立相应的数字模型,找出其传递函数表达式,根据输入条件得到相应的频率特性,以此描述系统的动态特性。大部分传感器检测系统可以简化为一阶或二阶系统,因此,可以方便地应用机械控制工程中的分析方法和结论。

在动态测量中,当被测量作周期性变化时,传感器的输出值随着周期性变化,其频率与前者相同,但输出幅值和相位随频率的变化而变化,这种关系称为频率特性。输出信号的幅值随频率变化而改变的特性称为幅频特性;输出信号的相位随频率的变化而改变的特性称为相频特性,幅值下降到稳定幅值的 0.707 时所对应的频率称为截止频率。

2.9.2 传感器的命名

（1）传感器命名法的构成

根据国标 GB/T 7666—2005 的规定,传感器产品的名称应由主题词加四级修饰语构成。

主题词——传感器。

第一级修饰语——被测量,包括修饰被测量的定语。

第二级修饰语——转换原理,一般可后续以"式"字。

第三级修饰语——特征描述,指必须强调的传感器结构、性能、材料特征及其他必要的性能特征,一般可后续以"型"字。

第四级修饰语——主要技术指标(量程、精度、灵敏度等)。

（2）命名法范例

1）题目中的用法

本命名法在有关传感器的统计表格、检索等场合。例如:传感器,位移,应变式,1~300 mm;传感器,声压,电容式,100~160 dB;传感器,绝对压力,应变式,放大型,1~3 500 kPa;传感器,加速度,压电式,50 mV/g 等。

2）正文中的用法

在技术文件、产品样本、学术论文、教材及书刊的陈述句子中,作为产品名称应采用与上述相反的顺序。例如:1～300 mm 应变式位移传感器;100～160 dB 电容式声压传感器;1～3 500 kPa 放大型应变式绝对压力传感器;50 mV/g 压电式加速度传感器等。

3）修饰语的省略

当对传感器的产品名称简化表征时,除第一级修饰语外,其他各级可视产品的具体情况任选或者省略。例如:新闻简报描述了我厂生产的电容式液位传感器等;已购进 100 只各种测量范围的半导体压力传感器。

为方便对传感器进行原理及其分类的研究,在侧重传感器科学研究的文献、报告及有关教材中,允许只采用第二级修饰语,省略其他各级修饰语。

（3）传感器代号的标记

传感器的代号根据国标 GB/T 7666—2005 的规定,一种传感器的代号应包括以下 4 部分:

① 主称(传感器,代号为 C);

② 被测量,用其一个或两个汉字汉语拼音的第一个大写字母标记,当这组代号与该部分的另一代号重复时,则用其汉语拼音的第二个大写字母标记;

③ 转换原理,用其一个或两个汉字汉语拼音的第一大写字母标记;

④ 序号,用阿拉伯数字标记,厂家自定,序号可表征产品性能参数、设计特征、产品系列等,若产品性能参数不变,仅在局部有改动或变动时,其序号可在原序号后面顺序地加注大写字母 A、B、C 等(其中 I、Q 不用)。

传感器 4 部分代号表达式如图 2-24 所示。在被测量、转换原理、序号三部分代号之间需有连字符"—"连接。

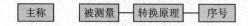

图 2-24　传感器代号表达式

例如:应变式位移传感器,CWY-YB-20;温度传感器,CW-02A;电容式加速度传感器,CA-DR-2。电流用 DL 表示,电压用 DY 表示。有少数代号用英文的第一个字母表示,如加速度用 A 表示。

2.9.3　传感器的分类与选择

1. 传感器的分类

同一被测量可以用不同的传感器来测量,同一原理设计的传感器可以测量多个物理量。因而传感器种类非常多,但是比较常用的有以下 3 种:

① 按传感器工作原理划分,可分为电阻式传感器、电容式传感器、电感式传感器、压电式传感器、霍尔式传感器、光电式传感器、光栅式传感器、超声波式传感器、热电耦式传感器等。这种方法按照传感器的工作原理进行分类,有利于传感器的设计和应用。

② 按被测物理量划分,可分为位移传感器、温度传感器、湿度传感器、压力传感器、速度传感器、液位传感器、加速度传感器、角度传感器等。此种分类方法明确地表明传感器的用途,如

温度传感器用于测量温度,角度传感器用于测量角度等。

③ 按传感器输出信号的性质划分,可分为模拟型传感器、数字型传感器、开关型传感器。模拟型传感器输出与输入物理量变换相对应的连续变化的电量,其输入/输出关系可能是线性的,也可能是非线性的。一般非线性信号需要进行修正将其变为线性信号,再通过模数变换转换成数字信号,最后送入微机进行处理。

数字型传感器有计数型(也称脉冲数字型)和代码型(也称编码器)两大类。其中,计数型传感器可以是某种脉冲发生器,发出的脉冲数与输入量成正比,和计数器一起对输入量进行计数,常用于检测通过输送带上的产品个数和检测执行机构的位移量;代码型传感器输出的信号是数字代码,每一代码对应于一个一定的输入量的值,常用于检测执行元件的速度或位置。开关型传感器的开关为 0 和 1,或者用 ON 和 OFF 表示。此种开关量可以直接送到计算机中处理,使用简单方便。

此外,还可以从其他方面对传感器进行划分,如按被测量对象划分,可以分为内部信息传感器和外部信息传感器;按工作机理分类,可以分为结构型传感器和物性型传感器;按传感器能量源分类,可以分为无源型传感器和有源型传感器等。

2. 传感器的选择原则

传感器种类繁多,在原理与结构上千差万别,如何根据具体的测量目的、测量对象以及测量环境等合理地选用传感器,是测量某个量的首要问题。当传感器确定之后,与之相匹配的测量方法、测量设备就可以确定了。测量结果能否成功,在很大程度上取决于传感器的正确选择。

(1) 根据测量条件和使用环境选择传感器的类型

要进行一项具体的测量工作,首先要考虑采用何种原理的传感器,这需要分析多方面的因素之后才能确定。因为,即使是测量同一物理量,也有多种原理的传感器可供选用。哪一种原理的传感器更为合适,则需要根据被测量的特点和传感器的使用条件等考虑以下一些具体问题:输入信号的幅值和频带宽度;量程的大小;使用环境的湿度、温度、振动等;测量方式为接触式还是非接触式;信号的传输距离和引出方法,有线或是非接触测量;被测位置对传感器体积的要求;传感器的来源是国产还是进口等。需要考虑多种因素之后才能确定选用哪种类型的传感器,然后再考虑传感器的具体性能指标。

(2) 根据传感器的技术指标选择类型

1) 灵敏度

通常在传感器的线性范围内,传感器的灵敏度越高越好。灵敏度越高,与被测量变化对应的输出信号的值才越大,有利于信号处理。但是随着传感器的灵敏度的提高,容易混入与被测量无关的外界噪声,同时噪声也会被系统放大,影响测量精度。因此,要求传感器本身应具有较好的信噪比,以便降低从外界引入的干扰信号的影响。传感器的灵敏度是有方向的。当被测量是单向量,而且对方向性要求较高时,应选择其他方向灵敏度小的传感器;如果被测量是多维向量,那么要求传感器的交叉灵敏度越小越好。

2) 精　度

精度是传感器的一个重要的性能指标,它关系到整个测量系统测量结果的精度。传感器的价格跟精度是成正比的,因此,传感器的精度需要结合实际情况,只需满足整个测量系统的精度要求即可。基于此,可以在满足同一测量目的的诸多传感器中选择比较便宜和简单的传感器。如果测量是为了定性分析,则需要选用重复精度高的传感器;如果测量的目的是定量分析,必须获得精确的测量值,就需选用精度等级能满足要求的传感器。对某些特殊使用场合,如果没有合适的传感器可供选择,则需自行设计传感器。自制传感器的性能应满足使用要求。

3) 频率响应特性

传感器的频率响应特性决定了被测量的频率范围,必须在允许频率范围内保持不失真的测量条件,实际上传感器的响应具有一定的延迟,当然延迟时间越短越好。传感器的频率响应高,可测的信号频率范围就宽,而由于受到结构特性的影响,机械系统的惯性较大,固有频率低的传感器可测信号的频率较低。

4) 稳定性

除传感器本身的结构会影响传感器长期稳定性以外,传感器的使用环境也会造成影响。因此,传感器必须要有较强的环境适应能力才能具有良好的稳定性。在选择传感器之前,应对其使用环境进行调查,并根据具体的使用环境选择合适的传感器,或采取适当的措施,减小环境的影响。传感器的稳定性有定量指标,在超过使用期后,在使用前应重新进行标定,以确定传感器的性能是否发生变化。在某些要求传感器能长期使用而又不能轻易更换或标定的场合,所选用的传感器稳定性要求更严格,要能够经受住长时间的考验。

5) 线性范围

传感器的线性范围是指输出与输入成正比的范围。从理论上讲,在传感器的线性范围内,灵敏度保持固定值。传感器的线性范围越宽,则其量程越大,并且能保证一定的测量精度。在选择传感器时,当传感器的种类确定以后首先要看其量程是否满足要求。但实际上,任何传感器都不能保证绝对的线性,其线性度也是相对的。当所要求测量的精度较低时,可将非线性误差较小的传感器在一定的范围内近似看作线性的,这样便于测量分析。

另外,在选择传感器时还应考虑输出量的类型是模拟量还是数字量,以及对被测物体产生的矫正周期、负载效应、超标准过大输入信号保护等因素。

2.9.4　传感器的标定与校准

传感器在设计、制造、装配完后必须对设计指标进行试验,利用某种标准器产生已知的标准量输入,确定传感器输出量与输入量之间关系的过程叫标定。新研制或生产的传感器需要对其技术性能进行全面的检定,以确定其基本的静、动态特性,包括灵敏度、重复性、非线性、迟滞、精度及固有频率等。

校准在某种程度上说也是一种标定,它是指传感器在经过一段时间储存或使用后,需要对其进行复测,以检测传感器的基本性能是否发生变化,判断它是否可以继续使用。因此,校准是指传感器在使用中或存储后进行的性能复测。在校准过程中,传感器的某些指标发生了变化,应对其进行修正。在本质上标定与校准是相同的,校准实际上就是再次的标定。它们的内容和目的基本一样。例如,一传感器输入的标准量是利用某标准传感器检测信号,其实质是待标定传感器与标准传感器的比较。

为确保各种被测量量值的准确性和一致性,应按照国家有关计量部门规定的标准、规程和管理办法进行标定。传感器的标定系统一般由被测非电量的标准发生器(如砝码、恒温源等)或标准测试系统(如标准力传感器、标准温度计等)、待标定传感器、信号调节器、显示记录器组成。

在某标定系统中,只能按此系统用上(或高)一级标准装置标定下(或低)一级传感器。即传感器标定就是利用精度高一级的标准器具对传感器进行定度的过程。工程实践中，传感器在标定时应选择在其使用条件相似的环境下进行。最好是将传感器及其配套使用的放大器、滤波器和电缆等成员组成的测试系统一起标定。

传感器的标定分为静态标定和动态标定两种。

(1) 传感器的静态标定

传感器的静态标定主要是检验、测试传感器或整个系统的静态性能指标，即给传感器输入已知不变的标准非电量，测出其输出，给出标定曲线、标定方程和标定常数，计算其灵敏度、精度、线性度、滞差、重复性等传感器的静态指标。对不同功能的传感器需要不同的标定设备，即使同一种传感器，由于精度等级要求不同，标定设备也不同。例如，力标定设备有测力砝码、拉(压)式测力计等；位移标定设备有深度尺、千分尺、块规等；压力标定设备有水银压力计、活塞式压力计、麦氏真空计等；温度标定设备有热电偶、铂电阻温度计、基准光电高温比色仪等。

标定设备应符合国家计量值传递规定，基本条件是应该具有足够的精度，至少应比被标定的传感器高一个精度等级以上，或经计量部门鉴定合格，量程范围应与被标定传感器的量程相适应，具有性能稳定性高，使用方便，环境适应能力强的特点。

传感器静态标定时，要进行全量程等间隔分点标定，正、反行程往复循环一定次数逐点标定输入标准量时，测试传感器相应的输出量。然后列出传感器输出—输入数据表格或绘制输出—输入的特性曲线，最后进行数据处理以获取相应的静态指标。

(2) 传感器的动态标定

传感器的动态标定主要用于检验、测试传感器的动态特性，如频率响应、动态灵敏度和固有频率等。对传感器进行动态标定，需要对它输入一个标准激励信号，常用的是周期函数中的正弦波以及瞬变函数中的阶跃波。传感器动态标定设备主要是指动态激振设备，低频下常使用激振器，如电磁振动台、机械振动台、低频回转台、液压振动台等，一般采用振动台产生简谐振动来作为传感器的输入量。对某些高频传感器的动态标定，采用正弦激励法标定时，很难产生高频激励信号，一般采用瞬变函数激励信号，这时就要用激波管来产生激波。

用标准信号激励后得到传感器的输出信号，经分析计算、数据处理，即可确定其频率特性。这种方法称为绝对标定法，精度较高，但标定不方便，设备复杂，常用于标准传感器与高精度传感器的标定。

工程上通常采用比较法(也叫背靠背法)标定灵敏度。已知的标准传感器与待标定传感器背靠背安装在振动台上，同时接收相同的振动信号，利用此种方法可用于标定加速度、速度和位移传感器。

2.9.5 典型传感器的工作原理

1. 热电阻传感器

电阻式传感器是指将被测量，例如位移、形变、力、加速度、湿度、温度等物理量转换成电阻值的器件。主要包括电阻应变式、压阻式、热电阻、热敏、湿敏、气敏等电阻式传感器件。

热电阻传感器主要是利用电阻值随温度变化而变化这一特性来测量温度及与温度有关的数据。这种传感器比较适用于温度测量精度要求较高的场合。热电阻大都由纯金属材料制成，目前应用最多的热电阻材料为铂、铜、镍等，它们具有电阻温度系数大、线性好、使用温度范围宽、性能稳定性强、加工简单方便等特点。可以用于测量 $-200 \sim +500$ ℃ 范围内的温变。

此外，现在已开始采用镍、锰和铑等材料制造热电阻。

铂热电阻是利用铂丝的电阻值随着温度的变化而变化这一基本原理设计和制作的，按 0 ℃时的电阻值的大小分为 10 Ω（分度号为 Pt10）铂热电阻和 100 Ω（分度号为 Pt100）铂热电阻等，测温范围均为 −200 ℃～+850 ℃。10 Ω 铂热电阻的感温元件是用较粗的铂丝绕制而成的，其耐温性能明显优于 100 Ω 的铂热电阻，主要用于 650 ℃ 以上的温区；100 Ω 铂热电阻主要用于测量 650 ℃ 以下的温区。100 Ω 铂热电阻的分辨率比 10 Ω 铂热电阻的分辨率大 10 倍以上，对二次仪表的要求相应要低一个数量级，因此在 650 ℃ 以下温区测温应尽量选用 100 Ω 的铂热电阻。铂电阻温度传感器具有线性阻值与温度成正比、稳定性好、测量精确度高、封装尺寸小的特性。

2. 电阻应变式称重传感器

电阻应变式称重传感器是基于这样一个原理：弹性体在外力作用下产生弹性变形，使粘贴在表面的电阻应变片（转换元件）也随同产生变形，电阻应变片变形后，它的阻值将发生增大或减小的变化，再经相应的测量电路把这一电阻变化转换为电信号（电压或电流），从而完成了将外力变换为电信号的过程。

电阻应变片、弹性体和检测电路是电阻应变式称重传感器中不可缺少的几个主要部分。弹性体是一个有特殊形状的结构件。它的功能有两个，首先是它承受称重传感器所受的外力，对外力产生反作用力，达到相对静平衡；其次，它要产生一个高品质的应变场（区），使粘贴在此区的电阻应变片比较理想的完成应变到电信号的转换任务。

3. 激光传感器

激光传感器是一种利用激光技术进行测量的新型测量仪表，它由激光器、激光检测器和测量电路组成。它能够实现无接触远距离测量，具有速度快，精度高，量程大，抗光、电干扰能力强等优点。激光传感器如图 2－25 所示。

图 2－25　激光传感器

激光传感器工作时，先由激光发射二极管对准目标发射激光脉冲。经目标反射后激光向各方向散射。部分散射光返回到传感器接收器，被光学系统接收后成像到雪崩光电二极管上。雪崩光电二极管是一种内部具有放大功能的光学传感器，因此它能检测极其微弱的光信号，并将其转化为相应的电信号。

利用激光的高方向性、高单色性和高亮度等特点可以实现远距离无接触测量。激光传感器常用于长度、距离、振动、速度、方位等物理量的测量，还可用于大气污染物的监测等。

激光传感器可在在激光测距仪上使用。激光测距技术是指利用射向目标的激光脉冲或连续波激光束测量目标距离的测量技术。激光测距技术按照测程可以分为绝对距离测量法和微位移测量法。按照测距方法细分，绝对距离测距法主要分为脉冲式激光测距和相位式激光测距；微位移测量法主要分为三角法激光测距和干涉法激光测距。脉冲激光测距是通过对激光传播往返时间差的测量来完成的，测量时由脉冲激光器向目标发射脉冲光束，经目标反射返回测距仪，由激光来回用时 t 来确定目标的距离 D，即

$$D = \frac{1}{2}ct$$

脉冲激光测距仪一般由脉冲激光器、接收光学系统、控制电路、计时基准脉冲振荡器、计数器和显示器等部分组成,其工作过程依次为:按下复位按钮→复位电路给出复位信号使仪器复原→待仪器处于准备测量状态→触发脉冲激光发射机→输出脉冲激光。

4. 霍尔传感器

霍尔传感器是制作的一种遵守霍尔效应的磁场传感器,广泛地应用于工业自动化技术、检测技术及信息处理等方面。用它可以检测磁场及其变化,可在各种与磁场有关的场合中使用。霍尔效应是研究半导体材料性能的基本原理。通过霍尔效应实验测定的霍尔系数,能够判断半导体材料的导电类型、载流子浓度及载流子迁移率等重要参数。霍尔传感器以霍尔效应为其工作基础,由于霍尔元件产生的电势差很小,故通常将霍尔元件与放大电路、温度补偿电路及稳压电源电路等集成在一个芯片上,称之为霍尔传感器。霍尔传感器在工业生产、交通运输和日常生活中有着非常广泛的应用。

霍尔传感器分为线性型霍尔传感器和开关型霍尔传感器两种。线性型霍尔传感器由霍尔元件、线性放大器和射极跟随器组成,它输出模拟量。开关型霍尔传感器由稳压器、霍尔元件、差分放大器,斯密特触发器和输出级组成,它输出数字量。

5. 光敏传感器

光敏传感器是最常见的传感器之一,光传感器是利用光敏元件将光信号转换为电信号的传感器,它的敏感波长在可见光波长附近,包括红外线波长和紫外线波长。光传感器不只局限于对光的探测,它还可以作为探测元件组成其他传感器,对许多非电量进行检测,只要将这些非电量转换为光信号的变化即可。光传感器是目前产量最多、应用最广的传感器之一,它在自动控制和非电量电测技术中占有非常重要的地位。

它的种类繁多,主要包括光电管、光电倍增管、光敏电阻、光敏三极管、太阳能电池、红外线传感器、紫外线传感器、光纤式光电传感器、色彩传感器、CCD 和 CMOS 图像传感器等。它的敏感波长在可见光波长附近,包括红外线波长和紫外线波长。光敏传感器不只局限于对光的探测,它还可以作为探测元件组成其他传感器,对许多非电量进行检测,只要将这些非电量转换为光信号的变化即可。光敏传感器是目前产量最多、应用最广的传感器之一,它在自动控制和非电量测试技术中占有非常重要的地位。最简单的光敏传感器是光敏电阻,当光子冲击接合处就会产生电流。在光线作用下所产生的载流子(自由电子或空穴)仍在物质内部运动,使物质的电阻率发生变化产生光电流或光生伏特的现象,称为内光电效应。光敏器件按内光电效应可分为以下几种,如图 2-26 所示。

| 光电导效应 | 红外热释电效应 | 光生伏特效应 |

图 2-26 光敏器件

6. 生物传感器

生物传感器的产生是用生物活性材料(如蛋白质、DNA、酶、抗体、抗原、生物膜等)与物理化学换能器有机结合的一门交叉学科,它是发展生物技术必不可少的一种先进的检测方法与监控方法,也是一种物质分子水平的快速、微量分析方法。各种生物传感器有以下共同的结构:包括一种或数种相关生物活性材料(生物膜)及能把生物活性表达的信号转换为信号的物理或化学换能器(传感器),二者组合在一起,用现代微电子和自动化仪表技术进行生物信号的再加工,构成各种可以使用的生物传感器分析装置、仪器和系统。

生物传感器的分类如下:

① 按照传感器主要材料的生命物质分类,生物传感器可分为微生物传感器、细胞传感器、组织传感器、酶传感器、免疫器和 DNA 传感器等。

② 按照传感器器件检测的原理分类,生物传感器可分为热敏生物传感器、场效应管生物传感器、光学生物传感器、压电生物传感器、声波道生物传感器、酶电极生物传感器和介体生物传感器等。

③ 按照生物敏感物质相互作用的类型分类,生物传感器主要分为代谢型和亲和型两种。

7. 视觉传感器

视觉传感器可以通过光线捕获观测对象进而以一定数量的像素来构成一整幅图像。图像的清晰和细腻程度通常用分辨率来衡量,以像素数量表示。

捕获图像之后,视觉传感器将其与内存中存储的基准图像进行比较分析。举个例子,如果视觉传感器被设定为辨别正确地插有 8 颗螺栓的机器部件,那么传感器知道应该拒收只有 7 颗螺栓的部件或者螺栓未对准的部件。此外,无论该部件是否在 360°范围内旋转,也无论该机器部件位于视场中的哪个位置,视觉传感器都能做出准确判断。

视觉传感器的工业应用包括检验、计算、测量、定向、瑕疵检测和分拣等。例如,在瓶装厂,校验瓶盖是否正确密封、灌装液位否正确,以及在封盖之前没有异物掉入瓶中;在汽车组装厂,检验由机器人涂抹到车门边框的胶珠是否连续、是否有正确的宽度;在包装生产线上,确保在正确的位置粘贴正确的包装标签;在药品包装生产线上,检验药片的泡罩式包装中是否有破损或缺失的药片;在金属冲压公司,以每分钟超过 150 片的速度检验冲压部件,速度比人工检验提高十几倍以上。视觉传感器还具有低成本和方便易用的特性。

8. 位移传感器

位移传感器又称为线性传感器,它将位移转换为电量。可分为电感式位移传感器,电容式位移传感器,光电式位移传感器,霍尔式位移传感器,超声波式位移传感器。位移传感器是一种属于金属感应的线性器件,传感器的作用是把各种被测物理量(如压力、流量、加速度等)先变换为位移,然后再将位移变换成电量。接通电源后,在开关的感应面将产生一个交变磁场,当金属物体接近此感应面时,金属中则产生涡流而吸取了振荡器的能量,使振荡器输出幅度线性衰减,然后根据衰减量的变化来完成无接触检测物体的目的。该位移传感器具有无滑动触点,工作时不受灰尘等非金属因素的影响,并且功耗低,使用寿命长,能够在恶劣环境中使用。位移传感器主要应用在自动化装备生产线对模拟量的智能控制。电感式位移传感器见图 2-27。

图 2-27 电感式位移传感器

9. 超声波测距离传感器

超声波测距离传感器运用精确的时差测量技术实现对超声波传播距离的测量,检测传感器与目标物之间的距离,采用小角度、小盲区超声波传感器,具有测量准确、无接触、防水、防腐蚀、低成本等优点,可应于液位、物位检测,其特有的液位、料位检测方式,可保证在液面有泡沫或大的晃动,不易检测到回波的情况下依然有稳定的输出。应用场合包括液位、物位、料位检测,工业过程控制等。超声波传感器如图 2−28 所示。

图 2−28　超声波传感器

超声波测距是通过超声波发射器向某一方向发射超声波,在发射时刻的同时开始计时,超声波在空气中传播时碰到障碍物就立即返回来,超声波接收器收到反射波就立即停止计时。超声波在空气中的传播速度为 V,而根据计时器记录的测出发射和接收回波的时间差 Δt,就可以计算出发射点距障碍物的距离 S,即

$$S = V \cdot \Delta t / 2 \qquad ①$$

这就是所谓的时间差测距法。

超声波的传播速度传播速度 V 易受空气中温湿度、压强等因素的影响,其中受温度的影响较大,如温度每升高 1 ℃,声速增加约 0.6 m/s。如果测距精度要求很高,则应通过温度补偿的方法加以校正。已知现场环境温度为 T 时,超声波传播速度 V 的计算公式为

$$V = 331.45 + 0.607T \qquad ②$$

声速确定后,只要测得超声波往返的时间,即可求得距离。

10. 酸、碱、盐浓度传感器

酸、碱、盐浓度传感器通过测量溶液电导值来确定浓度。这种传感器主要应用于锅炉给水处理、化工溶液的配制以及环保等工业生产过程。它可以在线连续检测工业过程中酸、碱、盐在水溶液中的浓度含量。

酸、碱、盐浓度传感器的工作原理是:在一定的范围内,酸碱溶液的浓度与其电导率的大小成一定比例。因而,只要测出溶液电导率的大小变化即可得知酸碱溶液浓度的高低。当被测溶液流入专用电导池时,如果忽略电极极化和分布电容,则可以等效为一个纯电阻。在有恒压交变电流流过时,其输出电流与电导率保持线性关系,而电导率又与溶液中酸、碱浓度成比例关系。因此只要测出溶液电流,就可以计算出酸、碱、盐溶液的浓度。

酸、碱、盐浓度传感器主要由电子模块、显示表头、电导池和壳体组成。电子模块则由激励电源、相敏整流器、电导放大器、解调器、电流转换、温度补偿和过载保护等单元电路组成。

11. 智能传感器

智能传感器是通过模拟人的感官和大脑的协调动作,结合长期以来测试技术的研究和实际经验而提出来的一个相对独立的智能单元,它的出现减轻了对原来硬件性能的苛刻要求,而依靠软件帮助可以使传感器的性能得到大幅度的提高。智能传感器的功能包括:

(1) 信息存储和传输功能。

随着全智能集散控制系统(Smart Distributed System)的飞速发展,对智能传感器要求具备通信功能,这也是智能传感器关键标志之一。智能传感器通过测试数据传输或接收指令来实现各项功能。如增益的设置、内检参数设置、补偿参数的设置、测试数据输出等。

（2）自补偿和计算功能。

智能传感器具有自补偿和计算功能，为传感器的温度漂移和非线性补偿提供了较好的解决途径。自补偿和计算功能放宽传感器加工密度要求，只要能保证传感器良好的可重复性，利用微处理器对测试的信号通过软件计算，采用多次拟合和差值计算方法对漂移和非线性进行补偿，从而能获得较精确的测量结果。

（3）自检、自校、自诊断功能。

普通传感器需要定期检验和标定，以保证它在正常使用时足够的准确度，这些工作一般要求从使用现场将传感器拆卸下来送到实验室或检验部门进行。

对于在线测量传感器出现异常则不能及时诊断。采用智能传感器情况则得到了很好的改善。首先自诊断功能在电源接通时进行自检，诊断测试以确定组件有无故障。其次根据使用时间可以在线进行校正，微处理器利用保存在 EPROM 内部的计量特性数据进行对比校验。

（4）复合敏感功能。

观察周围的自然现象，常见的信号有声、光、电、热、力、化学等。敏感元件测量一般通过两种方式：直接和间接的测量。而智能传感器具有复合功能，能够同时测量多种物理量和化学量，能够较全面地给出反映物质运动规律的信息。

2.9.6 传感器的应用

作为现代信息技术的三大支柱（传感器技术、计算机技术和通信技术）之一，传感器技术是获取自然领域中各种信息的主要手段和途径，其应用领域非常广泛。

1. 传感器在工业检测和自动控制系统中的应用

传感器在电力、石油、化工和机械等工业生产中应用主要是获取检测信息和一些参数信息，进而实现自动化控制。例如：

（1）传感器在工业切削和机床运行过程中的应用

切削过程中传感器检测的目的在于优化切削过程的生产率、制造成本或（金属）材料的切除率等。切削过程中传感器检测的目标有切削过程的切削力及其变化、切削时切屑的状态和切削过程辨识、刀具与工件的接触、切削过程的颤震等，传感参数主要有切削过程振动、切削力、切削过程电机的功率等。对于机床的运行而言，传感器检测目标主要包括驱动系统、轴承与回转系统、温度的监测与控制及安全性等，其传感参数有机床的故障停机时间、被加工件的表面粗糙度和加工精度、功率、机床状态与冷却润滑液的流量等。

（2）传感器在工件生产过程中的应用

可以利用传感器完成工件识别和工序识别。工件识别是辨识送入机床待加工的工件或者毛坯是否为要求加工的工件或毛坯，同时还要求辨识工件安装的位姿是否合乎工艺规程的要求。工序识别是为辨识所执行的加工工序是否为工件加工要求的工序。

此外，还可以利用传感器识别和监视待加工毛坯或工件的表面缺陷以及加工裕量。

2. 传感器在家用电器中的应用

随着人们生活水平的不断提高，对提高家用电器产品的功能及自动化程度的要求也逐渐增多。为满足这些要求，首先要使用能检测模拟量的高精度传感器，以获取正确的控制信息，再由微型计算机进行控制，使用家用电器更加安全、方便、可靠，并减少能源消耗，为更多的家庭创造一个舒适的生活环境。

未来的家庭将由中央控制装置的微型计算机控制设备进行着各种控制和操作,通过各种传感器代替人监视家庭的各种状态进行决策和运行。家庭自动化的主要内容包括:空调及照明控制、耗能控制、太阳光自动跟踪、家务劳动自动化、安全监视与报警及人身健康管理等。家庭自动化的实现,可使人们有更多的时间用于学习或娱乐。

3. 传感器在机器人中的应用

工业机器人的准确操作取决于对其自身状态、操作对象及作业环境的准确认识。这种准确认识通过传感器的感觉功能实现。目前,在劳动强度大或危险作业的场所,已逐步使用机器人取代人的工作。一些高精度、高速度的工作,非常合适由机器人来承担。但这些机器人多数是用来进行加工、组装、检验等工作,属于生产用的自动机械式的单能机器人。在这些机器人身上仅采用了检测臂的位置和角度传感器。要使机器人从事更高级的工作,更接近具有人的能力,首先就要求机器人能有判断能力,这就要给机器人安装物体检测传感器,特别是视觉传感器和触觉传感器,使机器人通过视觉对物体进行识别和检测,通过触觉对物体产生压觉、力觉、滑动感觉和重量感觉。既有用来检测机器人本身状态的传感器,例如,检测位置和角度的传感器、速度和加速度传感器等;也有用来检测机器人所处环境(处理的是什么物体,离物体的距离有多远等)及状况(如抓取的物体是否到位)的传感器,具体有物体识别传感器、物体探伤传感器、距离传感器、力觉传感器、听觉传感器等。

这类机器人被称为智能机器人,它不仅可以从事特殊的作业,而且一般的生产、事务和家务,全部可由智能机器人去处理,这是现在发展机器人的主要研究方向之一。

4. 传感器在医学中的应用

随着医用电子学的发展,仅凭医生的经验和感觉进行诊断的时代将会结束。传感器技术正在不断地优化其精确度、灵敏度、可靠性、稳定性和时漂,并广泛应用于各种医疗设备中。

现在,应用医用传感器可以对人体的表面和内部温度、血压及腔内压力、血液及呼吸流量、肿瘤、脉波及心音、心脑电波等进行高难度的诊断。显然,传感器对促进医疗技术的高度发展起着非常重要的作用。

今后,医疗工作将会重点关注疾病的早期诊断和治疗、远距离诊断及人工器官的研制等课题,而传感器在这些方面将会得到越来越多的应用。

5. 传感器在环境监测中的应用

应用于环境监测的传感器网络,一般具有部署简单、便宜、长期不需更换电池、无须派人现场维护的优点。通过密集的节点布置,可以观察到微观的环境因素,为环境研究和环境监测提供了新的途径。传感器网络研究在环境监测领域已经有很多的实例。这些应用实例包括:对海岛鸟类生活规律的观测;气象现象的观测和天气预报;森林火警;生物群落的微观观测等。

当前,地球的大气污染、水质污浊及噪声已严重地破坏了地球的生态平衡和我们赖以生存的环境,这一现状已引起了世界各国的高度重视。为保护环境,利用传感器制成的各种环境监测仪器正在发挥着积极的作用。中国现在的环境受到了极大的污染,主要是工业的发展造成的。长江、黄河等水域都有不同程度的污染;空气污染严重,特别是在有工业的地方,比如说PM2.5等超标。这些问题都可以通过传感器检测出来。

6. 传感器在航空航天航海中的应用

航空航天中需要非常灵敏的传感器,它们在自动搜寻和导航中、在飞机和发动机性能实验及自动控制中有着不容忽视的作用。多种传感器应用于航空航天中,例如:陀螺仪装置用于导航和定位系统中,是航行姿态及速率等最方便实用的参考仪表;空速传感器可以随时得到飞行器的飞行速度等;激光高度传感器可检测飞行器的飞行高度;惯性制导系统通过线加速度传感器获取敏感飞行器的加速度,再进行积分计算可得到飞行器的速度和位移,进一步计算可得到飞行器的航程、距离、角度及方向等参数。

在航空航天中,传感器就像是火箭、飞船的神经末梢,遍布于箭、船的每一个部位,感应箭、船的每一个姿态,将箭、船的工作状态参数传递给控制台,为箭、船的安全飞行和航天员的安全保驾护航。为了满足未来航空航天事业的发展需要,会有更多的微型化、网络化、智能化的传感器逐步研制和开发,进一步缩小我国与国际先进航天传感器的差距。

舰艇装备的传感器群中包括压力、速度、温度、位置、扭矩、流量、偏航速率等。每万吨级使用温度传感器150多个,压力传感器150多个。吨位越大,用量越多。在猎雷和灭雷器技术装备中使用声、磁、光电传感器。以声呐为重点的舰艇传感器是保障武器实施有效击打的先决条件之一,因此,由压电材料制成的声呐在舰艇上发挥着重要作用。

7. 传感器在交通管理中的应用

随着交通工具的不断增多,出现了日趋严重的车辆拥堵、交通安全等问题,交通事故频繁发生。预计到2020年,交通事故将成为世界非正常死亡的三大原因之一,因此加强交通科学管理极为重要。

压电轴传感器可作为拍照违章车辆闯红灯时照相机的触发器;压电薄膜共聚物轴传感器可以检测轴数、车辆的轮距及检测车辆轮胎数等,据此对车辆进行分类统计;由高精度传感器组成的称重地磅可以实现车辆电子称重;是利用传感器的功能融合计算机技术来完成交通信息的采集和统计,从传感器获取实时准确的交通数据,通过计算机处理分析后向交通指挥系统实施指令,为交通管理人员以及司乘人员提供动态交通信息,对行驶中的车辆进行导航,从而提高道路的利用率,使车辆在高效、安全、经济的状态下运行。

8. 传感器在国防军事中的应用

传感器网络研究最早起源于军事领域,高技术武器发展的主要特征是电子化,其核心技术则是传感技术和计算机技术。实验系统有海洋声呐监测的大规模传感器网络,也有监测地面物体的小型传感器网络。在现代传感器网络应用中,通过飞机撒播、特种炮弹发射等手段,可以将大量便宜的传感器密集地撒布于人员无法到达的区域,如敌方阵地内,以便收集到有用的微观数据;在一部分传感器因为遭破坏等原因失效时,传感器网络作为整传感器网络体仍能完成观察任务。在战场上一方面靠外部传感器快速发现与精确测定敌方目标,通过控制系统控制火炮,快速精确地打击敌方目标;另一方面靠各种内部传感器,测定发动机系统、火控系统等各部位的参数。通过控制系统的调整,可以保证武器发挥最大效能,维持最佳状态。在实战中,传感器可以在各个方面发挥作用。

此外,传感器在基础科学研究中也有突出的地位。例如,对超高温、超低温、超高压、超强磁场、超弱磁场等各种尖端技术的研究,传感器均有不可替代的重要作用。因为这些信息只能靠相应的传感器才能得到,靠人类的感官来获取是完全无法实现的。

2.10　定位系统

数字地球是以信息技术为核心,多学科交叉、融合的研究成果。实现数字地球要完成对数据获取、收集、传输、存储、处理到利用。其中,涉及数字地球的核心技术主要包括:遥感(RS)、全球定位系统(GPS)、地理信息系统(GIS)、多媒体电子地图集与互联网地图。

2.10.1　航天航空遥感技术

1. 航天航空遥感技术的基本概念

遥感(Remote Sensing,RS),顾名思义,"遥"就是在一定的距离之外去观测物体的特性;"感"就是要了解它,收集它的信息。

遥感技术是从人造卫星、飞机或其他飞行器上收集地物目标的电磁辐射信息,判别地球环境和资源的技术。它是 60 年代在航空摄影和判读的基础上随航天技术和电子计算机技术的发展而逐渐形成的综合性感测技术。任何物体都有不同的电磁波反射或辐射特征。航空航天遥感就是利用安装在飞行器上的遥感器感测地物目标的电磁辐射特征,并将特征记录下来,以供识别和判断。把遥感器放在高空气球、飞机等航空器上进行遥感,称为航空遥感。把遥感器装在航天器上进行遥感,称为航天遥感。遥感系统是指完成遥感任务的整套仪器设备。

2. 航天遥感系统组成

航天遥感系统是由运载平台、成像传感器系统与数据处理系统组成。

（1）运载平台

要从高空"遥"看地球,首先需要有观测平台。从遥感观测平台与地面距离的角度看,比较远的运载平台是卫星,近一点是平流层的运载平台,如飞机、直升机、气球等工具。

近年来遥感观测平台有两种重要的发展趋势,一是利用无人机开展灵活的低空、高精度、安全的遥感遥测;二是发展遥感小卫星星座技术。

卫星遥感运载平台技术的发展集中表现在卫星数量的快速增长、卫星寿命的增长与定位精度的提高上。一般对地观测卫星重访周期为 15～25 天,通过发射合理分布的卫星星座可以 1 天,甚至几个小时就能观测一次地球。

（2）成像传感器系统

遥感的目的就是获取遥感影像。卫星遥感影像是通过成像传感器系统来获取的。在卫星遥感问世的 20 多年以来,卫星遥感影像的空间分辨率已经有了很大提高。空间分辨率是指影像上所能看到的地面最小目标尺寸。在成像传感器技术中,光学高分辨率传感器技术进展最快。从遥感形成之初的 80 m,分辨率已经提高到 50 m、10 m、5 m 乃至 2 m,军用甚至可达到厘米级。

（3）数据处理系统

通过处理遥感所获得的数据,提取有用的信息,经过分析、判断后将信息变成知识,运用到经济建设、国防建设、抗灾救灾等服务之中。目前遥感数据处理技术有三个主要的发展趋势。一是以数据为主转向以信息与知识为主;二是由信息提取和数据检索转向信息承载与数据可视化;三是用户由专家为主转向广大社会用户。这些变化反映出遥感信息应用的服务专业性越来越强,普及度越来越高。不同的行业对卫星遥感信息需求的不同,也为计算机技术提出了更多的算法研究任务与应用软件开发课题。

3. 空间遥感技术的发展

观测与研究人类赖以生存的地球成为数字地球研究的重要内容,空间遥感是主要的手段之一。空间遥感技术的发展呈现出以下几个重要的发展趋势。

(1) 对地观测技术越来越受重视

以遥感卫星为核心的对地观测技术,通过资源卫星、气象卫星、海洋卫星与军事侦察卫星的对地观测技术,正成为人类解决资源、环境、灾害问题,以及外交争端问题的重要手段。继广播通信卫星之后,遥感卫星已经是进入商业应用的第二大卫星领域。对地观测技术集中体现出一个国家的竞争力,成了 21 世纪最具发展潜力的战略高科技领域之一。

(2) 全方位、全天候的全球对地观测网络正在形成

世界上多个国家参与的对地长期观测计划共同组成了一个由几十个对地观测卫星组成的观测网,构建一个由低轨道的高分辨率遥感卫星、中高轨道的气象卫星与海洋卫星组成,相互协同工作的观测体系,对地球的陆地、海洋、大气层以及生物之间的相互关系进行长期、全面和系统地观测,形成国际性的预报、评估地球"健康"状况的能力与机制。经过 20 多年的发展,世界范围内多次自然与人为的灾害已经使得人们在关注地球与空间安全方面达成了空前一致的共识。一个多层次、多角度、多学科的全球对地观测网络正在逐渐形成。

(3) 遥感小卫星星座的编队飞行技术的发展

小卫星星座编队飞行是指若干个小卫星在一定的距离范围内联合飞行、彼此配合、协同工作组成的空间系统。这是空间遥感技术的发展的另一个趋势。遥感小卫星星座的编队飞行研究的目的在于提高对地观测的分辨率。飞行过程中两个相邻卫星的距离可以很近(如 1 km),也可以很远(如 5×10^6 km),要求小卫星之间相互关系与相对位置保持不变。2000 年,美国国防部开展了母子式结构研究,同时发射了 5 颗卫星,其中一个为母星,4 个为子星,形成星座,并进行编队飞行试验。法国的 Essain 计划也是针对遥感小卫星星座的编队飞行开展的试验。

以遥感卫星为核心的对地观测技术的发展也为信息技术研究提出了更多的课题和更高的要求,为信息产业的发展提供了更大的发展空间。

2.10.2 全球定位系统

1. 全球定位系统的基本概念

全球定位系统(Global Positioning System,GPS)是一种全新的定位方法,它是将卫星定位和导航技术与现代通信技术相结合,具有全时空、全天候、高精度、连续实时地提供导航、定位和授时的特点,已经在越来越多的领域替代常规的光学与电子定位设备,为空间定位技术带来了革命性的变化。用 GPS 同时测定三维坐标的方法将测绘定位技术从陆地和近海扩展到整个地球空间和外层空间,从静态扩展到动态,从单点定位扩展到局部和广域范围,从事后处理扩展到定位、实时与导航。同时,GPS 系统的定位精度越来越高,从米级逐渐提高到厘米级。

2. GPS 建设的基本情况

美国的全星球导航定位系统使用的是由波音公司与洛克西德·马丁公司制造的一种轨道

航天器卫星。GPS 由 28 颗轨道卫星组成,其中 24 颗正常工作,另外 4 颗备份;轨道高度为 20200 公里。1978 年 2 月首次发射,1995 年底定位能力初步形成。第一代系统能够向军队的飞机、舰船与车辆提供高精度的三维速度与时间服务。同时,该系统也为民间用户提供精度较低的服务。美国的全星球导航定位系统建设历经 20 年,耗资超过 500 亿美元,是继阿波罗登月计划和航天飞机计划之后的第三项庞大的空间计划。

3. GPS 的组成

GPS 由三个部分组成:空间部分、地面控制部分与用户终端,如图 2-29 所示。

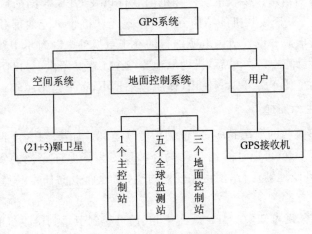

图 2-29　GPS 系统组成框图

(1) 空间部分

空间部分由 21 颗工作卫星和 3 颗在轨备用卫星组成 GPS 卫星星座,记作(21+3)GPS 星座。24 颗卫星均匀分布在 6 个轨道平面内,轨道倾角为 55 度,各个轨道平面之间相距 60°,即轨道的升交点赤经各相差 60°。每个轨道平面内各颗卫星之间的升交角距相差 90°,一轨道平面上的卫星比西边相邻轨道平面上的相应卫星超前 30°。

GPS 卫星位于万里高空上,绕地球一周的时间为 12 恒星时。当地球对恒星来说自转一周时,这些卫星绕地球运行二周。这样,对于地面观测者来说,每天将提前 4 min 见到同一颗 GPS 卫星。位于地平线以上的卫星颗数随着时间和地点的不同而不同。卫星轨道与卫星围绕地球运行一周的时间经过精心计算和控制之后,地面的接收者能够在任何时候最少可见到 4 颗,最多可见到 11 颗。在用 GPS 信号导航定位时,为了得到三维坐标,必须观测 4 颗 GPS 卫星,称为定位星座。这 4 颗卫星在观测过程中的几何位置分布对定位精度有一定的影响。对于某地某时,甚至不能测得精确的点位坐标,这种时间段叫"间隙段"。但这种时间间隙段是很短暂的,并不影响全球绝大多数地方的全天候、高精度、连续实时的导航定位测量。

(2) 地面控制部分

GPS 地面控制部分承担着两项任务,一是控制卫星运行状态与轨道参数,二是保证星座上所有卫星的时间基准的一致性。地面控制部分由 1 个主控站、5 个全球监测站和 3 个地面控制站组成。

GPS 监测站提供精密的铯钟和能够连续测量到所有可见卫星的接收机。监测站将取得的卫星观测数据,包括电离层和气象数据,经过初步处理后,传送到主控站。主控站从各监测站收集跟踪数据,计算出卫星的轨道和时钟参数,然后将计算结果发送到 3 个地面控制站。地面控制站在每颗卫星运行至上空时,把这些导航数据及主控站指令发送到空中卫星。

（3）用户终端

GPS 用户终端设备即 GPS 信号接收机。其主要功能是能够捕获到按一定卫星截止角所选择的待测卫星,并跟踪这些卫星的运行。当接收机捕获到跟踪的卫星信号后,即可测量出接收天线到卫星的伪距离和距离的变化率,解调出卫星轨道参数等数据。根据这些数据,接收机中的微处理计算机就可按定位解算方法进行定位计算,计算出用户所在地理位置的经纬度、高度、速度、时间等一系列信息。接收机硬件和机内软件以及 GPS 数据的后处理软件包构成完整的 GPS 用户设备。GPS 接收机的结构分为天线单元和接收单元两部分。接收机一般采用机内和机外两种直流电源。设置机内电源的目的在于更换外电源时不中断连续观测。在用机外电源时机内电池自动充电。关机后,机内电池为 RAM 存储器供电,以防止数据丢失。目前各种类型的接收机为了便于野外观测使用,体积越来越小,重量越来越轻。

4. GPS 的基本工作原理

GPS 接收机能够接收的卫星越多,定位的精度就越高。如果 GPS 接收机能够稳定地接收到 3 颗以上卫星的信号,就可以计算出自己的经纬度。为了保证定位的实时性,4 颗 GPS 卫星以 12 小时的周期环绕地球运行,使得在任意时刻,在地面上的任意一点都可以同时观测到 4 颗以上的卫星。

由于卫星的位置精确可知,在 GPS 观测中,我们可得到卫星到接收机的距离,利用三维坐标中的距离公式,借助 3 颗卫星,就可以组成 3 个方程式,解出观测点的位置 (X, Y, Z)。考虑到卫星的时钟与接收机时钟之间的误差,实际上有 4 个未知数,X、Y、Z 和时钟差 T,因而需要引入第 4 颗卫星,形成 4 个方程式求解,从而得到观测点的经纬度和高程。

事实上,接收机往往可以锁住 4 颗以上的卫星,这时,接收机可按卫星的星座分布分成若干组,每组 4 颗,然后通过算法挑选出误差最小的一组用作定位,从而提高精度。

由于卫星运行轨道、卫星时钟存在一定误差,大气对流层、电离层对信号的影响,以及人为的 SA 保护政策,使得民用 GPS 的定位精度只有 100 m。为提高定位精度,普遍采用差分 GPS(DGPS)技术,建立基准站(差分台)进行 GPS 观测,利用已知的基准站精确坐标,与观测值进行比较,从而得出一个修正数,并对外发布。接收机收到该修正数后,与自身的观测值进行比较,排除大部分误差,进而得到一个比较准确的位置。实验表明,利用差分 GPS,定位精度可以提高到 5 m 左右。

根据 GPS 接收机经纬度与海拔高度、速度的计算模型和算法,根据结合数字地图计算从给定的出发地与目的地的最佳路径的导航计算模型和算法,GPS 系统的设计者就可以通过软件的方法或将软件固化到 SoC 芯片中,GPS 接收机就可以实现定位、导航、定时和测距的功能。

5. GPS 接收机类型

GPS 接收机种类很多,可以在任何时候用 GPS 信号进行导航定位测量。根据使用目的的不同,用户要求的 GPS 信号接收机也各有差异。这些产品可以按照原理、功能、用途等来分类。

（1）按接收机的用途分类

1）导航型接收机

导航型接收机主要用于运动物体的导航,它可以实时给出物体的位置和速度。导航型接收机实时定位精度一般为±10 m。根据应用领域的不同,又可以进一步分为车载型、航海型、航空型与星载导航型接收机。目前很多智能手机都具备了个人定位与导航功能。

2）授时型接收机

授时型接收机主要利用 GPS 卫星提供的高精度时间标准进行授时,常用于天文台及无线电通信的时间同步。

3）测地型接收机

测地型接收机主要用于精密大地测量和精密工程测量。这类仪器一般定位精度高,设备复杂,价格较贵。

（2）按接收机的载波频率分类

1）单频接收机

单频接收机只能接收 L1 载波信号,测定载波相位观测值进行定位。由于不能有效消除电离层延迟影响,单频接收机只适用于小于 15 km 的短基线的精密定位。

2）双频接收机

双频接收机可以同时接收 L1、L2 载波信号。利用双频对电离层延迟的差异,可以消除电离层对电磁波信号的延迟的影响,因此双频接收机可用于长达几千公里的精密定位。

（3）按接收机通道数分类

GPS 接收机能通过天线信号通道同时接收多颗 GPS 卫星的信号,从而分离接收到的不同卫星的信号,以实现对卫星信号的跟踪、测量和处理。根据接收机所具有的通道种类可分为:多通道接收机,序贯通道接收机,多路多用通道接收机。

（4）按接收机工作原理分类

平方型接收机

平方型接收机是利用载波信号的平方技术去掉调制信号来恢复完整的载波信号,通过相位计测定接收机内产生的载波信号与接收到的载波信号之间的相位差,经过计算就可以获得伪距观测值。

混合型接收机

这种仪器是综合上述两种接收机的优点,既可以得到码相位伪距,也可以得到载波相位观测值。

干涉型接收机

这种接收机是将 GPS 卫星作为射电源,采用干涉测量方法,测定两个测站间距离。

6. GPS 技术发展趋势

自从 GPS 技术诞生以来,可以看出 GPS 技术正在朝着高精度、高可靠性、安全性、综合性、多系统的兼容性方向发展。

（1）高精度与高可靠性

一般卫星导航定位精度可以达到 10 m 量级,但是仍然不能够满足海上资源勘查、飞机精密定位与武器精确制导的 1～5 m 精度要求,以及汽车驾驶防碰撞的 10 cm 精度要求。同时,航空、航海与道路交通应用关系到人身安全,对应用系统都有较高的要求。所以,为了扩大卫星导航定位技术的应用范围,各国都在努力提高卫星导航定位的精度与可靠性。

（2）服务的综合性

随着应用的深入,人们已经不能够满足定位、测速、定时等单一的服务,还希望卫星导航定位系统能够提供定位、定时、测速、实时位置报告与短消息通信的综合服务能力。

（3）安全性

由于卫星导航定位系统已经成为人类活动空间的位置与时间的基准系统,因此卫星导航定位的安全关乎国家安全与人身安全。卫星导航定位系统的特殊地位要求它必须具有强抗干扰能力、抗攻击能力与反利用能力。随着卫星导航定位系统的广泛应用,好卫星导航定位系统的安全性问题必须认真加以解决。

（4）多系统的兼容性

基于国家安全角度考虑,各国纷纷组建自己的卫星导航定位系统,由此出现了多个星座。如果多个星座之间能够相互兼容,就可以向用户提供更为精准和便捷的服务。因此,发展网格化、基于互联网的全球卫星导航定位系统（Grid GNSS）是今后一个重要的研究方向。

随着我国北斗全球导航卫星系统的建设和营运,我国的卫星导航与位置服务产业将融合传感网、物联网和云计算技术,提供泛在的智能位置服务。全球卫星导航系统及其产业在今后一段时间内将呈现出四大发展方向:从单一的 GPS 系统向多星座并存的方向发展;从室外导航转变为室内外无缝导航的方向发展;从专业服务向大众化服务方向发展;从以卫星导航为应用主体,向定位、导航、授时、位置服务与移动通信服务融合的方向发展。

7. 我国北斗卫星导航定位系统

北斗卫星导航系统和美国全球定位系统、俄罗斯格洛纳斯系统、欧盟伽利略定位系统被联合国确认为全球 4 个卫星导航系统核心供应商。北斗卫星导航系统包括北斗一号和北斗二号两代系统,是中国研发的卫星导航系统。北斗一号是一个已投入使用的区域性卫星导航系统,北斗二号则是一个正在建设中的全球卫星导航系统。

我国从 2000 年开始,陆续发射了 4 颗"北斗一号"试验导航卫星,组成了我国第一个北斗星导航定位系统。2007 年 4 月,我国成功发射了第一颗"北斗二号"导航卫星,这标志着北斗系统由一代开始向二代过渡。2012 年 4 月 30 日,我国在西昌卫星发射中心成功发射"一箭双星",用"长征三号乙"运载火箭将中国第十二、十三颗北斗导航系统组网卫星顺利送入太空预定转移轨道,2016 年 6 月 12 日,通过"长征三号丙"运载火箭,第二十三颗北斗导航卫星发射升空。

北斗 2 号卫星导航系统空间段由 5 颗静止轨道卫星和 30 颗非静止轨道卫星组成,提供两种服务方式,即开放服务和授权服务。开放服务是在服务区免费提供定位、测速和授时服务,定位精度为 10 m,授时精度为 50 ns,测速精度 0.2 m/s。

第二代北斗卫星导航系统的基本工作原理是:空间段卫星接收地面运控系统上行注入的导航电文及参数,并且连续向地面用户发送卫星导航信号,用户接收到至少 4 颗卫星信号后,进行伪距测量和定位解算,经过处理最后得到定位结果。同时为了维持地面运控系统各站之间时间同步,以及地面站与卫星之间时间同步,通过站间和星地时间比对观测与处理完成地面站间和卫星与地面站间的时间同步。分布不同地点内的监测站负责对其可视范围内的卫星进行监测,采集各类观测数据后将其发送至主控站,由主控站完成卫星轨道精密确定及其他导航参数的确定、广域差分信息和完好性信息处理,形成上行注入的导航电文及参数。

目前，第二代北斗导航系统虽然仍为区域卫星导航系统，但是服务区域比北斗导航试验系统扩大了很多，具有连续实时三维定位测速能力，授权服务在增强服务的基础上，可以进一步提供卫星无线电测定业务（RDSS）和信号功率增强服务。

目前，卫星导航定位的应用范围和行业不断扩展，全国卫星导航应用市场规模以每两年翻一番的速度快速增长。卫星导航定位技术已广泛应用于交通运输、基础测绘、工程勘测、资源调查、气象探测、海洋勘测和地震监测等领域。

北斗卫星导航系统的建成，体现了国家的综合实力，可极大促进我国自主卫星导航事业的发展，使我国在卫星应用方面摆脱对国外卫星导航系统的依赖，打破美国 GPS 的垄断，并带动和发展了一大批高技术产业，形成新的国民经济增长点。北斗导航系统的应用具有广泛的应用潜力。比如公共安全、巡逻搜索、运钞车监控、海岸缉私、遇险抢救、环境数据收集、天气灾害预报与监测、交通管制、远距离输电以及个人旅游、娱乐等诸多方面都有着广大的潜在用户。随着系统建设的不断发展和完善，很多潜在的应用必将被进一步发掘，北斗卫星导航系统将会得到越来越广泛的应用，给国家和人民带来巨大的社会和经济效益。

2.10.3　地理信息系统

地理信息系统是在计算机软、硬件支持下，以采集、存储、检索、分析、管理和描述空间物体的定位分布及与之相关的属性数据，并回答用户问题等为主要任务的计算机系统，主要功能是实现地理空间数据的采集、编辑、分析、管理、统计与制图等。地理信息系统主要由软件、硬件、数据和用户有机结合而成。GIS 最早于 20 世纪 60 年代在加拿大与美国发展起来，而后各国相继进行了大量的研究工作；自 20 世纪 80 年代末以来，特别是随着计算机技术的迅速发展，地理信息的处理、分析手段更加先进，GIS 技术日趋成熟。

1. 地理信息系统的基本概念

（1）地理信息系统的定义

地理信息系统（Geographic Information System，GIS）是在地理学、遥测遥感技术、全球定位系统、管理科学与计算机科学的基础上发展起来的一门交叉学科。遥感影像可以作为 GIS 系统的一种基本地图，由 GPS 系统提供的精确位置数据，以及其他社会经济数据共同形成地理空间数据库。GIS 是以地理空间数据库为基础，在计算机技术的支持下，运用信息科学和系统工程的理论，科学管理和综合分析具有空间内涵的地理数据，为管理与决策提供科学的依据。

（2）地理信息系统在位置服务中的作用

基于位置服务（LBS）的核心是位置与地理信息，两者相辅相成，缺一不可。对于一般的用户来说，一个经纬度位置并不具有任何特殊的意义，必须将用户的位置信息置于一个地理信息之中，代表某个地点、标志、方位以后，才能被人们所理解。因此，在 GPS 终端获得位置信息的基础上，必须通过 GIS 系统将经纬度转换成用户真正关心的地理信息，如地图、位置、路径，以及关注的商店、学校、医院、餐厅、加油站等搜索结果信息，其作用才能真正得以发挥。

（3）地理信息系统研究的内容

地理信息系统研究的内容包括：GIS 概念与基本理论、GIS 技术、GIS 应用方法。

GIS 概念与基本理论包括：定义、理论体系、发展趋势研究。

GIS 技术包括：数据结构、地理空间数据库、工具软件。

GIS 应用方法包括：应用系统设计、数据采集与分析、地学专家系统。

2. 地理空间数据库的特征

地理信息系统作为一种综合处理和分析地理空间数据的软件技术，包括地理空间数据库、空间信息显示软件、空间信息检索软件、空间信息分析与处理软件。

地理空间数据库是 GIS 的核心与基础，它具有以下几个特征。

（1）多样的数据的来源

地理空间数据库存储的数据包括遥测遥感数据、地面测绘数据、建筑物设计图纸与数据、地区与城市规划图纸，以及政府管理文件等，因此该数据库获得的这些数据数据量不同，格式不同，处理的方式与精度要求也不完全一样。GIS 软件工具需要将同一个对象的多种数据采用数据融合（Data Aggregation）技术，在地理空间数据库建立统一的描述，为地理数据的综合分析和利用提供条件。

（2）动态数据

面向行业的 GIS 数据必然要随着行业发展而不断地更新。例如，国土资源部门的 GIS 数据一定要结合城市建设的发展，动态、实时地采集农业用地、建筑用地、工业用地的信息，使 GIS 地理空间数据库能够及时、准确地反映城市用地的变化。在应用智能交通系统时，GIS 关心的道路交通环境与交通流量信息总是处于一个动态变化当中。

（3）海量的数据

能够动态反映一个城市或地区的 GIS 数据是海量的。如何管理、分析与利用信息取决于所采用的计算机应用的水平。在 GIS 的数据收集、存储与处理中，普遍采用了互联网与移动通信作为数据采集与传输的平台，用数据仓库作为存储数据的环境，依据空间数据分析模型，使用数据挖掘技术和并行计算方法深度提取数据内涵的信息，用三维动画与虚拟现实技术显示提取的信息，为管理者提供有效的决策服务。

（4）面向行业和面向应用选取数据

建立全方位的地理空间数据库是不可能的。实际应用的 GIS 都是面向行业、面向应用的。例如，国土资源部门的 GIS 数据涉及它所管辖范围内的土地资源、土地使用规划等信息。智能交通系统的 GIS 数据与道路、交通环境、道路流量、交通控制系统的位置等信息有关。对于同一个地区来说，不同领域的工作人员需要的地图是不一样的。地理学研究人员关心的是城市的总体的地理概貌，通过 GIS 软件系统获取城市等高线地图。如果是城市交通管理人员，则需要一张有关城市交通的地图；城市绿化管理人员则需要一张有关城市植被的地图；而城市土地规划的管理人员需要一张有关城市土地使用情况的地图。

4. GIS 技术的发展趋势

（1）GIS 与 Internet 的结合与应用

GIS 技术和 Internet 技术的融合，形成一种新的技术，我们称之为 WebGIS。与传统的基于 C/S 的技术相比，WebGIS 有如下优点：

① 更简单的操作。降低对系统操作的要求可以更广泛地推广应用 GIS，使 GIS 系统为广大的普通用户所接受，而不仅仅局限于少数受过专门培训的专业用户。通用的 Web 浏览器就可以实现相关的操作。

② 降低系统成本。普通 GIS 在每个客户端都要配备昂贵的专业 GIS 软件，而用户使用的

经常只是一些最基本的功能，这实际上造成了极大的浪费。WebGIS 在客户端通常只需使用 Web 浏览器，与全套专业 GIS 相比其软件成本明显降低。另外，由于客户端的简单性也可以节省大量的维护费用。

③ 更广泛的访问范围。客户可以同时访问多个位于不同地方的服务器上的最新数据，GIS 的数据管理可以充分利用 Internet 的优势，使分布式的多数据源的数据管理和合成更易于实现。

④ 平台独立性。无论 WebGIS 服务器端使用何种软件，无论服务器/客户机使用何种机器，由于使用了通用的 Web 浏览器，用户就可以透明地访问 WebGIS 数据，在本机或某个服务器上进行分布式部件的动态组合和空间数据的协同处理与分析，实现远程异构数据的共享。

（2）基于数据库技术的海量空间数据管理

GIS 技术的瓶颈之一就是如何解决海量空间数据管理问题。对于一个城市级的 GIS 系统，其数据量是非常巨大的。和传统的基于文件的管理方式相比，利用面向对象的大型数据库技术能够有效地解决这一问题。

利用数据库，可以建立一种真正的 C/S 结构的空间信息系统，不仅可以解决海量数据的存储和管理等问题，也可以解决多用户编辑、数据完整性和数据安全机制等诸多问题，能够给 GIS 带来更广阔的应用前景。

（3）高分辨率遥感影像、GIS、GPS 的结合

高分辨率遥感影像意味着人们在数据采集和数据更新上的一场革命。在传统的地图数据采集过程中，人们一般采用手工作业方式，这要耗费大量的人力和物力。而且数据更新的日期很长。但是，利用卫星拍摄的高分辨率的遥感影像，人们可以迅速得到几个月前甚至几天前的最新更新数据，成本要降低十几倍，数据更加真实准确。高分辨率的遥感影像在商业领域有很多应用，如国土资源统计、城市建设、自然环境监测、灾害评估等各个领域。

以 GIS 为核心的 3S(Raster、GIS、GPS)集成，帮助人们能够实时地采集数据、处理信息、更新数据以及分析数据。GIS 已发展成为具有多媒体网络、虚拟现实技术以及数据可视化的强大空间数据综合处理技术系统。遥感是实时获取和动态处理空间信息，对地观测和分析的先进技术系统，是为 GIS 提供准确可靠信息源和实时更新数据的重要保证。全球定位系统(GPS)，主要是为遥感实时数据定位，提供空间坐标，以建立符合实际情况的数据库。故可作为数据的空间坐标定位，并能进行数据实时更新。

（4）三维仿真与虚拟现实

三维 GIS 是许多应用领域的基本要求。与二维相比，三维能够帮助人们更加准确真实地认识我们的客观世界。以前的三维显示只能应用在大型的主机和图形工作站上，在极少数的部门如石油勘探、地震预测、航空视景模拟器中得到应用，成本居高不下。随着计算机技术的发展，硬件成本不断降低，一台普通的 PC 机就可以很轻松地进行真三维显示和分析。以前的 GIS 大多提供了一些较为简单的三维显示和操作功能，但这与真三维表示和分析还有明显差距。现在三维 GIS 可以支持真三维的矢量和栅格数据模型及以此为基础的三维空间数据库，可以很好地解决三维空间操作和分析问题。

（5）无线通信与 GIS 的结合

无线通信改变了人们的生活和工作方式。随着无线通信技术的进一步发展，特别是 Web 技术的应用，使无线通信技术与 GIS 技术以及因特网技术的结合成为可能，形成一种新的技

术,即无线定位技术(Wire Less Location Technology)。由此也衍生一种新的服务,即无线定位服务(Wire Less Location Service)。无限定位技术正获得广泛的应用。利用这种技术,人们用手机就可以查询到自己所在的位置。再配合 GIS 的空间查询分析功能,人们可以很轻松地查到自己所关心的信息。

5. GIS 不足和改进

当前,GIS 正处在一个大变革时期,GIS 的进一步发展还面临不少问题,主要表现在以下几个方面:

(1) GIS 设计与实现的方法学问题

在 GIS 设计与实现过程中缺乏面向对象的认知方法学和面向对象的程序设计方法学的指导,导致 GIS 软件系统的可靠性和可维护性不高。

(2) GIS 的时间问题

地理信息系统所描述的地理对象往往具有时间属性,即时态。随着时间的推移,地理对象的特征会发生变化,而这种变化程度可能很大,但目前大多数地理信息系统并不能很好地支持地理对象和组合事件时间的处理。许多 GIS 应用领域的要求都是基于时间特征的,如区域人口的变化、洪水最高水位的变化等。对这样的应用背景,仅采取作为属性数据库中的一个属性不能很好地解决问题,因此,如何设计并运用四维 GIS 来描述、处理地理对象的时态特征也是GIS 的一个重要研究领域。

(3) 三维 GIS 模型及可视化问题

尽管有些 GIS 软件还采用建立数字高程模型的方法来处理和表达地形的起伏,但涉及三维的地下和地上的自然与人工景观就显得无能为力,只能把它们先投影到地表,再进行处理,这种方式本质上还依然是用二维的形式来处理数据。因此这种用二维系统来描述三维空间的方法,必然存在无法如实映射、分析和显示三维信息的问题。三维 G1S 目前的研究重点主要集中在三维数据结构(如数字表面模型、断面、柱状实体等)的设计、实现与优化,以及可视化技术的运用、三维系统的功能和模块设计等方面。

2.11　传感器实验

2.11.1　光照传感器

1. 实验目的

① 了解光敏电阻特性。

② 了解光敏传感器的工作原理。

2. 实验环境

① 软件:IAR SWSTM8 1.30

② 硬件:CBT - SuperIOT - II 型教学实验平台,光照传感器模块,USB2UART 模块

3. 实验原理

(1) 光敏电阻器

光照传感器使用的是光敏电阻。光敏电阻又称光导管,常用的制作材料为硫化镉,另外还

有硒、硫化铝、硫化铅和硫化铋等材料。这些制作材料具有在特定波长的光照射下,其阻值迅速减小的特性。这是由于光照产生的载流子都参与导电,在外加电场的作用下作漂移运动,电子奔向电源的正极,空穴奔向电源的负极,从而使光敏电阻器的阻值迅速下降。

　　光敏电阻器是一种对光敏感的元件,它的电阻值能随着外界光照强弱(明暗)变化而变化。光敏电阻器的结构与特性光敏电阻器通常由光敏层、玻璃基片(或树脂防潮膜)和电极等组成,光敏电阻器是利用半导体光电导效应制成的一种特殊电阻器,对光线十分敏感。它在无光照射时,呈高阻状态;当有光照射时,其电阻值迅速减小。光敏电阻器广泛应用于各种自动控制电路(如自动照明灯控制电路、自动报警电路等)、家用电器(如电视机中的亮度自动调节,照相机中的自动曝光控制等)及各种测量仪器中。光敏电阻结构如图 2 - 30 所示。

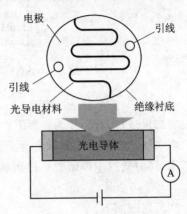

图 2 - 30　光敏电阻结构图

　　(2) 光敏电阻器的主要参数

　　光敏电阻器的主要参数有亮电阻(RL)、暗电阻(RD)、最高工作电压(VM)、亮电流(IL)、暗电流(ID)、时间常数、温度系数灵敏度等。

- 亮电阻:亮电阻是指光敏电阻器受到光照射时的电阻值。
- 暗电阻:暗电阻是指光敏电阻器在无光照射(黑暗环境)时的电阻值。
- 最高工作电压:最高工作电压是指光敏电阻器在额定功率下所允许承受的最高电压。
- 亮电流:亮电流是指在无光照射时,光敏电阻器在规定的外加电压受到光照时所通过的电流。
- 暗电流:暗电流是指在无光照射时,光敏电阻器在规定的外加电压下通过的电流。
- 时间常数:时间常数是指光敏电阻器从光照跃变开始到稳定亮电流的 63% 时所需的时间。
- 电阻温度系数:温度系数是指光敏电阻器在环境温度改变 1 ℃时,其电阻值的相对变化。
- 灵敏度:灵敏度是指光敏电阻器在有光照射和无光照射时电阻值的相对变化。
- 伏安特性:在一定照度下,流过光敏电阻的电流与光敏电阻两端的电压的关系称为光敏电阻的伏安特性。光敏电阻在一定的电压范围内,其曲线为直线。

　　(3) 光敏传感器模块原理图

　　光敏传感器原理图如图 2 - 31 所示。

　　光敏电阻阻值随光照强度变化而变化,在引脚 Light_AD 输出电压值也随之变化。用 STM8 的 PD2 引脚采集 Light_AD 电压模拟量并转为数字量,当采集的 AD 值大于某一阈值(本程序设置为 700),则将 PD3 即 Light_IO 引脚置低,表明有光照。

　　传感器使用的光敏电阻的暗电阻为 2 MΩ 左右,亮电阻为 10 kΩ 左右。可以计算出:在黑暗条件下,Light_AD 的数值为 3.3 V×2 000 kΩ/(2 000 kΩ+10 kΩ)=3.28 V。在光照条件下,Light_AD 的数值为 3.3 V×10 kΩ/(10 kΩ+10 kΩ)=1.65 V。STM8 单片机内部带有 10 位 AD 转换器,参考电压为供电电压 3.3 V。根据上面计算结果,选定 1.65 V(需要根据实

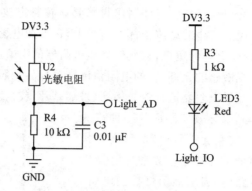

图 2-31 光敏传感器模块原理图

际测量结果进行调整)作为临界值。当 Light_AD 为 1.65 V 时,AD 读数为 1.65/3.3×1 024＝512,当 AD 读数大于 512 时说明无光照,当 AD 读数小于 512 时说明有光照,并点亮 LED3 作为指示,同时通过串口函数来传送触发(有光照时)信号。

(4) 源码分析

实现代码如下:

```
u8 CMD_rx_buf[8];    //命令缓冲区
u8 DATA_tx_buf[14]; //返回数据缓冲区
u8 CMD_ID = 0;    //命令序号
u8 Sensor_Type = 0; //传感器类型编号
u8 Sensor_ID = 0;    //相同类型传感器编号
u8 Sensor_Data[6];    //传感器数据区
u8 Sensor_Data_Digital = 0; //数字类型传感器数据
u16 Sensor_Data_Analog = 0; //模拟类型传感器数据
u16 Sensor_Data_Threshod = 0; //模拟传感器阈值
/* 根据不同类型的传感器进行修改 */
    Sensor_Type = 2;
    Sensor_ID = 1;
    CMD_ID = 1;
    DATA_tx_buf[0] = 0xEE;
    DATA_tx_buf[1] = 0xCC;
    DATA_tx_buf[2] = Sensor_Type;
    DATA_tx_buf[3] = Sensor_ID;
    DATA_tx_buf[4] = CMD_ID;
    DATA_tx_buf[13] = 0xFF;
    GPIO_Init(GPIOD, GPIO_PIN_3, GPIO_MODE_OUT_PP_HIGH_SLOW);
    // ADC
    ADC1_Init(ADC1_CONVERSIONMODE_CONTINUOUS,
            ADC1_CHANNEL_3,
            ADC1_PRESSEL_FCPU_D4,
            ADC1_EXTTRIG_TIM,
            DISABLE,
            ADC1_ALIGN_RIGHT,
```

```
                ADC1_SCHMITTTRIG_CHANNEL3,
                DISABLE);
    ADC1_Cmd(ENABLE);
    ADC1_StartConversion();
    Sensor_Data_Analog = 0;
    Sensor_Data_Threshold = 700;
    delay_ms(1000);
    while (1)
    {
        //获取传感器数据
        Sensor_Data_Analog = ADC1_GetConversionValue();
        if(Sensor_Data_Analog < Sensor_Data_Threshold)
        {
            Sensor_Data_Digital = 0;       //无光照
            GPIO_WriteHigh(GPIOD,         GPIO_PIN_3);
        }
        else
        {
            Sensor_Data_Digital = 1;       //有光照
            GPIO_WriteLow(GPIOD,          GPIO_PIN_3);
        }
                //组合数据帧
        DATA_tx_buf[10] = Sensor_Data_Digital;
        //发送数据帧
        UART1_SendString(DATA_tx_buf, 14);//串口发送
        LED_Toggle();
        delay_ms(1000);
    }
}
```

4. 实验步骤

① 首先我们要把传感器插到实验箱的主板上子节点的串口上,再把 ST - Link 插到标有 ST - Link 标志的 JTAG 口上,最后把仿真器一端的 USB 线插到 PC 机的 USB 端口,通过主板上的"加""减"按键选择要编程实验的传感器(会有黄色 LED 灯提示),硬件连接完毕。

② 我们用 IAR SWSTM8 1.30 软件,打开..\2 - Sensor_光照传感器\Project\Sensor.eww。

③ 打开后点击"Project"的"Rebuild All",或者选中工程文件右键"Rebuild All",把工程编译一下。

④ 点击"Rebuild All"编译完后,无警告,无错误。

⑤ 编译完后我们要把程序烧到模块里,点击 Download and Debug 进行烧写。

⑥ 烧写完毕后,把传感器模块从主板上取下来,连接到平台配套的 USB 转串口模块上,将 USB2UART 模块的 USB 线连接到 PC 机的 USB 端口,然后打开串口工具,配置好串口,波特率 115 200,8 个数据位,一个停止位,无校验位。

⑦ 传感器底层串口协议返回 14 个字节,第 1 位字节和 2 位字节是包头,第 3 位字节是传

感器类型,第4位字节是传感器ID,第5位字节是节点命令ID,第6位字节到11位字节是数据位,其中第11位字节是传感器的状态位,第12位字节和第13位字节是保留位,第14位字节是包尾。

例如:返回"EE CC 02 01 01 00 00 00 00 00 00 00 00 00 FF"时,第11位字节为"0"时,表示无光照,返回"EE CC 02 01 01 00 00 00 00 00 01 00 00 FF"时,第11位字节为"1"是表示有光照。

2.11.2　温湿度传感器

1. 实验目的

① 了解温湿度传感器。

② 掌握温湿度传感器工作原理。

2. 实验环境

① 软件:IAR SWSTM8 1.30

② 硬件:CBT-SuperIOT-II型教学实验平台,温湿度传感器模块,USB2UART模块

3. 实验原理

(1) 温湿度传感器简介

AM2302湿敏电容数字温湿度模块是一款含有已校准数字信号输出的温湿度复合传感器。它应用专用的数字模块采集技术和温湿度传感技术,确保产品具有极高的可靠性与卓越的长期稳定性。传感器包括一个电容式感湿元件和一个高精度测温元件,并与一个高性能8位单片机相连接。因此该产品具有品质卓越、超快响应、抗干扰能力强、性价比极高等优点。每个传感器都在极为精确的湿度校验室中进行校准。校准系数以程序的形式储存在单片机中,传感器内部在检测信号的处理过程中要调用这些校准系数。标准单总线接口,使系统集成变得简易快捷。超小的体积、极低的功耗,信号传输距离可达20 m以上,使其成为各类应用甚至最为苛刻的应用场合的最佳选择。产品为3引线(单总线接口)连接方便。

模块特点:

超低能耗、传输距离远、全部自动化校准、采用电容式湿敏元件、完全互换、标准数字单总线输出、卓越的长期稳定性、采用高精度测温元件。

模块单总线说明:

AM2302器件采用简化的单总线通信。单总线即只有一根数据线,系统中的数据交换、控制均由数据线完成。设备(微处理器)通过一个漏极开路或三态端口连至该数据线,以允许设备在不发送数据时能够释放总线,而让其他设备使用总线;单总线通常要求外接一个约5.1 kΩ的上拉电阻,这样,当总线闲置时,其状态为高电平。由于它们是主从结构,只有主机呼叫传感器时,传感器才会应答,因此主机访问传感器都必须严格遵循单总线序列,如果出现序列混乱,传感器将不响应主机。

单总线通信特殊说明:

● 典型应用电路中建议连接线长度短于30 m时用5.1 kΩ上拉电阻,大于30 m时根据实际情况降低上拉电阻的阻值。

● 使用3.3 V电压供电时连接线长度不得大于30 cm。否则线路压降会导致传感器供电不足,造成测量偏差。

- 读取传感器最小间隔时间为 2 s;读取间隔时间小于 2 s,可能导致温湿度不准或通信不成功等情况。
- 每次读出的温湿度数值是上一次测量的结果,欲获取实时数据,需连续读取两次,建议连续多次读取传感器,且每次读取传感器间隔大于 2 s 即可获得准确的数据。

单总线读取流程图如图 2-32 所示。

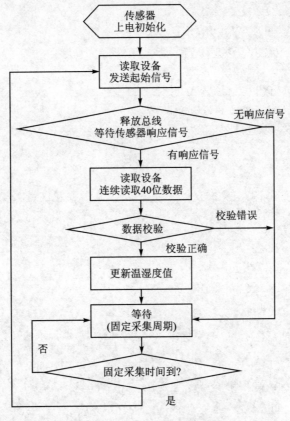

图 2-32 单总线读取流程图

(2) 温湿度传感器模块原理图

温湿度传感器模块原理图如图 2-33 所示,STM8 单片机通过 PD3 引脚,软件实现总线线序完成对 DHT22 温湿度传感器的数据采样。

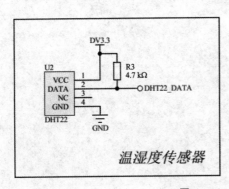

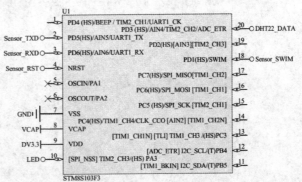

图 2-33 温湿度传感器模块原理图

（3）源码分析

实现代码如下：

```
u8 CMD_rx_buf[8];   //命令缓冲区
u8 DATA_tx_buf[14]; //返回数据缓冲区
u8 CMD_ID = 0;   //命令序号
u8 Sensor_Type = 0; //传感器类型编号
u8 Sensor_ID = 0;   //相同类型传感器编号
u8 Sensor_Data[6];   //传感器数据区
u8 Sensor_Data_Digital = 0; //数字类型传感器数据
u16 Sensor_Data_Analog = 0; //模拟类型传感器数据
u16 Sensor_Data_Threshod = 0;//模拟传感器阈值
/*根据不同类型的传感器进行修改 */
    Sensor_Type = 10;
    Sensor_ID = 1;
    CMD_ID = 1;
    DATA_tx_buf[0] = 0xEE;
    DATA_tx_buf[1] = 0xCC;
    DATA_tx_buf[2] = Sensor_Type;
    DATA_tx_buf[3] = Sensor_ID;
    DATA_tx_buf[4] = CMD_ID;
    DATA_tx_buf[13] = 0xFF;
    delay_ms(1000);
    while(1)
    {
        //获取传感器数据
        if(DHT22_Read())
        {
            Sensor_Data[2] = Humidity >> 8;
            Sensor_Data[3] = Humidity&0xFF;
            Sensor_Data[4] = Temperature >> 8;
            Sensor_Data[5] = Temperature&0xFF;
        }
        //组合数据帧
        for(i = 0;i < 6;i++)
            DATA_tx_buf[5 + i] = Sensor_Data[i];
        //发送数据帧
        UART1_SendString(DATA_tx_buf, 14);
        LED_Toggle();
        delay_ms(1000);
    }
}
```

```
void DHT22_Init(void)
{
    DHT22_DQ_IN();
    DHT22_DQ_PULL_UP();
    delay_s(2);
}
H_H = DHT22_ReadByte();
    H_L = DHT22_ReadByte();
    T_H = DHT22_ReadByte();
    T_L = DHT22_ReadByte();
    Check = DHT22_ReadByte();
        temp = H_H + H_L + T_H + T_L;
    if(Check! = temp)
        return 0;
    else
    {
        Humidity = (unsigned int)(H_H << 8) + (unsigned int)H_L;
        Temperature = (unsigned int)(T_H << 8) + (unsigned int)T_L;
    }
```

4. 实验步骤

① 把传感器插到实验箱的主板上子节点的串口上,再把 ST – Link 插到标有 ST – Link 标志的 JTAG 口上,最后把仿真器一端的 USB 线插到 PC 机的 USB 端口,通过主板上的“加”“减”按键选择要编程实验的传感器(会有黄色 LED 灯提示),硬件连接完毕。

② 用 IAR SWSTM8 1.30 软件,打开.. \10 – Sensor_温湿度测传感器\Project\Sensor.eww。

③ 单击“Project”下面的“Rebuild All”或者选中工程文件右键“Rebuild All”把我们的工程编译一下。

④ 单击“Rebuild All”编译完后,无警告,无错误。

⑤ 编译完成后要把程序烧到模块里,点击 Download and Debug 进行烧写。

⑥ 烧写完毕后,把传感器模块从主板上取下来,连接到平台配套的 USB 转串口模块上,将 USB2UART 模块的 USB 线连接到 PC 机的 USB 端口,然后打开串口工具,配置好串口,波特率 115 200,8 个数据位,一个停止位,无校验位。

⑦ 传感器底层串口协议返回 14 个字节,第 1 位字节和 2 位字节是包头,第 3 位字节是传感器类型,第 4 位字节是传感器 ID,第 5 位字节是节点命令 ID,第 6 位字节到 11 位字节是数据位,其中第 11 位字节是传感器的状态位,第 12 位字节和第 13 位字节是保留位,第 14 位字节是包尾。

例如:返回 EE CC 0A 01 01 00 00 HH HL TH TL 00 00 FF, HH ,HL 代表温度变化,TH ,TL 代表湿度变化。

习　题

1. 简述生物特征识别技术的基本原理和特点。
2. 简述卡作为识别介质是如何分类的。
3. 简述磁卡识别和 IC 卡识别的工作原理。IC 卡比磁卡有哪些优点？
4. 什么是条形码技术？其核心是什么？
5. 简述条码识别系统的基本组成。
6. 什么是 RFID 技术？RFID 的系统组成有哪些？
7. 说明 RFID 技术基本工作原理及工作频率。
8. 说明在 RFID 系统中电子标签的组成及其工作流程。
9. 什么是传感器？传感器由哪几部分组成？说明各部分的作用。
10. 传感器分为哪几种？各有什么特点？

第3章 物联网通信技术

物联网通信包含有线和无线通信技术,其中无线通信技术最能体现物联网的特征,也是本章学习的重点。物联网通信技术所涉及的内容主要包括短距离无线通信技术、无线传感器网络技术、互联网技术、移动通信技术等。本章着重介绍网络通信的基本概念和技术,探讨各种网络形式在物联网中的应用。

3.1 蓝牙技术

蓝牙(Bluetooth)是由瑞典爱立信、芬兰诺基亚、日本东芝、美国 IBM 和美国 Intel 公司等五家著名厂商于 1998 年 5 月联合开展的一项旨在实现网络中各类数据及语音设备互连的计划而提出的。这几家公司成立了蓝牙特别利益集团(Bluetooth special Interest Group, BSIG),并制定了近距离无线通信技术标准——蓝牙技术,旨在利用微波取代传统网络中错综复杂的电缆,使家庭或办公场所的移动电话、便携式计算机、打印机、复印机、键盘、耳机及其他手持设备实现无线互连互通。它的命名借用了 1 000 多年前一位丹麦皇帝哈拉德·布鲁斯(Harald Bluetooth)的名字。

1999 年下半年,著名的 IT 业界巨头微软、摩托罗拉、3Com、朗讯与蓝牙特别小组的五家公司共同发起成立了"蓝牙"技术推广组织,从而在全球范围内掀起了一股"蓝牙"热。蓝牙技术在短短的时间内,以迅雷不及掩耳之势席卷了世界各个角落。

蓝牙技术,实际上是一种短距离无线电技术,它以低成本的近距离无线连接为基础,为固定和移动设备通信环境建立一个特别的短程无线电通信链路。它具有低功耗、无线性、开放性等特点。因此,蓝牙技术受到全球通信业界和广大用户的密切关注。

3.1.1 蓝牙的基本概念

1. 蓝牙简介

蓝牙技术是一种短距离无线通信技术,利用蓝牙技术能有效地简化移动电话手机、笔记本电脑和掌上电脑等移动通信终端设备之间及其与因特网之间的通信,从而使这些设备之间或与因特网之间的数据传输变得更加方便高效,为无线通信拓宽道路。蓝牙技术持续发展的最终形态是在已有的有线网络基础上,完成网络无线化的建构,使网络最终不再受到地域与线路的限制,从而实现真正的随身上网与资料互换。

蓝牙以无线 LANS 的 IEEE802.11 标准技术为基础,采用分散式网络结构以及快跳频和短包技术,支持点对点及点对多点通信,工作在全球通用的 2.4 GHz ISM(即工业、科学、医学)频段,其数据速率为 1 Mbps,采用时分双工传输方案实现全双工传输。ISM 频带是对所有无线电系统都开放的频带,所以会遇到一些电子设备的干扰,如一些家电、无绳电话、微波炉等。为此,蓝牙技术特别设计了快速确认和跳频方案以确保链路稳定。跳频技术是把频带分成若干个跳频信道(hop channel),在一次连接中,无线电收发器按一定的码序列(伪随机码)

不断地从一个信道"跳"到另一个信道,只有收发双方都按照这个规律才能进行通信,而其他的干扰信号不可能按同样的规律进行干扰;跳频的瞬时带宽是很窄的,但通过扩展频谱技术使这个窄带成百倍地扩展成宽频带,使干扰可能造成的影响变得很小。

2. 蓝牙的呼叫过程

蓝牙的通信需要经过查找和配对。蓝牙主端设备发起呼叫,首先是查找,找出周围处于可被查找的蓝牙设备。主端设备找到从端蓝牙设备后,与从端蓝牙设备进行配对,此时需要输入从端设备的 PIN 码,也有的设备不需要输入 PIN 码。一般蓝牙耳机默认为 1234 或 0000,立体声蓝牙耳机默认为 8888。

配对完成后,从端蓝牙设备会记录主端设备的信任信息,此时主端即可向从端设备发起呼叫,已配对的设备在下次呼叫时,不再需要重新配对。已配对的设备,作为从端的蓝牙耳机也可以发起建链请求,但作为数据通信的蓝牙模块一般不发起呼叫。

链路建立成功后,主从两端之间即可进行双向的数据或语音通信。在通信状态下,主端和从端设备都可以发起断链请求,断开蓝牙链路。

3.1.2 蓝牙系统协议

整个蓝牙系统结构由底层硬件模块、中间协议层和应用层三部分组成,其结构如图 3-1 所示。蓝牙底层模块出基带层(BB)、链路管理层(LM)和射频层(RF)构成。BB 负责跳频和蓝牙数据及信息帧的传输;LM 负责连接的建立、拆除及链路的安全和控制;RF 主要负责射频层和基频调制。上层软件模块不能和底层硬件模块直接连接,两个模块接口之间的信息和数据通过主机控制接口(HCI)的解释才能进行传递。HCI 实际上相当于在蓝牙协议中软硬件之间搭建了一座桥梁,它提供了一个使用下层 BB、LM、状态和控制寄存器等硬件的统一命令接口。中间协议层包括逻辑链路控制与适配协议(L2CAP)、服务发现协议(SDP)、串口仿真协

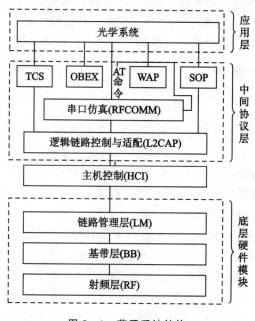

图 3-1 蓝牙系统结构

议(PFCOMM)等。最上层是应用层,对应于各种应用模型和应用程序。

蓝牙关键协议包括基带(BB)、链路管理(LMP)、逻辑链路控制与适应协议(L2CAP)、业务搜寻协议(SDP)等。

(1) 基带层协议

蓝牙基带协议结合了电路交换与分组交换的特点。在被保留的时隙中可以传输同步数据包,每个数据包被以不同的频率发送。一个数据包名义上占用一个时隙,但实际上可以被扩展到占用 5 个时隙。蓝牙可以支持最多 3 个同时进行的同步话音信道,同时也支持异步数据信道,还可以利用一个信道同时传送异步数据和同步话音。每个话音信道支持 64 kb/s 的同步话音链路。异步信道可以支持一端传输速率为 721 kpbs,而另一端传输速率为 57.6kb/s 的不对称连接,也可以支持两端同为 43.2kb/s 的对称连接。

(2) 链路管理协议(LMP)

链路管理负责蓝牙组件间连接的建立。其具有下列功能:主从网络管理、链路设置和安全功能;通过连接的发起、交换、核实,进行身份鉴别和加密等安全方面的任务;通过协商确定基带数据分组大小;控制无线单元的电源模式和工作周期,以及微微网内蓝牙组件的连接状态。

(3) 逻辑链路控制与适应协议(L2CAP)

逻辑链路控制与适应协议位于基带协议层之上,属于数据链路层,是一个为高层传输和应用层协议屏蔽基带协议的适配协议。L2CAP 负责高层协议复用、提取 MTU、组管理以及将服务质量信息传递到链路层次。其完成数据的拆装、基带与高协议间的适配,并通过协议复用、分用及重组操作为高层提供数据业务和分类提取,它允许高层协议和应用接收发送长度超过 64 K 字节的 L2CAP 数据包。

(4) 业务搜寻协议(SDP)

业务搜寻协议是非常重要的组成部分,它是所使用模式的基础。它提供应用发现可用的服务,以及确定可用的服务特点的方法。通过 SDP 可查询设备信息、业务及业务特征,并在查询之后建立两个或多个蓝牙设备间的连接。SDP 支持按业务类别搜寻、按业务属性搜寻和业务浏览 3 种查询方式。

3.1.3 蓝牙的组网

1. 主设备与从设备

蓝牙既可以“点到点”也可以“点到多点”进行无线连接,也就是说,若干蓝牙设备可以组成网络使用。蓝牙在物理层采用跳频技术,这意味着蓝牙设备必须首先通过同步彼此的跳频模式,发现彼此的存在才能相互通信。蓝牙系统采用一种灵活的无基站的组网方式,蓝牙网络的拓扑结构主要有两种形式,即微微网(主从网络,Piconet)和散射网(分散网络,Scatternet),如图 3-2 所示。

2. 蓝牙微微网

蓝牙微微网(Piconet)也称主从网络,是蓝牙中的基本联网单元。蓝牙网络中主动提出通信要求的设备是主设备,被动进行通信的设备为从设备。1 台主设备最多同时与 7 台从设备进行通信,并可以和多达 256 个从设备保持同步但不通信。1 台从设备与另 1 台从设备通信的唯一途径是通过主设备转发。每个蓝牙设备有自己的设备地址码(BD_ADDR)和活动成员

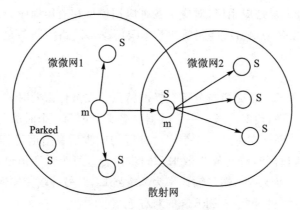

图 3-2　蓝牙网络的拓扑结构

地址（AD_ADDR）。在 48 bit 的 BD_ADDR 基础上，使用一些性能良好的算法可获得各种保密和安全码，从而保证了设备识别码（ID）在全球的唯一性，以及通信过程中的安全性和保密性。组网过程中首先发起呼叫的蓝牙装置称为主设备（Master），其余的称为从设备（Slave）。在一个 Piconet 中，主设备只能有一个。从设备只能与主设备通信，并且只可以在主设备授权时通信。从设备之间不能直接通信，必须经过主设备中转。在同一微微网中，所有用户均用同一跳频序列同步，主设备确定此微微网中的跳频序列和时序。在一个互联的分布式网络中，一个节点设备可同时存在于多个微微网中，但不能在两个微微网中处于激活（Active）状态。

3. 蓝牙散射网

散射网也被称为分散网络。在同一个区域内可能有多个微微网，一个微微网中的主设备单元同时也可以从属于另外的微微网，作为另一个微微网中的从设备单元。而作为两个或两个以上微微网成员的蓝牙单元就成了网桥节点。网桥最多可以作为一个微微网的主设备，但可以作为多个微微网的从设备。多个微微网互连形成的网络可称之散射网（Scatternet）。

散射网是由多个独立的非同步的微微网组成，并以特定的方式连接在一起，每个微微网有一个不同的主节点，独立地进行跳变。各微微网由不同的跳频序列区分，换句话说，每个微微网的跳频序列各不相同，序列的相位由各自的主节点确定。信道上的分组携带不同的信道接入码，信道接入码是由主节点的设备地址决定的。如果有多个微微网覆盖同一个区域，节点根据使用的时间可以加入到两个甚至多个微微网中。要参与一个微微网，就必须使用相应的主节点的地址和时钟偏移，以获得正确的相位。这些参与了两个或两个以上微微网的节点被称为网桥节点。网桥节点可以是这些微微网的从节点，也可以是在一个微微网中担任主节点而在其他微微网中担任从节点。网桥节点负责微微网之间的通信中继。

当设备成为散射网的节点后，可以在多个微微网中进行通信。一方面，一个微微网的主节点通过呼叫可以使其他微微网的主节点或从节点成为这个微微网的一个从节点；另一方面，属于某个微微网的从节点也可以呼叫其他微微网的主节点或从节点，构成一个新的微微网。

在一个微微网中，从节点根据要求可以改变主从角色。

在散射网络中，几个微微网分布在一个区域内，存在相互干扰的问题。一个蓝牙信道被定义为跳频序列（79 个载频），每个信道有不同的跳频序列与不同的相位，然而所有的蓝牙网络都采用 79 个载频，也没有协调机制，一旦不同的微微网某一时隙采用相同的频率，就会发生碰撞,发送信号之间会产生相互干扰。由于蓝牙系统采用快速跳频方式,因此碰撞时间短,蓝牙主单元会采用轮询机制来保证服务质量和控制网络流量。

蓝牙散射网是自组网的一个特例。其最大特点是可以无基站支持,每个移动终端的地位是平等的,并可独立进行分组转发的决策,其拓扑结构动态变化、组网灵活、具有多跳性和分布式控制等特点是构建蓝牙散射网的基础。

3.1.4　蓝牙的特点

蓝牙通信距离是 10~30 m 之间,属于短程无线通信技术,在加入额外的功率放大器后,可以扩展到 100 m(或者 20 dBm)。它可以保证较高的数据传输速率,同时降低与其他电子产品和无线电系统的干扰,此外还有利于保证安全性。

蓝牙技术支持 64 kb/s 的实时语音传输和各种速率的数据传输,可以单独或同时传输数据。语音编码采用对数 PCM 或连续可变斜率增量调制(CVSD)。当仅传输语音时,蓝牙设备最多可同时支持 3 路全双工的语音通信,辅助的基带硬件可以支持 4 个或者更多的语音信道;当语音和数据同时传输或仅传数据时,支持 433.9 kb/s 的对称全双工通信或 723.2 kb/s、57.6 kb/s 的非对称双工通信,后者特别适合于经由无线方式访问因特网。

蓝牙系统工作在 2.4 GHz 的 ISM 频段,传输速率为 1Mb/s,使用扩频和快速跳频(1 600 跳/秒)技术。与其他工作在相同频段的系统相比,蓝牙系统数据包更短,跳频更快,可以变得更加稳定,当处于噪声环境中也可以正常无误地工作。另外,蓝牙还采用 CRC、FEC 及 ARQ 技术,提高了通信的可靠性。

蓝牙系统根据需要可支持点到点和点到多点的无线连接。利用无线方式将若干蓝牙设备连成一个主从网(Piconet),多个主从网又可组成特殊散射网(Ad‐Hoc Scatternet),形成灵活的多重主从网的拓扑结构,从而实现各类设备之间的快速通信。

蓝牙系统采用 TDMA 技术及 TDD 工作方式。其一个基带帧包括两个分组:分别是发送分组和接收分组。蓝牙系统既支持电路交换和分组交换,又支持实时的同步定向连接(在规定时隙传送话音等)和非实时的异步不定向连接(可在任意时隙传送数据)。

3.1.5　蓝牙技术的应用

蓝牙是一种近距离无线通信的技术规范,它最初产生的目的是希望取代现有的掌上电脑、移动电话等各种数字设备上的有线电缆连接。在制定蓝牙规范之初,就建立了全球统一的目标,向全球发布且工作频段为全球统一开放的 2.4 GHz 的 ISM 频段。由于蓝牙技术具有开放性、低成本、低功耗、点对多点连接、体积小、语音与数据混合传输、抗干扰能力强、移动性好和易于应用等特点,除了计算机外设以外,其应用几乎已经可以被集成到任何数据设备之中,可以广泛应用于各种短距离通信环境,特别是那些对数据传输速率要求不高的移动设备和便携设备,具有广阔的应用前景。

蓝牙技术可以实现手机、互联网、PDA、打印机或数码相机、MP3 播放机之间的数据共享,可以以宽带(最高传输速率可达 1 Mbps)无线方式接入到互联网中。它同时支持数据、音频和视频图像信号,因此它的应用可能扩展到成千上万种产品中去,如家庭和办公自动化、家庭娱乐、电子商务、工业控制、智能化建筑物等。常见的蓝牙设备有蓝牙耳机、蓝牙音响、蓝牙手表等,如图 3‐3 所示。

图 3-3　常见的蓝牙设备

蓝牙技术作为一项已经公开的全球统一的技术规范,得到了工业界前所未有的广泛的关注和支持,因此得到了相当广泛的应用。

3.2　ZigBee 技术

ZigBee 是一种近距离、低复杂度、低功耗、低数据速率、低成本的双向无线通信技术,是为了满足小型廉价设备的无线联网而制定的、主要适用于自动控制和远程控制领域的技术。

ZigBee 的前身是 HomeRFlite 技术,它是 IEEE 802.15.4 技术的商业名称。ZigBee 技术的核心协议由 2000 年 12 月成立的 IEEE 802.15.4 工作组制定,高层应用、互联互通测试和市场推广由 2002 年 8 月组建的 ZigBee 联盟负责。ZigBee 联盟由英国 Invensys 公司、美国摩托罗拉公司、日本三菱电气公司及荷兰飞利浦半导体公司等组成,已经吸引了世界众多芯片公司、无线设备开发商和制造商的加入。

3.2.1　ZigBee 概述

不同于 GSM、GPRS 等广域无线通信技术和 IEEE 802.11a、IEEE 802.11b 等无线局域网技术,ZigBee 的有效通信距离从几米到几十米之间,这个范围属于个人区域网络(Personal Area Network,PAN)的范畴。IEEE 802 委员会制定了三种不同速率等级的无线 PAN 技术:适合多媒体应用的高速标准 IEEE 802.15.3;基于蓝牙技术,适合话音和中等速率数据通信的 IEEE 802.15.1;适合无线控制和自动化应用的较低速率的 IEEE 802.15.4,也就是 ZigBee 技术。由于本身通信速率较低,结合现有的较为成熟的无线芯片技术,ZigBee 设备的功耗、复杂度和成本等相对较低,可以嵌入到各种电子设备中,能够服务于低速率数据传输和无线控制等业务。

ZigBee 技术的特点包括以下几点:

① 数据传输速率低:ZigBee 分别提供 250 kbps(2.4 GHz),40 kbps(915 MHz)和 20 kbps(868 MHz)的原始数据吞吐率,从能量和成本效率看,不同的数据速率能为不同的应用提供较好的选择。

② 可靠性高:采用碰撞避免机制,为需要固定的宽带通信业务提供专用时隙,避免数据发送时的竞争和冲突;节点模块之间具有自动动态组网的功能,信息在整个 ZigBee 网络中通过自动路由的方式进行传输,ZigBee 的 MAC 层采用载波监听多路访问/冲突避免接入算法,保证了信息传输的可靠性。

③ 时延短:对于时延敏感的应用做了优化,通信时延和从休眠状态激活时延较短,一般时延都在 15~30 ms 之间。

④ 容量大：在一个 ZigBee 网络中一个主节点最多可管理 254 个从节点，若是通过网络协调器，整个网路最多可支持 65 000 个网络节点。

⑤ 功耗低：在低耗电待机模式下，两节普通 5 号干电池可使用一年左右，免去了充电或者频繁更换电池的麻烦。

⑥ 成本低：因为 ZigBee 数据传输速率低，协议简单，所以成本价格较为低廉，且 ZigBee 协议免收专利费。

⑦ 优良网络拓扑能力：ZigBee 设备具有无线网路自愈能力，ZigBee 具有星状、树状和网状网络结构的能力。因此，通过 ZigBee 无线网络拓扑能简单覆盖，范围更广。

⑧ 有效范围大、有效覆盖范围在 10～75 m 之间（通过功放可在低功耗条件下实现 1 000 m 以上通信），具体依据实际发射功率的大小和各种不同的应用模式而定，基本上能够覆盖普通家庭或办公室环境。

⑨ 安全：ZigBee 提供了数据完整性检查和鉴权功能，采用 64 位出厂编号，加密算法采用通用的 AES - 128，具有高保密性。

典型无线传感器网络 ZigBee 协议栈结构是基于标准的开放式系统互联（OSI）七层模型。IEEE 802.15.4—2003 标准定义了两个较低层：物理层（PHY）和媒体访问控制子层（MAC）。ZigBee 联盟在此基础上建立了网络层（NWK）和应用层构架。应用层构架由应用支持子层（APS）、ZigBee 设备对象（ZDO）和制造商定义的应用对象组成。

ZigBee 网络一般由 ZigBee 协调器（ZigBee Coordinator，ZC）、ZigBee 路由器（ZigBee Router，ZR）和终端设备（ZigBee End Device，ZED）三种节点类型组成。

ZigBee 协调器一定是全功能器件 FFD。一个 PAN 的网络中，至少要有一个全功能器件作为网络的协调器，它可以看作是一个 PAN 的网关节点（SINK 节点）。它是网络建立的起点，负责 PAN 网络的初始化，确定 PAN 的 ID 号和 PAN 操作的物理信道并统筹短地址分配，充当信任中心和存储安全密钥，以及与其他网络的连接等。

在任何一个拓扑网络上，所有设备都有一个唯一的 64 位 IEEE 长地址，该地址可以在 PAN 中用于直接通信。协调器在加入网络之后获得一定的短地址空间。在这个空间内，它负责管理其他节点能否加入网络，并分配 16 位短地址给节点。因此，在设备发起连接时采用的是 64 位 IEEE 长地址，只有连接成功后，系统分配了 PAN 的标志符后，才能采用 16 位的短地址来通信。

路由器可以只运行一个存放有路由协议的精简协议栈，负责网络数据的路由，实现数据中转功能。在网络中最基本的节点就是终端节点 ZED，一个终端节点可以是全功能器件 FFD 或者是精简功能器件 RFD。

一般来说，无线传感器网络 ZigBee 网络层（NWK）支持星形、树形和网状网络拓扑，如图 3-4 所示。在星形拓扑中，网络由 ZigBee 协调器进行控制。ZigBee 协调器负责发起和维护网络中的设备，所有其他设备被称为终端设备，直接与 ZigBee 协调器通信。在网状和树形拓扑中，ZigBee 协调器负责启动网络，选择某些关键的网络参数，网络可以通过使用 ZigBee 路由器进行扩展。

在树形网络中，路由器使用一个分级路由策略在网络中传送数据和控制信息。树形网络可以使用 IEEE 802.15.4—2003 标准中描述的以信标为导向的通信。网状网络允许完全的点对点通信。网状网络中的 ZigBee 路由器不会定期发出 IEEE 802.15.4—2003 信标。IEEE

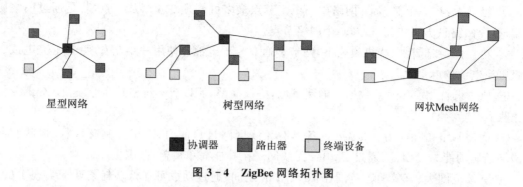

星型网络   树型网络   网状Mesh网络

■ 协调器   ■ 路由器   □ 终端设备

图 3-4　ZigBee 网络拓扑图

802.15.4—2003 描述了内部 PAN 网络,即在同一个网络中完成通信开始和终止过程。

ZigBee 传感器网络的节点、路由器、网关一般都是以一个单片机＋ZigBee 兼容无线收发器构成的硬件为基础,或者一个 ZigBee 兼容的无线单片机(例如 CC2530),再加上一套内部运行软件来实现的。

相对于常见的无线通信标准,ZigBee 协议栈简单而紧凑。可以采用 8 位处理器如 80C51,再配上 4 KB ROM 和 64 KB RAM 等就可以满足其最低需要,节点设备开发成本不高。完整的 ZigBee 协议栈模型如图 3-5 所示。

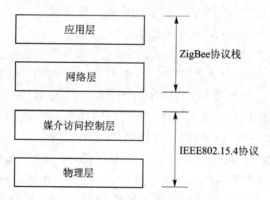

图 3-5　ZigBee 协议栈

ZigBee 协议栈由高层应用规范、应用汇聚层、网络层、媒介访问控制层和物理层组成,网络层及以上的协议由 ZigBee 联盟负责,而物理层和媒介访问控制层标准则由 IEEE 制定,应用汇聚层把不同的应用映射到 ZigBee 网络上,主要定义了安全属性设置、多个业务数据流的汇聚等功能。网络层将采用基于 Ad Hoc 技术的路由协议,除了包含通用的网络层功能外,还应该同底层的 IEEE802.15.4 标准一样省电;另外还应实现网络的自组织和自维护,以最大限度地方便消费者的使用,降低网络的维护成本。

3.2.2　ZigBee 物理层

IEEE 802.15.4 定义了两个物理层标准,分别是 2.4 GHz 物理层和 868/915 MHz 物理层,两个物理层都采用直接序列扩频(Direct Sequence Spread spectrum,DSSS)技术,物理层数据包格式也一样。两个物理层的区别在于传输速率、工作频率、调制技术和扩频码片长度。

ZigBee 定义的三个工作频段分别为:868 MHz、915 MHz 和 2.4 GHz。其中 868 MHz 是

欧洲附加的 ISM 频段,它包括 1 个数据传输率为 20 kbps 的信道。915 MHz 是美国附加的 ISM 频段,包括 10 个数据传输率为 40 kbps 的信道。2.4 GHz 波段是全球统一的免申请的 ISM 频段,它包含 16 个数据传输率为 250 kbps 的信道。868/915 MHz 频段采用二进制相移键控(BPSK)的直接序列扩频(DSSS)技术,而 2.4 GHz 频段采用的是 16 相位正交调制技术 (O - QPSK)。

ZigBee 物理层协议数据单元(PPDU)数据包包括:① 同步包头(SHR):由前导码和数据包定界符组成,用于获取符号同步、扩频码同步和帧同步,也有助于粗略的频率调整。② 物理层包头(PHR):包含帧长度信息。③ 物理层净荷:长度可变,携带 MAC 层帧信息。

前同步码由 32 个二进制 0 组成(即 4 字节),射频收发机根据前同步码引入的消息,可以获得码同步与符号同步信息。帧定界符是一个确定的十六进制数 0xE7(1 字节),用来表示前同步码结束、数据包数据开始。物理层包头指示净荷部分的长度,它表示 PSDU 中包含的字节数。PSDU 净荷部分长度可变,是用来携带 MAC 层帧信息的,但它可以为空,净荷部分最大长度是 127 字节。物理层数据包格式见图 3 - 6。

4 字节	1 字节	1 字节		变量
前同步码	帧定界符	帧长度(7 bit)	预留位(1 bit)	PSDU
同步包头		物理层包头		物理层净荷

图 3 - 6   ZigBee 物理层数据包格式

3.2.3 ZigBee 数据链路层

IEEE 802 系列标准把数据链路层分成逻辑链路控制(Logical Link Control,LLC)和媒体介入控制(Media Access Control,MAC)两个子层。LLC 子层的主要功能是进行数据包的分段与重组以及确保数据包按顺序传输。

MAC 层沿用了传统无线局域网中的带冲突避免的载波多路侦听访问技术 CSMA/CA 方式,以提高系统的兼容性。这种设计既能使多种拓扑结构网络的应用变得简单,还可以实现非常有效的功耗管理。MAC 层结构模型见图 3 - 7。MAC 子层在 SSCS 和物理层之间提供了一个接口。从概念上讲,MAC 子层包含了一个叫做 MLME 的管理实体。该实体提供了服务接口,通过服务接口,可以调用层管理函数。MLME 也为 MAC 子层附属的被管理目标

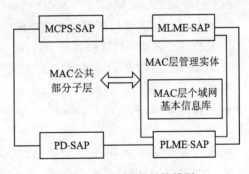

图 3 - 7   MAC 层结构模型

维护一个数据库。这个数据库被称为 MAC 子层个域网基本信息库(PIB)。

MAC 层完成的具体任务如下:

① 普通设备根据协调器的信标帧与协调器同步;

② 协调器产生并发送信标帧(Beacon);

③ 使用 CSMA - CA 机制共享物理信道;

④ 支持 PAN 网络的关联(Association)和取消关联(Disassociation)操作;

⑤ 处理和维护时隙保障 GTS(Guaranteed Time Slot)机制;

⑥ 在两个对等的 MAC 实体之间提供一个可靠的数据链路;

⑦ 为设备的安全性提供支持。

超帧结构和信标帧的概念是 IEEE 802.15.4 在 MAC 层中引入的概念,这两个概念的引入极大地方便了网络管理,我们可以选用以超帧为周期来组织 LR‐WPAN 网络内设备间的通信。每个超帧都以网络协调器发出信标帧作为开始,在这个信标帧中包含了超帧将持续的时间以及对这段时间的分配等信息。网络中的普通设备接收到超帧开始时的信标帧后,就可以根据其中的内容安排自己的任务,例如进入休眠状态直到这个超帧结束。

ZigBee 技术的 MAC 层处理所有物理层无线信道的接入,主要功能包括:协调器产生网络信标;与信标同步;为设备提供安全支持;采用 CSMA‐CA 机制介入信道;为两个对等的实体提供可靠的通信链路;处理并维护保护时隙(GTS)机制;连接的建立与断开。

MAC 层在服务协议汇聚层(SSCS)和物理层之间提供了一个接口。MAC 层包含一个通常被称为 MAC 层管理实体(MLME)的管理实体,该实体提供了一个可以调用 MAC 层管理功能的接口,而且它还负责维护 MAC 层固有管理对象的数据库。图 3‐8 所示为一般 MAC 帧格式。

2字节	1字节	2字节	2/8字节	2字节	2/8字节	可变	2字节
帧控制	序列号	目的PAN标识符	目的地址	源PAN标识符	源地址	帧载荷	FCS
		地址域					
MHR(MAC层帧头)						MAC载荷	MFR(帧尾)

图 3‐8 MAC 层帧结构

由上图可知,MAC 帧结构即 MAC 层协议数据单元由以下部分组成:

① MAC 层帧头:它包括了帧控制子域、序列号子域以及地址域。

② 长度可变的 MAC 层帧载荷,不同类型帧的帧载荷不同,其中确认帧没有帧载荷。

③ MAC 帧尾,包含 FCS(帧校验序列)。

其中:

● 帧控制子域(Frame Control):2 字节,包括帧类型定义、地址子域以及其他的控制标志。

● 序列号子域:1 字节,它制定了帧独一无二的标识符。

● 目的 PAN 标识符子域:2 字节,表示的是接收改帧的唯一 PAN 的标识符;当 PAN 标识符为 0xFFFF 时表示是广播模式,在同一信道的所有 PAN 设备都能收到。

● 目的地址子域:2 字节或 8 字节,表示接受信息帧的地址,它的长度由帧控制子域中的目的地址模式子域确定。当此地址值为 0xFFFF 时表示短广播地址,此时所有在此通信信道中的设备均能接收此信息帧。

● 源 PAN 标识符子域:2 字节,表示该帧发送方的 PAN 标识符。

● 源地址子域:2 字节或 8 字节,表示发送方的设备地址,它的长度由帧控制子域中的目的地址模式子域确定。

- 帧载荷子域:长度可变,帧类型不同其所包含的信息也不同。
- 帧校验序列子域(FCS):2 字节,采用 16 位 CRC 算法计算出来的帧校验序列。

MAC 子层载荷承载 LLC 子层的数据包,其长度是可变的,但整个 MAC 帧的长度应该小于 127 字节,其内容取决于帧类型。IEEE 802.15.4 MAC 子层定义了四种帧类型,即广播帧、数据帧、确认帧和 MAC 命令帧。只有广播帧和数据帧包含了高层控制命令或者数据,确认帧和 MAC 命令帧则用于 ZigBee 设备间 MAC 子层功能实体间控制信息的收发。

广播帧和确认帧不需要接收方的确认,数据帧和 MAC 命令帧的帧头包含帧控制域,指示收到的帧是否再需要确认,如果需要确认,并且已经通过了 CRC 校验,接收方将立即发送确认帧。若发送方在一定时间内收不到确认帧,将自动重传该帧,这就是 MAC 子层可靠传输的基本过程。

IEEE 802.15.4 MAC 子层定义了两种基本的信道接入方法,分别形成两种 ZigBee 网络的两种拓扑结构。这两种网络拓扑结构分别是基于中心控制的星形网络和基于对等操作的 Ad Hoc 网络。在星形网络中,中心设备承担网络的形成和维护、时隙的划分、信道接入控制和专用带宽分配等功能,其余设备根据中心设备的广播信息来决定如何接入和使用无线信道,这是一种时隙化的载波侦听和冲突避免(CSMA - CA)信道接入算法。在 Ad Hoc 方式的网络中使用标准的 CSMA - CA 信道接入算法接入网络,既没有中心设备的控制,也没有广播信道和广播信息。

3.2.4 ZigBee 网络层

典型无线传感器网络 ZigBee 堆栈是在 IEEE 802.15.4 标准基础上建立的,而 IEEE802.15.4 仅定义了协议的 MAC 和 PHY 层。ZigBee 设备应该包括 IEEE 802.15.4 的 PHY 和 MAC 层及 ZigBee 堆栈层,即网络层(NWK)、应用层和安全服务管理。每个 ZigBee 设备都与一个特定模板有关,可能是公共模板或私有模板。这些模板定义了设备的应用环境、设备类型及用于设备间通信的串(也称簇,cluster)。公共模板可以确保不同供应商的设备在相同应用领域中的互操作性。

网络层需要确保正确地操作 IEEE 802.15.4 MAC 子层并为应用层提供服务接口。网络层内部在逻辑上由两部分组成:网络层数据实体(NLDE)和网络层管理实体(NLME)。网络层数据实体通过连接的 SAP(即 NLDE - SAP,网络层数据实体服务接口)为数据传输服务,网络层管理实体通过相连的 SAP(即 NLME - SAP,网络层管理实体服务接口)提供管理服务,另外还负责维护网络层信息库(NIB)。网络层(NWK)参考模型见图 3 - 9。

对于网络层,其提供的主要功能如下。

① 产生网络层的数据包:当网络层接收到来自应用子层的数据包,网络层对数据包进行解析,然后加上适当的网络层包头向 MAC 层传输。

② 网络拓扑的路由功能:网络层提供路由数据包的功能,如果包的目的节点是本节点的话,将该数据包向应用子层发送。如果不是,则将该数据包转发给路由表中下一结点。

③ 连入或脱离 PAN 网络:网络层能提供加入或脱离网络的功能,如果节点是协调器或者是路由器,还可以要求子节点脱离网络。

④ 分配网络地址:如果本节点是协调器或者是路由器,则接入该节点的子节点的网络地

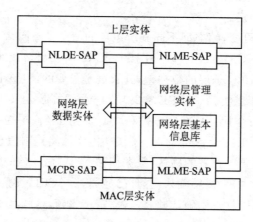

图 3-9　网络层(NWK)参考模型

址由网络层控制。

⑤ 邻居节点的发现:网络层能发现和维护网络邻居信息。

⑥ 控制接收:网络层能控制接收器的接收时间和状态。

⑦ 配置新的器件参数:网络层能够配置合适的协议,比如建立新的协调器并发起建立网络或者加入一个已有的网络。

网络层帧结构

网络层定义了两种帧类型:数据帧和网络层命令帧。

网络协议数据单元(NPDU)即网络层的帧结构,如图 3-10 所示。

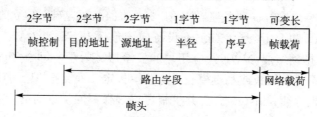

图 3-10　网络层数据包(帧)格式

网络协议数据单元(NPDU)结构(帧结构)基本组成部分:

① 网络层帧头:该字段包括帧控制域、地址域以及序列信息域。

② 网络层载荷:其长度是可变的,还包含指定帧类型的信息。

- 帧控制域长度 2 字节,包含信息定义帧类型、协议版本、发现路由、安全子域以及其他控制标记;

- 目的地址域其长度为 2 字节,其内容为目的设备的·16 位网络地址或者是广播地址(0xFFFF);

- 源地址域其长度是 2 字节,其内容为此帧的源设备网络地址;

- 半径域也总是存在的,其长度为 1 字节表示帧传输的半径。网络中的设备接收到该帧后,半径域直接会被减 1;

- 序列号域长度为 1 字节,它存在于任意一个帧中。传输时,每一个新的传输帧序列值将加 1;

● 帧载荷域的长度是可变的,它包含有单个帧的帧类型信息。

网络层命令帧与数据帧结构基本相同,主要由网络层帧报头和网络层载荷组成。

3.2.5　ZigBee 应用层

ZigBee 技术可以在消费性电子设备、建筑物自动化设备、工业控制装置、医用传感器等设备中使用,支持小范围内基于无线通信的控制和自动化。

通常符合下列条件之一的应用,就可以考虑采用 ZigBee 技术:

● 设备间距较小;

● 设备成本不高,传输的数据量不大;

● 设备体积较小,无法放置较大的充电电池或者电源模块;

● 只能使用一次性电池,无法进行电力补充;

● 无法做到频繁更换电池或反复充电;

● 需要覆盖的范围较大,网络内容纳的设备较多,网络主要用于监控。

ZigBee 技术的应用领域较为广泛,以下是在不同领域的一些应用实例。

(1) 消费性电子设备

ZigBee 技术在消费性电子设备和家居自动化领域得到了广泛应用。其中消费性电子设备包括手机、笔记本电脑、PDA、数码相机等,家用设备包括电视机、录像机、游戏机、门禁系统、空调、照明和其他家用电器等。利用 ZigBee 技术很容易实现相机或者摄像机的自拍、室内照明系统的遥控、窗帘的自动调整等功能。特别是在手机或者 PDA 中加入 ZigBee 芯片后,就可以控制电视开关、开启微波炉、调节空调温度等。基于 ZigBee 技术的个人身份卡能够代替家居和办公室的门禁卡,可以记录所有进出大门的个人信息,加上个人电子指纹技术,将有助于完善更加安全的门禁系统。嵌入 ZigBee 设备的信用卡在实现无线提款和移动购物时可以更加方便,商品的详细信息也将通过 ZigBee 设备发送给顾客浏览。

在家居和个人电子设备领域,ZigBee 技术有着广阔的应用前景,能够为人们带来良好的用户体验。

(2) 汽　车

汽车车轮和发动机内安装着不同类型的传感器,通过 ZigBee 网络可以把监测数据及时地传送给司机,帮助司机及早发现问题,降低事故发生率。汽车中使用的 ZigBee 设备需要克服恶劣的无线电传播环境对信号接收的影响,以及金属结构对电磁波的屏蔽效应,为了进一步提高安全性,内置电池的寿命应该大于或等于轮胎或发动机本身的寿命。

(3) 工业控制

生产车间可以利用传感器和 ZigBee 设备组成传感器网络,自动采集、分析和处理设备运行的数据,适合危险场合、人力无法到达或者不方便的场所,如危险化学成分的检测、锅炉炉温监测、高速旋转机器的转速监控、火灾的检测和预报等,以帮助工厂技术和管理人员及时发现问题,同时借助物理定位功能,还可以迅速对问题进行定位。ZigBee 技术用于现代化工厂中央控制系统的通信系统,可以免去生产车间内的大量布线,降低安装和维护的成本,便于网络的扩容和重新配置。

(4) 农业自动化

农业自动化领域的特点是需要覆盖的区域很大,因此需要由大量的 ZigBee 设备构成监控网络,通过各种传感器采集诸如 PH 值、降水量、温度、空气湿度、土壤湿度、氮元素浓度和气压等信息,以帮助农民及时发现问题,并且准确地确定发生问题的位置。这样,农业将有可能逐渐地从以人力为中心、依赖于孤立机械的生产模式转向以信息和软件为中心的生产模式,从而大量使用各种自动化、智能化的生产设备。

(5) 医学辅助控制

医院里的医疗设备通过各种传感器和 ZigBee 网络,能够准确而实时地监测病人的体温、血压和心率等关键信息,特别适用于对危重病患者的看护和治疗。现在医生能够控制带有微型纽扣电池的自动化、无线控制的小型医疗器械深入病人体内完成手术,从而在一定程度上减轻病人开刀的痛苦。

3.3　Wi-Fi 技术

随着网络的大规模普及和应用,人们充分享受到了网络给生活带来的方便。但是上网地点的固定、上网工具不便于携带等问题的存在,使人们对无线网络更加的渴望。Wi-Fi 技术的应运而生,及时满足了人们的需求,同时 Wi-Fi 技术所具备的优势也越来越受到人们的关注。

Wi-Fi(Wireless Fidelity)又叫作无线保真技术,它是一种可以将个人电脑、手持设备(如 PDA、手机)等终端以无线方式互相连接的技术,是由一个名为"无线以太网相容联盟"的组织发布的业界术语,属于一种短程无线传输技术。它遵循 IEEE 制定的 802.11x 系列标准。根据 802.11x 标准的不同,Wi-Fi 的工作频段具有 2.4 GHz 和 5 GHz 的差别。Wi-Fi 能够满足随时随地的上网需求,也能提供较高速的宽带接入,能够在数百英尺范围内支持互联网接入的无线电信号。它可以帮助用户访问电子邮件、Web 和流式媒体。它为用户提供了无线的宽带互联网访问。同时,它也是在家里、办公室或在旅途中上网的快速、便捷的途径。Wi-Fi 无线网络是由 AP 和无线网卡组成的无线网络。在开放性区域,通信距离可达 305 m;在封闭性区域,通信距离为 76~122 m,方便与现有的有线以太网络整合,组网的成本更加低廉。

当然,Wi-Fi 技术也存在着诸如兼容性、安全性等方面的问题,不过它也凭借着自身的优势,依然牢牢占据着主流无线传输的地位。

由于 Wi-Fi 的频段在世界范围内是无须任何电信营业执照的免费频段,因此 WLAN 无线设备提供了一个世界范围内可以使用的,费用极其廉价而且数据宽带极高的无线空中接口。用户可以在 Wi-Fi 覆盖的区域内快速浏览网页,随时随地拨打和接听电话。Wi-Fi 可以实现网页浏览、电子邮件收发、音乐下载、数码照片传输等各种网络活动,而无须担心速度和费用的问题。Wi-Fi 与早期应用于手机上的蓝牙技术不同,具有更高的覆盖范围和更快的传输速度。因此,Wi-Fi 手机在目前移动通信业界获得了广泛的应用。

3.3.1　IEEE802.11X

(1) IEEE802.11

为推进 WLAN 的标准化和促进 WLAN 发展,1990 年,IEEE802 标准化委员会成立了 IEEE802.11 WLAN 标准工作组。IEEE802.11 是在 1997 年 6 月由很多局域网及计算机专家审定通过的标准,该标准定义了物理层和媒体访问控制(MAC)规范。物理层定义了数据传输的信号特征和调制,定义了两个 RF 传输方法和一个红外线传输方法,RF 传输标准是跳频扩频和直接序列扩频,工作在 2.400 0~2.483 5 GHz 频段。IEEE 802.11 最初制定的是一个无线局域网标准,主要用于解决办公室局域网和校园网中用户与用户终端的无线接入,业务限于数据访问,速率最高只能达到 2 Mbps。由于它在速率和传输距离上都不能满足人们的需要,所以 IEEE802.11 标准被 IEEE802.11b 所取代。

(2) IEEE802.11b

1999 年 9 月,IEEE802.11b 被正式批准,该标准规定 WLAN 工作频段在 2.4~2.483 5 GHz,数据传输速率达到 11 Mbps。该标准是对 IEEE802.11 的一个补充,运用补偿编码键控调制方式,采用点对点模式和基本模式两种运作模式,在数据传输速率方面可以根据实际情况在 1 Mbps、2 Mbps、5.5 Mbps、11 Mbps 的不同速率间自动切换。它改变了 WLAN 设计状况,扩大了 WLAN 的应用领域。IEEE802.11b 已成为当前主流的 WLAN 标准,被多数厂商所采用,其推出的产品广泛应用于办公室、家庭、宾馆、车站、机场等众多场合,但是由于许多 WLAN 新标准的出现,IEEE802.11a 和 IEEE802.11g 更是倍受业界关注。

(3) IEEE802.11a

1999 年,IEEE802.11a 标准制定完成,该标准规定 WLAN 工作频段在 5.15~8.825 GHz,数据传输速率达到 54 Mbps/72 Mbps(Turbo),传输距离控制在 10~100 m。该标准也是 IEEE802.11 的一个补充,扩充了标准的物理层,采用正交频分复用(OFDM)的独特扩频技术,采用 QFSK 调制方式,可提供 25 Mbps 的无线 ATM 接口和 10 Mbps 的以太网无线帧结构接口,支持多种业务如数据、话音和图像等,一个扇区可以接入多个用户,每个用户可带多个用户终端。IEEE802.11a 标准是 IEEE802.11b 的后续标准。然而,工作于 2.4 GHz 频带是不需要注册的,该频段属于工业、教育、医疗等专用频段和公开频段,而工作于 5.15~8.825 GHz 频段则需要进行注册。一些公司对 802.11a 标准持保留态度,没有提供技术支持,反而更加看好混合标准——IEEE802.11g。

(4) IEEE802.11g

目前,IEEE 推出最新版本 IEEE802.11g 认证标准,该标准提出拥有 IEEE802.11a 的传输速率,安全性较 IEEE802.11b 好,采用 2 种调制方式,包括 802.11a 中采用的 OFDM 与 IEEE802.11b 中采用的 CCK,做到与 802.11a 和 802.11b 兼容。虽然 802.11a 较适用于企业,但 WLAN 运营商为了兼顾现有 802.11b 设备投资,更倾向于选用 802.11g。

(5) IEEE802.11i

IEEE802.11i 标准是为了改善 WLAN 的安全性,结合 IEEE802.11x 中的用户端口身份验证和设备验证,对 WLAN MAC 层进行修改与整合,定义了严格的加密格式和鉴权机制。IEEE802.11i 新修订标准主要包括两项内容:"Wi-Fi 保护访问"(Wi-Fi Protected Access, WPA)技术和"强健安全网络"(RSN)。Wi-Fi 联盟采用 802.11 i 标准作为 WPA 的第二个版本,并于 2004 年初开始实行。IEEE802.11i 标准在 WLAN 网络建设中相当重要,数据的安全性是 WLAN 设备制造商和网络运营商应该重点考虑的工作。

(6) IEEE802.11e/f/h

IEEE802.11e 标准对 WLAN MAC 层协议提出改进,以支持多媒体传输及有 WLAN 无线广播接口的服务质量,保证 QoS 机制。IEEE802.11f 定义访问节点之间的通信,支持 IEEE802.11 的接入点互操作协议(IAPP)。IEEE802.11h 用于 802.11a 的频谱管理技术。

（7）IEEE802.11n

802.11n 是在 802.11g 和 802.11a 之上发展起来的一项技术，最大的特点是速率提升，理论速率最高可达 600 Mbps（目前业界主流为 300 Mbps）。802.11n 可工作在 2.4 GHz 和 5 GHz 两个频段。

802.11n 结合物理层和 MAC 层的优化，以新的模式来充分提高 WLAN 技术的吞吐量。物理层技术主要涉及 MIMO、MIMO - OFDM、Short GI 等技术，从而将物理层吞吐提高到 600 Mbps。如果仅仅提高物理层的速率，而没有对空口访问等 MAC 协议层的优化，802.11n 的物理层优化将毫无用处。所以 802.11n 对 MAC 采用了 Block 确认、帧聚合等技术，可以大大提高 MAC 层的效率。

常见 802.11 协议比较如表 3-1 所示。

表 3-1　常见 802.11 协议比较

协议标准	IEEE 802.11b	IEEE 802.11a	IEEE 802.11g	IEEE 802.11n
工作频率	2.4～2.483 5 GHz	5.15～5.350 GHz 5.475～5.725 GHz 5.725～5.850 GHz	2.4～2.483 5 GHz	2.4～2.483 5 GHz 5.150～5.850 GHz
非重叠信道数	3	24	3	15
物理速率（Mpbs）	11	54	54	150～600
实际吞吐量（Mbps）	6	24	24	100 以上
频宽（MHz）	20	20	20	20/40
受干扰机率	高	低	高	低
调制方式	CCK/DSSS	OFDM	CCK/OFDM	MIMO/OFDM
环境适应性	差	较好	好	很好
兼容性	802.11b	802.11a	802.11b/g	802.11a/b/g/n

在无线局域网市场中，802.11a 产品在国外使用广泛，在国内 802.11b 是无线局域网的主流标准，802.11g 由于速率高及与 802.11a 和 802.11b 的兼容性受到了青睐。从长期发展来看，今后应采用双频三模（802.11a/b/g）的产品。双频三模无线产品不但可工作在与 802.11a 相同的 5 GHz 频段，还可与工作在 2.4 GHz 的 802.11b 和 802.1g 产品全面兼容，支持整个 802.11a/b/g 标准、完整互通性单一平台，实现多种无线标准的互联与兼容。

3.3.2　Wi-Fi 与 WLAN 的关系

Wi-Fi 其实是一种商业认证，其本质是无线保真技术（Wireless Fidelity），主要用于改善基于 IEEE802.11 标准的无线网络产品之间的互通性，由 Wi-Fi 联盟（Wi-Fi Alliance）所持有。

Wi-Fi 产品的标准是遵循 IEEE 所制定的 802.11 系列标准。它是美国电气电子工程师为解决无线网络设备互连，于 1997 年 6 月制定发布的无线局域网标准。

IEEE 802.11 主要用于解决办公室局域网和校园中用户与用户终端的无线连接，其业务主要局限于数据访问，速率最高只能达到 2 Mbit/s。该标准未能得到广泛的发展与应用。

WLAN 就是无线局域网(Wireless LAN),WLAN 通信系统作为有线 LAN 的一种扩展,使得 LAN 能够实现脱离网线的束缚。WLAN 使用 ISM(Industrial Scientific Medical)无线电广播频段通信。WLAN 使用的标准是 IEEE 802.11。

因为 IEEE 并不负责测试 IEEE 802.11 无线产品的兼容性,所以这项工作就由厂商自发组成的非营利性组织 Wi-Fi 联盟来担任。这个联盟包括了最主要的无线局域网设备生产商,如 Intel、Broadcom 等。凡是通过 Wi-Fi 联盟兼容性测试的产品,都被准予打上"Wi-Fi CERTIFIED"标记。

Wi-Fi 技术在全球的商用范围很广,用户数量巨大,有较广泛的应用。除了运营商经营外,包括政府、企业和个人在内,在公共场合、企业内部、家庭都有应用。

Wi-Fi 作为传统以太网的无线延伸有可能实现人们一直追求的"无处不在的移动宽带时代",随着厂家的大力推广、技术的不断改进,已经成为无线通信的一个主流应用,也必然掀起无线通信领域的大变革。

3.3.3 Wi-Fi 技术特点

Wi-Fi 技术标准在很久以前就已经制定了,但是早期由于技术不成熟导致的传输速度慢(遗失数据严重),使得市场接受程度偏低。不过自从英特尔公司向市场推出名为迅驰(Centrino)的无线整合技术后,整个无线网络市场又被重新挖掘出来,Wi-Fi 技术正进一步走向成熟,因此 Wi-Fi 也成为目前最主流的无线网络标准。

实际上,Wi-Fi 所遵循的 802.11 标准是以前军方所使用的无线电通信技术。而且,至今还是美军军方通信器材对抗电子干扰的重要通信技术。由于 Wi-Fi 中所采用的展频技术具有非常优良的抗干扰能力,并且当需要反跟踪、反窃听时具有很好的效果,因此不用担心 Wi-Fi 技术不能提供稳定的网络服务。而常用的展频技术有 4 种:DS-SS 直序展频、FH-SS 跳频展频、TH-SS 跳时展频、C-SS 连续波调频。在这几种技术中,DS-SS 和 FH-SS 展频技术比较常见,而 TH-SS 和 C-SS 技术则是根据前两种展频技术加以变化的,而是它们通常不会单独使用,而是整合到其他的展频技术上,组成信号更隐秘、功率更低、传输更为精确的混合展频技术。综合来看展频技术有反窃听、抗干扰、有限度的保密的优势。

(1) 直序展频技术

直序展频(Direct Sequence Spread Spectrum,DS-SS)技术,是指把原来功率较高,而且带宽较窄的原始功率频谱分散在较为宽广的带宽上,使得整个发射信号利用很少的能量即可传送出去。

在整个传输过程中,会使用多个 chips(片段)进行数据传输,然后在接收方统计 chips 的数量来增加抵抗噪声干扰。例如,需要传送一个二进制数据 1 时,DS-SS 会把这个 1 扩展成三个 1,也就是 111 进行传送。那么即使在传送中,由于干扰使得原来的三个 1 成为 011、101、110 信号,但还是能通过统计 1 出现的次数来确认该数据为 1。通过这种发送多个相同的 chips 的方式,就比较容易减少噪声对数据的干扰,提高接收方所得到数据的正确性。另外,由于所发送的展频信号会大幅降低传送时的能量,所以在军事用途上会利用该技术把信号隐藏在背景噪音中,减少敌人监听到我方通信的信号以及使用的频段,这就是展频技术所隐藏信号的反监听功能。

（2）跳频展频技术

跳频展频（Frequency - Hopping Spread Spectrum，FH - SS）技术，是指把整个带宽分割成不少于 75 个频道，每个不同的频道都可以单独地传送数据。当传送数据时，根据收发双方预先规定的协议，在一个频道传送一定时间后，就同步"跳"到另一个频道上继续通信。

FH - SS 系统通常在若干不同频段之间跳转来避免相同频段内其他传输信号的干扰。在每次跳频时，FH - SS 信号表现为一个窄带信号。如果在传输过程中，不断地把频道跳转到协议好的频道上，在军事用途上就可以用来作为电子反跟踪的主要技术。即使敌方能从某个频道上监听到信号，但因为我方会不断调频通信，所以敌方就很难追踪到我方下一个要跳转的频道，达到反跟踪的目的。

如果把 DS - SS 以及 FH - SS 整合起来一起使用的话，这种新的应用方式被称为 hybrid FH/DS - SS。

经过整合发展，整个展频技术就能把原来的信号展频为能量很低、不断跳频的信号，使得信号抗干扰能力更强、敌方更难发现。即使敌方在某个频道上监听到信号，也不能获得完整的信号内容。

FH - SS 系统所面临的一个主要挑战是数据传输速率。一般来说，FH - SS 系统使用 1 MHz 窄带载波进行传输，数据率可以达到 2 Mbit/s，不过对于 FH - SS 系统来说，要超越 10 Mbit/s 的传输速率并不是一件易事，因而限制了它在网络中的广泛使用。

（3）OFDM 技术

OFDM 是一种无线环境下的高速多载波传输技术。其技术核心是在频域内将给定信道分成多路正交子信道，在每个子信道上使用一个子载波进行调制，各子载波并行传输，从而能有效抑制无线信道的时间弥散所带来的符号间干扰（ISI）。这样可以减少均衡器的使用，仅通过插入循环前缀的方式即可消除 ISI 的不利影响。

OFDM 技术有非常广阔的发展前景，已成为第 4 代移动通信的核心技术。IEEE802.11a、IEEE802.11g 标准为了支持高速数据传输都采用了 OFDM 调制技术。目前，OFDM 结合时空编码、分集、干扰（包括符号间干扰 ISI）和邻道干扰（ICI）抑制以及智能天线技术，最大限度地提高了物理层的可靠性。如果再结合自适应调制、自适应编码以及动态子载波分配和动态比特分配算法等技术，可以使其性能进一步优化。

3.3.4　Wi - Fi 体系结构

Wi - Fi 网络由端站（STA）、接入点（AP）、接入控制器（AC）、AAA 服务器以及网元管理单元组成，其网络参考模型如图 3 - 11 所示。AAA 服务器是提供 AAA 服务的实体，在参考模型中，AAA 服务器支持 RADIUS 协议。Portal 服务器是适用于门户网站推送的实体，在 Web 认证中辅助完成认证功能。

从图 3 - 11 中可知，在该网络模型中，定义了如下接口。

① W_A 接口：STA 和接入点之间的接口，即空中接口。

② W_B 接口：处于接入点和接入控制器之间。该接口为逻辑接口，可以不对应具体的物理接口。

③ W_T 接口：STA 和用户终端的接口。该接口为逻辑接口，可以不对应具体的物理接口。

④ W_U 接口：公共无线局域网（PWLAN）与 Internet 之间的接口。

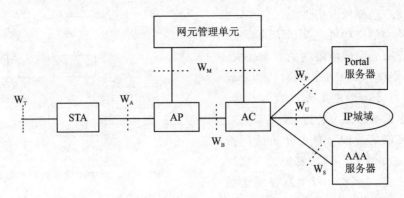

图 3 - 11　Wi - Fi 网络参考模型

⑤ W_S 接口：AC 与 AAA 服务器之间的接口。该接口为逻辑接口，可以不对应具体的物理接口。

⑥ W_P 接口：AC 与 Portal 服务器之间的接口。该接口为逻辑接口，可以不对应具体的物理接口。

⑦ W_M 接口：公众无线局域网网元管理单元之间的接口，该接口为逻辑接口。

在该无线局域网网络参考模型中，各个网络单元的功能如下所述。

① 端站（STA）是无线网络中的终端，可以通过不同接口接入计算机终端，也可以是非计算机终端上的嵌入式设备；STA 通过无线链路接入 AP，STA 和 AP 之间的接口为空中接口。

② 接入点（AP）通过无线链路和 STA 进行通信；无线链路采用标准的空中接口协议；AP 和 STA 均为可以寻址的实体；AP 上行方向通过 W_B 接口采用有线方式与 AC 连接。

③ 接入控制器（AC）相当于无线局域网和外部网之间的网管；AC 将来自不同 AP 的数据进行汇聚，与互联网相连；AC 支持用户安全控制、业务控制、计费信息采集及对网络的监控；AC 可以直接和 AAA 服务器相连，也可以通过 IP 城域网骨干网（支持 RADIUS 协议）相连；在特定的网络环境下，接入控制器 AC 和接入点 AP 对应的功能可以在物理实现上一体化。

④ AAA 服务器具备认证、授权和计费（AAA）功能；AAA 服务器在物理上可以由具备不同功能的独立的服务器构成，即认证服务器（AS）、授权服务器和计费服务器。认证服务器保存用户的认证信息和相关属性，当接收到认证申请时，支持在数据库中对用户数据的查询；在认证完成后，授权服务器根据用户信息授权用户具有不同的属性。在本标准中，AAA 服务器即支持 RADIUS 协议的服务器。

⑤ Portal 服务器负责完成 PWLAN 用户门户网站的推送，Portal 服务器为必选网络单元。无线局域网的拓扑结构可归纳为两类，即无中心网络和有中心网络。无中心网络是最简单的无线局域网结构，又称为无 AP 网络、对等网络或 Ad Hoc 网络。它由一组有无线接口的计算机（无线客户端）组成一个独立基本服务集（IBSS），这些无线客户端有相同的工作组名、ESSID 和密码，网络中任意两个站点之间均可直接通信。无中心网络的拓扑结构如图 3 - 12 所示。

无中心网络一般使用公用广播信道，每个站点都可竞争公用信道，而信道接入控制 MAC 协议大多采用 CSMA（载波监测多址接入）类型的多址接入协议。这种结构的优点是网络抗毁性好、建网简单、成本较低。这种结构的缺点是，当网络中用户数量（站点数量）过多时，激烈的信道竞争将严重降低网络性能。此外,为了满足任意两个站点均可直接通信的要求,网络中的站点布局受环境限制的影响较大。因此,这种网络结构对于工作站数量相对较少(一般不超过 15 台)的工作群较为适合,并且这些工作站应该距离较近。

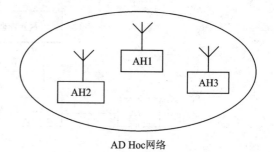

AD Hoc网络

图 3 - 12   无中心网络的拓扑结构

CSMA/CD 是一种分布式介质访问控制协议,网中的各个站(节点)都能独立地决定数据帧的发送与接收。每个站在发送数据帧之前,首先要进行载波监听,只有介质空闲时,才允许发送帧。这时,如果两个以上的站同时监听到介质空闲并发送帧,就会出现冲突现象,导致发送帧变为无效帧,发送也会因为冲突而中止。每个站必须有能力随时检测冲突是否发生,一旦发生冲突,则应停止发送,以免介质带宽因传送无效帧而被白白浪费。然后站点随机延时一段时间后,再重新争用介质,重发数据帧。

有中心网络也称结构化网络,它由一个或多个无线 AP 以及一系列无线客户端构成,网络拓扑结构如图 3 - 13 所示。在有中心网络中,一个无线 AP 以及与其关联(Associate)的无线客户端被称为一个 BSS(Basic Service Set,基本服务集),两个或多个 BSS 可构成一个 ESS(Extended Service Set,扩展服务集)。

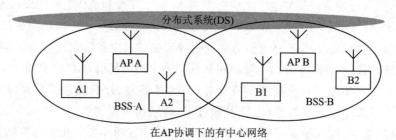

在AP协调下的有中心网络

图 3 - 13   在 AP 协调下的有中心网络拓扑图

为避免因网络业务量增大时,网络时延性能及网络吞吐性能的恶化的问题,有中心网络使用无线 AP 作为中心站,所有无线客户端对网络的访问均由无线 AP 控制。由于每个站点只要在中心站覆盖范围内就可与其他站点通信,因此网络布局受环境限制较小。此外,中心站为接入有线主干网提供了一个逻辑访问点。有中心网络拓扑结构存在的缺点包括:抗毁性差,中心站点的故障容易导致整个网络瘫痪,并且中心站点的引入增加了网络成本。虽然在 IEEE 802.11 标准中并没有明确定义构成 ESS 的分布式系统结构,但目前大都是指以太网。ESS 的网络结构只包含物理层和数据链路层,不包含网络层及其以上各层。因此,对于 IP 等高层协议来说,一个 ESS 就是一个 IP 子网。

3.3.5 Wi - Fi 技术的应用

现在,几乎在世界各地,大家都可以使用 Wi - Fi 提供的服务。家用 Wi - Fi 网络能把多台计算机互相连接,也可以连接外围设备和互联网。Wi - Fi 网络把家用计算机连接起来,可以分享如打印机和互联网等硬件和软件资源。

在商场、地下车库、仓库都需要室内定位技术。在有多个 Wi-Fi 热点的场所,Wi-Fi 技术完全可以充当起"小雷达"的作用,对用户进行室内定位和导航。用户一旦登录 Wi-Fi 热点,理论上导航软件就可以透过用户接入的那个 Wi-Fi 热点,再配合上临近 3 个或 3 个以上的 Wi-Fi 热点来确定用户的位置。在技术上,Wi-Fi 可以做到将定位范围缩小到 5 m 甚至更小,媲美室外的 GPS 卫星。

移动 Wi-Fi,也称为"MiFi 个人热点"。开启手机的个人热点功能,那么其他有 Wi-Fi 功能的设备都可以搜索到手机建立的 Wi-Fi 网络,产生的上网流量是手机卡的 GPRS、3G 或 4G 流量。

此外,Wi-Fi Direct 技术可以让各种设备随时随地直接互联——即使在没有 Wi-Fi 网络、热点或互联网连接的情况下也能实现。由此,手机、相机、打印机、个人计算机、键盘和耳机将通过彼此互联来传输内容,并快速简便地分享应用程序。

Wi-Fi Alliance 认证项目将支持在 60 GHz 频带上的 Wi-Fi 运营,以 Gbps 的速度连接未来的消费电子设备,而非如今的 Gbps。这意味着可提供音频与高清视频和无延迟游戏的消费电子设备的性能将会明显提高。

Wi-Fi 技术比较热门的应用还包括可在 5 GHz 频带上运行的超高吞吐量 Wi-Fi;以及在空白电视信号频段运行 Wi-Fi 功能,可以拓展对传统电视频谱和增强型覆盖范围的使用程度。

3.4　UWB 技术

与带宽相对较窄的传统无线系统不同,超宽带(Ultra Wideband,UWB)能在宽频上发送一系列非常窄的低功率脉冲。UWB 通过在较宽的频谱上传送极低功率的信号,能在 10 m 左右的范围内实现数百 Mbit/s 的无线数据传输速率。经过比较发现,UWB 引起的干扰小于传统的窄带无线解决方案,因此,在室内无线环境中能够提供与有线环境相媲美的通信质量。

1. UWB 的起源

1960 年,现代意义上的 UWB 数据传输技术诞生,之后经过 Harmuth、Ross 和 Robbins 等先行公司的研究,UWB 技术在 20 世纪 70 年代获得了重要的发展,其中多数集中在雷达系统的应用中。1989 年,美国国防部高级研究计划署(DARPA)首先采用超宽带这一术语,并规定:如果信号在-20 dB 处的绝对带宽大于 1.5 GHz 或相对带宽大于 25%,那么该信号就是超宽带信号。此后,超宽带这个术语一直被沿用下来。

美国在 UWB 方面的积极投入引起了全球工业界的重视。由 Wisair、Philips 等 6 家公司和团体牵头,成立了 Ultrawaves 组织,研究家庭内 UWB 在音频与视频设备高速传输方面的可行性。2002 年 2 月,FCC 批准 UWB 技术进入民用领域,并对 UWB 进行了重新定义,规定 UWB 信号为相对带宽大于 20% 或信号的 10 dB 带宽大于 500 MHz 的无线电信号。根据 UWB 系统的具体应用,分为成像系统、车载雷达系统、通信与测量系统三大类。根据 FCC Part15 规定,UWB 通信系统可使用频段范围为 3.1~10.6 GHz。为保护现有系统(如 GPRS、移动蜂窝系统、WLAN 等)不被 UWB 系统干扰,针对室内、室外不同应用,对 UWB 系统的辐射谱密度进行了严格限制,规定 UWB 系统的最高辐射谱密度为-41.3 dBm/MHz。

日本在 2003 年 1 月成立了 UWB 研究开发协会,有 40 家以上的公司和大学参加,并在同年 3 月构筑了 UWB 通信试验设备。由摩托罗拉等 10 家公司和团体成立了 UCAN 组织,并提出了 DS-UWB 标准,利用 UWB 形成 WPAN 技术,包括实体层、MAC 层、路由与硬件技术等。由英特尔和德州仪器等公司支持 MBOA 标准,提出了应用 UWB 的多带正交频分复用(MB-OFDM)技术解决方案,这个方案支持高达数百 Mbit/s 的高速通信,耗电量显著降低,且比一般无线技术成本更低。

自 2002 年至今,新技术和系统方案不断涌现,出现了基于载波的多带脉冲无线电超宽带(IR-UWB)系统、基于直扩码分多址(DS-CDMA)的 UWB 系统、基于多带正交频分复用(OFDM)的 UWB 系统等。在产品方面,Freescale、Intel 等公司纷纷推出 UWB 芯片组,超宽带天线技术也日趋成熟。当前,UWB 技术已成为短距离、高速无线连接领域具有竞争力的物理层技术。IEEE 已经将 UWB 技术纳入其 IEEE 802 系列无线标准,UWB 将成为无线个域网、无线家庭网络、无线传感器网络等短距离无线网络中备受关注的物理层技术之一。

2. UWB 的工作原理

UWB 无线通信是一种不用载波,而采用时间间隔极短(小于 1 ns)的脉冲进行通信的方式,也称为脉冲无线电(Impulse Radio)或无载波(Carrier Free)通信。与普通信号波形相比,UWB 不利用余弦波进行载波调制,而是发送许多小于 1ns 的脉冲,因此这种通信方式占用带宽非常宽,但是频谱的功率密度极小,具有一般扩频通信的特点。

UWB 调制采用脉冲宽度在 ns 级的快速上升和下降脉冲,脉冲覆盖的频谱从直流至 GHz。UWB 不同于把基带信号变换为无线射频信号,不需常规窄带调制所需的 RF 频率变换,脉冲成型后可直接送至天线进行发射。频谱形状可通过单脉冲形状和天线负载特征来调整。

同时,为了形成所产生信号的频谱而用伪随即序列对数据符号进行编码。因此,冲击脉冲和调制技术就是超宽带的两大关键所在。

(1)脉冲信号

从本质上讲,产生脉冲宽度为 ns 级的信号源是 UWB 技术的前提条件。目前产生脉冲信号源的方法有光电方法和电子方法两类。

① 光电方法。其基本原理是利用光导开关导通瞬间的陡峭上升沿获得脉冲信号。由于作为激发源的激光脉冲信号可以有很陡的前沿,所以得到的脉冲宽度可达到皮秒(10^{-12})量级。另外,由于光导开关一般采用集成方法制成,因此可以获得较好的一致性,也是一种具有发展前景的方法。

② 电子方法。电子方法利用微波双极性晶体管雪崩特性,在雪崩导通瞬间,电流呈"雪崩"式迅速增长,从而获得具有陡峭前沿的波形,成形后得到极短脉冲。在电路设计中,采用多个晶体管串行级联,使用并行同步触发的方式,加快了雪崩过程,从而达到进一步降低脉冲宽度的目的。

单周期脉冲的宽度在纳秒级(0.1~1.5 ns),重复周期为 25~1 000 ns,具有很宽的频谱。实际通信中使用的是一长串的脉冲,由于时域中信号的周期性造成了频谱的离散化,周期性的单脉冲序列频谱中出现了强烈的能量尖峰。这些尖峰将会对信号构成干扰,通过数据信息和伪随机码来进行编码调制,改变脉冲与脉冲间的时间间隔,可以降低频谱的尖峰幅度。

（2）UWB 的调制技术

超宽带系统中信息数据对脉冲的调制方法可以有多种。脉冲幅度调制（PAM）和脉冲位置调制（PPM）是 UWB 最常用的两种调制方式。

1）PAM - UWB

PAM 是一种脉冲载波幅度随基带信号变化的调制技术。在 PAM 调制系统中，一系列的脉冲幅度被用来代表需要传输的数据。任何形状的脉冲都是通过其幅度调制使传输数据在 $\{-1, +1\}$ 之间变化（对于双极性信号）或在 M 个值之间变化（对于 M 元 PAM）。增加传输脉冲所占的带宽或减少脉冲重复频率，都可以增加一个固定平均功率谱密度的 UWB 系统所能达到的吞吐量和传输距离，可以看出这一效果与增加传输功率的峰值的效果是相似的。

2）PPM - UWB

脉冲位置调制（PPM）又称时间调制（TM），是用每个脉冲出现的位置落后或超前某一标准或特定时刻来表示某个特定信息。二进制 PPM 是超宽带无线通信系统经常使用的一种调制方法，相对其他调制方法来说也是较早使用的一种方法。采用 PPM 的一个重要原因是它能够使用零相差的相关接收机来接收检测信号，而这种接收机有着非常好的性能。除了这些对脉冲的调制方法外，用伪随机码或伪随机噪声（PN）对数据符号进行编码以得到所产生信号的频谱时，根据编码的不同即扩频和多址技术的不同，超宽带系统又被分为跳时的超宽带系统（TH - UWB）、直扩的超宽带系统（DS - UWB）、跳频的超宽带系统（FH - UWB）和基带多载波超宽带系统（MC - UWB）等。

UWB 信号类似于基带信号，可采用脉冲键控。UWB 信号在时间轴上是稀疏分布的，其功率谱密度相当低，RF 可同时发射多个 UWB 信号。为保护 GPS、导航和军事通信频段，UWB 限制在 3.1~10.6 GHz，通信距离在 10 m 左右。UWB 系统发射功率非常小，通信设备可以用小于 1 mW 的发射功率就能实现通信。低发射功率不但延长了系统电源的工作时间，电磁波辐射对人体的影响也会很小。

3. UWB 的技术特点

由于 UWB 不同于传统无线通信的工作原理，因此 UWB 具有传统无线通信系统无法比拟的技术优势。UWB 的技术特点主要包括以下几点。

（1）系统结构简单

当前的无线通信技术主要是利用载波的状态变化来传输信息，所使用的通信载波是连续的电波，载波的频率和功率在一定范围内变化。而 UWB 则不使用载波，它通过发送纳秒级脉冲来传输数据信号。UWB 发射器直接用脉冲激励天线，不需要传统收发器所需要的上变频，也不需要功率放大器与混频器。同时在接收端，UWB 接收机有别于传统接收机，它不需要中频处理，因此 UWB 系统的结构相对简单。

（2）高速的数据传输

UWB 系统使用上吉赫兹的超宽频带，根据香农信道容量公式，即使把发送信号功率密度控制得很低，也可以实现较高的信息速率。一般情况下，其最大数据传输速度可以达到几百兆比特每秒（Mbps）到（Gbps）吉比特每秒。

（3）安全性高

作为通信系统的物理层技术具有天然的安全性能。由于 UWB 信号一般把信号能量弥散在极宽的频带范围内，对一般通信系统，UWB 信号相当于白噪声信号，并且大多数情况下，

UWB 信号的功率谱密度低于自然的电子噪声。从电子噪声中将脉冲信号检测出来是一件非常困难的事,采用编码对脉冲参数进行伪随机化后,脉冲的检测将更加困难。

（4）抗干扰能力强

UWB 扩频处理增益主要取决于脉冲的占空比和发送每个比特所用的脉冲数。UWB 的占空比一般为 0.01～0.001,具有比其他扩频系统更高的处理增益,抗干扰能力更强。一般来说,UWB 抗干扰处理增益在 50 dB 以上。

（5）多径分辨能力强

UWB 由于其极低的占空比和极高的工作频率而具有很高的分辨率,窄脉冲的多径信号在时间上不易重叠,很容易分离出多径分量,所以能充分利用发射信号的能量。实验表明,对常规无线电信号多径衰落深达 10～30 dB 的多径环境,UWB 信号的衰落最多不到 5 dB。

（6）定位精确

冲激脉冲具有很高的定位精度,其采用超宽带无线电通信,很容易将定位与通信合二为一,而常规无线电难以做到这一点。超宽带无线电具有极强的穿透能力,可在室内和地下进行精确定位,而 GPS 定位系统只能工作在 GPS 定位卫星的可视范围之内。与 GPS 提供绝对地理位置不同,超短脉冲定位器可以给出相对位置,其定位精度可达厘米级。

（7）隐蔽性好

UWB 的突出特点是能量密度非常低,而且 UWB 的频谱非常宽,因此信息传输安全性较高。另一方面,由于能量密度低,UWB 设备对于其他设备的干扰自然也就非常低。

（8）低成本和低功耗

UWB 无线通信系统接收机没有本振、功放、锁相环（PLL）、压控振荡器（VCO）、混频器等,因而结构简单,设备成本不高。由于 UWB 信号无须载波,而是使用间歇的脉冲来发送数据,脉冲持续时间很短,有很低的占空因数,所以它只需要很低的电源功率就可以工作。一般 UWB 系统只需要 50～70 mW 的电源,是蓝牙的 1/10。尽管如此,UWB 在技术上也面临一定的挑战,还有诸多技术问题有待研究解决,比如需要更好地理解 UWB 传播信道的特点,建立信道模型,解决多径传播;需要进一步研究高速脉冲信号的生成、处理等技术;需要研究新的调制技术,进一步降低收发结构的复杂程度等。

4. UWB 的应用场景

UWB 技术多年来一直是美国军方使用的作战技术之一,但由于 UWB 具有巨大的数据传输速率优势,同时发射功率较小,在近距离范围内提供高速无线数据传输将是 UWB 的重要应用领域。

（1）雷达应用

TM－UWB 技术用于地面探测雷达（GPR）已有一段历史,现在正在向成像系统的新方向发展,并可应用于治安、消防和人员营救,可以用来对隐藏在墙后或者碎片中的人员进行定位。

（2）通信应用

TM－UWB 设备可以应用于各种通信系统,如避免多径效应干扰的短距离高数据率通信。多径效应是一种辐射现象,是由于传输信号本身的反射,引起到达接收天线的信号经由两个或多个不同的路径。UWB 通信设备可以用于楼内或家庭的无线传输服务,如电话、电报和电脑网络。这些设备也可提供隐蔽、可靠的通信,从而应用于治安、消防和人员营救。其主要用途包括:紧急事件中的区域照明、人员和有用资产跟踪、交通工具或工农业设备的精确导航。

目前已开发的系统包括:固定无线通信——距离超过 16 km 的全双工系统,工作频率为 1.3 GHz,平均输出功率为 250 微瓦,可达到 39～156 kbps 的数据传输率;移动无线通信——全双工的 walkie-talkie 系统,工作频率为 1.7 GHz,平均输出功率 2 毫瓦,数据率 32 kbps,传输距离 900 m。楼内通信:单 12 GHz 的数据链路,有效输出功率 50 微瓦,不用前向纠错仍保证 BER 为零时,能在有两堵墙的办公室环境中达到 32 Mbps 的数据传输率,具有良好的性能。

(3) 精确地理定位

使用 UWB 技术能够提供三维地理定位信息,该系统由无线 UWB 塔标和无线 UWB 移动漫游器组成。其基本原理是通过 UWB 移动漫游器和 UWB 塔标间的包突发传送而完成航程时间测量,再经往返时间测量值的对比和分析,得到目标的精确定位。UWB 地理定位系统最初的开发和应用是在军事领域,其目的是使战士在城市环境条件下能够以 0.3 m 的分辨率来对自身进行定位。目前其主要商业用途是路旁信息服务系统,能够提供突发且传输速度高达 100 Mbit/s 的信息服务,信息内容包括路况信息、建筑物信息、天气预报和行驶建议,还可以用作紧急援助事件的通信手段。

(4) 数字家庭

数字家庭娱乐中心是指住宅中的电脑、娱乐设备、智能家电和互联网都可以连接在一起,可以在任何地方加以使用,因此是 UWB 的一个重要应用领域。在过去的几年里,家庭电子消费产品层出不穷,包括 PC、数码相机和摄像机、HDTV、PDA、数字机顶盒、智能家电等。通过 UWB 技术,这些相互独立的信息产品可以有机地结合起来,储存的视频数据可以在 PC、PDA 等设备上共享观看、遥控。PC 可以控制家电,可以用无线手柄结合音、像设备营造出逼真的虚拟游戏空间,通过联机可以自由地同互联网进行信息交互。

3.5　LoRa 与 NB-IoT 技术

3.5.1　LoRa 技术

物联网应用中的无线技术,对于 2.4 G 频段的蓝牙、WiFi、Zigbee 等这些短距无线技术,其优缺点都非常明显。而且从无线应用开发和工程运维人员角度来看,一直以来都存在这样一个两难选择:即在更长的距离和更低的功耗两者之间,设计人员只能二选一。而采用 LoRa 技术之后,设计人员可以做到两者兼顾,最大限度地满足长距离通信与低功耗的需求,同时还可节省额外的中继器成本。

LoRa 是 Semtech 公司开发的一种无线技术,其含义为 Long Range,简称 LoRa。它工作于未授权频谱。在技术方面,它使用线性调频扩频技术,既可以保持与 FSK 调制技术相同的低功耗,又增加了传输的距离。即使在相同的频率下传输,使用不同扩频因子(扩频序列)的设备之间也不会产生干扰,这样也极大地提高了抗干扰能力以及网络效率。在此之前,这种无线调制技术只有在雷达及空间通信上使用,实现的成本较高。LoRa 在低成本的基础上采用了较为先进的技术,获得了较好的性价比。在无线性能方面,LoRa 的接收灵敏度最高可达 −148 dBm,比其他无线芯片(1 GHz 以下)的接收灵敏度至少要高出 20 dB 以上。

一般说来,影响传感网络特性的三个主要参数包括工作频段、传输速率和网络拓扑结构。

工作频段的选择要综合考虑系统和频段的设计目标。传输速率的选择影响到系统的传输距离和电池寿命。而在 FSK 系统中网络拓扑结构的选择是由传输距离要求和系统需要的节点数目来决定的。Semtech 公司主导的 LoRa 技术采用高性价比收发机方案,采用的新的扩频技术改变了以往的折衷考虑方式,为用户提供的系统既简单,又能实现远距离传输、长电池寿命并增加系统容量。LoRa 融合了数字扩频、数字信号处理和前向纠错编码技术。其中,前向纠错编码技术是给待传输数据序列中增加冗余纠错信息,错误码元在接收端会被及时纠正。这一技术减少了数据包的重发,而且有助于解决多径衰落引发的突发性误码。

数据包分组创建并加入前向纠错编码以后,这些数据包将被送到数字扩频调制器中。调制器将分组数据包中的每一位送入一个"展扩器"中,将每一位的比特时间划分为众多码片。LoRa 调制解调器经配置后,可划分的范围为 64~4 096 码片/比特。在配置调制解调器时可使用 4 096 码片/比特中的最高扩频因子(12)。ZigBee 划分的范围仅为 10~12 码片/比特,从这一点来看,LoRa 技术处理能力远高于 ZigBee 技术。

LoRa 技术的特点是可利用高扩频因子将小容量数据通过大范围的无线电频谱传输出去。这些数据表面看像是噪声,但其具有相关性,而噪声本身是不相关的。因此数据可以从噪声中被提取出来。扩频因子越高,可以从噪声中提取出来的数据越多。

传输速率是系统设计中一个关键的可变因素,它将决定整个系统整体性能的很多属性。无线传输距离由接收机灵敏度和发射机输出功率共同决定,两者之间的差值称之为链路预算。链路预算通常用分贝(dB 为单位)表示,是在给定的环境中决定距离的主要因素。输出功率受限于标准规范,所以只有通过提高灵敏度来增加距离,而数据速率对灵敏度又有很大影响。对所有的调制方式来说,速率越低,接收机的带宽越窄,接收灵敏度就越高。在现今高性价比无线收发机中应用最广泛的调制方式是 FSK 或 GFSK。要进一步减小 FSK 系统的接收机带宽,唯一可行的办法就是提高参考晶体的精确度。在同等的数据速率条件下,商用的低成本扩频调制方式可以获得比传统 FSK 调制方式高 8~10 dB 的灵敏度。在一个给定的位置,距离在很大程度上取决于环境或障碍物,LoRa 的优势在于长距离传输能力,采用的链路预算优于其他标准化的通信技术,单个网关或基站可以覆盖整个城市或数百平方千米范围。

此外,选择何种网络拓扑结构是影响整个无线网络系统性能优劣的一个关键因素。星型网是具有最低延迟的最简单的网络结构。远距离、同步共信道传输、共信道抑制的改善和高选择性,这些扩频方式的优点为传感网络提供了一种可供选择的高性能的系统解决方案,而这是传统 FSK 调制方式无法达到的。在相同速率下,扩频调制方式所具备的优势可以轻易地用于改善现有网状网的性能,而星形网也会达到最优的系统性能。

一个多通道、多调制解调方式的集中器可以适应不同节点的不同速率和不同的功率,这样就可以获得最大的网络容量和最长的电池寿命。使用不同的扩频因子就可以改变扩频系统的传输速率。可变的扩频因子提高了整个网络的系统容量,因为采用不同扩频因子的信号可以在一个信道中共存。与传统采用固定速率的 FSK 系统相比,采用上述技术的星型网络的总能耗明显降低,同时整个系统的容量显著提高。

与其他无线系统相比,LoRa 技术拥有如下几大优势。它使用扩频调制技术,可解调低于 20 dB 的噪声,这确保了高灵敏度、可靠的网络连接,同时提高了网络效率并消除了干扰。而相比于网状网络,LoRaWAN 协议的星形拓扑结构消除了同步开销和跳数,因而降低了功耗并可允许多个并发应用程序在网络上运行。同时,LoRa 技术实现的通信距离比其他无线协议都要长得多,这使得 LoRa 系统无需中继器即可工作,从而降低了整体成本。LoRa 技术对嵌入式应用具有更强的可扩展性和更好的性价比。

LoRaWAN 是由 LoRa 联盟推出的一个低功耗广域网规范,这一技术能够为以电池供电的无线设备提供地区、国家或全球的网络。LoRaWAN 瞄准了物联网中的一些核心需求,如安全地双向通信、移动化和本地服务。该技术无需本地复杂配置,就可以让智能设备实现无缝互操作性,赋予物联网领域的用户、开发者和企业自由操作的权限。

LoRaWAN 是一个星型网络,属于 LPWAN(低功耗广域网)的范畴,而 Zigbee 技术利用的是 Mesh 网络,Mesh 网络想实现超低功耗基本上是不可能的,最多只能实现所谓的低功耗。同时在网络的实时性、可靠性方面也远不如星型网络。Zigbee 使用 Mesh 网络是为了扩大无线传输距离。

在 LoRaWAN 这个网络架构中,LoRa 网关是一个透明的中继,连接前端终端设备和后端中央服务器。网关与服务器通过标准 IP 连接,而终端设备采用单跳与一个或多个网关通信,节点之间是双向通信。

终端与网关之间的通信是在不同频率和数据传输速率基础上完成的,数据速率选择需要在传输距离和消息时延之间权衡。由于采用了扩频技术,不同数据传输速率通信不会相互干扰,而且会创建一组"虚拟化"的频段来增加网关容量。LoRaWAN 网络数据传输速率范围为 0.3~50 kbps,为了最大化终端设备电池寿命和整个网络容量,LoRaWAN 网络服务器采用速率自适应(ADR)方案来控制数据传输速率和每一终端设备的射频输出。

3.5.2　NB-IoT 技术

基于蜂窝的窄带物联网(Narrow Band Internet of Things,NB-IoT)是 IoT 领域一个新兴的技术,支持低功耗设备在广域网的蜂窝数据连接,也被叫作低功耗广域网(LPWAN)。

NB-CIoT 由华为、高通和 Neul 联合提出(Neul 为英国物联网公司,在 2014 年 9 月被华为收购),NB-LTE 由爱立信、中兴、诺基亚等厂商联合提出,最终于 2015 年 9 月在 RAN#69 次全会上 NB-LTE 与 NB-CIoT 被进一步融合,协商统一为一种技术方案,即 NB-IoT。3GPP R13 提出 NB-IoT 标准并于 2016 年 3 月份冻结。

尽管 NB-IoT 标准 2016 年刚刚制定,但是全球运营商都在积极布局 NB-IoT 市场,甚至已经有运营商开始正式商用。国内移动、电信、联通这三大运营商也已经开始行动。电信首先于 2016 年 11 月在南京建立了实验网,17 年更是已经在鹰潭正式商用全国第一张 NB-IoT 网络,同时电信还发布了《NB-IoT 企业标准 V1.0》。2017 年 5 月 17 日,中国电信宣布全球首个覆盖最广的商用下一代物联网(NB-IOT)网络建成,同时领先的 4G 网络实现全国覆盖。移动也在南京利用 NB-IoT 技术建设了智能路灯项目。早在 2016 年 6 月,联通就在上海迪士尼乐园基于 NB-IoT 部署了 10 个室外站点覆盖整个园区。10 月,联通在广州开通国内首个标准化 NB-IoT 商用网络。三大运营商已经在 NB-IoT 领域全面开展业务的研究和实施。

NB-IoT 被称作"窄带物联网",它具备四大特点:一是广覆盖,将提供改进的室内覆盖,在同样的频段下,NB-IoT 比现有的网络增益 20 dB,相当于提升了 100 倍的区域覆盖能力;二是具备支撑海量连接的能力,NB-IoT 一个扇区能够支持 10 万个连接,支持低延时敏感度、超低设备成本、低设备功耗和优化的网络架构;三是更低功耗,NB-IoT 终端模块的待机时间可长达 10 年;四是更低的模块成本,单个连接模块售价更低。

频段越低信号覆盖就越好,NB－IoT 工作在 800 MHz 的超低频段,因此结合运营商的基站使用可以覆盖几乎每一个角落,适用范围更广。另外,NB－IoT 网络的功耗极低,使用一节 5♯电池,最多可以让设备工作 10 年之久,这样非常适合将节点设置在偏远地区。NB－IoT 的网络容量可以同时接收和发送上百台的终端数据,可以实现高密度接入。NB－IoT 一个基站就可以比传统的 2G、蓝牙、WiFi 多提供 50~100 倍的接入终端。家中的燃气表、水表使用 NB－IoT 终端,可以实现智能抄表功能,同一时间一个小区的数据就会传输到工作人员的终端中,方便又快捷。

将 LTE 用于物联网的一个相对较新的变体就是窄带物联网。与使用标准 LTE 的全部 10 MHz 或 20 MHz 带宽不同,窄带物联网使用包含 12 个 15 kHz LTE 子载波的 180 kHz 宽的资源块。数据速率在 100 kb/s 到 1 Mb/s 范围之内。这种更加简化的标准可以为联网设备提供很低的功耗。此外,它可以作为一种软件叠加被部署进任何 LTE 网络。窄带物联网的资源块能够很好地适配标准 LTE 信道或保护带。当运营商重新划分它们较早的 2G 频谱时,它也能适配进标准的 GSM 信道。NB－IoT 支持 3 种部署方式:独立部署、保护带部署、带内部署。

①独立部署模式:可以利用单独的频带,适用于 GSM 频段的重耕;

②保护带部署模式:可以利用 LTE 系统中边缘无用频带;

③带内部署模式:可以利用 LTE 载波中间的任何资源块。

NB－IoT 具有如下工作特性:

● 上行:SC－FDMA 链路,Single－tone:3.75 kHz/15 kHz,Multi－tone:15 kHz。

● 下行:OFDMA 链路,子载波间隔 15 kHz。

● RF 带宽 180 kHz(上行/下行)(考虑两边保护带,也被描述为 200 kHz)。

● 仅需支持半双工。

● 终端支持对 Single－tone 和 Multi－tone 能力的指示。

● 设计单独的同步信号。

● MAC/RLC/PDCP/RRC 层处理基于已有的 LTE 流程和协议,物理层进行相关优化。

● TR45.820 中对速率的预期指标要求是上下行至少支持 160 kbps,目前 NB－IoT 速率预估的范围为下行小于 250 kbps,上行小于 250 kbps(Multi－tone)/20 kbps(Single－tone)。

此外,NB－IoT 的特点还包括:

① 覆盖增强、低时延敏感。根据 TR45.820 的仿真数据,可以确定在独立部署方式下,NB－IoT 覆盖能力应也可达 164 dB,带内部署和保护带部署还有待进一步仿真测试。NB－IoT 为实现覆盖增强采用了重传(可达 200 次)和低阶调制等机制。

② 不支持连接态的移动性管理。NB－IoT 最初就被设想为适用于移动性支持不强的应用场景(如智能抄表、智能停车等场合),同时也可简化终端的复杂度、降低终端功耗,Rel－13 中 NB－IoT 将不支持连接态的移动性管理,包括相关测量、测量报告、切换等。

③ 低功耗。在 Rel－12 中新增的功能 PSM(Power Saving Mode,节电模式)支持下,NB－IoT 借助 PSM 和 eDRX 可实现更长待机。在 PSM 模式下,终端仍旧可以实现注册在网但信令不可达,从而使终端长时间休眠以达到省电的目的。eDRX 是 Rel－13 中新增的功能,进一步延长终端在空闲模式下的睡眠周期,减少接收单元产生不必要的启动,相对于 PSM,大幅度

提升了下行可达性。NB-IoT 主要是针对典型的低速率、低频次业务模型,电池容量寿命可达 10 年以上。

基于 NB-IoT 的特性,NB-IoT 技术可满足对低功耗、长待机、深覆盖、大容量有所要求的低速率等业务需求;比较适合静态或非连续移动、实时传输数据的业务场景,并且业务对时延低敏感,一般可以服务的业务类型如下。

① 自主异常报告业务类型。如智能电表停电、烟雾报警探测器的通知等,上行数据数据量需求极小(十字节量级),周期一般以年、月为单位。

② 自主周期报告业务类型。如智能公用事业(煤气、水、电)测量报告、智能农业、智能环境等,上行数据量需求较小(仅百字节量级),周期一般以天、小时为单位。

③ 网络指令业务类型。如开启或关闭、设备触发发送上行报告、请求抄表,下行数据量需求极小(十字节量级),周期一般多以天、小时为单位。

④ 软件更新业务类型。如软件打补丁和更新,上行下行数据量需求较大(千字节量级),周期一般以天、小时为单位。

3.5.3　LoRa 与 NB-IoT 技术比较

LoRa 与 NB-IoT 两种技术具有不同的技术特性,所以在应用场景方面会有不同。LoRa 与 NB-IoT 技术比较如表 3-2 所列。

表 3-2　LoRa 与 NB-IoT 技术比较

	LoRa	NB-IoT
技术特点	线性扩频	蜂窝
网络部署	独立建网	与现有蜂窝基站复用
频段	150 MHz～1 GHz(非授权)	运营商频段(授权)
传输距离	远距离(1～15 km)	远距离(1～20 km)
速率	0.3～50 kbps	<100 kbps
连接数量	200～300 k/hub	200 k/cell
终端电池工作时间	约 10 年	约 10 年

仅从以上的对比分析数据来看,很难在 LoRa 和 NB-IOT 中选出哪一个更好。两者都有其独特的优缺点——由于技术上的差异和不同功能,两者完全可以共存——服务于全球物联网市场的不同部分。可扩展性对于这两种技术来说仍然是一个挑战,两者中是否有一者能成为低功耗广域物联网(LPWAN)市场无可争议的长期领导者,仍有待观察。

3.6　以太网技术

计算机网络技术在物联网应用中十分重要,计算机网络的定义随着网络技术的更新可以从不同的角度给予描述,目前人们已经公认的有关计算机网络的定义概括如下:计算机网络是将地理位置不同,具有独立功能的多个计算机系统利用通信设备和线路进行连接,并且结合功能完善的网络软件(包括网络通信协议、网络操作系统等)实现网络资源共享的系统。计算机网络的组成包括以下内容。

① 传输介质。连接两台或两台以上的计算机需要传输介质,介质分为有线介质和无线介质。有线介质包括双绞线、同轴电缆和光纤等;无线介质包括红外线、微波、激光和通信卫星等。

② 通信协议。计算机之间要交换信息和实现通信,彼此就需要有某些约定和规则——网络协议。目前有许多由国际组织制定或是各计算机网络产品厂商自己制定的网络协议,它们已构成了庞大的协议集。

③ 网络连接设备。异地的计算机系统要实现数据通信、资源共享还必须有各种网络连接设备作为保障,例如中继器、网桥、交换机和路由器等。

④ 用户端设备。主要包括主机、服务器等。

根据计算机网络的某一特征作为分类标准,可以对计算机网络进行多种划分,如按照拓扑结构、数据传输率、介质访问方式、交换方式等进行分类,但这些分类标准一般只给出了网络某一方面的特征,并不能完全涵盖和体现网络技术的本质。事实上,按照计算机网络的覆盖范围进行划分,比较能够反映网络技术本质。按网络覆盖范围的大小,可将计算机网络分为局域网(LAN)、广城域网(MAN)、广域网(WAN)和因特网。网络覆盖的地理范围是网络分类的一个非常重要的度量参数,因为不同规模的网络适合采用不同的技术。

3.6.1 计算机网络七层模型

ARPANET 是现代互联网的最初形态,它是由美国国防部赞助的一种研究网络。最早它只在美国境内的四所大学之间连接。随后的几年中,它通过租用的电话线连接了数百所大学和政府部门。最终 ARPANET 发展成为全球规模最大的互联网——因特网。最初的 AR-PANET 在 1990 年被永久性地关闭了。

OSI 意为开放式系统互联,是 Open System Interconnect 的缩写。国际标准组织 ISO 制定的 OSI 模型将网络通信的工作划分为 7 层:物理层、数据链路层、网络层、传输层、会话层、表示层和应用层。低层包括 1~4 层,这些层与数据移动密切相关。高层包括 5~7 层,主要包含应用程序级的数据。每一层负责提供接口和服务,然后把数据传送到下一层。

ISO 制定的 OSI 参考模型由于过于庞大和复杂,并没有获得广泛的好评。与此同时,由技术人员自己开发的 TCP/IP 协议栈得到了更为广泛的应用。图 3-14 所示为 TCP/IP 参考模型和 OSI 参考模型的对比示意图。

TCP/IP 协议栈是美国国防部高级研究计划局计算机网和其后继因特网使用的参考模型。TCP/IP 参考模型分为 4 个层次:应用层、传输层、网际层和网络接口层。

在 TCP/IP 参考模型中,去掉了 OSI 参考模型中的会话层和表示层(这两层的功能

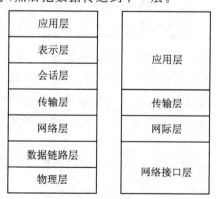

图 3-14 OSI 模型与 TCP/IP 模型的对应关系

被合并到应用层实现),同时将 OSI 参考模型中的数据链路层和物理层合并为网络接口层。

3.6.2 局域网技术

局域网(Local Area Network,LAN)是一种在有限的地理范围内将大量 PC 机及各种设备互连一起实现数据传输和资源共享的计算机网络。社会对信息资源的广泛需求及计算机技术的广泛普及,促进了局域网技术的迅猛发展。在当今的计算机网络技术中,局域网技术已经占据了十分重要的地位。

区别于一般的广域网(WAN),局域网(LAN)具有以下特点:

① 地理分布范围较小,一般为数百米至数公里,可覆盖一幢大楼、一所校园或一个企业。

② 数据传输速率高,一般有 10 Mbps、100 Mbps、1 000 Mbps 的局域网,可交换各类数字和非数字(如语音、图像、视频等)信息。

③ 误码率低,一般在 $10^{-11} \sim 10^{-8}$ 以下。这是因为局域网通常采用短距离基带传输,可以使用高质量的传输媒体,从而提高了数据传输质量。

④ 以 PC 机为主体,包括终端及各种外设,网中一般不设中央主机系统。

⑤ 一般包含 OSI 参考模型中的低三层功能,即涉及通信子网的内容。

⑥ 协议简单、结构灵活、建网成本低、周期短、便于管理和扩充。

在 LAN 和 WAN 之间的是城市区域网 MAN(Metropolitan Area Network),简称城域网。MAN 是一个覆盖整个城市的网络。MAN 虽然比 LAN 规模更大,但它依然使用 LAN 的技术。

局域网的特性主要涉及拓扑结构、传输媒体和媒体访问控制(Medium Access Control,MAC)三项技术问题,其中最重要的是媒体访问控制方法。

局域网可以设置不同的拓扑结构。在总线型网络中,任何时刻只允许一台机器发送数据,而所有其他机器都处于接收状态。当有两台或多台机器同时发送数据时必须进行仲裁,仲裁机制可以是集中式也可以是分布式的。例如,IEEE 802.3 即以太网,它是基于共享总线、采用分布控制机制、数据传输率为 10 Mb/s 的局域网。以太网中的站点机器可以在任意时刻发送数据,当发生冲突时,每个站点机器立即停止发送数据并等待一个随机时长后再继续进行数据发送。

局域网的第二种类型是环型网络。在环型网络中,数据沿着环线进行数据传输。同理,在环型网络中必须有一种机制对环的同时访问实现不同机器站点的仲裁。IEEE 802.5(即 IBM 令牌环)就是一种常用的数据传输率为 4 Mb/s 或 16 Mb/s 的环型局域网。

计算机网络拓扑结构除了以上介绍的总线型和环型两种拓扑结构之外,还包括星型网络拓扑结构、树型网络拓扑结构,如图 3-15 所示。

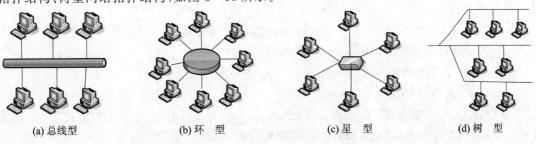

(a) 总线型 (b) 环 型 (c) 星 型 (d) 树 型

图 3-15 计算机网络拓扑结构图

3.6.3　以太网通信

以太网在宽带设备数据传输中获得了广泛地应用。以太网技术规范最初是由 Xerox 公司创建并由 Xerox、Intel 和 DEC 公司联合开发的基带局域网规范。以太网络使用 CSMA/CD（Carrier Sense Multiple Access/Collision Detect，带冲突检测的载波监听多路访问）技术，并以 10 Mb/s 的速率运行在多种类型的电缆上。以太网与 IEEE 802.3 系列标准相类似。它指的是一种技术规范，而不是指一种具体的网络。

1. 以太网概述

当今现有局域网采用的最通用的通信协议标准就是以太网，以太网的标准定义了在局域网（LAN）中采用的电缆类型和信号处理方法。以太网在互联设备之间以 10～100 Mb/s 的速率传送数据包，双绞线电缆 10 BASE－T 以太网因其低成本、高可靠性以及 10 Mb/s 的速率而成为应用最为广泛的以太网技术。直扩无线以太网的速率可达 11 Mb/s，许多制造供应商提供的产品都能采用通用的软件协议进行通信，具有良好的开放性。

以太网（Ethernet）是一种计算机局域网组网技术。IEEE 制定的 IEEE 802.3 标准给出了以太网的技术标准，它规定了包括物理层的连线、电信号和介质访问层协议的内容。以太网是当前应用最普遍的局域网技术，很大程度上取代了其他局域网标准，如令牌环网（Token Ring）、FDDI 和 ARCNET。

以太网的标准拓扑结构为总线型拓扑结构，但目前的快速以太网（100BASE－T、1000BASE－T 标准）为了最大程度的减少冲突，最大程度的提高网络速度和使用效率，使用交换机（Switch Hub）来进行网络连接和组织，这样以太网的拓扑结构就成了星型网络，但在逻辑上，以太网仍然使用总线型拓扑结构和 CSMA/CD 的总线争用技术。

2. IEEE 802.3 标准

IEEE 802.3 对以太网的标准进行了全面的定义，以太网标准只涉及物理层和数据链路层。

（1）以太网的起源

1973 年，施乐公司研发出以太网（Ethernet）技术，而后由 Xerox、Digital Equipment 和 Intel 三家公司开发成为局域网组网规范，并于 20 世纪 80 年代初首次发布，称为 DIX 1.0。

1982 年修改后的版本为 DIX 2.0。这三家公司将此规范提交给 IEEE（电子电气工程师协会）802 委员会，经过 IEEE 成员的修改并通过，变成了 IEEE 的正式标准，并编号为 IEEE802.3。Ethernet 和 IEEE 802.3 虽然有很多规定不同，但 Ethernet 通常认为与 IEEE 802.3 是兼容的。

1983 年，IEEE 将 IEEE 802.3 标准提交给国际标准化组织（ISO）第一联合技术委员会（JTCl），经过修订完善成为国际标准 ISO 802.3。

（2）IEEE 802.3 的命名规则如下：

IEEE 802.3 X TYPE－Y NAME

其中，X 表示传输速率，有三种方式：10 表示 10 Mb/s，100 表示 100 Mb/s，1 000 表示 1 000 Mb/s。TYPE 表示信号传输方式，有两种方式：Base 指基带传输和 Broad 指宽带传输。Y 表示传输媒体，有四种方式：5 表示粗同轴电缆，2 表示细同轴电缆，T 表示双绞线，F 表示光纤。

例如,10BASE - 5,表示该以太网的带宽为 10 Mb/s,以基带传输,最大传输距离为 500 m;10BASE - TX,表示该以太网的带宽为 100 Mb/s,以基带传输,传输介质(媒体)为双绞线。

3. CSMA/CD

CSMA/CD(Carrier Sense Multiple Access/Collision Detect)即带冲突检测的载波侦听多路访问技术,主要应用于现场总线以太网中。在传统的共享以太网中,所有的节点共享传输介质。如何保证传输介质有序、高效地为许多节点提供传输服务,就是以太网的介质访问控制协议需要解决的问题。

CSMA/CD 是一种争用型的介质访问控制协议。它脱胎于美国夏威夷大学开发的 ALOHA 网所采用的争用型协议,并在此基础上进行了改进,使之具有比 ALOHA 协议更高的介质利用率,主要应用于现场总线 Ethernet 中。另一个改进是对于每一个站而言,一旦检测到有冲突,它就放弃自己当前的传送任务。也就是说,如果两个站都检测到信道是空闲的,并且同时开始传送数据,那么它们几乎马上就会检测到有冲突发生。因为此时传送的数据都为无效数据,所以它们不再继续传送数据帧,而是立即停止传送数据。快速地终止被损坏的帧,可以节省时间和带宽。

CSMA/CD 控制方式的实现原理较为简单,技术上容易实现,网络中各工作站地位平等,无须集中控制,也不用提供优先级控制,因此具有一定的优势。但在网络负载增大时,发送时间增长,发送效率急剧下降。

CSMA/CD 应用在 OSI 模型的第二层数据链路层。它的工作原理是:发送数据前先侦听信道是否空闲,若空闲则立即发送数据;若信道忙碌,则等待一段时间至信道中的信息传输结束后再发送数据;若在上一段信息发送结束后,同时有两个或两个以上的节点都提出发送请求,则判定为冲突;若侦听到冲突,则立即停止发送数据,等待一段随机时间,再重新尝试发送数据。因为,其原理可以简单概括为:先听后发、边发边听、冲突停发、随机延迟后重发。

CSMA/CD 的主要作用是提供寻址和媒体存取的控制方式,使不同设备或网络上的节点可以在多点的网络上通信而不相互冲突,其采用的是 IEEE 802.3 标准。

CSMA/CD 的工作过程可以借助于一个形象的例子来加以理解。比如很多人在一间黑屋子中举行讨论会,参加会议的人都只能听到其他人的声音。每个人在说话前必须先倾听,只有等会场安静下来后,他才能够发言。人们将发言前监听以确定是否已有人在发言的动作称为"载波侦听";将在会场安静的情况下每人都有平等机会讲话成为"多路访问";如果有两人或两人以上同时说话,大家就无法听清其中任何一人的发言,这种情况称为发生"冲突"。发言人在发言过程中要及时发现是否发生冲突,这个动作称为"冲突检测"。如果发言人发现冲突已经发生,这时他需要停止讲话,然后随机后退延迟,再次重复上述过程,直至讲话成功。如果失败次数太多,他也许就需要放弃这次发言的想法。一般连续尝试 16 次后即选择放弃。

4. 以太网的物理介质

最初的以太网是运行在同轴电缆上的,只适合于半双工通信。1990 年以后,出现了基于双绞线介质的 10 BASE - T 以太网。10 BASE - T 以太网使共有四对双绞线来传输数据,但是一般只使用其中的两对,一对双绞线用来发送,另外一对用来接收。之所以使用一对双绞线来分别进行收发,主要是基于电气特性上的考虑,当发送数据时,在一条线路上发送正常的电信号,而在另外一条线路上发送跟正常电信号极性相反的信号,这样可以消除线路上的电磁干扰。10 BASE - T 以太网出现后,以太网由以前的总线型结构发展为星型拓扑,终端设备通过双绞线连接到 HUB(集线器)上,利用 HUB 内部的一条共享总线进行互相通信。

后来又出现了 100 M 的以太网,即快速以太网(Fast Ethernet)。快速以太网在数据链路层上与 10 M 以太网没有区别,但在物理层上提高了传输的速率,而且可采用光纤作为传输介质。运行在双绞线上的 100 M 以太网称为 100 BASE - TX 以太网,运行在光纤上的 100 M 以太网则称为 100 BASE - FX 以太网。随着计算机技术的不断发展,传统的快速以太网(100 M)已经不能满足数据传输的要求,这时候再次提高以太网的运行速度变得更有意义。直接提高到 1 000 M 是最直接的,即所谓的千兆以太网(GE)。

(1) 同轴电缆(Coaxial Cable)

广泛使用的同轴电缆有两种,一种为 50 Ω(指沿电缆导体各点的电磁电压对电流之比)同轴电缆,用于数字信号的传输,即基带同轴电缆;另一种为 75 Ω 同轴电缆,用于宽带模拟信号的传输,即宽带同轴电缆。同轴电缆以单根铜导线为内芯,外包一层绝缘材料,再外覆密集网状导体,最外面是一层保护性塑料。金属屏蔽层能将磁场反射回中心导体,同时也使中心导体避免受到外界干扰,因此同轴电缆比双绞线具有更高的带宽和更好的噪声抑制特性。

现行以太网同轴电缆的接法有两种,一种是直径为 0.4 cm 的 RG - 11 粗缆,采用凿孔接头接法;另外一种直径为 0.2 cm 的 RG - 58 细缆,采用 T 型头接法。粗缆要符合 10 BASE - 5 介质标准,使用时需要一个外接收发器和收发器电缆,单根最大标准长度为 500 m,可靠性强,最多可连接 100 台计算机,两台计算机的最小间距为 2.5 m。细缆按 10 BASE - 2 介质标准直接连到网卡的 T 型头连接器(即 BNC 连接器)上,单段最大长度为 185 m,最小站间距为 0.5 m,最多可连接 30 个工作站。

(2) 双绞线(Twisted - Pair)

双绞线由两条相互绝缘的铜线组成,两根线绞接在一起有效防止其电磁感应在邻近线对中产生干扰信号。现行双绞线电缆中一般包含 4 个双绞线对,线序为橙白/橙、蓝白/蓝、绿白/绿、棕白/棕。一般的计算机网络使用 1—2、3—6 两组线对分别来发送和接收数据。双绞线接头为具有国际标准的 RJ - 45 插头和插座。双绞线分为屏蔽(shielded)双绞线(STP)和非屏蔽(Unshielded)双绞线(UTP)。屏蔽式双绞线具有一个金属甲套(sheath),对电磁干扰 EMI(Electromagnetic Interference)具有较强的抵抗能力,适用于网络流量较大的高速网络协议应用。双绞线根据性能又可划分为 5 类、6 类和 7 类。现在使用较多的是 5 类非屏蔽双绞线,其频率带宽为 100 MHz。6 类、7 类双绞线分别可工作于 250 MHz 和 600 MHz 的频率带宽之上,而且采用特殊设计的 RJ45 插头或插座。尤其值得注意的是,频率带宽(MHz)与线缆所传输的数据的传输速率(Mbps)并不一样。Mbps 衡量的是单位时间内线路传输的二进制位的数量,MHz 衡量的则是单位时间内线路中电信号的振荡次数。双绞线最多应用于基于 CMSA/CD(Carrier Sense Multiple Access/Collision Detection,载波感应多路访问/冲突检测)技术,即 10 BASE - T(10 Mbps)和 100 BASE - T(100 Mbps)的以太网(Ethernet)中,具体规定有:

● 一段双绞线的最大长度为 100 m,只能连接一台计算机;

● 双绞线的每端需要一个 RJ45 接头;

● 各段双绞线通过集线器(Hub 的 10 BASE - T 重发器)互连;

● 10 BASE‑T 重发器可以利用收发器电缆连到以太网同轴电缆上。

（3）光导纤维（Fiber Optic）

光导纤维是一种柔软而纤细、利用内部全反射原理来传导光束的传输介质，有单模和多模之分。单模（模即 Mode，入射角）光纤一般用于通信业，多模光纤多用于网络布线系统。

光纤为圆柱状，由 3 个同心部分组成——纤芯、包层和护套，两根光纤组成一路，一根接收，一根发送。用光纤作为网络介质的 LAN 技术主要是光纤分布式数据接口（Fiber‑optic Data Distributed Interface，FDDI）。与同轴电缆比较，光纤可提供极宽的频带且功率损耗小、传输距离长（2 km 以上）、传输率高（可达数千 Mbps）、抗干扰性强（不会受到电子监听），是构建安全性网络的理想选择。

（4）微波传输

微波通信是指利用波长为 1 m～0.1 mm（频率为 0.3～3 000 GHz）的无线电波进行的通信。包括微波视距接力通信、卫星通信、散射通信、一点多址通信、毫米波通信及波导通信等。

微波通信特点包括：通信容量大，频率范围宽，传播相对较稳定，通信质量高，采用高增益天线时可实现强方向性通信，抗干扰能力强，可实施点对点、一点对多点或广播通信形式。它是现代通信网的主要传输方式之一，也是空间通信的主要方式。微波通信在军事战略通信和战术中占据显著地位。微波按照波长可分为分米波、厘米波、毫米波和丝米波等。微波频段划分如表 3‑3 所列。

表 3‑3　微波频段划分表

代　号	L	S	C	X	Ku
频率/GHz	1～2	2～4	4～8	8～12	12～18
波长/cm	30～15	15～7.5	7.5～3.75	3.75～2.5	2.5～1.67
代　号	K	Ka	U	E	F
频率/GHz	18～27	27～40	40～60	60～90	90～140
波长/cm	1.67～1.11	1.11～0.75	0.75～0.5	0.5～0.33	0.33～0.21

L 以下频段适用于移动通信。S 至 Ku 波段适用于以地球表面为基地的通信，其中，C 波段的应用最为普遍。60 GHz 的电波在大气中衰减较大，适用于近距离的保密通信。94 GHz 的电波在大气中衰减很小，适合地球站与空间站之间的远距离通信。

微波通信系统由发信机、收信机、多路复用设备、用户设备和天馈线等组成。其中发信机由调制器、上变频器、高功率放大器组成；收信机由低噪声放大器、下变频器、解调器组成；天馈线设备由馈线、双工器及天线组成。

微波通信的主要方式共有三种，分别为接力通信、对流层散射通信和卫星通信。微波接力通信传输可靠、质量高、发射功率较小，天线口径一般在 3 m 以下，设备易于小型化，主要用于国内电话和电视的传输，也是军事通信网中重要的传输方式。微波对流层散射通信的单跳距离为 100～500 km，跨越距离远，信道不受核爆炸的影响，在军事通信中意义重大。

卫星通信是指利用人造卫星做中继站转发无线电信号，在多个地球站之间进行通信。卫星通信之所以存在，是因为地球的形状是一个圆形球体。由于用于宽带通信的无线电电波是以微波频率沿直线传播的，因而长距离通信需要利用中继传送信号。卫星可以连接地球上相距数千米的地点,因此适合作为长途通信中继器的安装点。卫星通信是地面微波接力通信的继承和发扬,是微波接力的一种特殊形式。

卫星通信系统由空间段和地面段两部分组成。空间段以卫星为主体,并包括地面卫星控制中心(SCC)、跟踪、遥测和指令站。卫星星载的通信分系统主要是转发器,现代的星载转发器不仅能提供足够增益,而且具有处理和交换功能。地面段包括支持用户访问的卫星转发器,以及实现用户间通信的所有地面措施。地面段的主体是卫星地球站,它提供与卫星的连接链路,其硬件设备与相关协议均适合卫星信道的传输。

卫星通信具有广播和多址连接的特点,通信质量高,传播距离远,是国际通信与电视广播的主要方式,也是国内通信与电视广播的重要方式,在军事上获得了广泛的应用。

5. 千兆以太网

在 1995 年,IEEE 802.3 委员会组建了一个工作小组专门研究在以太网的环境下如何使分组包的传输速度达到 Gbit(千兆)级。千兆以太网不仅定义了新的媒体和传输协议,同时还保留了 10 M 和 100 M 以太网的协议、帧格式,用以保持其向下兼容性。随着 100 M 以太网使用人数的增加,越来越多的业务负荷在骨干网上承载,千兆以太网就应运而生。

千兆以太网是建立在基础以太网标准之上的技术。千兆以太网和大量使用的以太网与快速以太网完全兼容,并利用了原以太网标准所规定的全部技术规范,其中包括 CSMA/CD 协议、以太网帧、全双工、流量控制以及 IEEE 802.3 标准中所定义的管理对象。作为以太网的一个组成部分,千兆以太网也支持流量管理技术,它保证在以太网上的服务质量,这些技术包括 IEEE 802.1P 第二层优先级、第三层优先级的 QoS 编码位、特别服务和资源预留协议(RSVP)。

千兆以太网原先是作为一种交换技术设计的,采用光纤作为上行链路,用于楼宇之间的连接。之后,在服务器的连接和骨干网中,千兆以太网获得了广泛应用,随着 IEEE802.3ab 标准(采用 5 类及以上非屏蔽双绞线的千兆以太网标准)的出台,千兆以太网可适用于任何大中小型企事业单位。

除非物理层是双绞线方式,千兆以太网的数字信号编码方式均是 8 B/10 B,这种方式在发送的时候将 8 bits 数据转换成 10 bits,以提高数据的传输可靠性。8 B/10 B 方式最初由 IBM 公司发明并应用于 ESCON(200M 互连系统)中。

这种编码方式具有以下优点:
- 实现相对简单,并可以较低成本制造可靠的收发器;
- 对于任何数字序列,相对平衡地产生一样多的 0、1 比特;
- 提供简便的方式实现时钟的恢复;
- 提供有用的纠错能力。

对于 8B/10B 编码,即是将 8 bits 的基带数据映射成 10 bits 的数据进行发送,这种方式也叫不一致控制。8 B/10 B 编码是 mBnB 编码方式的一个特例。所谓 mBnB 编码即在发送端将 m bits 的基带数据映射成 n bits 数据发送。当 $n > m$ 时,在发送侧会有数据冗余产生。从本质上讲,这种方式防止在基带数据中产生过多的 0 码流或 1 码流,任何一方过多的码流均会导致这种不一致性的发生。协议中还定义了 12 种非有效数据的序列,主要用于系统同步和其他控制用途。

对于物理层为双绞线的千兆以太网,编码方式为 PAM - 5(5 Level Pulse Amplitude Modulation)。PAM - 5 采用 5 种不同的信号电平编码来取代简单的二进制编码,可以达到更好的带宽利用。每 4 个信号电平能够表示 2 个比特信息,此外再加上第 5 个信号电平用于实现前向纠错机制。

千兆以太网已经发展成为主流网络技术。不论是大到成千上万人的大型企业还是小到几十人的中小型企业,在建设企业局域网时都会把千兆以太网技术作为首选的高速网络技术。

6. 万兆以太网

万兆以太网是对千兆以太网的巨大提升,在 IEEE 802.3ae 协议的定义中,万兆以太网的数据传输速率达到百亿比特每秒。基于当今广泛应用的以太网技术,万兆以太网提供了与各种以太网标准相似的有利特点,但同时它又具有鲜明的特点和优势,主要体现在以下几个方面。

（1）物理层结构不同

万兆以太网只采用全双工数据传输技术,其物理层（PHY）和 OSI 参考模型的第一层（物理层）一致,负责建立传输介质（光纤或铜线）和 MAC 层的连接,MAC 层相当于 OSI 参考模型的第二层（数据链路层）。万兆以太网标准的物理层分为两部分,分别为 LAN 物理层和 WAN 物理层。LAN 物理层提供了现在正广泛应用的以太网接口,传输速率为 10 Gb/s;WAN 物理层提供了与 OC - 192c 和 SDH VC - 6 - 64c 相兼容的接口,传输速率为 9.58Gb/s。与 SONET 不同的是,运行在 SONET 上的万兆以太网的工作方式依然是异步的。WIS（WAN 接口子层）将万兆以太网流量映射到 SONET 的 STS - 192c 帧中,通过调整数据包间的间距,使 OC - 192c 略低的数据传输率与万兆以太网相匹配。

（2）提供多种物理接口

千兆以太网的物理层每发送 8 bit 的数据要用 10 bit 组成编码数据段,网络带宽利用率只能达到 80%;万兆以太网则每发送 64 bit 的数据只用 66 bit 组成编码数据段,网络带宽利用率达 97%。虽然这是以纠错位和恢复位为代价,但万兆以太网采用了更先进的纠错和恢复技术,确保数据传输的可靠性。

基于光纤的万兆以太网标准的物理层可进一步细分为 5 种具体的接口,分别为 850 nm LAN 接口、1 310 nm 宽频波分复用（WWDM）LAN 接口、1 310 nm WAN 接口、1 550 nm LAN 接口和 1 550 nm WAN 接口。

以上每种接口都有其对应的最适宜的传输介质:850 nm LAN 接口适用于 50/125 μm 多模光纤,最大传输距离为 65 m,50/125 μm 多模光纤现在已用得不多,但由于这种光纤制造容易,价格便宜,所以适于用来连接服务器;1 310 nm 宽频波分复用（WWDM）LAN 接口适用于 66.5/125 μm 多模光纤上,传输距离为 300 m;66.5/125 μm 的多模光纤又叫 FDDI 光纤,是目前企业使用最广泛的多模光纤,从 20 世纪 90 年代初开始逐步获得大量的使用;1 550 nm WAN 接口和 1 310 nm WAN 接口适合在单模光纤上进行长距离的城域网和广域网数据传输;1 310 nm WAN 接口支持的传输距离为 10 km;1 550 nm WAN 接口支持的传输距离为 40 km。另外,在 10 GBase - T 规范中,还支持最常见的双绞线 RJ - 45 接口。

（3）带宽更宽,传输距离更长

万兆以太网标准将在未来使以太网将具有更高的带宽（10 Gbps）和更远的传输距离（最长传输距离可达 80 km）。另外,过去有时需采用数个千兆捆绑以满足交换机互连所需的高带宽,导致需要占用大量的光纤资源,现在可以采用万兆互连,甚至 4 个万兆捆绑互连,达到 40 Gb/s 的宽带水平。

（4）结构简单、管理方便、价格低廉

由于万兆以太网只工作于光纤模式（屏蔽双绞线也可以工作于该模式），没有采用载波侦听多路访问和冲突检测（CSMA/CD）协议和访问优先控制技术，访问控制的算法相对简单，从而简化了网络的管理，并降低了部署的成本，因而也得到了广泛的应用。

（5）便于管理

采用万兆以太网，网络管理者可以用实时方式，也可以通过历史累积方式查看第 2 层到第 7 层的网络流量。允许"永远在线"监视，能够鉴别干扰或入侵监测，发现网络性能瓶颈，获取计费信息或呼叫数据记录，从网络中获取商业智能。

（6）应用更广

万兆以太网主要工作在光纤模式上，它不仅可以在局域网中得到应用，在城域网和广域网中同样具有广泛用途，把原来仅用于局域网的以太网扩展到了大数据的城域网和广域网中。

另外，随着网络应用的深入，WAN/MAN 与 LAN 进一步融合，各自的应用领域也获得了新的突破，而万兆以太网技术让工业界找到了一条能够同时提高以太网的速度、可操作距离和连通性的途径，万兆以太网技术的应用为三网发展与融合提供了新的动力。

（7）具有更高多功能，服务质量更好

万兆以太网技术提供了更多的更新功能，大大提升 QoS，能更好地满足网络安全、服务质量、链路保护等多个方面的需求。

万兆以太网技术最重要的特性是包含了以太网、快速以太网及千兆以太网技术，因此在用户普及率、使用方便性、网络互操作性及简易性上都占有极大的优势。在升级到万兆以太网解决方案时，现有的程序或服务不会受到太大的影响，升级的风险不高，可实现平滑升级，保护了用户的投资；同时在未来升级到 40 Gb/s 甚至 100 Gb/s 都将具有明显的优势。

3.7 移动通信技术

移动通信是指通信的一方或双方可以在移动中进行的通信过程，换句话说，至少有一方具有可移动性，可以是移动台与移动台之间的通信，也可以是移动台与固定用户之间的通信。移动通信满足了人们无论在何时何地都能进行通信的愿望，自从 20 世纪 80 年代以来，移动通信得到了飞速发展。

移动通信有着与固定通信不同的特点。和固定通信相比，由于用户的移动性，移动通信除了要给用户提供一样的通信业务以外，其管理技术要比固定通信更为复杂。同时，由于移动通信网中依靠的是无线电波的传播，其传播环境也要比固定网中有线介质的传播特性复杂。

3.7.1 移动通信的分类与特点

1. 移动通信的分类

在移动通信的分类中，陆地移动通信系统有蜂窝移动通信、无绳电话、集群系统等。同时，移动通信和卫星通信相结合产生了卫星移动通信，它可以实现覆盖国内、国际大范围的移动通信。

（1）集群移动通信

集群移动通信是一种高级移动调度系统。所谓集群通信系统，是指系统所具有的可用信道为系统的全体用户公用,具有自动选择信道的功能,是共享资源、分担费用、提供公用信道设备及服务的多用途和高效能的无线调度通信系统。

（2）公用移动通信系统

公用移动通信系统是指给公众提供移动通信业务的网络。这是移动通信最常见的方式。这种系统又可分为大区制移动通信和小区制移动通信,小区制移动通信又称为蜂窝移动通信。

（3）卫星移动通信

利用卫星转发信号也可实现移动通信。车载移动通信可采用同步卫星,而对于手持终端,采用中低轨道的卫星通信系统就可以获得良好的数据信号。

（4）无绳电话

对于室内外慢速移动的手持终端的通信,一般采用通信距离近、小功率、轻便的无绳电话机,它们可以经过通信点与其他用户进行通信。

2. 移动通信的特点

（1）用户的移动性

要保持用户在移动状态中的通信,必须选择无线通信或无线通信与有线通信的结合。因此,系统中要有完善的管理技术来对用户的位置进行登记、跟踪,使用户在移动时也能进行通信,不因为位置的改变而中断。

（2）信道特性差

由于采用无线传输方式,电波会随着传输距离的增加而衰减（扩散衰减）;不同的地形、物体对信号也会有不同的影响;信号可能经过多点反射,会从多条路径到达接收点,导致多径效应的产生,包括电平衰落和时延扩展;当用户的通信终端快速移动时,会发生附加调频的多普勒效应,影响信号的接收。由于用户的通信终端可移动,这些衰减和影响还会不断发生变化。

（3）干扰复杂

移动通信系统运行在复杂的干扰环境中,如外部噪声干扰（天电干扰、工业干扰、信道噪声）、系统内干扰和系统间干扰（邻道干扰、互调干扰、交调干扰、共道干扰、多址干扰和远近效应等）。如何减少这些干扰的影响是提高移动通信系统传输质量的重要问题。

（4）有限的频谱资源

考虑到无线覆盖、系统容量和用户设备的实现等问题,移动通信系统基本选择在特高频 UHF（分米波段）上实现无线传输,而这个频段还有其他的系统（如雷达、电视、其他的无线接入）,移动通信能够利用的频谱资源相当有限。随着移动通信的发展,通信容量不断提高,因此通过研究和开发各种新技术,采取各种新措施,更加合理地分配和管理频率资源,提高频谱的利用率。

（5）用户终端设备要求高

用户终端设备除技术含量很高外,对于手持机（手机）还要求体积小、重量轻、防震动、省电、操作简单、携带方便;对于车载台还应保证在高低温变化等恶劣环境下也能正常工作。

（6）要求有效的管理和控制

由于系统中用户终端可移动,为了确保与指定的用户进行通信,移动通信系统必须具备很强的管理和控制功能,如用户的位置登记和定位、呼叫链路的建立和拆除、信道的分配和管理、越区切换和漫游的控制、鉴权和保密措施、计费管理等。

3.7.2 移动通信网络

1. 移动通信网的系统构成

典型的移动通信网的系统。一般由移动业务交换中心、基站、移动台、中继传输系统、数据库 5 部分组成。

（1）移动业务交换中心

移动业务交换中心（Mobile-services Switching Centre，MSC）是蜂窝通信网络的核心。MSC 负责本服务区内所有用户的移动业务的实现，具体讲，MSC 有如下作用：

● 信息交换功能——为用户提供终端业务、承载业务、补充业务的接续；

● 集中控制管理功能——无线资源的管理，移动用户的位置登记、越区切换等；

● 通过关口 MSC 与公用电话网相连。

（2）基 站

基站（Base Station，BS）负责和本小区内移动台之间通过无线电波进行通信，并与 MSC 相连，以保证移动台在不同小区之间移动时也可以进行通信。采用一定的多址方式可以区分一个小区内的不同用户。

基站设备由信号转换设备、传输设备、天线与馈线系统（含铁塔）及机房内的其他设备组成。

（3）移动台

移动台（Mobile Station，MS）是移动网中的终端设备，要将用户的话音信息进行变换并以无线电波的方式进行传输，移动台包括手机或车载台等。

（4）中继传输系统

在 MSC 之间、MSC 和 BS 之间的传输线均采用有线方式。

（5）数据库

移动网中的用户的位置是不确定的，可以自由移动。因此，要对用户进行接续，就必须掌握用户的位置及其他的信息，可以使用数据库用来存储用户的相关信息。数字蜂窝移动网中的数据库有归属位置寄存器（Home Location Register，HLR）、访问位置寄存器（Visitor Location Register，VLR）、鉴权认证中心（Authentic Center，AUC）、设备识别寄存器（Equipment Identity Register，EIR）等。

2. 移动通信网中的基本技术

（1）移动通信网的覆盖方式

1）大区制

集群移动通信，也称大区制移动通信。早期的移动通信采用大区制工作方式，可以用一个基站覆盖整个服务区。其特点是基站只有一个天线，架设高，覆盖半径也大，服务区半径通常为 20～50 km。采用这种方式虽然设备较简单、投资少、见效快，但也正是由于采用单基站制，因此基站的天线需要架设得非常高，发射机的发射功率也要很高。即使这样做，也只可保证移动台收到基站的信号，而无法保证基站能收到移动台的信号，而且容纳的用户数有限，通常只有几百个用户。此外，这种体制不易扩容，随着移动用户数量的急剧增加，这种覆盖方式显然无法满足实际需要，一般只用于用户较少的专用通信网。

2）小区制

蜂窝移动通信，也称小区制移动通信，如图 3-16 所示。它的特点是把整个大范围的服务区划分成许多小区，每个小区设置一个基站，负责本小区各个移动台的联络与控制。另外设立交换中心，负责与各基站之间的联络和对系统的集中控制管理。多个基站在移动交换中心的控制下，实现对整个服务区的无缝覆盖。利用超短波电波传播距离有限的特点，离开一定距离的小区可以重复使用频率，使频率资源可以充分利用。每个小区的用户数基本可以保证在 1 000 以上，全部覆盖区最终的容量可达 100 万用户。

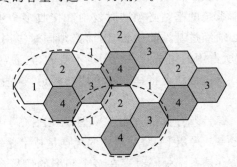

图 3-16　蜂窝移动通信

在小区制中，距离较远的小区可以应用频率复用技术，即在相邻小区中使用不同的频率，而在非相邻且距离较远的小区中使用相同的载波频率。由于相距较远，基站功率有限，使用相同的频率不会造成明显的同频干扰，这样就提高了利用率。一般来说，小区越小，小区数目越多，整个通信系统的容量就越大。但在技术上，小区制比大区制上要复杂得多。移动交换中心要随时知道每个移动台正处于哪个小区中，才能进行控制联络，因此必须对每一移动台进行位置登记；移动台从一个小区运动进入另一小区要进行越区切换等复杂的操作；移动交换中心要与服务区中每一小区的基站相连接，传送控制信号。其完成的通信业务相对较为复杂，因此采用小区制的设备和技术投资相对比较大。但是使用小区制的优点远远大于它的缺点，而且随着电子技术和计算机技术的发展，能够设计和开发符合性能要求的控制电路设备。

（2）移动通信网中的基本技术——用户多址方式

当把多个用户接入一个公共的传输介质实现相互间通信时，需要给每个用户的信号赋以不同的特征，以区分不同正六边形的用户，这种技术称为多址技术。一般来说，移动通信是依靠无线电波的传播来传输信号的，具有大面积覆盖的特点。因此，网内一个用户发射信号，其他用户均可接收到传播的电波。网内用户如何能从播发的信号中识别出哪些信号是发送给自己的信号就成为能否成功建立连接的关键问题。在蜂窝通信系统中，移动台是通过基站和其他移动台进行通信的，因此必须对移动台和基站的信息加以区别，使基站能区分是哪个移动台发来的信号，而各移动台又能过滤出发给自己的那个信号。针对这一问题，就必须给每个信号赋以不同的特征，这就是多址技术要解决的问题。多址技术是移动通信的基础技术之一。

多址方式的基本类型有：

● 频分多址方式（Frequency Division Multiple Access，FDMA）；

● 时分多址方式（Time Division Multiple Access，TDMA）；

● 码分多址方式（Code Division Multiple Access，CDMA）；

● 空分多址方式（Space Division Multiple Access，SDMA）。

1）频分多址方式（FDMA）

频分多址（FDMA）是把通信系统的总频段划分成若干个等间隔的频道（或称之为信道），分配给不同的用户使用。这些频道互不交叠，其宽度应能传输一路数字话音信息，而在相邻频道之间无明显的串扰。频分多址的频道被划分成高低两个频段，在高低两个频段之间留有一段保护频带，其作用是防止同一部电台的发射机对接收机产生干扰。如果基站的发射在高频段的某一频道中工作时，其接收机必须在低频段的某一频道中工作；与此对应，移动台的接收机要在高频段相应的频道中接收来自基站的信号，而其发射机要在低频段相应的频道中发射送往基站的信号。这种通信系统的基站必须同时发射和接收多个不同频率的信号，任意两个移动用户之间进行通信都必须经过基站的中转，因而必须同时占用 4 个频道才能实现双工通信。不过，移动台在通信时所占用的频道并不是固定不变的，它通常是由系统控制中心在通信建立阶段临时分配，通信结束后，移动台将释放它占用的频道，这些频道又可以重新分配给其他用户使用。

移动通信中，在第一代蜂窝移动通信网（如 TACS、AMPS 等）中使用了频分多址，而 FDMA 是最经典的多址技术之一。采用 FDMA 制式的优点是技术比较成熟，同时方便于与现有模拟系统兼容。其存在的缺点是系统中同时存在多个频率的信号容易形成互调干扰，尤其是在基站集中发送多个频率的信号时，这种互调干扰更容易产生。同时，由于没有进行信道复用，信道效率低下。一般来说，国际上蜂窝移动通信网不再单独使用 FDMA，而是和其他多址技术结合起来使用。

2）时分多址方式（TDMA）

时分多址（Time Division Multiple Access，TDMA）是把时间分成周期性的帧，每帧再分割成若干时隙，无论帧或时隙都是互不重叠的，每个时隙就是一个通信信道。

TDMA 根据一定的时隙分配原则，给每个用户分配一个时隙，使各个移动台在每帧内只能按指定的时隙向基站发射信号。在满足定时和同步的条件下，基站可以在各时隙中接收到各移动台的信号而互不干扰。同时，基站发向各个移动台的信号都按顺序安排在预定的时隙中传输，互不重叠的时隙（信道）与用户具有一一对应的关系，各移动台依据时隙区分来自不同地址的用户信号，只要在指定的时隙内接收，就能在合路的信号中找到发给它的信号。这样，同一个频道就可以供几个用户同时进行通信，相互之间没有干扰。

在 TDMA 通信系统中，小区内的多个用户可以共享一个载波频率，分享不同时隙，这样基站只需要一部发射机，可以避免像 FDMA 系统那样因多部不同频率的发射机同时工作而产生的互调干扰；但系统设备必须通过精确的定时和同步来保证各移动台发送的信号不会在基站发生重叠，并且能准确地在指定的时隙中接收基站发给它的信号。

TDMA 跟 FDMA 相比，具有通信口号质量高、保密较好、系统容量较大等优点，但它必须有精确定时和同步以保证移动终端和基站间正常通信，技术实现上比较复杂。TDMA 只能用于数字通信系统。模拟话音必须先进行模数变换（数字语音编码）及成帧处理，然后以突发信号的形式发射出去。

TDMA 技术广泛应用于第二代移动通信系统 GSM 中。在实际应用中，综合采用 FDMA 和 TDMA 技术，即首先将总频带划分为多个频道，再将一个频道划分为多个时隙，形成信道。例如，GSM 数字蜂窝标准采用 200 kHz 的 FDMA 频道，并将其再分割成 8 个时隙，用于 TD-

MA 传输。

3) 码分多址方式（CDMA）

码分多址（CDMA）是在数字技术的分支——扩频通信技术上发展起来的一种崭新而成熟的无线通信技术。CDMA 技术的原理是基于扩频技术，即将需传送的具有一定信号带宽信息数据，用一个带宽远大于信号带宽的高速伪随机码进行调制，使原数据信号的带宽被扩展，再经载波调制并发送出去。接收端使用完全相同的伪随机码，与接收的带宽信号作相关处理，把宽带信号换成原信息数据的窄带信号即解扩，以此实现信息通信。

CDMA 是一种扩频多址数字式通信技术，通过独特的代码序列建立信道，可用于二代和三代无线通信中的任何一种协议。CDMA 是一种多路信号通信方式，多路信号只占用一条信道，极大地提高了带宽使用率，可应用于 800 MHz 和 1.9 GHz 的超高频（UHF）移动电话系统。

CDMA 使用带扩频技术的模-数转换（ADC），输入音频首先数字化为二进制数据。传输信号频率按指定类型编码，因此只有频率响应编码一致的接收机才能拦截信号。由于有无数种频率顺序编码，因此很难出现重复，保密性得到了增强。

对于时域上的脉冲信号而言，其脉冲宽度越窄，频谱就越宽。在需要用所需要传送的信号信息去调制很窄的脉冲序列时，就可以将信号的带宽进行扩展。所谓扩频调制，就是用所需要传送的原始信号去调制窄脉冲序列，使信号所占的频带宽度远大于所传原始信号本身需要的带宽。其逆过程称为解扩，即将这个宽带信号还原成原始信号。这个窄脉冲序列称为扩频码。如果用这样一种扩频后的无线信道来传送无线信号，由于信号扩展在非常宽的带宽上，因此来自同一无线信道的用户干扰很小，使得多个用户可以同时分享同一无线信道。

CDMA 系统中，不同用户传输信息所用的信号是用各自不同的编码序列来区分的，而不是靠频率不同或时隙不同来区分的。换句话说，靠信号的不同波形加以区分。如果从频域或时域角度来观察，多个 CDMA 信号是互相重叠的，接收机相关电路可以在多个 CDMA 信号中选出其中使用预定码型的信号，其他使用不同码型的信号因为和接收机本地产生的码型不同而不能被解调。它们的存在类似于在信道中引入了噪声和干扰信号，通常称之为多址干扰。

在 CDMA 蜂窝通信系统中，用户之间的信息传输是由基站进行转发和控制的。为了实现双工通信，正向传输和反向传输各自使用一个频率，也就是通常所谓的频分双工。除去传输业务信息外，无论正向传输或反向传输，还必须传送相应的控制信息。为了传送不同的信息，需要设置相应的信道。但是，CDMA 通信系统既不分频道又不分时隙，无论传送何种信息的信道都靠采用不同的码型来区分。类似的信道属于逻辑信道，这些逻辑信道无论从频域或者时域来看都是相互重叠的，或者说它们均占用相同的频段和时间。

码分多址蜂窝通信系统一般具有如下特点：

① 与 FDMA 模拟蜂窝通信系统或 TDMA 数字蜂窝通信系统相比，CDMA 蜂窝移动通信系统具有更大的通信量；

② CDMA 蜂窝通信系统的全部用户共享无线信道，用户信号的区分只是所用码型的不同。因此，CDMA 蜂窝通信系统具有软容量，或者称之为软过载特性；

③ CDMA 蜂窝通信系统具有软切换能力；

④ CDMA 蜂窝通信系统可以充分利用人类对话的不连续特性，实现话音激活技术以提高系统的通信容量；

⑤ CDMA 蜂窝通信系统以扩频技术为基础,因而它有抗干扰、抗多径衰落和具有保密性等优点。

3.7.3 移动通信与物联网

目前,已经应用的成熟移动通信网络已经发展到 4G 时代。第四代移动通信系统可称为宽带(Broadband)接入和分布网络,具有非对称的超过 2 Mbps 的数据传输能力。数据率超过通用移动通信系统(UMTS),是支持高速数据率(2～20 Mbps)连接的理想模式,上网速度从 2 Mbps 提高到 100 Mbps,具有不同速率间的自动切换能力。

随着技术的进一步发展,网络之间融合也是未来发展的趋势。从传输网和业务网到"三网融合"都将是下一代网络的必然趋势。但网络融合涉及业务、市场、技术和体制监管等多方面的问题,发展过程注定不能一蹴而就。

从广义上来说,未来的无线网络具备如下特征:

- 方便、高速、统一的无线接入;
- 支持多种网络环境,融合多种传输资源,支持各种移动模式;
- 基于 IP 地址的路由分配;
- 支持更多多媒体业务;
- 更高的资源利用率,更大的业务容量,更广的融合系统。

为了方便使用,人们一般习惯用移动的方式连接网络。无线终端通过无线移动通信网络接入物联网,并能实现对目标物体的识别、监控和控制等功能。

由于物联网信息节点的广泛性和移动性的特征,决定了各种无线通信技术将是物联网的主要联网技术;同时随着第四代移动通信的不断发展普及,现代移动通信网络的数据通信功能日益强大,已经开始应用的 4G 通信网络支持的业务范围更加广泛。因此,现代移动通信网络为物联网的实现提供了很好的物质基础。移动通信系统必将在物联网的组网过程中得到广泛的应用。

移动通信系统一般由移动终端、传输网络和网络管理维护等几部分组成,因此移动通信在物联网的应用主要包括以下几个方面。

(1) 移动通信终端在物联网中的应用

移动通信系统的移动终端能够作为网络信息节点移动并能随时随地的通信,与物联网的感知终端有共通性,移动通信终端完全可以成为物联网信息节点终端的通信部件。

(2) 移动通信传输网络在物联网中的应用

移动通信系统的传输网络主要实现各移动节点的相互连接和信息的远程传输,而物联网中的信息传输网络也要完成类似的功能。因此,现有的移动通信系统的信息传输网络,完全可以作为物联网的信息传输网络使用,即可以将物联网承载在现有的移动通信网络之上。

(3) 移动通信网络管理平台在物联网中的应用

移动通信网络的网络管理维护平台主要用来实现对网络设备、性能、用户及业务的管理和维护,以保证网络系统的可靠运行。为了保证信息的安全、可靠传输,物联网同样需要相应的维护平台以完成物联网相关的管理维护功能。因此,在物联网的网络管理和维护上,可以借鉴移动通信网络管理维护的相关架构和思想。

移动通信网络的发展在一定程度上为物联网的发展奠定了基础。不过在实际应用中,虽然移动通信网络和物联网的结构类似、功能相近,可以将移动通信系统广泛应用到物联网之中,但是仍然不能直接将现有的移动通信系统作为物联网使用,需要根据物联网的使用特点加以改进。对于移动通信系统的改进主要包括以下两点:

(1)对移动终端的改进

现在的移动通信终端主要拥有语音或数据的通信功能,还缺乏信息的感知和物品的控制功能,因此不能直接作为物联网的节点设备使用。可以通过在移动通信终端中增加相应的传感器和控制元件,或者为现有的传感器和控制器增加移动通信功能,对移动终端加以改进,从而实现移动通信终端和物联网信息终端的融合。

(2)对网络管理的改进

现在的移动通信网络管理中的用户管理、信息传输管理和业务管理都还不能满足物联网的使用要求,必须加以改进。

① 物联网中的用户包括人和物品,考虑到物品的信息发送和接收不同于传统的用户,因此必须对现有的用户管理方式进行改进,包括采用新的用户标示手段以增加用户容量、区分物品用户和人员用户的不同,以提高网络的运行效率。

② 物联网对信息传输的安全性和可靠性要求都非常高,这就要求必须改进现在移动通信网络中信息传输的管理方式,以提高其安全性和可靠性。

③ 需要为物联网用户不断开发新的业务,并对新的物联网业务进行高效的管理。

覆盖地域广泛的移动通信网络系统方便人们随时随地进行信息联网传输,物联网则将实物世界变得更加智能化,实现移动通信网络和物联网的有机融合,一方面能极大地促进物联网的普及应用,另外一方面也能为移动通信网络拓宽应用业务范围。

实际上,现在的移动运营商已经利用现有的移动通信网络开展形式多样的物联网业务,在物联网中使用各种移动通信技术和系统。例如,现在各运营商利用移动通信网络开展的移动支付业务,物流行业基于移动通信网络的车辆及货物智能管理系统,以及运营商与汽车制造商合作推出的基于移动通信系统的车载信息网络等,都是将移动通信技术应用到物联网领域的具体体现。

在 4G 技术广泛应用和 5G 技术进行测试的条件下,虽然现在已经有了一些移动技术和物联网的融合应用,但是大都局限于一些特定行业,还远没有在人们的日常生活中普及。

其中的主要原因可以归纳为两点:一点是缺乏统一的相关标准对市场的规范和引导,这是移动技术和物联网大规模融合应用急需解决的主要问题;另外一点是能够吸引大众的具体业务还有待于深入地研究开发,同第三、第四代移动通信的发展普及类似,影响移动通信大规模应用于物联网的一个主要因素是缺乏有足够吸引力的具体应用业务。一旦上述两方面的问题解决之后,移动通信和物联网的融合应用必会得到迅速发展和普及。

3.7.4 常用移动通信技术

1. 3G 技术

2G 网络是指第二代无线蜂窝电话通信协议,它以无线通信数字化为代表,能够进行窄带数据通信。常见 2G 无线通信协议有 GSM 频分多址,传输速度不高。

3G 网络是第三代无线蜂窝电话通信协议,主要是在 2G 的基础上发展了高带宽的数据通信,并提高了语音通话的安全性。3G 的数据通信带宽一般都在 500 Kb/s 以上。常用的有 3

种标准:WCDMA、CDMA2000、TD－SCDMA,传输速度相对较快,可以很好地满足手机上网等需求,不过不适于播放高清视频等大数据业务。

3G 作为第三代通信技术与 2G 的主要区别是声音和数据传输速度上地提升,它能够在全球范围内更好地实现无线漫游,并处理图像、音乐、视频流等多种媒体形式,提供包括网页浏览、电话会议、电子商务等多种信息服务,同时也可以兼容二代系统。为了提供这种服务,无线网络必须能够支持不同的数据传输速度,也就是说在室内、室外和行车的环境中能够分别支持至少 2 Mbps(兆比特/每秒)、384 kbps(千比特/每秒)以及 144 kbps 的传输速度(此数值根据网络环境会发生变化)。

在我国,2009 年,3G 技术得到了较大的关注,2010 年,物联网成了明星,其中有不小的推动力是来自于电信运营商。移动通信技术的提升也有利于物联网的实现与普及。

运营商在 3G 时的大力布局已经显示出其对于物联网的期待,3G 之后的 4G 时代,运营商布局物联网的竞争更加激烈。

2. 4G 技术

4G 即第四代移动电话行动通信标准,指的是第四代移动通信技术。4G 集 3G 与 WLAN 于一体,并能够传输高质量视频图像,它的图像传输质量与高清晰度电视不相上下。

其实,4G 通信技术并没有完全脱离以前的通信技术,它仍然是以传统通信技术为基础,只是利用了一些新的通信技术,来不断提高无线通信的网络效率和功能。如果说 3G 能为人们搭建一个高速传输的无线通信环境,那么 4G 通信则是一种超高速无线网络,一种不需要电缆的信息超级高速公路,这种新网络可使电话用户以无线及三维空间虚拟实境连线。

(1) 4G 技术概述

4G 移动通信技术的信息传输级数要比 3G 的高一个等级。其对无线频率的使用效率比第二代和第三代系统都高得多,且抗信号衰落性能更好,其最大的传输速度会是"i－mode"服务的 10 000 倍。除了高速信息传输技术外,它还包括高速移动无线信息存取系统、移动平台的安全密码技术以及终端间通信技术等,具有极高的安全性,4G 终端还可用作诸如定位、告警等设备。

第四代移动电话不仅音质清晰,而且能进行高清晰度的图像传输,用途十分广泛。在容量方面,可以在 FDMA、TDMA、CDMA 的基础上引入空分多址(SDMA),容量达到 3G 的 5～10 倍。另外,可以在任何地址宽带接入互联网,包含卫星通信,能提供信息通信之外的定位定时、数据采集、远程控制等综合功能。它包括广带无线固定接入、广带无线局域网、移动广带系统和互操作的广播网络(基于地面和卫星系统)。

4G 移动系统网络结构可分为三层:物理网络层、中间环境层、应用网络层。

4G 移动系统中的物理网络层的功能是提供接入和路由选择,主要以无线和核心网的结合方式完成。中间环境层的功能有 QoS 映射、地址变换和完全性管理等。物理网络层与中间环境层及其应用环境之间的接口是开放性的,它使发展和提供新的应用及服务变得更为容易,提供无缝高数据率的无线服务,并运行于多个频带。这一服务能自适应多个无线标准及多模终端,跨越不同网络环境,提供大范围服务。

4G 移动系统的优势主要体现在以下几方面。

① 通信速度快:4G 系统能够以 10 MB 的速度下载,比拨号上网快 200 倍,上传的速度也能达到 5 Mbps,并能够满足几乎所有用户对于无线服务的要求。此外,4G 可以在 DSL 和有

线电视调制解调器没有覆盖的地方部署,然后再扩展到整个地区。很明显,4G 与前几代通信相比,有着不可比拟的优越性。

② 通信灵活:从严格意义上说,4G 手机的功能,已不能简单划归"电话机"的范畴,毕竟语音资料的传输只是 4G 移动电话的功能之一而已,因此 4G 手机可以称之为一台小型计算机。任何一件能看到的物品都有可能成为 4G 的终端设备。

③ 高质量通信:第四代移动通信不仅是为了因应用户数的增加,更为重要的是,必须要因应多媒体的传输需求,当然还包括通信品质的要求。

④ 智能化高:第四代移动通信的智能性更高,不仅表现在 4G 通信的终端设备的设计和操作具有智能化,例如对菜单和滚动操作的依赖程度已经大大降低,更为重要的是 4G 手机可以实现许多较为复杂的功能。例如 4G 手机能根据环境、时间以及其他设定的因素来适时地提醒手机的主人此时该做什么事,或者不该做什么事。

⑤ 兼容性好:4G 通信符合第四代移动通信系统具备的全球漫游、接口开放、与多种网络互连、终端多样化以及与早期无线通信技术兼容性好等特点。

如果说 2G、3G 通信对人类信息化的发展助力良多的话,那么 4G 通信则帮助人们真正实现了沟通自由,并彻底改变了人们的生活方式甚至社会形态。而物联网则是 4G 最大的受益者,4G 的到来成为网络速度提升最有力的一次跨越,把无线城市的各项应用推向新的高峰。与此同时,物物通信还会包含大量数据业务,而未来 4G 的高带宽正好符合高速数据传输的新需求。也就是说,物联网对数据业务需求庞大,能够成为 4G 业务可选择的商业模式之一。

4G+是在目前 4G 基础上应用载波聚合技术实现的新成果,相比 4G 网络 100 Mbps 的数据传输速度,4G+下行峰值速度可达到 300 Mbps,上行速度也能够达到 50 Mbps。随着多载波聚合等技术的推出,网速将逐步提升至 1 Gbps。300 Mbps 的网速意味着真正高清即时的移动互联时代来临,用户下载一部 2 GB 的高清电影只需 1 min,而上传一段 10 MB 的文件只需 1 s,帮助用户获得实现"秒传"的网络传输体验。

(2) 4G 核心技术

1) 调制与编码技术

4G 移动通信系统采用新的调制技术,如多载波正交频分复用调制技术以及单载波自适应均衡技术等调制方式,以保证频谱利用率和延长用户终端电池的寿命。4G 移动通信系统采用更高级的信道编码方案(如 Turbo 码、级连码和 LDPC 等)、自动重发请求(ARQ)技术和分集接收技术等,从而在低 Eb/N0(一种信噪比计算方式)条件下保证系统足够的性能。

2) 接入方式和多址方案

正交频分复用(OFDM)是一种无线环境下的高速传输技术,其实现方式是在频域内将给定信道分成许多正交子信道,在每个子信道上使用一个 4G 子载波进行调制,各子载波并行传输。尽管总的信道是非平坦的,具有频率选择性,但是每个子信道是相对平坦的,在每个子信道上进行的是窄带传输,信号带宽小于信道的相应带宽。OFDM 技术的优点是可以消除或减小信号波形间的干扰,对多径衰落和多普勒频移不敏感,提高了频谱利用率,可实现低成本的单波段接收机。OFDM 的主要缺点是功率效率不高。

3) 智能天线技术

智能天线具有抑制信号干扰、自动跟踪以及数字波束调节等智能功能,被认为是未来移动通信的关键技术。智能天线应用数字信号处理技术,产生空间定向波束,使天线主波束对准用户信号到达方向,旁瓣或零陷对准干扰信号到达方向,达到充分利用移动用户信号并消除或抑制干扰信号的目的。这种技术改善了信号质量,并且增加了传输容量。

4)软件无线电技术

软件无线电是一种具有开放式结构的新技术,借助于一个通用硬件平台,将标准化、模块化的硬件功能单元,利用软件加载方式来实现各种类型的无线电通信。软件无线电的核心思想是在尽可能靠近天线的地方使用宽带模数和数模变换器,并尽可能多地用软件来定义无线功能,各种功能和信号处理都尽可能用软件实现。其软件系统包括各类无线信令规则与处理软件、信号流变换软件、信源编码软件、信道纠错编码软件、调制解调算法软件等。软件无线电使得系统具有灵活性和适应性,能够适应不同的网络和空中接口。软件无线电技术能支持采用不同空中接口的多模式手机和基站,能实现各种应用的可变 QoS。

5)MIMO 技术

多输入多输出(MIMO)技术是指利用多发射、多接收天线进行空间分集的技术,它采用的是分立式多天线,能够有效地将通信链路分解成为许多并行的子信道,从而大大提高数据容量。信息论已经证明,当不同的接收天线和不同的发射天线之间互不相关时,MIMO 系统能够很好地提高系统的抗衰落和噪声性能,从而获得巨大的容量。例如,当接收天线和发送天线数目都为 8 根,而且平均信噪比为 20 dB 时,链路容量可以达到 42 bps/Hz,这是单天线系统所能达到容量的 40 多倍。因此,在功率带宽受限的无线信道中,MIMO 技术是提高数据速率和系统容量,并能改善传输质量的空间分集技术。在无线频谱资源相对紧张的今天,MIMO 系统已经体现出其优越性,将会在 4G 移动通信系统中继续得到应用。

6)高性能的接收机

4G 移动通信系统从系统架构方面对接收机提出了很高的要求。Shannon 定理给出了在带宽为 BW 的信道中实现容量为 C 的可靠传输所需要的最小 SNR。按照 Shannon 定理可以计算出,对于 3G 系统,如果信道带宽为 5 MHz,数据速率为 2 Mb/s,所需的 SNR 为 1.2 dB;而对于 4G 系统,要在 5 MHz 的带宽上传输 20 Mb/s 的数据,则所需要的 SNR 为 12 dB。可见对于 4G 系统,由于传输速率很高,对于接收机的性能要求也变得更高。

7)多用户检测技术

多用户检测是宽带通信系统中抗干扰的关键技术。在实际的 CDMA 通信系统中,各个用户信号之间存在一定的相关性,这就是多址干扰存在的根源。由个别用户产生的多址干扰虽然很小,可是随着用户数的增加或信号功率的增大,多址干扰就成为宽带 CDMA 通信系统的一个主要干扰。传统的检测技术依据经典直接序列扩频理论对每个用户的信号分别进行扩频码匹配处理,因而抗多址干扰能力较差;多用户检测技术在传统检测技术的基础上,充分利用造成多址干扰的所有用户信号信息对单个用户的信号进行检测,从而具有优良的抗干扰性能,解决了远近效应问题,降低了系统对功率控制精度的要求,因此可以更加有效地利用链路频谱资源,显著提高系统容量。随着多用户检测技术的不断发展,各种高性能的多用户检测器算法不断被推出和论证,在 4G 实际系统中采用多用户检测技术大有可为。

8)基于 IP 的核心网

移动通信系统的核心网是一个基于全 IP 的网络,同已有的移动网络相比具有根本性的优点,即可以实现不同网络间的无缝互联。核心网独立于各种具体的无线接入方案,能提供端到端的 IP 业务,能同已有的核心网和 PSTN 兼容。核心网具有开放的结构,能允许各种空中接口接入核心网;同时核心网能把业务、控制和传输单元等分开。采用 IP 后,其无线接入方式和协议与核心网络(CN)协议、链路层是分离的。IP 与多种无线接入协议相兼容,因此在设计核心网络时具有很大的灵活性,不需要额外考虑究竟采用何种方式和协议实现无线接入。

3. 5G 技术

5G 指的是第五代移动通信,是继 4G 之后的延伸,目前尚处于研发阶段,已经部分实现了商用测试。但与 2G、3G 和 4G 不同的是,5G 并不是一个单一的无线接入技术,而是多种新型无线接入技术和现有无线接入技术演进集成后的解决方案的总称。

5G 的技术特点可以用几个数字来概括:1 000 x 的容量提升、1 000 亿＋的连接支持、10 Gbps 的最高速度、1 ms 以下的延迟。5 G 最明显的标志体现在高速的传输速度,但 5G 带来的不只是更快的网速,其特点可以归纳为连续广域覆盖、热点高容量、低功耗大连接和低时延高可靠四个方面。而这四个方面能够满足不同用户、不同行业对于通信的复杂需求。

具体来说,连续广域覆盖表明 5G 能够使人们在偏远地区、高速移动等恶劣环境下仍然保持高速上网。热点高容量则使 5G 能够满足人们在人员密集、流量需求大的场合同样可以享受到极高网络速度的要求。低功耗大连接的特点使 5G 可以在智慧城市、环境监测、智能农业、森林防火等以传感和数据采集为目标的应用场景中发挥作用。而对于无人驾驶、车联网、工业控制等对时延和可靠性要求较高的领域,低时延和高可靠的特点有利于 5G 的应用。

和 4G 相比,5G 的优势非常明显,4G 和之前的移动网络主要侧重于原始带宽的提供,而 5G 旨在提供无所不在的连接,为快速弹性的网络连接奠定基础,无论用户身处办公室、会议中心还是地铁站;5G 设计可支持多种不同的应用,比如物联网、联网可穿戴设备、增强现实和沉浸式游戏;5G 还会率先利用感知无线电技术,让网络基础设施自动决定提供频段的类型,分辨移动和固定设备,在特定时间内适配当前状况,换句话说,5G 网络可同时服务于微博、亚马逊等网站访问和工业网络应用等场合。

3.8　无线传感器网络

3.8.1　无线传感器网络概述

传感器信息获取技术已经从过去的单一化渐渐向集成化、微型化和网络化方向发展,并将会带来一场信息革命。

无线传感器网络(Wireless Sensor Networks,WSNs)是一种特殊的 Ad hoc 网络,它是一种集成了传感器技术、无线通信技术、微机电系统技术和分布式信息处理技术的新型网络技术。它可应用于布线和电源供给困难的区域,受到污染、环境不能被破坏或由于敌对原因导致人员不能到达的区域,以及一些发生自然灾害时,固定通信网络被破坏的临时场合等。它不需要固定网络支持,具有快速展开、抗毁性强等特点,可广泛应用于军事、工业、交通、环保等领域。

无线传感器网络(WSN)是新兴学科与传统学科进行领域间交叉的结果,同时也是信息科学领域中一个全新的发展方向,实现了智能感知的网络化。无线传感器网络经历了智能传感器、无线智能传感器、无线传感器网络 3 个阶段。智能传感器将计算能力嵌入到传感器中,使得传感器节点不仅具有数据采集能力,而且具有滤波和信息处理能力;无线智能传感器在智能传感器的基础上增加了无线通信能力,大大延长了传感器的感知触角,降低了传感器的工程实施成本;无线传感器网络则将网络技术引入到无线智能传感器中,使得传感器不再是单个的感知单元,而是成为能够交换信息、协调控制的有机结合体,实现物与物的互联,把感知触角深入世界各个角落,必将成为下一代互联网的重要组成部分。

WSN 技术是多学科交叉的研究领域,因而包含众多研究方向,具有天生的应用相关性。WSN 技术的应用定义要求网络中节点设备能够在有限能量(功率)供给下实现对目标的长时间监控,因此网络运行的能量效率是一切技术元素的优化目标。其核心关键技术包括:组网模式、拓扑控制、媒体访问控制和链路控制、路由、数据转发及跨层设计、QoS 保障和可靠性设计、移动控制模型等。而关键支撑技术包括:WSN 网络的时间同步技术、基于 WSN 的自定位和目标定位技术、分布式数据管理和信息融合、WSN 的安全技术、精细控制、深度嵌入的操作系统技术、能量工程等。

无线传感器网络典型工作方式如下:使用飞行器将大量传感器节点(数量从几百甚至到几千个不等)抛撒到感兴趣区域,节点通过自组织快速形成一个无线网络。节点既是信息的采集和发出者,也充当信息的路由者,采集的数据通过多跳路由到达网关。网关作为特殊的节点,可以通过 Internet、移动通信网络、卫星等与监控中心通信,也可以利用无人机飞越网络上空,通过网关采集数据。

3.8.2 无线传感器网络的体系结构

无线传感器网络由许多个功能相同或不同的无线传感器节点组成,它的基本组成单位是节点,传感器节点在网络中可以扮演数据采集者、数据中转站或簇头节点的角色。一般节点包括了传感器、微处理器、无线接口和电源 4 个模块。传统的计算机网络技术中已成熟的一些解决方案,无线传感器网络中依然可以使用。基于无线传感器网络自身的应用环境和特点,无线传感器网络需要依靠适当的体系结构和通信协议等支撑技术。

1. 无线传感器网络结构

无线传感器网络包括目标、感知节点、汇聚节点和感知视场等 4 类基本实体对象,如图 3-17 所示。此外,还需定义外部网络、外部网关、基站、远程任务管理单元和用户等来完成对整个系统的应用描述。大量传感节点随机地密集投放于待监测区域以获取最原始的信息,通过自组织方式构成网络,协同形成对目标的感知视场。传感节点检测的目标信号经过本地简单处理

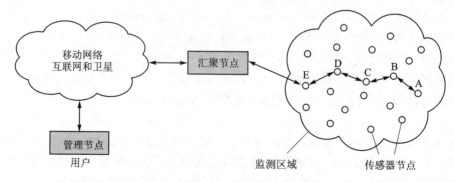

图 3-17　无线传感器网络结构图

后再通过邻近传感节点采用多跳的方式传输到汇聚节点,该节点又作为无线传感器网络与外部网络通信的网关节点,储备了较多的能量或本身可以进行充电,这样就可以在节点和较远的信息平台之间变换信息。网关节点通过单跳链接或者多个网络节点组成传输网络,把数据传输到基站,基站用户和远程任务管理单元通过外部网络,例如卫星通信网络或互联网,把数据传输到远程数据库,用户就可以通过外部网络与汇聚节点进行交互,汇聚节点向传感节点发布查询请求和控制指令,接收传感节点返回的目标信息。

传感节点具有采集原始数据、处理本地信息、传输无线数据及与其他节点协同工作的能力,除此以外,还可以携带定位、能源补给或移动等模块。节点与节点之间以无线多跳的方式连接,网络拓扑处于可变状态。节点可采用飞行器撒播、火箭弹射或人工埋置等多种方式部署,获取目标温度、光强度、压力、运动方向噪声或速度等属性。传感节点的感知视场是该节点对感兴趣目标的信息获取范围,网络中所有节点现场的集合称为该网络的感知视场。当传感节点检测到的目标信息超过设定阀值,需提交给观测节点时,这一节点被称为有效节点。

汇聚节点可以是计算机或其他设备,也可以是人。在一个无线传感器网络中,汇聚节点可以有一个或多个,也可以应用到多个无线传感器网络中。在网外作为中继和网关完成无线传感器网络与外部网络问信令和数据的转换,是连接传感器网络与其他网络的桥梁,汇聚节点通常处理能力较强,资源相对充分或者可以进行补充。汇聚节点具有双重身份,在网内作为感知信息的接收者和控制者,被授权监听和处理网络的事件消息和数据,也可向传感器网络发布查询请求或派发任务。

汇聚节点有主动查询式和被动触发式两种工作模式,主动查询式汇聚节点周期性扫描网络和查询传感器节点而获得相关信息,被动触发式汇聚节点通常处于休眠状态,被动地等待传感节点发出的激励事件或消息触发。

2. 无线传感器网络拓扑

网络中各个节点相互连接的方法和形式称为网络拓扑,无线传感器网络的网络拓扑结构是组织无线传感器节点的组网技术,具有多种形态和组网方式。按照其组网形态和方式来看,可以划分为集中式、分布式和混合式。集中式结构类似移动通信的蜂窝结构,便于集中管理;分布式结构可自组织网络接入连接,分布管理;混合式结构是集中式结构和分布式结构二者的组合。

从节点功能及结构层次进行划分,无线传感器网络通常可分为平面网络结构、分级网络结构、混合网络结构以及 Mesh 网络结构。网络规模较小时一般采用平面结构,当网络规模较大时,则采用分级结构。

(1)平面网络结构

在无线传感器网络中,平面网络结构是最简单的一种拓扑结构,也称为对等结构,所有节点的地位是平等的,具有完全一致的功能特性,每个节点均遵守一致的 MAC、路由、管理和安全等协议。这种网络拓扑结构简单,每个节点都可以和一定范围内的节点通信,少数节点的失效不会影响整个网络的正常工作,健壮性较强,方便维护。但是,由于没有中心管理节点,因此采用自组织协同算法形成网络,每个节点必须维护庞大的路由记录,而且维护这些路由信息所占用的网络带宽有限,其组网算法比较复杂,网络结构如图 3-18 所示。

(2)分级网络结构

对无线传感器网络中平面网络结构进行扩展,即可包含分级网络结构,网络可以分为上下两层:上层作为中心骨干节点,具有汇聚功能,下层为一般传感器节点。网络可以存在一个或多个骨干节点,骨干节点或一般传感器节点之间采用的是平面网络结构。骨干节点和一般传感器节点之间采用的是分级网络结构,所有骨干节点构成对等结构。即每个骨干节点包含相同的 MAC、路由、管理和安全等功能协议,而通常传感器节点可能不包括这些功能。

整个网络一般由多个簇组成,每个簇包括簇首和多个簇成员,簇成员包括传感器节点和网络通信节点,簇首相互连接,构成高一级网络。这种网络无须维护复杂的路由信息,拓扑结构扩展性好,簇首可以随时选举产生,具有很强的容错性,集中管理可以降低系统建设成本,提高网络覆盖率和可靠性。这种网络的缺点是集中管理开销大,硬件成本高,一般传感器节点之间可能不能够直接通信。其网络结构如图 3-19 所示。

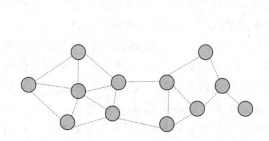

图 3-18　平面网络结构图

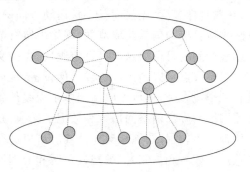

图 3-19　分级网络结构图

(3) Mesh 网络结构

Mesh 网络结构是一种新型的无线传感器网络结构,与传统无线网络拓扑结构具有一些结构和技术上的不同。从结构来看,Mesh 网络是规则分布的网络,不同于完全连接的网络结构。其通常只允许和节点最近的邻居通信,如图 3-20 所示。网络内部的节点一般都是相同的,因此 Mesh 网络也称为对等网。

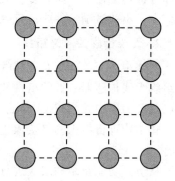

Mesh 网络在结构模型方面的优势可以构建大规模无线传感器网络,特别是那些分布在同一个地理区域的传感器网络,如人员或车辆安全监控系统。尽管这种拓扑规则结构是理想状态,在实际应用中,节点实际的地理分布与规则的 Mesh 结构形态具有一定的差异。

图 3-20　Mesh 网络结构

Mesh 网络结构任意节点之间存在多条路由路径,网络对于单点或单个链路故障具有较强的容错能力和鲁棒性。Mesh 网络结构最大的优点就是虽然所有节点地位对等,而且具有相同的计算和通信传输功能,但某个节点可被指定为簇首节点,而且可执行额外的功能。一旦簇首节点失效,另外一个节点可以立刻补充并接管原簇首节点额外执行的功能。

不同的网络结构对路由和 MAC 的性能影响较大,例如,一个 $n \times m$ 的二维 Mesh 网络结构的无线传感器网络拥有 $n \times m$ 条连接链路,每个源节点到目的节点都有多条连接路径。对于完全连接的分布式网络的路由表,随着节点数增加而成指数增加。此外,路由设计复杂度是个难题。通过限制允许通信的邻居节点数目和通信路径,可以获得一个具有多项式复杂度的再生流拓扑结构,基于这种结构的流线型协议本质上就是分级的网络结构。

　　利用分级网络结构技术可使 Mesh 网络路由设计简单得多,由于一些数据处理可以在每个分级的层次里面完成,因而比较适合于无线传感器网络的分布式信号处理和决策。

　　Mesh 网络节点连接到一个双向无线收发器上,传感器上的数据和控制信号通过无线方式在网络上传输,节点可以方便地通过电池来供电。Mesh 网络拓扑网内每个节点至少可以和一个其他节点通信,这种方式可以实现比传统的集线式或星型拓扑更好的网络连接性,当节点通电时,可以自动加入网络,当节点离开网络时,其余节点可以自动重新路由它们的消息或信号到网络外部的节点,以确保存在一条更加可靠的通信路径。来自一个节点的数据在到达一个主机网关或控制器之前,可以通过多个其余节点转发。通过 Mesh 方式的网络连接,只需短距离的通信链路,经受的干扰较少,因而可以为网络提供较高的频谱复用效率及吞吐率。

　　3. 传感器节点构成

　　无线传感器由传感器模块、处理器模块、无线通信模块和能量供应模块这四部分构成。其中,传感器模块(传感器和模数转换器)负责监测区域内信息的采集和数据转换;处理器模块(CPU、存储器、嵌入式操作系统等)负责控制整个传感器节点的操作,存储和处理本身采集的数据;无线通信模块(网络、MAC、收发器)负责与其他传感器节点进行无线通信;能量供应模块为传感器节点提供运行所需的能量,通常采用微型电池。除了这四个模块外,传感器节点还可以包括其他辅助单元,如移动系统、定位系统和自供电系统等。由于传感器节点采用电池供电,为了提高电源的使用效率,需要尽量采用低功耗器件。

　　传感器节点是无线传感器网络的基本组成单位,它完成数据的采集和在监测区域内的传输。在不同的应用中,传感器节点设计也各不相同,但是它们的基本结构是一致的,图 3 - 21 所示为传感器节点的基本结构,此外还可能有一些额外的组件(如定位发现系统,能量再生和移动等)。

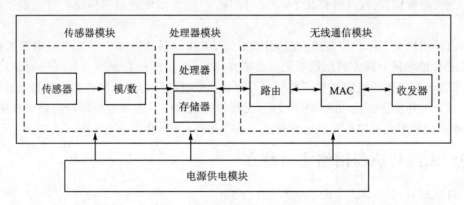

图 3 - 21　无线传感器节点结构

　　例如,某些传感器节点有可能在海底,也有可能出现在一些受到污染的地方,在这些复杂环境中的应用就需要在传感器节点的设计上采用一些特殊的防护措施。

　　传感器模块用于感知、获取外界的信息,并通过 A/D 转换器将其转换为数字信号,然后送到处理部件做进一步分析。

　　处理器模块一般由嵌入式系统组成,包括 CPU、存储器、操作系统等。其负责该传感器节点的内部操作,如运行高层网络协议,协调节点各部分的工作,对传感器模块获取的信息进行必要的处理和保存、控制传感器模块和电源的工作模式等。

电源模块是传感器节点的一个重要组成部分,通常是微型蓄电池,主要为传感器节点提供运行所需的能量。由于节点采用电池供电,一旦电源用尽,节点就无法正常工作。因此,为了延长节点的工作时间,必须尽量节约电源。在硬件设计方面,可选用低功耗器件,并且在没有通信任务时,选择切断部分电源。在软件设计方面,各层通信协议应该以节能为中心,必要时可以牺牲其他的一些网络性能指标以获得更高的电源效率。随着集成电路工艺的进步,数据采集单元和处理单元的功耗并不是很大,其中绝大部分能量产生于无线通信模块。

无线通信模块完成数据的收发功能,负责与其他传感器节点通信。通信模块一般包括发送、接收、空闲以及睡眠4种状态。发送状态的功耗最大,接收状态和空闲状态的功耗差别不大,而睡眠状态下的功耗最低。在空闲状态下,节点由于要监听信道是否有数据发送过来,因此需要消耗一定的能量;而在睡眠状态下,节点完全关闭了通信模块,能量消耗很少。因此,在执行监控任务时,为了节约能量,应尽量采用节点调度算法使节点更多地转入睡眠状态。

在一些无线传感器网络节点中,节点内部结构更为复杂,可能还包括其他功能单元,如定位系统、移动系统、能量再生等。定位系统主要用于监测数据附加的地理位置信息的获取,移动系统用于使节点具有改变位置的能力,能量再生可以为传感器节点的电源补充能量。

传感器节点设计的基本原理相似,目前采用的各种节点设计在不同应用中会有所不同,区别主要在于使用的无线通信协议不同,可使用自定义协议、802.11 协议、Zigbee 协议、蓝牙协议等,另外,采用的微处理器也不尽相同。其基本原则是采用灵敏度高、功耗低的器件以及高效的信号处理算法和高能量的电源。

无线传感器网络中,节点的唤醒方式有以下几种:

① 全唤醒模式:在这种模式下,无线传感器网络中的所有节点同时唤醒,探测并跟踪网络中出现的目标。虽然在这种模式下可以获得较高的跟踪精度,但是网络能量的消耗巨大。

② 随机唤醒模式:在这种模式下,设定唤醒概率 p,无线传感器网络中的节点根据概率随机唤醒。

③ 由预测机制选择唤醒模式:在这种模式下,无线传感器网络中的节点根据跟踪任务的需要,选择性的唤醒对跟踪精度收益较大的节点,通过本拍的信息预测目标下一时刻的状态,并唤醒节点。利用预测机制选择唤醒模式可以获得较低的能量损耗和较高的信息收益。

④ 任务循环唤醒模式:在这种模式下,无线传感器网络中的节点周期性的处于唤醒状态,这种工作模式的节点可以与其他工作模式的节点共存,并协助其他工作模式的节点工作。

3.8.3 无线传感器网络主要特点

1. 自组织

在传感器网络应用中,一般传感器节点会被放置在没有基础结构的地方,传感器节点的位置不能预先精确设定,节点之间的相互邻居关系也无法提前知道,如通过飞机播撒大量传感器节点到面积广阔的原始森林中,或随意放置到人不可到达或危险的区域。这样就要求传感器节点具有自组织的能力,能够自动进行配置和管理,通过拓扑控制机制和网络协议自动形成转发监测数据的多跳无线网络系统。

在传感器网络使用过程中,部分传感器节点由于能量耗尽或环境因素造成失效,也有一些节点为了弥补失效节点、增加监测精度而补充到网络中,这样在传感器网络中的节点个数会动态地发生变化,从而使网络的拓扑结构随之动态地变化。传感器网络的自组织性要能够适应这种网络拓扑结构的动态变化。

2. 规模大

为了获取精确信息,在监测区域通常部署大量传感器节点,可能达到成千上万,甚至更多。传感器网络的大规模性包括两方面的含义:一方面是传感器节点分布在很大的地理区域内,如在森林里采用传感器网络进行森林防火和环境监测,需要部署大量传感器节点;另一方面,传感器节点部署很密集,在面积较小的空间内,密集部署了大量传感器节点。

传感器网络的大规模性具有如下优点:通过不同空间视角获得的信息具有更大的信噪比;通过分布式处理大量的采集信息能够提高监测的精确度,降低对单个节点传感器的精度要求;大量冗余节点的存在,提高了系统的容错性能;大量节点能够增大覆盖的监测区域,减少监控盲区。

3. 可靠性

WSN 特别适合部署在恶劣环境中,如可能遭受日晒、风吹、雨淋,甚至遭到人或动物破坏的使用环境中。传感器节点往往采用随机部署,如通过飞机撒播或发射炮弹到指定区域进行部署。这些都要求传感器节点非常坚固、不易损坏,适应各种艰苦环境条件。

4. 动态性

传感器网络的拓扑结构可能因为下列因素而改变:①环境因素或电能耗尽造成的传感器节点故障或失效;②环境条件变化可能造成无线通信链路带宽变化,甚至时断时通;③传感器网络的传感器、感知对象和观察者这三要素都可能具有移动性;④新节点的加入。这就要求传感器网络系统要能够适应这种变化,具有系统动态的可重构性。

5. 以数据为中心

互联网是先有计算机终端系统,然后再互联成为网络,终端系统可以脱离网络独立存在。在互联网中,网络设备用网络中唯一的 IP 地址标识、资源定位和信息传输依赖于终端、路由器、服务器等网络设备的 IP 地址。可以说现有的互联网是一个以地址为中心的网络。

传感器网络是任务型的网络,脱离传感器网络则传感器节点没有任何意义。传感器网络中的节点采用节点编号标识,节点编号是否需要全网唯一取决于网络通信协议的设计。由于传感器节点随机部署,构成的传感器网络与节点编号之间的关系是完全动态的,表现为节点编号与节点位置没有必然联系。用户使用传感器网络查询事件时,直接将所关心的事件通知给网络,而不是通知给某个确定编号的节点。网络在获得指定事件的信息后汇报给用户。传感器网络是一个以数据为中心的网络。

例如,在应用于目标跟踪的传感器网络中,跟踪目标可能出现在任何地方,对目标感兴趣的用户只关心目标出现的位置和时间,并不关心哪个节点监测到目标。但在目标移动获取的过程中,不同的节点根据接收情况向网络提供目标的位置消息。

6. 安全路由

一般在无线传感器网络中,大量的传感器节点密集分布在一个区域内,消息可能需要经过若干节点才能到达目的地,而且传感器网络具有动态性和多跳结构,要求每个节点都应具备路由功能。由于每个节点都是潜在的路由节点,因此更易受到攻击,导致网络不安全。网络层路由协议为整个无线传感器网络提供了关键的路由服务,安全的路由算法会直接影响无线传感器的安全性和可用性。安全路由协议一般结合多种机制使用,包括链路层加密和认证、多路径路由、身份认真、双向连接认证和认证广播等,因此可以增强路由的安全性,有效提高网络抵御外部攻击的能力。

7. 安全协议

无线传感器网络限制较多,例如节点能力限制,使其只能使用对称密匙和技术;在部署节点前,将密匙先配置在节点中,通常,预配置的密匙方案通过预存的秘密信息计算会话密匙,由于节点存储和能量的限制,预配置密匙管理方案必须节省存储空间和减少通信开销。考虑到电源能力限制,应使其在无线传感器网络中尽量减少通信,因为通信的耗电将大于计算的耗电;传感器网络还应考虑汇聚等减少数据冗余的问题。

无线传感器网络可能设置在敌对环境中,为了防止供给者向网络注入伪造信息,需要在无线传感器网络中实现基于源端认证的安全组播。

由于监测区域环境的限制以及传感器节点数目巨大,不可能人工关注每个传感器节点,致使无线传感器网络的维护十分困难甚至不可维护。传感器网络的通信保密性和安全性变得更为重要,要防止监测数据被盗取和获取伪造的监测信息。因此,传感器网络的软硬件必须具有容错性和鲁棒性。

3.8.4 无线传感器网络协议结构模型

传统的计算机网络体系结构都是基于分层思想设计的,如 TCP/IP 模型和 OSI 模型,网络系统分解成许多可以单独开发的部分,具有结构清晰、实现方便、独立性强等优点。

- 物理层负责信号在物理介质上的传送,包括频率选择、产生、信号调制、解调、检测、发送和接收等;
- 数据链路层负责数据流的复用、数据帧的发送与接收、介质接入、差错控制等;
- 网络层负责为来自传输层的数据提供路由;
- 传输层负责应用层所要求的可靠数据传输;
- 应用层包括各种应用层协议,提供面向用户的各种不同的传感器网络应用。

无线传感器网络参考了 TCP/IP 模型和 OSI 模型框架,在物理层、数据链路层、网络层、传输层和应用层基础上,增加了能量管理平台、移动管理平台和任务管理平台 3 个管理层面,如图 3 - 22 所示。

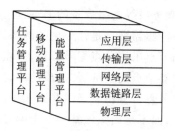

图 3 - 22 无线传感器网络管理平台

这些管理平台使得无线传感器网络节点能够按照能量高效的方式协同工作,在节点移动的无线传感器网络中转发数据,并支持多任务和资源共享。

无线传感器网络的标准化工作已经制定完成了一系列草案甚至标准规范的编写和发布,许多国家及国际标准组织对此给予了普遍关注。其中比较重要的是 IEEE 802.15.4/ZigBee 规范。其中,IEEE 802.15.4 定义了短距离无线通信的物理层及链路层规范,ZigBee 则定义了网络互联、传输和应用规范。尽管 IEEE802.15.4 和 ZigBee 协议已经推出多年,但随着应用的推广和产业的发展,其基本协议内容已经不能完全适应需求。为此,人们开始以 IEEE 802.15.4/ZigBeeZigBee 协议为基础,推出更多版本以满足不同应用、不同国家和地区的要求。

1. 3 个管理平台

传感器网络协议栈的 3 个管理平台,分别完成任务管理、能量管理和移动性管理,应该在传感器网络协议栈的 5 个层次中都有所体现。现在的实际情况是,能量管理平台和移动性管理平台的研究虽然没有系统化,但在网络层、数据链路层和物理层都有所考虑和体现;而任务管理平面更多体现的是传输层和应用层功能,例如一个刚刚传送来的数据可能会触发一系列事件,某项任务只能工作在传输层的某个端口,数据传输的安全性也是高层要解决的一个问题。

任务管理平台负责监测区域内各传感器节点间的任务分配,以提高传感器节点的任务执行能力,并兼顾节点的能量效率和延长网络的生命期。由于传感器节点通常密集地部署在某个特定的区域,且在执行监测任务时有冗余,并非区域内所有的节点都需要同时执行同一个任务。所以,需要使用一个灵活的任务管理机制在多个节点之间进行任务分配。

能量管理平台负责管理传感器节点用于监测、处理、发送和接收所需的能量,这可以通过在各协议层使用高效的能量管理机制来实现。当在数据链路层没有数据发送和接收时,传感器节点可以关闭其发送器和接收器,以节省能量。在网络层,传感器节点可以选择剩余能量高的相邻节点作为向汇聚节点发送数据的下一跳,以尽可能平衡各相邻节点的能量消耗。

移动性管理平台负责传感器节点的组织与重组,负责建立节点间的连接关系,并在网络拓扑由于各种原因发生变化时维护节点间的连接。

2. 物理层

物理层主要负责将数据链路层形成的数据流转换成适合在传输介质上传送的信号,并进行发送与接收。为此,物理层必须考虑包括传输介质和频率的选择,载波频率的产生,信号的调制、解调、检测和数据加密等各种有关的问题。除此以外,还应该考虑硬件和各种电气与机械接口的设计问题。

介质与频率选择是传感器节点间通信的一个重要问题。一种选择是使用射频以及在大部分国家无须许可证的工业、科学和医疗(ISM)用频段。ISM 频段的主要优点是使用自由、频谱宽和全球有效。但是,ISM 频段已经被用于无绳电话系统和无线局域网(Wireless Local Area Networks,WLAN)等许多其他通信系统,而且无线传感器网络要求使用低成本、超低功耗的微型收发器。在实际应用中,433 MHz 的 ISM 频段和 917 MHz 的 ISM 频段分别被推荐在欧洲和北美使用。许多无线传感器网络系统在传感器节点的设计中已经使用了射频电路。例如,在一些系统中,传感器节点使用了 2.4 GHz 的收发器或者 916 MHz 的单信道射频收发器。除了射频以外,光(Optical)或红外线(Infrared)介质也是可能的选择。然而,这两种传输介质都要求发送者和接收者在视距范围内才能够进行相互通信,基于这个原因,它们的使用在一定程度上受到了限制。

3. 数据链路层

数据链路层的作用是提供可靠的点到点和点到多点传输功能,主要负责数据流的复用、数据帧的创建与检测、介质接入、差错控制。其中最重要的功能之一是介质访问控制(Medium Access Control,MAC)。介质访问控制的主要目标就是在多个传感器节点之间公平、合理、高效地共享通信介质或资源,以获得满足设计要求的网络性能,其涉及网络吞吐量、传输延迟和能量消耗等方面。然而,传统无线网络中的 MAC 协议没有考虑无线传感器网络的特征,特别是能量的限制,因此无法直接应用于无线传感器网络。

例如,蜂窝系统的主要目标是满足用户的服务质量要求,能量效率的重要性是第二位的,因为基站没有功率限制,而移动用户可以更换手机的电池或对电池进行充电。在移动 Ad Hoc 网络中,移动用户配备了电池供电的便携式设备,其电池也可以更换。相比而言,无线传感器网络的主要问题是如何节省能量,以延长网络的使用生命周期,这使得传统的 MAC 协议不适用于无线传感器网络。为了解决 MAC 问题,近年来已有大量针对各种不同应用场景的研究,提出了各种 MAC 协议。

数据链路层的另一个重要功能是实现数据传输中的差错控制。在许多应用中,无线传感器网络一般部署环境较为恶劣,通信质量和可靠性不高。在这种情况下,差错控制对于获得可靠的数据传输变得必不可少甚至至关重要。在数据链路层,通常可以采用两种主要的差错控制机制:前向纠错(Forward Error Correction,FEC)和自动重传请求(Automatic Repeat request,ARQ)。自动重传请求机制通过重传丢失的数据分组或数据帧,获得可靠的数据传输。显然,这种机制将产生大量的重传开销,并增加节点的能量消耗,因此不适合于无线传感器网络。前向纠错机制通过在数据传输中使用差错控制码(Error Control Codes,ECC)来获得链路的可靠性,这种机制会增加附加的编解码复杂度,从而要求传感器节点提高处理能力。然而,对于给定的发送功率,前向纠错机制可以大大减小信道的误码率。由于传感器节点的能量限制,前向纠错机制仍然是传感器网络差错控制最有效的解决方案。在前向纠错机制的设计中,差错控制码的选择十分重要,一个经过选择的差错控制码能够获得较大的编码增益,而且能降低几个数量级的误码率。同时,处理编解码所消耗的附加能量也需要加以考虑,为了设计一个高效、复杂度适中的前向纠错机制,必须在编码增益与处理编译码所需附加能量之间进行优化和折中。

4. 网络层

无线传感器网络的数据传输包括上行和下行两个方向。传感器源节点的上行数据方式是多对一形式,向汇聚点发送数据,存在路由选择问题。从汇聚节点发送到传感器节点的下行数据的方式是一对多,通常采用泛洪方式。

网络层的主要任务就是为传感器源节点向汇聚节点发送数据提供路由。在无线传感器网络中,传感器节点被部署在指定的地理区域内观察或监测某种现象或目标,所观察或监测到的数据需要发送给汇聚节点。一般源节点既可以使用单跳长距离无线通信发送数据,也可以使用多跳短距离无线通信进行传输。

但是,长距离通信在传感器节点的能量消耗以及实现复杂度方面成本较高。相比来说,多跳短距离通信既能显著降低传感器节点的能耗,又能够有效减小长距离通信固有的信号传播和信道衰落效应。因此,多跳短距离通信比单跳长距离通信更适合于无线传感器网络。由于传感器节点一般是密集部署的,相邻节点之间距离很近,使用多跳短距离通信也是切实可行的。在这种情况下,为了将监测数据传送给汇聚节点,源节点必须使用路由协议选择从本节点到汇聚节点的高效能多跳路径。然而,传统网络中的路由协议没有考虑能量效率这个传感器网络最主要的问题,因此不适合在无线传感器网络中直接使用。另一方面,从监测区域发送给汇聚节点的数据具有独有的多对一(Many - to - One)业务模式。当数据逐渐接近汇聚节点时,这种多对一的多跳通信会大大增加通过某一中间节点的业务量强度(Traffic Intensity),从而增加分组的阻塞、碰撞、丢失、延迟以及节点的能量消耗。距离汇聚节点近的传感器节点会比距离远的节点丢失更多的数据分组,消耗更多的能量,从而大大缩短整个网络的生命周期。在网络层路由协议的设计中,必须考虑传感器节点的能量限制条件以及传感器网络独有的业务模式。

5. 传输层

传输层主要负责传感器节点与汇聚节点之间完成端到端透明、可靠的数据传输。传输层协议需要提供差错控制和拥塞控制等功能,从而提高网络的服务质量和数据传输的可靠性。由于传感器节点在能量、处理、存储、通信能力方面存在不足,传统的传输协议不能直接应用于无线传感网络。例如在传输控制协议(Transport Control Protocol,TCP)中采用的基于重传的端到端差错控制机制和基于窗口的拥塞控制机制,由于资源利用效率较低,不能直接用于无线传感器网络。另一方面,传感器网络通常都是针对某个具体应用而部署的,如库存管理、战场监视等,不同的应用会有不同的可靠性要求,这些要求对传输层协议的设计影响较大。此外,传感器网络中的数据传输主要发生在两个方向:上行方向和下行方向。

在上行方向,传感器节点将所监测到的数据发送给汇聚节点;而在下行方向,产生于汇聚节点的数据,如查询、指令和编程二进制数据等,从汇聚节点发送到传感器节点。在两个不同方向上的数据流对可靠性有不同的要求。例如,在上行方向的数据流能够容忍一定的数据丢失,原因是所传送的监测数据通常具有一定的相关性或冗余。

数据流的下行方向包含发送给传感器节点的查询、指令和编程二进制数据,这些数据通常要求无误差的可靠传输。因此,各种不同的应用需求结合传感器网络的特征,对传感器网络传输层协议的设计提出了许多新的挑战。

6. 应用层

应用层由各种传感器应用层协议构成,负责提供各种无线传感器网络应用,解决包括查询发送、节点定位、时间同步和网络安全等问题。传感器查询与数据发送协议(Sensor Query and Data Dissemination Protocol,SQDDP)是一种能够提供查询发送、查询响应、响应接收、数据分发等通用接口的应用协议。传感器管理协议(Sensor Management Protocol,SMP)是一种应用层协议,能够提供软件操作以执行各种不同的任务,如位置信息交换、节点同步、节点移动、节点调度、节点状态查询等。传感器查询和任务分配语言(Sensor Query and Tasking Lan-Guage,SQTL)提供了一种实现传感器网络中间件的编程语言。目前,无线传感器网络应用前景广阔、领域众多,但所需的应用层协议仍然有待研究和开发。

3.8.5　无线传感器网络的 MAC 协议

介质访问控制(Medium Access Control,MAC)是无线传感器网络设计中的关键问题之一。由于无线传感器网络使用无线信道作为传输介质,其频谱资源比较紧张。因此,无线传感器网络必须采用有效的 MAC 协议来协调多个节点对共享信道的访问,避免各节点之间的传输发生冲突,同时保证公平、高效地利用有限的信道频谱资源,提高网络的传输性能。

无线传感器网络与传统无线网络相比具有一些不同的特征,如传感器节点能量有限、以数据为中心、应用相关性等。由于传统无线网络中使用的 MAC 协议没有涉及无线传感器网络的特征，也没有考虑传感器节点在能量、处理和存储等方面的限制，因此必须设计适合无线传感网络要求的 MAC 协议。与传统无线网络的 MAC 协议设计相比，无线传感器网络 MAC 协议的设计需要考虑网络的能量效率，以及网络的吞吐量、传输延迟、带宽利用率、可扩展性等性能。

1. 无线传感器网络 MAC 协议的特点

在无线传感器网络中，MAC 协议决定着局部范围内无线信道的使用方式，用来建立数据传输所需的基础通信链路，在传感器节点之间分配有限的信道频谱资源。MAC 协议对网络的性能将产生较大的影响，同时也是保证无线传感器网络高效通信的关键网络协议之一。

在无线传感器网络中，传感器节点在能量、存储、处理和通信能力等方面有较大的限制，且单个节点的功能较弱，在许多情况下需要多个节点配合来完成指定的任务。因此，无线传感器网络 MAC 协议的主要特点包括以下几个方面。

（1）能量效率

无线传感器网络在功耗方面就较高的要求，其节点一般由电池提供能量，但在大多数情况下电池能量一旦耗尽，将无法补充。因此，MAC 协议在满足应用要求的前提下，应尽量节省节点的能量消耗，以此来延长传感器网络的有效工作时间。

（2）可扩展性

由于无线传感器网络的规模一般都比较大，同时有的节点可能由于各种原因退出网络，有的节点的位置会移动，新的节点也会随时加入网络，这些改变将导致网络中节点的数目、分布密度等不断发生变化，从而造成网络拓扑结构的动态变化。因此，MAC 协议应具有良好的可扩展性，以适应拓扑结构的动态变化。

（3）传输效率

无线传感器网络的 MAC 协议除了具备上述特点外，还需要考虑传输效率问题，包括提高传输的实时性、信道的利用率和网络的整体吞吐量等。

（4）公平性

在无线传感器网络中实现公平性，其目的不仅是为每个节点提供公平的信道访问机会，同时也是为了均衡所有节点的能量消耗，以延长整个网络的生存时间。

2. 无线传感器网络 MAC 协议的分类

MAC 协议主要负责协调网络节点对信道的共享。无线传感器网络的 MAC 协议可以按以下几种不同的方式进行分类：

① 根据协议采用的控制方式，可分为分布式执行的协议和集中控制的协议。这类协议与网络的规模直接有关，在大规模网络中通常采用分布式的协议。

② 根据使用的信道数，即物理层所使用的信道数，MAC 协议可以划分为三类：

● 单信道 MAC 协议。该类协议用于只有一个共享信道的 WSN，如 ALOHA、CSMA 等，所有控制报文和数据报文都在同一信道上收发，容易发生控制报文之间、控制报文与数据报文之间、数据报文之间的冲突；

● 双信道 MAC 协议。该类协议用于包含两个共享信道的网络，一个信道是只传递控制报文的控制信道，而另一个是只传递数据报文的数据信道，这样，控制报文就不会与数据报文发生冲突，并能完全解决隐藏终端和暴露终端的影响，避免数据报文的冲突；

- 多信道 MAC 协议。如 DCA - PC、CSMA,其与双信道的区别是各节点具有多个数据信道,相邻节点可以使用不同数据信道同时进行通信。

③ 根据接收节点的工作方式,可以分为侦听、唤醒和调度三种,在发送节点有数据需要传递时,接收节点的不同工作方式直接影响数据传递的能效性和接入信道的时延等性能。接收节点的持续侦听,在低业务的无线传感器网络中,造成节点能量的严重浪费。通常采用周期性的侦听睡眠机制以减少能量消耗,但引入了时延。为了进一步减少空闲侦听的开销,发送节点可以采用低能耗的辅助唤醒信道发送唤醒信号,以唤醒一跳的邻居节点,如 STEM 协议。在基于调度的 MAC 协议中,接收节点接入信道的时机是确定的,知道何时应该打开其无线通信模块,避免了能量的浪费。

④ 根据信道的分配方式,可以分为固定分配信道方式或随机访问信道方式。固定分配信道方式一般是采用时分复用(TDMA)、频分复用(FDMA)或者码分复用(CDMA)等方式,实现节点间无冲突的无线信道的分配;无线信道的随机竞争方式是指节点在需要发送数据时随机竞争使用无线信道,它重点考虑减少节点间的干扰和采用有效的退避算法来降低报文碰撞率。

⑤ 根据不同的用户应用需求,可分为基于固定分配的 MAC 协议、基于竞争的 MAC 协议以及基于按需分配的 MAC 协议三类,其中:

- 基于固定分配的 MAC 协议是指节点按照协议规定的标准来执行发送数据的时刻和持续时间,这样可以避免冲突,不需要担心数据在信道中发生碰撞所造成的丢包问题。目前比较成熟的机制是时分复用(TDMA)。
- 基于竞争的 MAC 协议是指节点在需要发送数据时采用某种竞争机制使用无线信道。这就要求在设计的时候必须要考虑到如果发送的数据发生冲突,采用何种冲突避免策略来重发,直到所有重要的数据都能成功发送出去。
- 基于按需分配的 MAC 协议是指根据节点在网络中所承担数据量的大小来决定其占用信道的时间。

3.8.6　无线传感器网络的路由协议

路由协议在无线传感器网络中发挥着重要的作用。由于无线传感器网络通常采用多跳路径传输数据,且具有节点能量受限、以数据为中心、多对一传输、高数据冗余和应用相关等特征,传统无线网络的路由协议不适用于无线传感器网络,必须设计适合无线传感器网络的高效路由协议,才能延长网络生存时间,进一步降低网络的能量消耗,提高网络传输性能。

无线传感器网络是由大量传感器节点组成的一种分布式无线自组织网络。为了完成所分配的任务,传感器节点需要将采集或监测到的数据传送给网络的汇聚节点做进一步处理,以供终端用户使用。由于传感器节点通信能力不足,无线传感器网络通常采用多跳的方式完成数据传输,网络中的大多数传感器节点需要利用中间节点进行转发,而不可以直接向汇聚节点传输数据。因此,在无线传感器网络设计中,如何在传感器节点和网络汇聚节点之间建立高效的传输路径成为一个关键问题,路由对无线传感器网络的能量效率和传输性能都将产生较大的影响。

在传统无线网络的广泛使用中,路由协议的设计目标是充分利用网络带宽资源,有效提高吞吐量,降低传输延迟等网络传输性能和服务质量。不同于传统无线网络,无线传感器网络路由协议设计的首要目标是提高网络的能量效率,延长网络的生存时间,其次才考虑网络的传输性能和服务质量,这将对无线传感器网络的路由设计提出新的挑战。

1. 无线传感器网络路由协议的特点

无线传感器网络的路由协议设计具有以下特点。

（1）多对一传输

在传统无线网络中,任意用户或节点之间都可能有通信需求,因此路由协议通常需要在任意节点之间建立数据传输通道。无线传感器网络是面向信息感知的网络,需要将传感器节点采集或监测到的数据传送给汇聚节点做进一步处理,数据传输具有多对一模式的特点。在大多数情况下,路由协议只需在多个传感器节点和汇聚节点之间建立传输通道,而汇聚节点向传感器节点传输数据一般采用泛洪的方式来完成。

（2）节能优先

传统路由协议的设计很少考虑节点的能量消耗问题。但由于无线传感器网络中节点的能量有限,因而在选择数据传输路径时必须优先考虑节点的能量消耗以及网络的能量均衡问题,以延长整个网络的生存时间。

（3）以数据为中心

在传统无线网络中,路由协议确定数据的传输路径通常是以地址作为节点的标识并以此标识为依据。无线传感器网络是一个以数据为中心的网络。用户通常只关心指定区域内所观测对象的数据,而不关心某个具体节点所观测到的数据。用户在查询数据或事件时,通常不是传送给网络中某个具体的传感器节点,而是直接将所关心的数据或事件通告给传感器网络。

网络在获取指定数据或事件的信息后汇报给用户。这种寻址过程的特征是以数据为中心,在无线传感器网络路由协议设计中需要加以考虑。

（4）应用相关

与传统无线网络不同,无线传感器网络通常是针对某种具体的应用而设计部署的,不同的应用对传感器网络的要求具有差异性。因此,在无线传感器网络设计时需要针对各种具体应用需求,设计与之适应的路由协议。

2. 无线传感器网络路由协议的分类

无线传感器网络路由协议的主要目的是为了在传感器节点和汇聚节点之间寻找和建立高效的数据传输路径,以提高网络的能量效率,延长网络的生存时间,并在此基础上提高网络的传输性能和服务质量。针对不同传感器网络应用的要求,目前已经制定了许多无线传感器网络路由协议,这些路由协议可以划分为以下几类。

（1）平面路由协议

平面路由协议用于平面结构的网络。在平面路由中,所有节点地位平等,网络中每个节点在路由功能上的地位也是相同的。平面路由协议的优点是网络中不需要设置特殊功能的节点,方便实现;缺点是可扩展性不足。这在一定程度上限制了网络的规模,不适用于大规模的网络结构。

（2）分层路由协议

分层结构的网络中使用的协议为分层路由协议。在分层路由中,节点被分成多个簇,每个簇包含簇头和若干个簇成员。簇成员节点只需将数据传送给簇头,簇头负责收集和处理簇内所有成员节点所采集的数据,并将收集和处理后的数据经过其他簇头传送给汇聚节点。分层路由协议通过簇头节点完成数据融合可以有效减少网络中传输的数据量,降低节点的能量消耗,从而延长网络的生存时间。其缺点是实现较为复杂,并可能会以牺牲一定的路由效率作为代价。

（3）基于多路径的路由协议

按照可选传输路径的数量,路由协议可以分为基于单路径的路由协议和基于多路径的路由协议两种。在单路径路由中,传送到同一目的节点的数据总是采用同一条传输路径,因此可能导致网络负载和能耗的不均衡,影响网络的传输性能和生存时间。在基于多路径的路由中,传送到同一目的节点的数据可以按照某种规则(如平均分配、随机分配、按比例分配等)选择多条不同的路径。多路径路由可以有效地均衡网络中的流量分布、能量消耗和带宽资源,进而提高网络性能,延长网络的工作寿命。另外,对于丢失率高的无线网络,路由协议还可以同时利用多条路径进行冗余传输,以提高数据传送的成功率。

（4）基于位置的路由协议

基于位置的路由协议根据传感器节点自身位置、相邻节点位置、目的节点位置等信息进行逐跳分组转发,直到数据分组到达目的节点。节点的位置信息可以采用 GPS 或某种基于网络的定位技术来获取,网络中汇聚节点的位置信息获取可以通过汇聚节点向全网广播来实现。由于基于位置的数据转发可以采用逐跳方式进行,因此这种协议具有良好的可扩展性。

（5）基于移动性的路由协议

在静止传感器网络中,所有传感器节点和汇聚节点都是静止不动的,汇聚节点周围区域容易产生严重的热点效应,从而影响网络的传输性能,甚至网络的正常工作。采用移动汇聚节点,能够有效地均衡网络的负载和能耗,提高网络的传输性能,延长网络的工作寿命。基于移动性的路由协议主要用于在传感器节点和移动汇聚节点间建立高效传输路径,以满足移动传感器网络应用的路由要求,同时降低路径发现与维护开销的成本。

（6）基于能量的路由协议

基于能量的路由协议,也称能量感知路由协议,在确定数据的传输路径时考虑的主要因素是节点剩余能量和链路传输功率,以获得最优能量效率的传输路径。这种路由协议可以采用不同的能量感知策略,如最大剩余节点能量路由、最小功率路由等。

（7）基于机会的路由协议

基于机会的路由,简称机会路由或机会转发,在确定传输路径和转发数据的过程中,充分利用无线介质的广播特性(即单次发送,可能被多个相邻节点收到)所提供的各种转发机会来提高丢失率高的无线传感器网络的路由性能,包括降低端到端传输延迟、提高单跳传输的可靠性、提高网络吞吐量等改进措施。

（8）以数据为中心的路由协议

以地址为中心的路由协议是传统通信网络路由主要采用的协议,而无线传感器网络的路由则是采用以数据为中心。在以数据为中心的路由协议中,汇聚节点向指定区域发送查询消息,并接收和处理传感器节点在指定区域内发送来的数据,感知到特定物理现象的传感器节点将感知到的数据向汇聚节点传输。由于许多邻近节点感知到的数据冗余较高,传输路径上的中间节点需要根据情况对来自多个传感器节点的数据进行数据融合处理,再将融合后的数据发送给汇聚节点。这样,通过数据融合可以有效地减少节点传送的数据量,以达到节能的目的。

3.8.7 无线传感器网络的传输协议

无线传感器网络的传输协议是在传输层制定和使用的网络协议,它的主要作用是提供端到端可靠、透明的数据传输服务。传输协议具有支持拥塞控制和差错控制的功能,可以提高数据传输的可靠性和网络的服务质量。同时传输协议的设计必须考虑网络的能量效率,以延长网络的生存时间。

许多无线传感器网络应用要求传感器网络必须具备可靠的端到端数据传输功能。例如,一些应用要求传感器网络能够将感知数据可靠、准确地传送到控制中心或用户;另一些应用则要求管理员能够对传感器节点进行可靠的在线编程或任务布置。拥塞控制和差错控制是无线传感器网络进行数据传输时面对的两个主要问题。在无线传感器网络中,无线信道的丢失和时变特性、无线信道带宽的有限性以及感知数据在汇聚节点附近的汇聚特性等因素会造成网络的拥塞现象,可能导致感知数据的丢失。这不仅会影响数据传输的可靠性和网络的服务质量,而且会造成节点能量浪费,影响网络的生存时间。虽然使用 MAC 协议和路由协议能够在一定程度上缓解网络拥塞的发生,但并不能完全解决问题。为了提高数据传输的可靠性和网络的服务质量,需要采用有效的传输协议来进一步避免或减轻网络中的拥塞现象。

由于传感器节点在能量、计算、存储等方面受到一些限制的约束,传统网络的传输协议无法直接应用于无线传感器网络。这是因为传统的传输协议主要以标准的传输控制协议(Transport Control Protocol,TCP)为基础,其基于重传的端到端差错控制机制和基于窗口的拥塞控制机制会消耗较大的能量、计算和存储资源,而且缺乏对网络拓扑变化的自适应能力和较好的可扩展性。

除此以外,无线传感器网络一般具有较强的应用相关性,不同的应用情况对传输的可靠性要求也不同,这些要求直接影响对传输协议的设计。此外,根据其使用环境和传输数据的类型,无线传感器中不同方向上传输的数据对传输的可靠性要求也可能不同。例如,在汇聚节点到传感器节点的方向,数据流包含的是发送给传感器节点的查询、指令或编程二进制数据,这些数据通常要求可靠、准确地传输。因此,必须针对无线传感器网络的特征以及各种应用的具体要求,设计适合无线传感器网络的高效传输协议,才能有效地解决网络中的拥塞控制和数据丢失问题,保证数据传输的可靠性和网络的服务质量。而从传感器节点到汇聚节点方向上的数据流一般能够容忍一定的丢失,这主要是因为所传送的数据通常具有一定的相关性或冗余度。

1. 无线传感器网络传输协议的特点

(1) 传统传输协议的特点

传统 IP 网络的传输协议包括传输控制协议(Transport Control Protocol,TCP)和用户数据报协议(User Datagram Protocol,UDP)。TCP 利用基于重传的端到端差错控制机制和基于窗口的拥塞控制机制提供可靠的数据传输。UDP 采用无连接传输方式,不提供拥塞控制和差错控制功能。虽然 TCP 在因特网上的应用非常成功,但它在无线传感器网络环境下并不适用,主要原因归纳如下。

① TCP 遵循的原则是一切功能实现都由网络的端节点负责,即协议关注的是端到端功能,中间节点仅负责数据转发;而无线传感器网络的中间节点可能要根据应用的要求对数据进

行相关处理,如丢包、编码、融合等。

② TCP 以网络链路是可靠的作为前提条件。数据包的丢失是由于路由器缓存溢出或拥塞所引起的;而无线传感器网络中的包丢失可能由于链路传输差错、碰撞等原因引起,并具有随机性。

③ TCP 采用基于数据包的可靠传输,即保证源节点发出的每个数据包都成功传输到目的节点;而无线传感器网络则是面向应用的,只要传输足够的数据即可完成任务。

④ IP 网络中的数据包一般较大,而无线传感器网络中的数据包相对较小,TCP 中的确认反馈和端到端重传会造成较大的开销。

⑤ TCP 要求每个网络节点具有唯一的网络地址;而无线传感器网络一般大规模部署且节点通常执行同一任务,并不需要分配类似 IP 的网络地址。

⑥ TCP 建立和释放链接采用握手机制,过程复杂,不适合能量有限和要求实时传输的无线传感器网络。

基于以上几点原因的考虑,无线传输网络需要结合自身特征设计有别于传统网络传输协议的、合适的传输协议。目前,关于无线传感器网络传输协议的研究主要基于解决网络拥塞和可靠传输问题。

(2) 无线传感器网络传输协议的特点

与传统网络相比,无线传感器网络传输协议的设计必须考虑无线传感器自身的特征,具体表现为以下几点。

1) 多对一传输模式

传统通信网络一般采用端到端通信方式。无线传感器网络则是面向信息感知的,目的是将传感器节点采集或监测到的数据传送到汇聚节点。由于采用多对一的传输模式,会使得大量数据在汇聚节点附近聚集,容易造成拥塞。同时,突发事件导致的流量突发性也会造成局部或全网的拥塞。因此,传输协议设计需要考虑无线传感器网络的上行汇聚传输模式,进行拥塞控制和差错控制,以实现可靠传输。同时,无线传感器网络的下行传输通常由汇聚节点向网络分发控制指令或查询消息,传输协议需要确保控制指令或查询消息发送给所有节点时的可靠性。

2) 节能优先

传感器节点的电池一般不可替换,能量耗尽则节点失效,甚至会造成网络无法正常工作。为了使网络具有更长的生存时间,无线传感器网络的传输协议设计必须以减少能量消耗作为一个关键的性能指标。

3) 以数据为中心

无线传感器网络是任务驱动的网络,用户通常不关心某个具体节点所产生的数据。而只对与任务相关的数据感兴趣。因此,传输协议可以不针对某个具体节点数据的传输,而只需保证可靠地完成整个任务相关的数据传输。

4) 应用相关性强

无线传感器网络通常是针对某个具体的应用来设计和部署的,不同的应用对传感器网络有不同的要求,所采用的传感器节点类型、传输方式等具有较大差异。因此,在无线传感器网络传输协议设计中,需要针对不同应用的要求进行设计。

2. 无线传感器网络传输协议的分类

无线传感器网络的传输协议有多种分类方法,最常用的是根据功能划分为拥塞控制协议、可靠传输协议、拥塞控制和可靠传输混合协议 3 种。

（1）拥塞控制协议

拥塞控制协议用于防止网络拥塞的产生,或缓解和消除网络中已经发生的拥塞现象。拥塞控制协议根据采用的控制机制还可以进一步划分为面向拥塞避免的协议和面向拥塞消除的协议。前者通过速率分配或传输控制等方法来避免在局部或全网范围内出现数据流量超过网络传输能力而造成拥塞的局面;后者在网络发生拥塞后通过采用速率控制、丢包等方法来缓解拥塞,并进一步消除拥塞。根据上述控制方法,拥塞控制协议处理的主要方式可以分别从速率分配、速率控制、传输控制、流量控制和数据处理的角度考虑。

（2）可靠传输协议

可靠传输协议用于保证传感器数据能够有序、无丢失、无差错地传输到汇聚节点,向用户提供可靠的数据传输服务。

按照数据类型划分,可靠传输可进一步划分为基于数据包的可靠传输、基于数据块的可靠传输和基于数据流的可靠传输。基于单个数据包的可靠传输协议针对每个数据包进行可靠型判断以及传输,保证其传输的可靠性。基于数据块的可靠传输一般用于网络指令分发等需要传输大量数据的场合。周期性数据采样集合则适合采用基于数据流的可靠传输协议。

可靠传输协议除了包括基于数据的可靠传输,还可以划分为基于任务的可靠传输。传统的网络一般只要求基于数据的可靠传输,如 TCP 保证所有数据包都成功传输到目的节点。但在无线传感器网络中,数据间存在大量的冗余和相关性,目的节点可以从部分数据中还原出事件的准确状态。因此,无线传感器网络的传输协议可以是基于任务的,它不需要保证所有数据传输成功,而只需要保证足以还原事件状态相关数据的成功传输即可。基于任务的可靠传输使无线传感器网络更具有应用针对性。

（3）拥塞控制和可靠传输混合协议

同时支持拥塞控制和可靠传输两种功能。

3.8.8　传感器网络的支撑技术

虽然传感器网络用户的使用目的各不相同,但是作为网络终端节点的功能本质来说就是实现传感、探测、感知,用来收集应用相关的数据信号。为了实现用户的功能,除了要设计一般通信与组网技术以外,还要实现保证网络用户功能的正常运行所需的其他基础性技术,这些基础性技术是支撑传感器网络完成任务的关键,包括时间同步机制、定位技术、数据融合、能量管理和安全机制等。

1. 时间同步机制

（1）传感器网络的时间同步机制

无线传感器网络的同步管理主要是指时间上的同步管理。在分布式的无线传感器网络应用中,每个传感器节点都有自己的本地时钟,不同节点的晶体振荡器频率存在偏差,湿度和电磁波的干扰等都会造成网络节点之间的运行时间偏差。有时传感器网络的单个节点的能力有限,或者某些应用的需要,使得整个系统所要实现的功能要求网络内所有节点相互配合来共同完成,分布式系统的协同工作需要节点间的时间同步,因此,时间同步机制是分布式系统基础框架的一个关键机制。

在分布式系统中,时间同步涉及"物理时间"和"逻辑时间"两个不同的概念。"物理时间"用来表示人们使用的绝对时间;"逻辑时间"是一个相对概念,体现了事件发生的顺序关系。分布式系统通常需要一个表示整个系统时间的全局时间。全局时间根据需要可以是物理时间或逻辑时间。无线传感器网络时间同步机制的意义和作用主要体现在两个方面:第一,传感器节点通常需要彼此协作,完成复杂的感知和监测任务。数据融合是协作操作的典型例子,不同的节点采集的数据最终融合形成了一个有意义的结果。第二,传感器网络的一些节能方案是利用时间同步来实现的。

目前已有几种成熟的传感器网络时间同步协议,其中 RBS、TINY/MINI - SYNC 和 TPSN 被认为是三种最基本的传感器网络时间同步机制。RBS 同步协议的基本思想是多个节点接收同一个同步信号,然后收到同步信号的多个节点之间进行同步,这种同步算法消除了同步信号发送一方的时间的不确定性,但其缺点是协议开销大;TINY/MINI - SYNC 是两种简单的轻量级时间同步机制;TPSN 时间同步协议采用层次结构,实现整个网络节点的时间同步。

(2) TPSN 时间同步协议

加州大学网络和嵌入式系统实验室的 S. Ganeriwal 等提出的传感器网络时间同步协议 TPSN(Timing - Sync Protocol for Sensor Networks)属于典型的双向同步机制。TPSN 时间同步协议的规范使用可以实现全网范围内的时钟同步,在网络中有一个可以装配如 GPS 接收机的复杂硬件部件的根节点,将它作为整个网络系统的时钟源。传感器网络 TPSN 时间同步协议提供传感器网络全网范围内节点间的时间同步,类似于传统网络的 NTP 协议。在网络中有一个节点可与外界通信,进而获取外部时间,这种节点称为根节点。TPSN 协议采用层次型网络结构,首先将所有节点按照层次结构进行分级,然后每个节点与上一级的一个节点进行时间同步,最终所有节点都与根节点时间同步。节点对之间的时间同步是基于"发送者—接收者"的同步方式。

TPSN 协议操作过程实现分为两个阶段:层次发现阶段(level discovery phase)和同步阶段(synchronization phase)。

第一个阶段生成层次结构,每个节点赋予一个级别,根节点赋予最高级别第 0 级,第 i 级的节点至少能够与一个第($i-1$)级的节点通信;第二个阶段实现所有树节点的时间同步,第 1 级节点同步到根节点,第 i 级的节点同步到第($i-1$)级的一个节点,最终所有节点都同步到根节点,实现整个网络的时间同步。

2. 定位技术基本概念

(1) 定位的含义

在传感器网络的很多应用问题中,没有节点位置信息的监测数据毫无意义,无线传感器网络定位问题的含义是指自组织的网络通过特定方法提供节点的位置信息,这种自组织网络定位分为节点自身定位和目标定位。节点自身定位是确定网络节点的坐标位置的过程,即网络自身属性的确定过程,可以通过人工标定或者各种节点自定位算法完成。目标定位是确定网络覆盖区域内一个事件或者一个目标的坐标位置,目标定位是以位置已知的网络节点作为参考,确定事件或者目标在网络覆盖范围内所在的位置。

位置信息有物理位置和符号位置两大类。物理位置指目标在特定坐标系下的位置数值，表示目标的相对或者绝对位置。符号位置指在目标与一个基站或者多个基站接近程度的信息，表示目标与基站之间的连通关系，提供目标大致的所在范围。根据不同的依据，无线传感器网络的定位方法可以进行如下分类：

① 根据部署的场合不同，分为室内定位和室外定位；

② 根据是否依靠测量距离，分为基于测距的定位和不需要测距的定位；

③ 根据信息收集的方式，网络收集传感器数据称为被动定位；节点主动发出信息用于定位称为主动定位。

（2）基本术语

① 接收信号强度指示（RSSI）：节点接收到无线信号的强度大小被称为接收信号的强度指示。

② 锚点：通过其他方式预先获得位置坐标的节点，有时也称作信标节点，网络中相应的其余节点称为非锚点。

③ 跳数：两个节点之间间隔的跳段总数称为这两个节点间的跳数。

④ 基础设施：协助传感器节点定位的已知自身位置的固定设备，如卫星、基站等。

⑤ 测距：两个相互通信的节点通过测量方式来估计出彼此之间的距离或角度。

⑥ 连接度：包括节点连接度和网络连接度两种。节点连接度是指节点可探测发现现有的邻居节点个数。网络连接度是所有节点的邻居数目的平均值，它反映的是传感器配置的密集程度。

⑦ 邻居节点：传感器节点通信半径范围以内的所有其他节点称为该节点的邻居节点。

⑧ 到达时间：信号从一个节点传播到另一个节点所需要的时间，称为信号的到达时间。

⑨ 到达时间差（TDoA）：两种不同传播速度的信号从一个节点传播到另一个节点所需要的时间之差称为信号的到达时间差。

⑩ 到达角度（Angle of Arrival，AoA）：节点接收到的信号相对于自身轴线的角度称为信号相对接收节点的到达角度。

⑪ 视线关系（Line of Sight，LoS）：如果传感器网络的两个节点之间没有障碍物，能够实现直接通信，则这两个节点间存在视线关系。

⑫ 非视线关系：传感器网络的两个节点之间存在障碍物，影响了它们直接的无线通信。

⑬ 定位性能的评价指标

除了一般性的位置精度指标以外，在实际应用中衡量定位性能有多个指标，对于资源受到限制的传感网络，还有覆盖范围、刷新速度和功耗等其他指标。位置精度是定位系统最重要的指标，精度越高，则技术要求越严，成本也越高。定位精度指提供的位置信息的精确程度，它分为相对精度和绝对精度。绝对精度指以长度为单位度量的精度。相对精度通常以节点之间距离的百分比来定义。设节点 i 的估计坐标与真实坐标在二维情况下的距离差值为 Δd_i，则 N 个未知位置节点的网络平均定位误差为

$$\Delta = \frac{1}{N} \sum_{i=1}^{N} \Delta d_i$$

覆盖范围指标受位置精度影响，反之亦然；刷新速度是指提供位置信息的频率；功耗作为传感器网络设计的一项重要指标，对于定位这项服务功能，人们需要计算为此所消耗的能量；

定位实时性更多地体现在对动态目标的位置跟踪。

（3）定位系统的设计要点

在设计定位系统的时候，要根据预定的性能指标，在众多方案之中选择能够满足要求的最优算法，采取最适宜的技术手段来完成定位系统的实现。通常设计一个定位系统需要考虑定位机制的物理特性和定位算法两个主要因素。

3. 基于测距的定位技术

基于测距的定位技术是通过测量节点之间的距离，利用几何关系计算出网络节点的位置。解析几何里有多种方法可以确定一个点的位置，比较常用的方法是多边定位和角度定位。

（1）多边定位

这类方法通过测量传输时间来估算两节点之间的距离，精度较好。到达时间 ToA 机制是已知信号的传播速度，根据信号的传播时间来计算节点间的距离。如图 3-23 所示，节点的定位部分主要由扬声器模块、送话器模块、无线电模块和 CPU 模块组成。

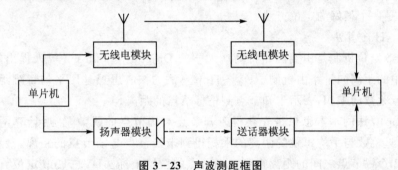

图 3-23 声波测距框图

假设两个节点间时间同步，发送节点的扬声器模块在发送伪噪声序列信号的同时，无线电模块通过无线电同步消息通知接收节点伪序列信号发送的时间，接收节点的送话器模块在检测到伪噪声序列信号后，根据声波信号的传播时间和速度计算发送节点和接收节点的距离。节点在计算出多个邻近信标节点的距离后，使用三边测量算法计算出自身位置。与无线射频信号相比，声波频率低，速度慢，对节点的要求较低，但是声波的缺点是传播速度容易受到大气条件的影响。基于 ToA 的定位精度高，但要求节点间保持精确的时间同步，因此对传感器节点的硬件和功耗提出了较高要求。

在基于到达时间差 TDoA 的定位机制中，发射节点同时发射两种不同传播速度的无线信号，接收节点利用两种信号到达的时间差以及这两种信号的传播速度即可得到两个节点之间的距离。发射节点同时发射无线射频信号和超声波信号，接收节点记录下这两种信号的到达时间 T_1、T_2，已知无线射频信号和超声波的传播速度为 C_1、C_2，那么两点之间的距离为

$$(T_2 \times T_1) \times S$$

其中，$S = C_1 \times C_2/(C_1 - C_2)$。

当矩阵求逆不能计算时，这种方法不适用，否则可成功得到位置估计。从上述过程可以看出，这种定位方法本质上就是最小二乘估计。

（2）角度定位

到达角 AoA 技术通过配备特殊天线来估测其他节点发射的无线信号的到达角度。AoA 测距技术易受外界环境影响，且需要额外硬件，它的硬件尺寸和功耗指标不适用于大规模的传

感器网络,而在某些应用领域可以发挥作用。

(3) Min - max 定位方法

多边定位法的浮点运算量大,计算代价高。Min - max 定位是根据若干锚点位置和到待求节点的测距值,创建多个边界框,所有边界框的交集是一个矩形,取此矩形的质心作为待定位节点的坐标。三个锚点共同形成交叉矩形,矩形质心即为所求节点的估计位置。

4. 无须测距的定位技术

无须测距的定位技术不需要直接测量距离和角度信息。

(1) 质心算法

计算几何学里多边形的几何中心称为质心,多边形顶点坐标的平均值就是质心节点的坐标。质心定位算法是通过计算发送信息的锚节点所组成的多边形的质心作为未知节点的坐标位置的一种算法。质心算法基于网络连通性对未知节点进行定位,无须锚节点与未知节点进行协同操作,是一种非常简单而且易于实现的定位算法,对于那些对定位精度要求不高的应用,质心算法是一个很好的定位方法。

(2) DV - Hop 算法

DV - Hop 定位机制是由美国路特葛斯大学的 Dragons Niculescu 等人提出的,非常类似于传统网络中的距离向量路由机制。DV - Hop 算法的核心思想是用平均每跳距离与未知节点到信标节点跳数的乘积,表示未知节点到信标节点的距离。

DV - Hop 算法的基本思想是先获得未知节点与锚节点的跳数,然后计算网络平均每跳的距离,再通过跳数与平均每跳的距离的乘积得到未知节点与锚节点的距离,最后,通过未知节点与至少 3 个锚节点之间的距离得到未知节点的位置坐标。DV - Hop 定位算法是一种无须测距技术的、完全基于节点密度的、适用于密集部署的各向同性网络的定位算法。

5. 多传感器数据融合技术

近年来,多传感器数据融合技术无论在军事还是民事领域都获得了极为广泛的应用。多传感器融合技术已成为军事、工业和高技术开发等多方面关心的共同问题。这一技术广泛应用于 C3I(command,control,communication and intelligence)系统、复杂工业过程控制、机器人、自动目标识别、交通管制、惯性导航、海洋监视和管理、农业、遥感、医疗诊断、图像处理、模式识别等领域。实践证明:与单传感器系统相比,运用多传感器数据融合技术在解决探测、跟踪和目标识别等问题方面,能够增强系统生存能力,提高整个系统的可靠性和鲁棒性,增强数据的可信度,并提高精度,扩展整个系统的时间、空间覆盖率,增加系统的实时性和信息利用率等。

(1) 多传感器数据融合技术的基本原理

类似于人脑综合处理信息一样,多传感器数据融合技术充分利用多个传感器资源,通过对多传感器及其观测信息的合理支配和使用,把多传感器在空间或时间上的冗余或互补信息依据某种准则来进行组合,以获得被测对象的一致性解释或描述。具体地说,多传感器数据融合原理如下:

① N 个不同类型的传感器(有源或无源的)收集观测目标的数据;

② 对传感器的输出数据(离散的或连续的时间函数数据、输出矢量、成像数据或一个直接的属性说明)进行特征提取的变换,提取代表观测数据的特征矢量 Yi;

③ 对特征矢量 Yi 进行模式识别处理(如聚类算法、自适应神经网络或其他能将特征矢量 Yi 变换成目标属性判决的统计模式识别法等),完成各传感器关于目标的说明;

④ 将各传感器关于目标的说明数据按同一目标进行分组,即关联;

⑤ 利用融合算法将每一目标各传感器数据进行合成,得到该目标的一致性解释与描述。

在传感网络中进行数据融合可以提高信息的准确性和全面性,降低信息的不确定性,提高系统的可靠性,增加系统的实时性。

由于传感网络节点的资源十分有限,在收集信息的过程中,如果各个节点单独地直接传送数据到汇聚节点,则会浪费通信带宽和能量、降低信息收集的效率。在传感网络中数据融合起着十分重要的作用,它可以节省整个网络的能量、增强所收集数据的准确性、提高收集数据的效率。

(2) 数据融合技术的分类

1) 基于融合前后数据的信息含量分类

基于数据进行融合操作前后的信息含量,可以将数据融合分为无损融合和有损融合两类。

① 无损融合。在无损融合中,保留全部细节信息,删除部分冗余信息,此类融合的常见做法是去除信息中的冗余部分。

② 有损融合。有损融合一般会省略一些细节信息或降低数据的质量,从而减少需要存储或传输的数据量,以达到节省存储资源或能量资源的目的。在有损失融合中,信息损失的上限是要保留应用所必需的全部信息量。

2) 基于数据融合与应用层数据语义之间的关系分类

数据融合技术可以在传感网络协议栈的多个层次中实现,既能在 MAC 协议中实现,也能在路由协议或应用层协议中实现。根据数据融合是否基于应用数据的语义,将数据融合技术分为三类:

① 独立于应用的数据融合;

② 依赖于应用的数据融合;

③ 结合以上两种技术的数据融合。

3) 基于融合操作的级别分类

根据对传感器数据的操作级别,可将数据融合技术分为以下三类:

① 数据级融合:数据级融合是最底层的融合,因而是面向数据的融合,操作对象是传感器采集得到的数据;

② 特征级融合:特征级融合是通过一些特征提取手段,将数据表示为一系列的特征向量来反映事物的属性;

③ 决策级融合:决策级融合根据应用需求进行较高级的决策,是最高级的融合。

3.8.9 能量管理

1. 能量管理的意义

无线传感器网络节点密度大,一般部署在恶劣环境中,能源供给较为困难,节点能量大都是采用电池供电方式进行提供,并满足长时间工作的要求,能量管理至关重要。因此,如何在不影响功能的前提下,尽可能节约无线传感器网络的能量成为无线传感器网络软、硬件设计中的核心问题。通过能量管理机制尽量减少节点的能量消耗,可有效延长节点的工作时间和网络的整体寿命,实现应用的需求。

因为节点的能量非常有限,因此降低能量消耗是 WSN 重点关注的问题。一般来说,几乎所有的无线设备都面临能量不足的问题。由于无线传感器网络的节点体积小,发送端和接收端都贴近地面,干扰较大,障碍物较多,一般通信能耗与距离的四次方成正比。能耗随着通信距离的增加而急剧增加。通常为了降低能耗,应当尽量减小单跳通信距离。简单地说,多个短距离跳的数据传输比一个长跳的传输能耗相对会低一些。因此,在传感网络中要减少单跳通信距离,尽量使用多跳短距离的无线通信方式。

传感器节点通常由处理器单元、无线传输单元、传感器单元和电源管理单元 4 个部分组成。其中传感器单元能耗与应用特征相关,采样周期越短、采样精度越高,则传感器单元的能耗越大。由于传感器单元的能耗要比处理器单元和无线传输单元的能耗低得多,几乎可以忽略,因此通常只讨论处理器单元和无线传输单元的能耗问题。

2. 传感网络的电源节能方法

目前人们采用的节能策略主要有休眠机制、数据融合等,它们一般应用在计算单元和通信单元的各个环节。

(1) 休眠机制

休眠机制是指当节点周围没有触发事件发生时,计算与通信单元处于空闲状态,把这些组件关掉或调到更低能耗的状态,即休眠状态。

(2) 数据融合

数据融合的节能效果主要体现在路由协议的实现上。由于同一区域内的节点发送的数据具有很大的冗余性,路由过程的中间节点不能简单地转发所收到的数据,需要对这些收到的数据进行融合,将经过本地融合处理后的数据路由到汇聚点,只转发有用的信息。数据融合有效地降低了整个网络的数据流量,LEACH 路由协议就具有这种功能,它是一种自组织的在节点之间随机分布能量负载的分层路由协议。

3.8.10 WSN 网络的应用

WSN 网络是面向应用的,贴近客观物理世界的网络系统,其产生和发展一直都与应用相联系。多年来经过不同领域研究人员的演绎,WSN 技术在军事领域、精细农业、安全监控、环保监测、建筑领域、医疗监护、工业监控、智能交通、物流管理、自由空间探索、智能家居等领域的应用得到了广泛的应用。

在民用安全监控方面,英国的一家博物馆利用无线传感器网络设计了一个报警系统,他们将节点放在珍贵文物或艺术品的底部或背面,通过侦测灯光的亮度改变和振动情况,来判断展览品的安全状态。中科院计算所在故宫博物院实施的文物安全监控系统也是 WSN 技术在民用安防领域中的典型应用。

以矿业开采安全方面的电影应用为例,传统的煤矿瓦斯监测系统由于监测系统的设施、装置等位置比较固定,使瓦斯探头不能随着采掘的进度跟进到位,从而使得监测系统往往形同虚设,再加上矿井下联网具有一定的难度,使有关人员无法进行有效的监管,导致事故发生时不能及时预警。为了保证安全,降低事故发生率,需要让瓦斯监测系统能够随着采掘的进度跟进到位,能够把井下信息实时、准确地传送到相关人员手中。具体可以按照如下方法实施:在坑道中每隔几十米放置一个传感器节点,每个矿工身上也都佩带一个这样的节点,矿工身上佩带的节点和坑道中放置的节点可以自组织成一个大规模的无线传感器网络,在矿井的入口处放置一个具有网关功能的节点作为 Sink 节点,它可以是一个具有增强功能的传感器节点,有足够的能量供给和更多的内存与计算资源,也可以是没有监测功能仅带有无线通信接口的特殊网关设备。Sink 节点连接传感器网络与互联网等外部网络,实现两种协议栈之间的通信协议转换,同时发布监测中心的监测任务,并把收集的数据转发到外部网上,最后传至监控中心系统。

在医疗监控方面,美国英特尔公司研制了家庭护理的无线传感器网络系统,作为美国"应对老龄化社会技术项目"的一项重要内容。另外,在对特殊医院(精神类或残障类)中病人的位置监控方面,WSN 也有巨大应用潜力尚待挖掘。

在智能交通方面,美国交通部提出了"国家智能交通系统项目规划",预计到 2025 年全面投入使用。该系统综合运用大量传感器网络,配合 GPS 系统、区域网络系统等资源,实现对交通车辆的优化调度,并为个体交通推荐实时的、最佳的行车路线服务。WSN 网络自由部署、自组织工作模式使其在自然科学探索方面有巨大的应用潜力。2005 年,澳洲的科学家利用 WSN 技术来探测北澳大利亚蟾蜍的分布情况。佛罗里达宇航中心计划借助于航天器布撒的传感器节点实现对星球表面大范围、长时期、近距离的监测和探索。智能家居领域也是 WSN 技术非常适合的一个应用领域。

3.9　ZigBee 通信实验

3.9.1　LED 灯控制

1. 实验环境

● 硬件:ZigBee(CC2530)模块,ZigBee 下载调试板,USB 仿真器,PC 机;

● 软件:IAR Embedded Workbench for MCS-51。

2. 实验内容

● 阅读 ZigBee2530 开发套件 ZigBee 块硬件部分文档,熟悉 ZigBee 模块硬件接口;

● 使用 IAR 开发环境设计程序,利用 CC2530 的 IO 控制 LED 外设的闪烁。

3. 实验原理

(1) 硬件接口原理

ZigBee(CC2530)模块硬件上设计有 2 个 LED 灯,用来编程调试使用。分别连接 CC2530 的 P1_0、P1_1 两个 IO 引脚。2 个 LED 灯共阳极,当 P1_0、P1_1 引脚为低电平时候,LED 灯点亮。

CC2530 处理器的 P1 IO 相关寄存器中只用到了 P1 和 P1DIR 两个寄存器的设置,P1 寄存器为可读写的数据寄存器,P1DIR 为 IO 输入输出选择寄存器,其他 IO 寄存器的功能。

(2) 软件设计

具体软件设计如下。

```
# include <ioCC2530.h>

# define uint unsigned int
# define uchar unsigned char

//定义控制 LED 灯的端口
# define LED1 P1_0//定义 LED1 为 P10 口控制
# define LED2 P1_1//定义 LED2 为 P11 口控制

//函数声明
void Delay(uint);//延时函数
void Initial(void);//初始化 P1 口
/*****************************
//初始化程序
*****************************/
void Initial(void)
{
    P1DIR |= 0x03；//P1_0、P1_1 定义为输出
    LED1 = 1；        //LED1 灯熄灭
    LED2 = 1；        //LED2 灯熄灭
}


/*****************************
//主函数
*****************************/
void main(void)
{
    Initial();       //调用初始化函数
    LED1 = 0；        //LED1 点亮
    LED2 = 0；        //LED2 点亮
    while(1)
    {
        LED2 = !LED2；          //LED2 闪烁
        Delay(50000);
    }
}
```

程序通过配置 CC2530 IO 寄存器的高低电平来控制 LED 灯的状态,用循环语句来实现程序的不间断运行。

4. 实验步骤

① 使用 ZigBee Debuger USB 仿真器连接 PC 机和 ZigBee(CC2530)模块,打开 ZIGBEE模块开关供电。

② 启动 IAR 开发环境,新建工程,或直接使用 Exp1 实验工程。

③ 在 IAR 开发环境中编译、运行、调试程序。

3.9.2　点对点无线通信

1. 实验环境

- ZigBee(CC2530)模块(2 个)，ZigBee 下载调试板，USB 仿真器，PC 机；
- 软件：IAR Embedded Workbench for MCS-51。

2. 实验内容

- 了解 CC2530 芯片点对点通信操作过程，熟悉该模块射频软件接口配置。
- 使用 IAE 开发环境设计程序，利用 2 个 CC2530 ZigBee 模块实现点对点无线通信。

3. 实验原理

(1) ZigBee(CC2530)模块 LED 硬件接口

ZigBee(CC2530)模块硬件上设计有 2 个 LED 灯，用来编程调试使用。分别连接 CC2530 的 P1_0、P1_1 两个 IO 引脚。2 个 LED 灯共阳极，当 P1_0、P1_1 引脚为低电平时候，LED 灯点亮。

(2) 关键函数分析

1) 射频初始化函数

uint8 halRfInit(void)

功能描述：zigbee 通信设置，自动应答有效，设置输出功率 0dbm，Rx 设置，接收中断有效。

参数描述：无

返回值：配置成功返回 SUCCESS。

2) 发送数据包函数

uint8 basicRfSendPacket(uint16 destAddr，uint8 * pPayload，uint8 length)

功能描述：发送包函数。

入口参数：destAddr　　　目标网络短地址；

　　　　　pPayload　　　发送数据包头指针；

　　　　　length　　　　包的大小。

出口参数：无。

返　回　值：成功返回 SUCCESS，失败返回 FAILED。

3) 接收数据函数

uint8 basicRfReceive(uint8 * pRxData，uint8 len，int16 * pRssi)

功能描述：从接收缓存中拷贝出最近接收到的包。

参数描述：接收数据包头指针；

　　　　　接收包的大小。

返回值：实际接收的数据字节数。

源码实现：

```
per_test.c
void main (void)
{
    uint8 i;
```

```
        appState = IDLE;              //初始化应用状态为空闲
        appStarted = FALSE;           //初始化启动标志位 FALSE
        /* 初始化 Basic RF */
        basicRfConfig.panId = PAN_ID;         //初始化个域网 ID
        basicRfConfig.ackRequest = FALSE;     //不需要确认
          halBoardInit();
          if(halRfInit() == FAILED)       //初始化 hal_rf
          HAL_ASSERT(FALSE);
              /* 快速闪烁 8 次 led1,led2 */
        for(i = 0; i < 16; i++)
        {
          halLedToggle(1);   //切换 led1 的亮灭状态
          halLedToggle(2);   //切换 led2 的亮灭状态
          halMcuWaitMs(50);  //延时大约 50 ms
        }

        halLedSet(1);         // led1 指示灯亮,指示设备已上电运行
        halLedClear(2);

        basicRfConfig.channel = 0x0B;        //设置信道

#ifdef MODE_SEND
        appTransmitter();      //发送器模式
#else
        appReceiver();         //接收器模式
#endif

        HAL_ASSERT(FALSE);
}
```

通过上面的代码分析可知,程序通过宏 MODE_SEND 来确定是发送器还是接收器,appTransmiter()是发送器的主要功能函数,appReceiver()是接收器的主要功能函数,这两个函数最终都会进入一个无限循环状态。

```
static void appTransmitter()
{
  uint32 burstSize = 0;
  uint32 pktsSent = 0;
  uint8 appTxPower;
  uint8 n;
  /* 初始化 Basic RF */
  basicRfConfig.myAddr = TX_ADDR;
  if(basicRfInit(&basicRfConfig) == FAILED)
  {
    HAL_ASSERT(FALSE);
  }
```

```
    /*设置输出功率 */
    //appTxPower = appSelectOutputPower();
    halRfSetTxPower(2);//HAL_RF_TXPOWER_4_DBM
//  halRfSetTxPower(appTxPower);

    /*设置进行一次测试所发送的数据包数量 */
    //burstSize = appSelectBurstSize();
    burstSize = 100000;
    /* Basic RF 在发送数据包前关闭接收器,在发送完一个数据包后打开接收器 */
    basicRfReceiveOff();
    /*配置定时器和 IO */
    //n = appSelectRate();
    appConfigTimer(0xC8);
    //halJoystickInit();

    /*初始化数据包载荷 */
    txPacket.seqNumber = 0;
    for(n = 0; n < sizeof(txPacket.padding); n++)
    {
      txPacket.padding[n] = n;
    }
    /*主循环 */
    while (TRUE)
    {
        if (pktsSent < burstSize)
        {
            UINT32_HTON(txPacket.seqNumber);  //改变发送序号的字节顺序
            basicRfSendPacket(RX_ADDR,(uint8 *)&txPacket, PACKET_SIZE);

            /*在增加序号前将字节顺序改回为主机顺序 */
            UINT32_NTOH(txPacket.seqNumber);
            txPacket.seqNumber++;

            pktsSent++;
            appState = IDLE;
            halLedToggle(1);   //切换 LED1 的亮灭状态
            halLedToggle(2);   //切换 LED2 的亮灭状态
            halMcuWaitMs(1000);
        }

        /*复位统计和序号 */
        pktsSent = 0;
    }
}
```

在发送主功能函数里面,通过 basicRfSendPacket();发送接口函数不停向外发送数据,并改变 LED1,LED2 的状态。

```c
static void appReceiver()
{
  uint32 seqNumber = 0;                          //数据包序列号
  int16 perRssiBuf[RSSI_AVG_WINDOW_SIZE] = {0};  //存储 RSSI 的环形缓冲区
  uint8 perRssiBufCounter = 0;                   //计数器用于 RSSI 缓冲区统计
  perRxStats_t rxStats = {0,0,0,0};              //接收状态
  int16 rssi;
  uint8 resetStats = FALSE;
  int16 MyDate[10];               //串口数据串数字
  initUART();        //初始化串口
#ifdef INCLUDE_PA
  uint8 gain;
  //选择增益(仅 SK - CC2590/91 模块有效)
  gain = appSelectGain();
  halRfSetGain(gain);
#endif
      /* 初始化 Basic RF */
  basicRfConfig.myAddr = RX_ADDR;
  if(basicRfInit(&basicRfConfig) == FAILED)
  {
    HAL_ASSERT(FALSE);
  }
  basicRfReceiveOn();
  /* 主循环 */
  while (TRUE)
  {
    while(! basicRfPacketIsReady());   //等待新的数据包
    if(basicRfReceive((uint8 *)&rxPacket, MAX_PAYLOAD_LENGTH, &rssi)>0)
    {
      halLedSet(1);   //点亮 LED1
      //halLedSet(2);   //点亮 LED2

      UINT32_NTOH(rxPacket.seqNumber);   //改变接收序号的字节顺序
      seqNumber = rxPacket.seqNumber;
      /* 如果统计被复位,设置期望收到的数据包序号为已经收到的数据包序号 */
      if(resetStats)
      {
        rxStats.expectedSeqNum = seqNumber;
                resetStats = FALSE;
      }
      rxStats.rssiSum -= perRssiBuf[perRssiBufCounter];   //从 sum 中减去旧的 RSSI 值
      perRssiBuf[perRssiBufCounter] = rssi;//存储新的 RSSI 值到环形缓冲区,之后它将被加入 sum
```

```
    rxStats.rssiSum + = perRssiBuf[perRssiBufCounter];   //增加新的 RSSI 值到 sum
    MyDate[4] = rssi;                    ////
    MyDate[3] = rxStats.rssiSum;////
    if( ++ perRssiBufCounter  == RSSI_AVG_WINDOW_SIZE)
    {
      perRssiBufCounter = 0;
    }
    /*检查接收到的数据包是否是所期望收到的数据包 */
    if(rxStats.expectedSeqNum == segNumber)  //是所期望收到的数据包
    {
      MyDate[0] = rxStats.expectedSeqNum;////
      rxStats.expectedSeqNum ++ ;
    }
    else if(rxStats.expectedSeqNum < segNumber)  //不是所期望收到的数据包(收到的数据包的
                                                 //序号大于期望收到的数据包的序号)
    {               //认为丢包
      rxStats.lostPkts + = segNumber - rxStats.expectedSeqNum;
      MyDate[2] = rxStats.lostPkts;///
      rxStats.expectedSeqNum = segNumber + 1;
      MyDate[0] = rxStats.expectedSeqNum;///
    }
    else  //不是所期望收到的数据包(收到的数据包的序号小于期望收到的数据包的序号)
    {     //认为是一个新的测试开始,复位统计变量
      rxStats.expectedSeqNum = segNumber + 1;
      MyDate[0] = rxStats.expectedSeqNum;///
      rxStats.rcvdPkts = 0;
      rxStats.lostPkts = 0;
    }
    MyDate[1] = rxStats.rcvdPkts;///
    rxStats.rcvdPkts ++ ;
    UartTX_Send_String(MyDate,5);
    halMcuWaitMs(300);
    halLedClear(1);   //熄灭 LED1
    halLedClear(2);   //熄灭 LED2
    halMcuWaitMs(300);
  }
 }
}
```

在接收主功能函数中,程序通过 basicRfReceive(); 接口接收发送器发过来的数据,并用 LED1 灯作指示,每接收到一次数据,灯闪烁一次。

4. 实验步骤

说明:实验之前搭建 ZigBee(TI)部分安装开发环境。

① 使用 ZigBee Debuger USB 仿真器连接 PC 机和 ZigBee(CC2530)模块,打开 ZigBee 模

块开关供电。

② 打开产品光盘资料里 Compnents\ZigBee\TI\exp\zigbee\点对点无线通信\ide\srf05_cc2530\iar 里的 per_test.eww 工程。

③ 在 IAR 开发环境中编译、运行、调试程序。注意，本工程需要编译两次，一次编译为发送器的，一次编译为接收器的，通过 MODE_SEND 宏选择，并分别下载入 2 个 ZigBee 模块中。

④ 通信测试：依次打开 2 个分别烧写入发送和接收的 ZigBee 模块，两个模块的 LED1 和 LED2 快速闪烁 8 次后开始通信，接着发送器的 LED1 和 LED2 交替闪烁，接收器的 LED1 接收到一次数据闪烁一次，LED2 熄灭。

习　题

1. 什么是蓝牙技术？蓝牙技术有什么特点？
2. 简述 ZigBee 技术体系结构及 ZigBee 网络拓扑结构。
3. ZigBee 研究的内容和实现的关键技术是什么？
4. UWB 技术有什么特点？
5. UWB 的调制技术有哪些？
6. 什么是 Wi-Fi,其特点是什么？
7. 简述以太网技术。
8. LoRa 与 NB-IoT 技术比较。
9. 无线传感网络的体系结构组成是什么？
10. 无线传感网络的特点包括哪些？

第 4 章　物联网支撑技术

物联网的数据处理体现了数字世界与物理世界的融合,是物联网智能特征的关键所在。一个健壮的物联网系统,应该是在高性能计算技术的支撑下,将网络内大量的信息资源通过计算整合形成一个可以互联互通的大型智能网络,为上层服务管理和大规模行业应用建立起一个高效、可靠和可信的支撑技术平台。物联网的数据处理大部分依赖于互联网提供的基础设施、服务和技术,如数据中心和通信线路等基础设施,云计算、网格计算等服务模式,数据存储和数据挖掘等技术。普适计算则进一步把计算能力延伸至感知层的设备中。

4.1　大数据

"大数据"是指一个体量特别大、数据类别特别大的数据集,并且这样的数据集无法用传统数据库工具对其内容进行抓取、管理和处理。大数据从本质上来讲包含数量、类型、速度 3 个维度的问题,事实上,要想从根本上区别这 3 个维度是不可能的。因为,大数据概念的提出是源于技术的发展。大数据技术的战略意义不在于掌握庞大的数据信息,而在于对这些含有意义的数据进行专业化处理。换言之,如果把大数据比作一种产业,那么这种产业实现盈利的关键在于提高对数据的"加工能力",通过"加工"实现数据的"增值"。

4.1.1　大数据概述

大数据(big data)或称巨量数据、海量数据,是由数量巨大、结构复杂、类型众多数据构成的数据集合,是基于云计算的数据处理与应用模式,通过数据的集成共享,交叉复用形成的智力资源和知识服务能力。

在商业领域,大数据指的是所涉及的资料规模巨大到无法透过目前主流软件工具,在合理时间内达到撷取、管理、处理、并整理成为帮助企业经营决策更积极目的的信息。网络上每笔搜索,网站上每一笔交易,敲打键盘、点击鼠标的每一个输入都是数据,整理起来进行分析和利用还可以引导开发更大的消费量。

Gartner 是大数据研究机构,它给出的定义是这样的:大数据是需要新处理模式才能具有更强的决策力、洞察发现力和流程优化能力以及海量、高增长率和多样化的信息资产。

"大数据"这个术语最早期的引用可追溯到 Apache Org 的开源项目 Nutch。当时,大数据用来描述为更新网络搜索索引需要同时进行批量处理或分析的大量数据集。随着谷歌 MapReduce 和 GoogleFile System(GFS)的发布,大数据除了描述大量的数据以外,还包括了处理数据的速度。

20 世纪 80 年代,阿尔文·托夫勒在《第三次浪潮》一书中将大数据称为"第三次浪潮的华彩乐章"。虽然大数据的概念提出较早,但是直到 2009 年开始,"大数据"才成为互联网信息技术行业的流行词汇。美国互联网数据中心指出,互联网上的数据每年将增长 50%,每两年便将翻一番,而目前世界上 90% 以上的数据是最近几年才产生的。此外,数据并非唯一用来表示人们在互联网上发布的信息等数据,全世界的工业设备、汽车、电表上使用了无数的数字传感器,随时随地测量和传递着有关位置、运动、振动、温度、湿度乃至空气中化学成分的变化的信息,它们同样产生了海量的数据信息。

大数据是指那些超过传统数据库系统处理能力的数据。它的数据规模和传输速度要求很高,或者其结构不适合原本的数据库系统。为了获取大数据中的价值,必须选择另一种方式来处理它。数据中隐藏着有价值的模式和信息,在以往需要相当长的时间和成本才能提取这些信息,即使像沃尔玛或谷歌这样的大企业也需要投资大的成本才能从大数据中挖掘信息。而当今的各种资源,如硬件、云架构和开源软件降低了大数据的处理难度和成本。即使是在车库中创业的公司也可以用较低的价格租用云服务。对于企业组织而言,大数据的价值主要体现在两点:分析使用和二次开发。

对大数据进行分析能够揭示隐藏于其中的信息。举个例子,零售行业中对门店销售、客源、地理和社会信息的分析能提升对客户消费情况的理解。对大数据的二次开发则是那些成功的网络公司的长项。例如,Facebook 通过结合大量用户信息,定制出高度个性化的用户体验,并创造出一种新的广告模式。这种通过大数据创造出新产品和服务的商业行为并非偶然,而是技术不断积累的必然产物。谷歌、亚马逊和 Facebook 等互联网巨头都是大数据时代的创新者。

某种程度上说,大数据是数据分析的前沿技术。从各种各样类型的数据中,快速获得有价值信息的能力,就是大数据技术,这种信息提取能力促使该技术受到越来越多的企业的关注。

大数据涵盖大数据技术、大数据工程、大数据科学和大数据应用等诸多领域。目前人们谈论最多的是大数据技术和大数据应用。

大数据的四个特性代表四个层面,业界将其归纳为 4 个"V"——Volume(大量)、Velocity(高速)、Variety(多样)、Value(价值)。

① Volume:大数据的数据体量巨大,已经从 TB 级别,跨越到 PB 级别,数据量仍在迅猛增加,数据级别继续发生变化。目前,大数据的规模尚是一个不断变化的指标,单一数据集的规模范围从几十 TB 到数 PB 不等。举个例子,存储 1PB 数据将需要两万台配备 50 GB 硬盘的个人计算机,数量相当惊人。此外,各种意想不到的来源都能产生数据。

② Variety:大数据类型繁多,包括网络日志、音频、视频、图片、地理位置信息等,多类型的数据对数据的处理能力提出了更高的要求。普遍观点认为,人们使用互联网搜索是形成数据多样性的主要原因,这一看法不能代表全部。事实上,数据多样性的增加主要是由于新型多结构数据,以及包括互联网搜索、网络日志、社交媒体、手机通话记录及传感器网络等数据类型造成的。其中,部分传感器安装在火车、汽车和飞机等各种交通工具上,每个传感器都增加了数据的多样性。

相较传统的业务数据,大数据存在不规则和模糊不清的特性,导致很难甚至无法使用传统的应用软件进行分析。同时,大数据具有多层结构,这意味着大数据会呈现出多变的形式和类型。传统业务数据随时间演变已拥有标准的格式,能够被标准的商务智能软件所识别。目前,企业面临的挑战是处理并从以各种形式呈现的复杂数据中挖掘深层的价值。

③ Value:大数据的价值密度低,商业价值高。如随着物联网的广泛应用,信息感知无处不在,信息海量,但价值密度较低,如何通过强大的机器算法更迅速地完成数据的价值"提纯"是大数据时代面临的需要思考和解决的问题。对视频数据而言,连续不间断的监控过程中,可

能有用的数据仅仅只有一两秒。例如将一个人的身体数据按照每分钟的间隔记录下来,对了解该人的身体状况是有用的,但如果精度提高,将其每毫秒的身体数据全部记录下来,数据量将较前者增加 6 万倍,与之相反,此时与按每分钟记录的数据相比,其价值差异不大。

④ Velocity:大数据的处理速度快,存在着 1 秒定律。这一点也和传统的数据挖掘技术有着本质的不同。在高速网络时代,通过基于实现软件性能优化的高速电脑处理器和服务器,创建实时数据流已成为流行趋势。高速描述的是数据被创建和移动的速度。企业不仅需要了解如何快速创建数据,还必须知道如何快速处理、分析并返回给用户,以满足他们的实时需求。

4.1.2　大数据关键技术

大数据技术,就是从各种类型的数据中快速获得有价值信息的技术。大数据领域已经涌现出了大量新的技术,它们成为大数据采集、存储、处理和呈现的有效手段。

(1) 大数据采集技术

大数据的采集是指利用多个数据库来接收发自客户端(Web、App 或者传感器形式等)的数据,并且用户可以通过这些数据库来进行简单的查询和处理工作。比如,电商会使用传统的关系型数据库 MySQL 和 Oracle 等来存储每一笔事务数据,除此之外,Redis 和 MongoDB 这样的 NoSQL 数据库也常用于数据的采集。

大数据采集过程中的突出特点和最大挑战是并发数量大,在同一时刻,可能会有成千上万的用户进行访问和操作,比如火车票售票网站和淘宝,它们并发的访问量在峰值时达到上百万,所以需要在采集端部署大量数据库才能支撑。并且如何在这些数据库之间进行负载均衡和分片需要进一步规划和设计。

大数据采集必须着重攻克针对大数据源的智能识别、感知、适配、传输、接入等技术。提供大数据服务平台所需的虚拟服务器,结构化、半结构化及非结构化数据的数据库及物联网络资源等基础支撑环境。重点攻克分布式虚拟存储技术,大数据获取、存储、组织、分析和决策操作的可视化接口技术,大数据的网络传输与压缩技术,大数据隐私保护技术等。

(2) 大数据预处理技术

虽然采集端本身会有很多数据库,但是如果要对这些海量数据进行有效的分析,还是应该将这些来自前端的数据导入到一个集中的大型分布式数据库,或者分布式存储集群,并且可以在导入基础上完成一些简单的过滤和预处理工作。有一些用户会在导入时使用一些网络工具,例如用 Twitter 的 Storm 对数据进行流式计算,以满足部分业务的实时计算需求。

导入与预处理过程的特点和挑战主要是导入的数据量大,每秒钟的导入量经常会达到百兆,甚至千兆级别。

① 抽取:因获取的数据可能具有多种结构和类型,数据抽取过程有助于将这些复杂的数据转化为单一的或者便于处理的构型,以达到快速分析处理的目的。

② 过滤:大数据并不全是有价值的,有些数据并不是使用者关心的内容,而另一些数据则是完全错误的干扰项,因此要对数据进行过滤"去噪",从而提取出有效数据。

(3) 大数据存储及管理技术

大数据存储与管理要用存储器存储采集到的数据,创建相应的数据库,并进行管理和调用。重点解决复杂结构化、半结构化和非结构化的大数据管理与处理技术。涉及的几个关键问题包括大数据的可存储、可表示、可处理、可靠性及有效传输等。例如:开发可靠的分布式文件系统(DFS)、能效优化的存储、计算融入存储、大数据的去冗余及高效低成本的大数据存储技术;突破分布式非关系型大数据管理与处理技术,异构数据的数据融合技术,数据组织技术,研究大数据建模技术;突破大数据索引技术;突破大数据移动、备份、复制等技术;开发大数据可视化技术等。

(4) 大数据统计与分析技术

统计与分析主要利用分布式数据库,或者分布式计算集群来对存储于其内的海量数据进行普通的分析和分类汇总等,以满足大多数常见的分析需求。在这方面,一些实时性需求会用到 EMC 的 GreenPlum、Oracle 的 Exadata,以及基于 MySQL 的列式存储 Infobright 等,而针对一些批处理,或者基于半结构化数据的需求可以使用 Hadoop。

统计与分析的主要特点和挑战是分析涉及的数据量大,其对 I/O 等系统资源会有极大的占用消耗。

(5) 大数据挖掘技术

数据挖掘就是从大量的、不完全的、有噪声的、模糊的、随机的实际应用数据中,提取人们事先不知道的、隐含在其中的、但又是潜在有用的信息和知识的过程。与前面的统计和分析过程不同的是,数据挖掘一般没有什么预先设定好的主题,主要是在现有数据上借助于各种算法的调用和计算,实现一些高级别数据分析的需求,从而达到预测的效果。

从挖掘任务和挖掘方法的角度来看,可以着重突破以下几点:

① 可视化分析。数据可视化无论对于普通用户或是数据分析专家,都是最基本的功能。数据图像化可以让数据自己说话,让用户直观地感受到结果。

② 数据挖掘算法。图像化是将机器语言翻译给人看,而数据挖掘就是机器的母语。分割、集群、孤立点分析等算法让我们精炼数据,挖掘价值。这些算法一定要能够应付大数据,同时还具有很高的处理速度。

③ 预测性分析。预测性分析可以让分析师根据图像化分析和数据挖掘的结果做出一些前瞻性判断。

④ 语义引擎。语义引擎需要有足够的人工智能从数据中主动地提取信息。语言处理技术包括机器翻译、情感分析、舆情分析、智能输入、问答系统等。

⑤ 数据质量和数据管理。数据质量与管理是管理的最佳实践,透过标准化流程和机器对数据进行处理可以确保获得一个预设质量的分析结果。

比较典型算法有用于聚类的 Kmeans、用于统计学习的 SVM 和用于分类的 NaiveBayes,主要使用的工具有 Hadoop 的 Mahout 等。该过程的特点和挑战主要是用于挖掘的算法相对复杂,并且计算涉及的数据量和计算量都很大,常用的数据挖掘算法都以单线程为主。

4.1.3　大数据发展前景

近些年,互联网行业飞速发展,"大数据"引发多方关注,对处于初始阶段的大数据而言,很多企业都极为重视。大数据技术的战略意义不在于掌握庞大的数据信息,而在于如何对这些含有意义的数据进行专业化处理。换句话说,如果把大数据比作一种产业,那么这种产业实现盈利的关键在于提高对数据的处理和加工能力,通过加工体现数据的价值。

大数据必将在政治、经济、文化等多个方面带来深远的影响,大数据可以帮助人们开启循数管理的模式,也集中体现了当下大社会的特点。

大数据的应用,增加了对信息管理专家的需求。事实上,大数据的影响并不仅仅局限于信息通信产业,从本质上看,许多传统行业中广泛运用数据分析手段管理和优化运营的公司其实都是一个数据公司。麦当劳、肯德基以及苹果公司等旗舰专卖店的位置不是随意而为,而是建立在数据分析基础之上的精准选址。而在零售业中,数据分析的技术与手段更是得到广泛的应用,传统企业如沃尔玛通过数据挖掘重塑并优化供应链,新兴电商如京东、淘宝等则通过对海量数据的掌握和分析,为用户提供更加专业化和个性化的服务。

　　由于大量数据经常含有一些涉及个人隐私的信息,管理不善极有可能造成个人隐私的泄露,针对这个问题,处理大数据的公司必须要认真地加以对待和解决。

　　那么,大数据未来的发展前景和应用策略如何呢? 它主要体现在以下几方面。

　　(1) 数据的资源化

　　资源化是大数据成为企业和社会关注的重要战略资源,并已成为大家关注的新焦点。因而,企业必须要提前制定大数据营销战略计划,抢占市场先机。

　　(2) 与云计算的深度结合

　　大数据离不开云处理,云处理为大数据提供了弹性可拓展的基础设备,是产生大数据的平台之一。自 2013 年开始,大数据技术已开始和云计算技术紧密结合,预计未来两者关系将变得更为密切。除此之外,物联网、移动互联网等新兴计算形态必将共同助力大数据革命,让大数据营销发挥出更大的作用。

　　(3) 科学理论的突破

　　随着大数据的快速发展,就像计算机和互联网一样,大数据很有可能是新一轮的技术革命。大数据以及同时兴起的数据挖掘、机器学习和人工智能等相关技术可能会改变数据世界里的很多算法和基础理论,实现科学技术上的进一步突破。

　　(4) 数据科学和数据联盟的成立

　　大数据的深度应用不仅有助于企业经营活动,还有利于推动国民经济发展,其已作为一种重要的战略资产,在不同程度上渗透到各个行业领域和部门。它对于推动信息产业创新、大数据存储管理挑战、改变经济社会管理面貌等方面也有重大意义。

　　现在,通过数据的力量,用户希望掌握真正的便捷信息,从而让生活变得更加方便。对于企业来说,如何从海量数据中挖掘出可以有效利用的部分,并且用于品牌营销,将成为企业赢得市场的关键利器。

　　虽然大数据目前在国内还处于初级阶段,但是商业价值不断显现。未来,数据极有可能成为价值最大的商品交易对象。但数据量大并不能算是大数据,大数据的特征是数据量大、数据种类多、非标准化数据的价值最大化。因此,大数据的价值是通过数据共享、交叉复用、信息提取后才能获取最大的数据价值。未来大数据将会如基础设施一样,有数据提供方、管理者、监管者等众多参与者,数据的交叉复用将真正使大数据变成一大产业。

　　大数据的整体态势涉及大数据与学术、大数据与人类的活动、大数据的安全隐私、关键应用、系统处理和整个产业的影响等诸多方面。数据的规模将变得更大,数据资源化、数据的价值进一步凸显,数据将出现私有化和联盟共享。

　　伴随大数据的发展,将会产生数据科学家、数据分析师、数据工程师等众多新兴职业,有非常丰富的数据经验的人才将会成为稀缺人才。随着大数据的发展,数据共享联盟将逐渐壮大成为产业的核心一环。但隐私问题也随之而来,如每天手机给人们带来便利的同时也带来了个人隐私泄露的问题。通过将数据资源化,大数据在国家、企业和社会层面将发展成为重要的战略资源,因此也必将成为新的关注焦点和战略制高点。

4.2　云计算

云计算技术是一个与物联网息息相关的前沿技术。云计算为世界带来了一种划时代的变革——由谷歌、IBM 这样的专业网络公司来搭建计算机存储、运算中心,用户通过一根网线借助浏览器就可以很方便地访问将"云"作为资料存储以及应用服务的中心。

云计算是能够将动态伸缩的虚拟化资源通过互联网以服务的方式提供给用户的计算模式。根据云提供的服务模式,可以将云划分为基础架构即服务、平台即服务、软件即服务。根据云的服务类型,还可以将云划分为公共云、私有云、混合云,如图 4-1 所示。

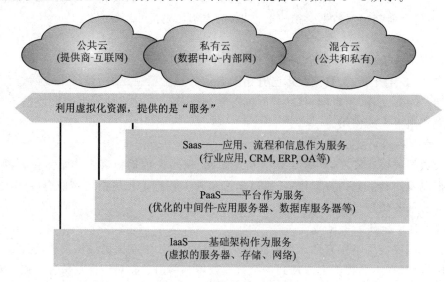

图 4-1　按服务划分云平台

4.2.1　云计算的概念

狭义云计算是指 IT 基础设施的交付和使用模式,通过网络以按需、易扩展的方式获得所需的资源;广义云计算是指服务的交付和使用模式,通过网络以按需、易扩展的方式获得所需的服务。云计算的构想及其概念是由 Google 提出的。这种服务可以是和 IT 基础设施、软件、互联网相关的,也可以是任意其他的服务,它具有超大规模、虚拟化、可靠安全等独特功能。

云计算(Cloud Computing)是分布式计算、并行计算、网格计算、效用计算、网络存储、虚拟化、负载均衡等传统计算机技术和网络技术发展融合的产物。

云计算的目的在于通过网络把多个成本相对较低的计算实体整合成一个具有强大计算能力的复杂系统,并借助 SaaS、PaaS、IaaS、MSP 等先进的商业服务手段形成强大的计算能力,并最终把这种能力提供给终端用户。云计算的一个核心问题就是通过不断提高"云"的处理能力,减少用户终端的处理负担,最终把用户终端简化成一个单纯的输入/输出设备,并能按需要享受"云"的强大计算处理能力。云计算的核心思想是将大量用网络连接的计算资源进行统一管理和调度,从而构成一个计算资源池向用户提供按需服务。

1. 云计算基本原理

云计算的基本原理是:通过调度使计算合理分布在网络中大量的分布式计算机上,而非本地计算机或远程服务器,企业数据中心的运行方式与互联网将更加相似。这使得企业能够将资源切换到需要的应用上,根据需求访问计算机和存储系统。这是一种颠覆性的举措,类似于供电由单台发电机模式转变为电厂集中供电模式。这将意味着计算能力也可以作为一种商品进行流通,就像煤气、水电一样,使用方便,费用低廉。其中最大的不同在于,它的传输网络将使用互联网。在未来,人们只需要一台笔记本或者一个手机,就可以通过网络服务来实现所有需求,甚至包括超级计算这样的一些任务。

2. 云计算特点

云计算的主要特点如下:

(1) 集成计算资源,提高设备计算能力

云计算把大量计算资源集中到一个公共资源池中,通过多主租用的方式共享计算资源。就目前来说,虽然单个用户在云计算平台获得的服务水平受到网络带宽等各种因素的影响,获得的服务未必优于本地主机所提供的服务,但是从整个社会资源的角度而言整体的资源调控降低了部分地区峰值荷载,同时提高了部分闲置的主机的运行率,从而提高了整体资源利用率。服务的规模灵活多样,可大可小,能够自动适应业务负载的动态变化。用户使用的资源同业务的需求相一致,避免了因为服务器性能过载或冗余而导致的服务质量下降或资源浪费。

(2) 分布式数据中心保证系统容灾能力

分布式数据中心可以有效保证数据的安全,可将云端的用户信息备份到地理上相互隔离的数据库主机中,甚至用户自己也无法判断信息的确切备份地点。采取这种方式不仅提供了数据恢复的依据,也使网络病毒和网络黑客的攻击失去目的性而无法造成破坏,大大提高了系统的安全性和容灾能力。

(3) 平台模块化设计体现高可扩展性

目前主流的云计算平台一般根据 SPI 架构在各层集成功能各异的软硬件设备和中间件软件,形成模块化。这些模块化设备提供针对该平台的通用接口,允许用户添加本层的扩展设备。部分云与云之间提供对应接口,允许用户在不同云之间进行数据迁移。类似功能更大程度上满足了用户需求,集成了计算资源,是未来云计算的发展方向之一。

(4) 软硬件相互隔离减少设备依赖性

虚拟化层将云平台下方的基础设备和上方的应用软件隔离开来。技术设备的维护者无法看到设备中运行的具体应用。同时对软件层的用户而言基础设备层是透明的,用户只能看到虚拟化层中虚拟出来的各类设备。这种架构既能减少对设备的依赖,同时也为动态的资源配置提供可能。

(5) 按需付费降低使用成本

按需付费为用户提供应用程序、数据存储、基础设施等资源服务,并可以根据用户需求,自动分配资源,而不需要系统管理员干预。作为云计算的典型应用,按需提供服务、按需付费是目前各类云计算服务中不可或缺的一部分。对用户而言,云计算不但省去了基础网络设备的购置费和运维费,而且能根据企业成长的需要不断扩展订购的服务,不断更换更加适合的服务,提高了资金的利用率。

（6）虚拟资源池为用户提供弹性服务

资源以共享资源池的方式统一管理。利用虚拟化技术，将资源分享给不同用户，资源的放置、管理与分配策略对用户透明。

云平台管理软件将整合的计算资源根据应用访问的具体情况进行动态调整，包括增大或减少资源的要求。因此，云计算在处理非恒定需求的应用，例如对需求波动较大、阶段性需求等方面，具有非常好的应用效果。在云计算环境中，既可以对规律性需求通过事先预测事先分配，也可根据事先设定的规则进行实时公开调整。弹性灵活的云服务可帮助用户在任意时间得到满足需求的计算资源。

（7）泛在接入

用户可以利用各种终端设备（如 PC 电脑、笔记本电脑、智能手机等）随时随地通过互联网获取云计算服务。

基于云计算具有的上述特性，用户可以通过云计算存储个人电子邮件和相片、从云计算服务提供商处购买音乐、储存配置文件和信息、与社交网站（例如 Facebook、MySpace、微博、微信）互动、查找驾驶及步行路线，开发网站，以及与云计算中其他用户互动。依靠云计算提供的服务，用户可更加便捷地处理生活、工作等事务。这也是云计算能在短时间内大行其道的重要原因。

3. 云计算服务模式

从云计算发展至今，已经出现过多种云计算服务模式，目前公众认可的云计算服务模式有三种——基础设施即服务、平台即服务、软件即服务。

（1）基础设施即服务（Infrastructure‑as‑a‑Service，IaaS）

消费者通过 Internet 可以从完善的计算机基础设施获得服务。其提供核心计算资源和网络架构的服务。基础设施栈包括操作系统访问、防火墙、路由和负载平衡。示例产品如 Flexiscale 和 Amazon EC2。

（2）平台即服务（Platform‑as‑a‑Service，PaaS）

PaaS 实际上是指将软件研发的平台作为一种服务，以 SaaS 的模式提交给用户，提供平台给系统管理员和开发人员，令其可以基于平台构建、测试及部署定制应用程序，也降低了管理系统的成本。因此，PaaS 也是 SaaS 模式的一种应用。但是，PaaS 的出现可以加快 SaaS 的发展，尤其是加快 SaaS 应用的开发速度。

其典型服务包括 Storage、Database、Scalability。示例产品如 Google App Engine、AWS：S3、Microsoft Azure。

（3）软件即服务（Software‑as‑a‑Service，SaaS）

它是一种通过因特网提供软件的模式，用户无须购买软件，而是向提供商租用基于 Web 的软件来管理企业经营活动，且无须对软件进行维护，服务提供商会全权管理和维护软件。相对于传统的软件，SaaS 解决方案有明显的优势，包括较低的前期成本、便于维护、快速展开使用等。示例产品如 Google Docs、CRM、Financial Planning、Human Resources、Word Processing。

4. 云计算的类型

云计算一开始主要以基于互联网向企业外部用户提供服务为主，也就是以公有云为主。

随着云计算技术和市场的发展,目前私有云和混合云也成为云计算的类型之一。

（1）公有云

公有云指的是面向公众提供的云服务,大部分互联网公司提供的云服务都属于公有云,例如 Amazon 的 AWS、Google Apps/App Engine 以及国内的阿里巴巴、用友等,其主要特征包括基于互联网获取和使用服务、关注盈利模式、关注安全性与可靠性、具有强大的可扩展性和较好的规模共享经济性等。最大的问题是,由于数据不存储在自己的数据中心,其安全性存在一定风险。

（2）私有云

由于公有云的一些局限性,例如数据存储在提供商的数据中心导致的安全性问题、系统过于庞大而导致稳定性问题、由网络带来的访问性能问题及对已有系统的集成能力较差问题等,私有云因此成为众多拥有较大 IT 资源和软件系统的企业用户的优先选择。私有云的特征包括面向内部用户、通过内部往来获得和使用服务、可扩展性受限、一般无盈利要求、提供成本较高。因此,就网络环境而言,私有云的使用体验较好,安全性较高。但是私有云规模有限,当出现突发性需求增长时,将难以快速地有效扩展。

（3）混合云

由于公有云和私有云各有优缺点,未来的方向应该是将公有云和私有云进行结合。它所提供的服务既可以供别人使用,也可以供自己使用。相比较而言,混合云的部署方式对提供者的要求较高。例如,Amazon 推出的 VPC 使用户可以将数据保存在企业内部并且维持原有的应用系统和应用模式,同时也可以将内部资源"云"化,当出现突发性需求时通过一定的接口使用外部公有云的资源,从而满足企业对安全性、可扩展性和经济性的要求。

4.2.2　云计算关键技术

云计算是分布式处理、并行计算和网格计算等概念的发展和商业实现,Google 在数据挖掘和服务器支持之下,将计算、存储、服务器、应用软件等 IT 软硬件资源虚拟化,云计算在数据存储、数据管理、虚拟化、编程模式等方面具有自身独特的技术。

云计算的关键技术包括以下几个方向。

（1）虚拟机

虚拟机即服务器虚拟机,是云计算底层架构的重要基石。在服务器虚拟化中,虚拟化软件需要实现对硬件的抽象,资源的分配、调度和管理,虚拟机与宿主操作系统及多个虚拟机间的隔离等功能,目前典型的应用有 Citrix Xen、VMware ESX Server 和 Microsoft Hype - V 等。

（2）数据存储技术

云计算的数据存储技术必须具有分布式、高吞吐率和高传输率的特点,这样云计算系统可以同时满足大量用户的需求,并行地为大量用户提供服务。目前,数据存储技术主要有 Google 的 GFS(Google File System,非开源)以及 HDFS(Hadoop Distributed File System,开源),这两种技术已经成为事实标准。

（3）分布式编程与计算

为了使用户能更轻松地享受云计算带来的服务,能利用该编程模型编写简单的程序来实现特定的目的,云计算上的编程模型必须十分简单。必须保证后台复杂的并行执行和任务调度向用户和编程人员透明。当前各 IT 厂商提出的"云"计划的编程工具均基于 Map - Reduce

的编程模型。

（4）数据管理技术

云计算主要的需求是对海量数据存储、读取后进行大量分析，如何提高数据的更新速率以及进一步提高随机读取速率是未来的数据管理技术必须解决的问题。在云计算的数据管理技术中，最著名的是 Goole 的 BigTable 数据管理技术，同时 Hadoop 开发团队正在开发类似 BigTable 的开源数据管理模块。

（5）云计算的业务接口

为了方便用户业务由传统 IT 系统向云计算环境的迁移，云计算应对用户提供统一的业务接口。业务接口的统一不仅方便用户业务向云端的迁移，也会使用户业务在云与云之间的迁移更加容易。在云计算时代，SOA 架构和以 Web Service 为特征的业务模式仍是业务发展的主要路线。

（6）虚拟资源的管理与调度

云计算区别于单机虚拟化技术的重要特征是通过整合物理资源形成资源池，并通过资源管理层（管理中间件）实现对资源池中虚拟资源的调度。云计算的资源管理需要负责资源管理、任务管理、用户管理和安全管理等工作，实现资源状况监视、用户任务调度、用户身份管理、节点故障的屏蔽等多重功能。

4.3　机器学习

机器学习（Machine Learning）就是要使计算机能模拟人的学习行为，自动地通过学习获取知识和技能，重新组织已有的知识结构，不断改善自身性能从而加速实现自我完善。机器学习研究的目的在于如何使机器通过识别和利用现有知识来获取新知识和新技能，它是人工智能的核心技术，是使计算机具有智能的根本途径。该门科学起源于心理学、生理学、生物学、医学等众多交叉学科，在科学研究发展过程中涉及数学、物理学、计算机科学等领域。机器学习主要围绕学习机理、学习方法、面向任务这三个方面进行研究，其应用几乎涵盖自然科学的各个领域。其中涉及最多的是模式识别、通信、控制、信号处理等方面。

4.3.1　机器学习概念

机器学习是当前发展的一个热点，其核心是学习。关于学习，至今并没有一个能被公认的精确的定义。这是因为进行这一研究的人分别来自不同的学科，更重要的是学习是一种多侧面、综合性的心理活动，它与知觉、感觉、记忆、思维等多种心理行为都密切相关，人们难以把握学习的机理与实现。

目前在机器学习研究领域影响较大的是 H. Simon 的观点：学习是系统中的任何改进，这种改进使系统在重复同样的工作或进行类似的工作时，能完成得更好。学习的基本模型就是基于这一观点建立起来的。

机器学习就是要使计算机能模拟人的学习行为，自动通过学习获取知识和技能，不断改善性能，实现自我完善。机器学习研究的就是如何使机器通过识别和利用现有知识来获取新知识和新技能。作为人工智能的一个重要研究领域，机器学习的研究工作主要围绕学习机理、学习方法、面向任务这三个基本方面。

① 面向任务。在预定的一些任务中,分析和开发学习系统,以便改善完成任务的水平,这是在专家系统研究中提出的研究问题。

② 认识模拟。主要研究人类学习过程及其计算机的行为模拟,研究问题的角度基于心理学。

③ 理论分析研究。从理论上探讨各种可能学习方法的空间和独立于应用领域之外的各种算法。

这三个研究方向的研究目标各不相同,但是三个方面的研究都将促进各方面问题和学习基本概念的交叉结合,每一个方向的进展都会促进另一个方向的研究,并推动整个机器学习的深入研究。

4.3.2 机器学习系统

学习能力是指能够通过学习获取新知识,以改善性能、提高智能水平,并根据需要建立相应的学习系统。学习系统一般由环境、学习环节、知识库、执行与评价组成。整个过程包括信息的存储、知识的处理两大部分。图 4-2 所示为简单的学习模型。

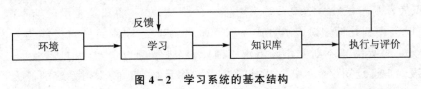

图 4-2 学习系统的基本结构

框架图中的箭头表示知识的流向,环境是指外部信息源,学习环节是指系统通过对环境的搜索获取外部信息,然后经过分析、综合、类比、归纳等思维过程获得知识并将其存入知识库。知识库用于存储由学习得到的知识,在存储时要进行适当的组织使它既便于应用又便于维护,执行部分用于处理系统面临的现实问题即应用学习到的知识求解问题。另外从执行到学习必须有反馈信息,学习将根据反馈信息决定是否要进一步从环境中搜索信息进行学习以修改、完善知识库中的知识。这是机器学习系统的一个重要特征。机器学习系统是对现有知识的扩展和改进。

(1) 信息质量

信息质量是影响学习系统设计的最重要的因素,信息则是环境向系统提供的。知识库里存放的是指导执行部分动作的一般原则,但环境向学习系统提供的信息却是各种各样的。如果信息的质量比较高,与一般原则相差比较小,则学习部分比较容易处理。如果向学习系统提供的是无序的指导执行具体动作的信息,那么学习系统在获得大量数据以后,需要删除不必要的细节,进行总结推广,形成指导动作的一般原则,放入知识库,这样学习部分的任务就比较繁重,设计起来也较为困难。

(2) 知识库

知识库是影响学习系统设计的第二个因素。知识的表示有多种形式,比如特征向量、一阶逻辑语句、产生式规则、语义网络和框架等。这些表示方式各有特点,在选择表示方式上要考虑以下几个方面。

① 表达能力强。人工智能系统研究的一个重要问题是所选择的表示方式能很容易地表示有关的知识。例如,如果研究的是一些孤立的木块,则可选用特征向量表示方式。但是,如

果用特征向量描述木块之间的相互关系,要说明一个绿色的木块在一个蓝色的木块上面,就比较难以表述了。这时如果采用一阶逻辑语句描述就比较方便。

② 易于推理。在具有较强表达能力的基础上,为了使学习系统的计算代价较为合理,希望知识表示方式能降低推理的难度。例如,在推理过程中经常会遇到判别两种表示方式是否等价的问题。在特征向量表示方式中,解决这个问题比较容易;在一阶逻辑表示方式中,解决这个问题的代价耗费很高。因为学习系统通常要在大量的描述中进行查找,很高的计算代价会严重地影响查找的范围。因此如果只研究孤立的木块而不考虑相互的位置,则应该使用特征向量表示来加以解决。

③ 容易修改知识库。学习系统的本质要求它不断地修改自己的知识库,按照推论得出一般执行规则以后,需要加入知识库中。而发现某些规则不适用时要及时将其删除。因此学习系统的知识表示一般都采用明确、统一的方式,如选择特征向量、产生式规则等,以利于知识库的修改。从理论上说,知识库的修改并不容易,因为新增加的知识可能与知识库中原有的知识产生矛盾,这时需要对整个知识库的内容做出全面调整。另外,删除某一知识也可能导致许多关联的知识失效,因此需要进一步做全面检查。

④ 知识表示易于扩展。随着系统学习能力的提高,单一的知识表示已经不能满足需要,一个系统有时会用到几种知识表示方式。不但如此,有时还要求系统自己能构造出新的表示方式,从而满足外界信息不断变化的需求。因此,要求系统包含如何构造表示方式的元级描述,这种元级知识也是知识库的有机组成部分。这种元级知识使学习系统的能力得到极大提高,使其能够学会更加复杂的东西,不断地扩大它的知识领域和增强执行能力。

⑤ 学习系统不能在没有任何知识的情况下凭空获得,只有以相关知识为基础,每一个学习系统才可能理解环境提供的信息,从而实现分析比较、做出假设、检验并修改这些假设。

因此,更准确地说,学习系统是对现有知识的完善和扩展,从而进行推理和决策。

（3）执行部分

执行部分是整个学习系统的核心,其动作就是学习部分力求改进的动作。同执行部分有关的问题包括复杂性、反馈和透明性。

① 任务的复杂性。对于通过例子学习的系统,任务的复杂性分成三类。最简单的是按照单一的概念或规则进行分类或预测的任务。比较复杂一点的任务涉及多个概念。学习系统最复杂的任务是小型计划任务,系统必须给出一组规则序列,执行部分按序执行这些规则。

② 反馈。所有的学习系统必须评价学习部分提出的假设。有些程序专门提供一部分独立的知识来从事这种评价。AM系统就有许多探索规则评价学习部分提出的新概念的意义。然而最常用的方法是有教师提出的外部执行标准,然后观察比较执行结果与这个标准,视情况把比较结果反馈给学习部分,以决定假设的取舍。

③ 透明性。透明性要求从系统执行部分的动作效果可以很容易地对知识库的规则进行评价。例如下完一盘棋之后来判断所走过的每一步的优劣,如果参考输赢总体效果做判断就比较困难,但是如果记录了每一步之后的局势,从局势判断优劣就比较直观和容易了。

4.3.3　机器学习的主要策略

学习是一种复杂的智能活动,学习过程与推理过程是紧密相连的,按照学习中使用推理的程度,机器学习所采用的策略主要有下列几种:机械学习、示教学习、解释学习、类比学习、示例学习、基于神经网络的学习等。学习中所用的推理越多,系统的能力就越强。下面对主要学习策略加以说明。

1. 机械学习

机械学习(Rote Learning)是一种最简单也是最原始、最基本的学习策略,又称死记式学习,实现相对简单。通过记忆和评价外部环境所提供的信息达到学习的目的,学习系统要做的工作就是把经过评价所获取的知识存储到知识库中,求解问题时就从知识库中检索出相应的知识直接用来求解答案。

机械学习看似简单,实际上需要满足记忆精确、没有误差的要求,利用计算机存储容量大、检索速度快的特点,可以实现机械学习。Samuel 的下棋程序就是采用了这种机械记忆策略。

当机械学习系统的执行部分解决完一个问题之后,系统就记住这个问题和它的解。

机械学习是基于记忆和检索的方法,学习方法很简单,但学习系统需要几种能力:① 能实现有组织地存储信息;② 能进行信息结合;③ 能控制检索方向。对于机械式学习,需要注意三个重要的问题:存储组织信息、环境的稳定性与存储信息的适用性及存储与计算之间的权衡。机械式学习的学习程序不具有推理能力,只是将所有的信息存入计算机以增加新知识,其实质上是用存储空间换取处理时间,虽然计算时间节省了,但占用的存储空间却增加了。当因学习而积累的知识逐渐增多时,占用的空间就会越来越大,检索的效率也将随之下降。所以,在机械学习中要全面权衡时间与空间的关系。

2. 示教学习

示教学习又称实例学习,是通过环境中若干与某概念有关的例子,经归纳得出一般性概念的学习方法。在这种学习方法中,外部环境提供的是一组例子,每一个例子表达了仅适用于该例子的知识。示教学习就是要从这些特殊知识中归纳出适用于更大范围的一般性知识,以覆盖所有的正例并排除所有反例。例如,如果用一批动物作为示例,并且告诉学习系统哪一个动物是"马",哪一个动物不是。当示例足够多时,学习系统就能概括出关于"马"的概念模型使自己能够识别马,并且能将马与其他动物区别开来。

采用通过示教学习策略的计算机系统,事先完全没有完成任务的任何规律性的信息,所得到的只是一些具体的工作例子及工作经验。系统需要对这些例子及经验进行分析、总结和推广,得到完成任务的一般规律,并在进一步的工作中验证或修改这些规律,因此它需要的推理是最多的,是一种归纳学习方法;一个示教学习的系统必须能够从具体的训练例子中推导出一般规律,再利用这些规律去指导执行部分的动作。向学习部分提供的是非常低级的信息,这种信息是系统所面临的具体情况和这些部分在这种具体情况下的适当动作,希望系统推广这些信息,得到关于动作的一般规则。

在示教学习系统中,有两个重要概念:示例空间和规则空间。示例空间就是向系统提供的训练例集合;规则空间是事物所具有的某种规律的集合,学习系统应该从大量的训练例中自行总结出这些规律。可以把示教学习看成是选择训练例子去指导规则空间的搜索过程,直到搜索出能够准确反映事物本质的规则为止。

3. 解释学习

基于解释的学习(Explanation Based Learning,EBL)简称解释学习。解释学习根据任务所在领域知识和正在学习的概念知识,对当前实例进行分析和求解,得出一个表征求解过程的因果解释树，对属性、表征现象和内在关系等进行解释以获取新的知识。

1986年，Mitchell等人提出了基于解释的概括方法，该算法建立了基于解释的概括过程，并运用知识的逻辑表示和演绎推理进行问题求解。

在解释学习中，为了对某一目标概念进行学习，必须为学习系统提供完善的领域知识及能够说明目标概念的一个训练实例，而通过训练可以得到相应的知识。在系统进行学习时，首先运用领域知识找出训练实例为什么是目标概念实例的证明，然后根据操作准则对证明进行推广，从而得到关于目标概念的一般性描述，即可得到供以后使用的形式化表示的一般性知识。

解释学习时，系统首先利用领域知识，找出所提供的实例之所以是目标概念的实例的解释，比如张三之所以比他父亲更充满活力，是由于他比他父亲年轻。然后对此解释进行一般化推广，即任何一个儿子都比父亲年轻。由此可得出结论：任何一个儿子都比父亲更充满活力。这就是解释学习所要学习的最终描述。

基于解释的学习可以提供更多的东西。这种学习方式可以理解成通过一个具体的结果和对它的解释过程，对具体的例子进行普化，从而得到一个普遍的原理。它记录现有的因果链，并把这些因果链重新聚合重组，而不增加任何新的东西。只提供加速作用，因为原则上总能回到原来的实例。

4. 类比学习

类比能清晰、简洁地描述对象间的相似性。类比学习就是通过类比，即通过对相似事物加以比较所进行的一种学习。例如，当教师要向学生讲授一个比较难以理解的新概念时，总是用一些学生已经掌握而且与新概念有许多相似之处的例子作为比喻，使学生借助类比加深对新概念的理解。像这样通过对相似事物的比较所进行的学习就是类比学习。

类比学习主要包括以下四个过程：

① 输入一组已知条件和一组未完全确定的条件；

② 对输入的两组条件，根据其描述情况，按某种相似性的定义寻找两者可类比的对应关系；

③ 根据相似变换的方法，将已有问题的概念、特性、方法、关系等映射到新问题上，以获得待求解新问题所需的新知识；

④ 对类推得到的新问题的知识进行校验，将经过验证，获得正确的知识存入知识库中；而对于暂时还无法验证的知识只能作为参考性知识，则置于数据库中。

类比学习的关键是相似性的定义与相似变换的方法。相似定义所依据的对象随着类比学习的目的发生改变，如果学习目的是为了获得新事物的某种属性，那么定义相似时应依据新、旧事物的其他属性间的相似对应关系。如果学习目的是获得求解新问题的方法，那么应依据新问题与老问题的各个状态间的关系来进行类比。相似变换一般要根据新、老事物间以何种方式对问题进行相似类比而决定。

5. 归纳学习

归纳学习（Inductive Learning）是应用归纳推理进行学习的一类学习方法，也是研究最广的一种符号学习方法，它表示从例子设想出假设的过程。归纳是指从个别到一般、从部分到整体的一类推论行为。归纳推理是应用归纳方法所进行的推理，即从足够多的事例中归纳出一般性的知识，它是一种从个别到一般的推理。由于在进行归纳时，多数情况下不可能考察全部有关的事例,因而归纳出的结论不能绝对保证它的正确性,只能以某种程度相信它为真,这是归纳推理的一个重要特征。在进行归纳学习时,学习者从所提供的事实或观察到的假设进行归纳推理,获得某个概念。从某种程度上说,归纳学习的推理量也比类比学习大,因为没有一个类似的概念可以作为"源概念"加以取用。归纳学习是最基本的,发展较为成熟的学习方法,在人工智能领域中已经得到广泛的研究和应用。

6. 神经网络学习

神经网络学习的本质是模拟人类神经系统的思考和学习。神经网络的性质主要取决于两个因素:网络的拓扑结构以及网络的权值和工作规则。二者结合起来就可以构成一个网络的主要特征。

一个连接模型(神经网络)是由一些简单的类似神经元的单元及单元间带权的连接组成的。每个单元具有一个状态,这个状态是由与这个单元相连接的其他单元的输入决定的。连接学习的目的是区分输入模式的等价类。连接学习通过使用各类例子来训练网络,产生网络的内部表示,并用来识别其他输入例子。学习主要表现在调整网络中的连接权,这种学习是非符号的,并且具有高度并行分布式处理的能力,近年来获得了极大的发展。

人工神经网络学习的工作原理是:一个人工神经网络的工作由学习和使用两个非线性的过程组成。从本质上讲,人工神经网络学习是一种归纳学习,它通过对大量实例的反复运行,经过内部自适应过程不断修改权值分布,将网络稳定在一定的状态下。在神经网络中,大量神经元的互连结构及各连接权值的分布就表示了学习所得到的特定要领和知识,这一点与传统人工智能的符号知识表示法存在很大的不同。

基于神经网络的学习策略主要有两种:刺激-反应论和认识论。刺激-反应论把自学习解释为习惯的形成。认为经过练习可在某一刺激与个体的某种反应之间建立一种关系,学习就是要建立这样一种关系,即确定神经网络中各个神经元之间的连接权值。认识论学习策略强调理解在学习过程中的作用,认为学习是个体在其环境中对事物间关系的认识过程,个体行为取决于其对刺激的知觉与否。

比较出名的网络模型和学习算法有单层感知器(Perceptron)、Hopfield 网络、Boltzmann 机和反向传播算法(Back Propagation,BP)。

(1) 基于反向传播网络的学习

误差反向传播学习是由两次通过网络不同层的传播组成:一次前向传播和一次反向传播。

在前向传播中,一个活动模式作用于网络感知节点,它的影响通过网络一层接一层地传播,最后产生一个输出作为网络的实际响应。在前向传播中,网络的突触权值全都被固定了。在反向传播中,突触权值全部按照突触修正规则来进行调整。特别是网络的目标响应减去实际响应会产生误差信号,这个误差信号反向传播通过网络,与突触连接方向相反,因此被称为"误差反向传播"。

突触权值被调整使网络的实际响应在统计意义上更加接近目标响应。误差反向传播算法通常称为反向传播算法,由算法执行的学习过程称为反向传播学习。反向传播算法的发展是神经网络发展史上的一个阶段性的标志,这是因为反向传播算法为训练多层感知器提供了一个高效的计算方法。

(2) 基于 Hopfield 网络模型的学习前向神经网络

从学习的观点看,它是强有力的学习系统,易于编程,结构简单。从系统的观点看,它属于静态的非线性映射,通过简单非线性处理单元的复合映射可以获得复杂的非线性处理能力,但由于缺乏反馈,所以并不是一个强有力的动力学系统。

从计算的角度来看,Hopfield 模型属于反馈型神经网络,因此从原理上分析其具有很强的计算能力。系统着重关心的是稳定性问题。稳定性是这类具有联想记忆功能神经网络模型的核心,学习记忆的过程就是系统向稳定状态发展的过程。Hopfield 网络可用于解决联想记忆和约束优化问题。

4.3.4　机器学习的应用领域

机器学习的应用领域非常广泛,主要包括专家系统、认知模拟、规划和问题求解、数据挖掘、网络信息服务、图像识别、故障诊断、自然语言理解、机器人和博弈等领域。

从机器学习的执行部分所反映的任务类型上看,大部分的应用研究领域重点集中在以下两个方面:分类和问题求解。

① 分类任务要求系统依据已知的分类知识对输入的未知模式(该模式的描述)作分析,以确定输入模式的类属。相应的学习目标就是学习用于分类的准则(如分类规则)。

② 问题求解任务要求对于给定的目标状态寻找一个将当前状态转换为目标状态的动作序列;机器学习在这一领域的研究工作大部分集中于通过学习来获取能提高问题求解效率的知识,例如搜索控制知识、启发式知识等。

4.4　人工智能技术

人工智能(Artificial Intelligence,AI)是计算机科学、控制论、信息论、神经生理学、心理学、语言学等多种学科高度发展、紧密结合、互相渗透而发展起来的一门交叉学科,其诞生的时间最早可追溯到 20 世纪 50 年代中期。人工智能研究的目标是如何使计算机能够学会运用知识,像人类一样完成富有智慧的工作。物联网从物物相连开始,最终要达到智慧地感知世界的目的,而人工智能就是实现智慧物联网最终目标的技术。

人工智能的基本方法有以下几种:

① 启发式搜索:人们解决问题的基本方法是方案-试验法,对各种可能的方案进行试验,直到找出正确的方案。搜索策略可以分为盲目搜索和启发式搜索。盲目搜索是对可能的方案进行顺序试验;启发式搜索是依照经验或某种启发式信息,摒弃希望不大的搜索方向。启发式搜索大大加快了搜索过程,使处理问题的效率得以提高。

② 规划:要解决的问题一般可以经过分解转化为若干小问题,对于每个小问题还可以进一步加以分解。由于解决小问题的搜索大大减少,原问题的复杂度降低,问题的解决得到简化。规划要依靠启发式信息,成功与否在很大程度上取决于启发信息的可靠程度。

③ 知识的表达:知识在计算机内的表达方式是用计算机模拟人类智能必须解决的重要问题。问题解决的关键是如何把各类知识进行编码、存储;如何快速寻找需要的知识;如何对知识进行运算、推理;如何对知识进行修改、更新。

4.4.1　人工智能技术的研究重点

人工智能技术的目的是实现系统或设备的智能化,目前,人工智能技术的研究重点主要包括以下几个方面。

1. 自然语言理解

自然语言理解研究用计算机模拟人的语言交互过程,使计算机能理解和运用人类社会的汉语、英语等自然语言,实现人机之间通过自然语言的通信,以帮助人类查询资料、解答问题、摘录文献、汇编资料以及对一切有关自然语言信息的加工处理。自然语言理解的研究涉及计算机科学、语言学、心理学、逻辑学、声学、数学等众多学科。自然语言理解包括语音理解和书面理解两个方面。

语音理解是指用语音输入,使计算机"听懂"人类的语言,用文字或语音合成方式输出应答。理解自然语言需要根据这些知识进行一定的推理,同时涉及对上下文背景知识的处理,因此想要实现一个功能较强的语音理解系统仍然是一个比较困难的任务。

书面语言理解是指将文字输入到计算机,使计算机不但能够"看懂"文字符号,而且能用文字输出应答。书面语言理解即光学字符识别(Optical Character Recognition,OCR)技术。用扫描仪等电子设备获取纸上打印的字符,通过检测和字符比对的方法,翻译并显示在计算机屏幕上。书面语言理解的对象可以是印刷体或手写体。目前书面语言理解已经进入广泛应用的阶段,包括手机在内的很多电子设备都已经广泛使用了该技术。

2. 专家系统

专家系统是人工智能中一个重要的应用领域,它实现了人工智能从理论研究向实际应用的转变。完成了从一般推理策略探讨到专门知识的应用。专家系统是一个智能计算机程序系统,该系统存储着大量按某种格式表示的特定领域专家知识构成的知识库,并且建立了类似于专家解决实际问题的推理机制,能够利用人类专家的知识和解决问题,模拟人类专家处理该领域的问题。同时,专家系统具有自学习能力。

专家系统的开发和研究是基于人类专家知识面向实际应用的课题,已经开发的系统涉及医疗、交通、教育、地质、气象、军事等多个领域。目前的专家系统要采用基于规则的演绎技术,开发专家系统的关键问题是知识表示、应用和获取技术,困难在于许多领域中专家的知识往往具有琐碎、不精确或者不确定的特征。因此,目前的研究仍集中在这一核心课题上。

此外,专家系统开发工具的研制发展也进展迅速,这对扩大专家系统应用领域,加快专家系统的开发过程,起到了积极推动的作用。

3. 智能信息检索技术

数据库系统是存储某个学科大量事实的计算机系统。随着应用的进一步发展,存储的信息量越来越庞大,因此解决智能检索的问题更具有实际意义。将人工智能技术与数据库技术相结合,建立演绎推理机制,将传统的深度优先搜索改变为启发式搜索,从而有效地提高系统的效率,实现数据库智能检索。智能信息检索系统应具有一些功能:能理解自然语言,允许用自然语言提出各种询问;具有推理能力,能根据存储的事实,演绎出所需的答案;系统具有一定常识性知识,以补充学科范围的专业知识。系统根据这些常识,能够推导出更一般的结论。

4. 机器定理证明

逻辑推理是人工智能研究中最持久的领域之一,其中特别重要的是要找到一些方法,只把注意力集中在一个大型的数据库中的有关事实上,留意可信的证明,并在出现新信息时适时修正这些证明。医疗诊断和信息检索都可以和定理证明问题一样加以形式化。因此,在人工智能方法的研究中,定理证明是一个极其重要的论题。

人工证明数学定理和日常生活中的推理变成一系列能在计算机上自动实现的符号演算的过程和技术称为机器定理证明和自动演绎。机器定理证明是人工智能的重要研究领域,它的成果可应用于问题求解、程序验证、自动程序设计等方面。尽管数学定理证明的过程每一步都很严格,但选择采取何种证明步骤,需要人的智能,依赖于经验、直觉、想象力和洞察力。因此,数学定理的机器证明和其他类型的问题求解就成为人工智能研究的起点。

5. 计算机博弈

计算机博弈(或称为机器博弈)是指让计算机学会人类的思考过程,能够像人一样有思想意识。计算机博弈有两种方式:一是计算机和计算机之间对抗;二是计算机和人之间对抗。

阿尔法围棋(AlphaGo)是一款围棋人工智能程序,由位于英国伦敦的 Google 旗下的 DeepMind 公司的戴维·西尔弗、艾佳·黄和戴密斯·哈萨比斯与他们的团队开发,这个程序采用"价值网络"去计算棋局的局面,用"策略网络"去选择如何下子。2016 年 3 月 27 日,AlphaGo 确认挑战"星际争霸 2"。2016 年 12 月 29 日晚起,一个注册为"master"、标注为韩国九段的"网络棋手"接连"踢馆"弈城网和野狐网。2016 年 12 月 29 日晚到 2017 年 1 月 4 日晚,master 对战人类顶尖高手的战绩是 60 胜 0 负。最后一盘前,大师透露,"他"就是 AlphaGo。

AlphaGo 的主要工作原理是"深度学习",代表了当前"深度学习"的最高水平。"深度学习"是指多层的人工神经网络和训练它的方法。一层神经网络会把大量矩阵数字作为输入,通过非线性激活方法提取权重,再产生另一个数据集合作为输出。这就像生物神经大脑的工作机理一样,通过选取合适的矩阵数量,将多层组织链接一起,形成神经网络"大脑"进行精准复杂的处理,就像人们识别物体、标注图片一样。

AlphaGo 是通过两个不同神经网络"大脑"合作来改进下棋。这些大脑是多层神经网络,跟 Google 图片搜索引擎识别图片在结构上是相似的。它们从多层启发式二维过滤器开始,去处理围棋棋盘的定位,就像图片分类器网络处理图片一样。经过过滤,13 个完全连接的神经网络层能够对它们看到的局面做出判断。这些层能够做分类和逻辑推理。

6. 自动程序设计

自动程序设计是指采用自动化手段进行程序设计的技术和过程,也是实现软件自动化的技术。研究自动程序设计的目的是为了提高软件生产效率和软件产品的品质。

自动程序设计的任务是设计一个程序系统。它将按照所设计的程序要求实现某个目标的非常高级的描述作为其输入,然后自动生成一个能完成这个目标的个体程序。自动程序设计具有多种含义。按照广义的理解,自动程序设计是尽可能借助计算机系统,特别是自动程序设计系统完成软件开发的过程。软件开发是指从问题描述、软件功能说明、设计说明到可执行的程序代码生成、调试、交付使用的全过程。按照狭义的理解,自动程序设计是从形式的软件功能规格说明到可执行的程序子代码这一过程的自动化。因此自动程序设计所涉及的基本问题和定理证明与机器人学有关,要用人工智能的方法来实现,它也是人工智能和软件工程相结合的课题。

7. 计算机视觉

计算机视觉是一门用计算机实现或模拟人类视觉功能的新兴学科,其主要研究目标是使计算机具有通过二维图像认知三维环境信息的能力,这种能力不仅包括对三维环境中物体形状、位置、姿态、运动等几何信息的感知,而且还包括对这些信息的描述、存储、识别与理解。目前,计算机视觉已在人类社会的许多领域得到成功应用。例如,在图像、图形识别方面有指纹识别、染色体识别、字符识别等;在航天与军事方面有卫星图像处理、飞行器跟踪、成像精确制导、景物识别、目标检测等;在医学方面有图像的脏器重建、医学图像分析等;在工业方面有各种监测系统和生产过程监控系统等。

8. 组合调度问题

许多实际问题都属于确定最佳调度或最佳组合的问题,如互联网中的路由优化问题、物流公司要为物流确定一条最短的运输路线问题等。这类问题的实质是对由几个节点组成的一个图的各条边,寻找一条最小耗费的路径,使得这条路径只对每一个节点经过一次。

在大多数组合调度问题中,求解程序所面临的困难程度随着求解节点规模的增大是按指数方式增长。人工智能研究者研究过多种组合调度方法,尽可能减缓"时间-问题大小"曲线的变化,为很多类似的路径优化问题找出最佳的解决方法。

4.4.2　智能决策支持系统

1. 智能决策支持系统的定义

决策支持系统(Decision Support System,DSS)是以管理科学、运筹学、控制论、和行为科学为基础,以计算机技术、仿真技术和信息技术为手段,针对半结构化的决策问题,支持决策活动的具有智能作用的人机系统。

传统 DSS 采用各种定量模型,在定量分析和处理中发挥了巨大作用,它也对半结构化和非结构化决策问题提供支持,但由于它通过模型来操纵数据,实际上支持的仅仅是决策过程中结构化和具有明确过程性的部分。随着决策环境日趋复杂,DSS 的局限性也日趋突出,具体表现在:系统在决策支持中的作用是被动的,不能根据决策环境的变化提供主动支持,对决策中普遍存在的非结构化问题无法提供支持,以定量数学模型为基础,对决策中常见的定性问题、模糊问题和不确定性问题缺乏相应的支持手段。

智能决策支持系统(IDSS)是指人工智能(Artificial Intelligence,AI)和决策支持系统(DecisionSupport System,DSS)相结合,在应用专家系统(Expert System,ES)技术的支持下,使 DSS 更能够充分地应用人类的知识。如关于决策问题的描述性知识、过程性知识,求解问题的推理性知识,通过逻辑推理使复杂的决策问题得以解决。它包括决策支持系统所拥有的组件,包括模型库系统、人机交互系统和数据库系统,同时集成了最新发展的人工智能技术,如专家系统、多代理以及神经网络和遗传算法等。它是以信息技术为手段,应用管理科学、计算机科学及有关学科的理论和方法,针对半结构化和非结构化的决策问题,通过提供背景材料、协助明确问题、修改完善模型、列举可能方案、进行分析比较等方式,为管理者做出正确决策提供帮助的智能型人机交互式信息系统。

该系统能够为决策者提供所需的数据、信息和背景资料,帮助明确决策目标和进行问题的识别,建立或修改决策模型,提供各种备选方案,并且对各种方案进行评价和优选,通过人机交互功能进行分析、比较和判断,为正确的决策提供必要的支持。它通过与决策者的一系列人机对话过程,检验决策者的要求和设想,为决策者提供各种可靠方案,从而达到支持决策的目的。

2. 智能决策支持系统的组成

较完整与典型的 IDSS 结构是在传统三库(模型库、数据库及人机交互系统)DSS 的基础上增设知识库与方法库,在人机交互系统中加入自然语言处理系统(LS),与三库之间插入问题处理系统(PSS)而构成的四库系统。智能决策支持系统主要包括四部分内容:智能人机接口、问题处理系统、自然语言处理系统、知识库子系统。

各部分的组成分述如下:

① 智能人机接口。四库系统的智能人机接口接受用自然语言或接近自然语言的方式来表达决策问题及决策目标,这在很大程度上改变了人机界面的性能。

② 问题处理系统。问题处理系统起到联系人与机器及所存储的求解资源的桥梁的作用,处于 DSS 的中心位置,主要包括问题分析器与问题求解器两部分。问题处理系统是 DSS 中最活跃的部件,它既要识别与分析问题,设计求解方案,又需要为问题求解调用四库系统中的数据、模型、方法等资源,对半结构化或非结构化问题还要触发推理机进行推理或新知识的推求。

③ 自然语言处理系统。自然语言处理系统有两个功能:转换产生的问题描述,由问题分析器判断问题的结构化程度。对结构化问题选择或构造模型,采用传统的模型计算求解;对半结构化或非结构化问题则由规则模型与推理机制来求解。

④ 知识库子系统。知识库子系统的组成可分为知识库管理系统、知识库及推理机三部分,具体描述如下:

- 知识库管理系统。它的功能主要包括两方面:一是回答对知识库知识增、删、改等知识的请求;二是回答决策过程中问题分析与判断所需知识的请求。
- 知识库。知识库是知识库子系统的核心。知识库中存储的是那些既不能用数据表示,也不能用模型方法描述的专家知识和经验,这些既采纳了决策专家的决策知识和经验知识,同时也包括一些特定问题领域的专业知识。

知识库中的知识表示是一组为描述世界所做的约定,也是知识的符号化过程。对于同一知识,可有不同的知识表示形式,知识的表示形式直接影响推理方式,并在很大程度上决定着一个系统的能力和通用性,是知识库系统研究的一个重要课题。

知识库包含事实库和规则库两部分。例如,事实库中存放了"任务 A 是紧急订货""任务 B 是出口任务"这样的事件。规则库中存放着"IF 任务 i 是紧急订货,AND 任务 i 是出口任务,THEN 任务 i 按最优先安排计划""IF 任务 i 是紧急订货,THEN 任务 i 按优先安排计划"这样的规则。

- 推理机。推理是指从已知事实推出结论的过程。推理机是一组程序,它针对用户问题去处理知识库(规则和事实)。

推理原理如下:若事实 M 为真,且有一规则"IF M THEN N"存在,则 N 为真。因此,如果事实"任务 A 是紧急订货"为真,且有一规则"IF 任务 i 是紧急订货,THEN 任务 i 按优先安排计划"存在,则任务 A 就应优先安排计划。

知识库子系统的特点有:充分利用多层次的信息资源;基于规则的表达方式,用户易于掌握和使用;具有很强的模块化特性,并且模块重用性好,系统的开发成本低;各部分组合灵活,可实现强大功能,并且易于维护;可以迅速使用先进的支撑技术,如 AI 技术等。知识库子系统容易构造出实用系统。

从实现原理分析,智能决策支持系统与能量管理系统的区别主要体现在以下几个方面:

① 数据源:决策支持系统的数据源包括稳态信息和故障信息,而能量管理的数据源只包含稳态信息;

② 对故障信息的利用：决策支持系统利用故障信息进行故障诊断，而能量管理系统则没有；

③ 对系统运行的综合分析：决策支持系统提供考虑安全性和经济性的综合评估报告，而能量管理系统未提供；

④ 分析工具：决策支持系统提供稳态信息和故障信息的分析工具，而能量管理系统只提供稳态信息的分析工具。

4.5　数据挖掘技术

随着网络的发展和用户的激增，目前工商企业、科研机构、政府部门都已积累了海量的、以不同形式存储的数据，从中发现有价值的信息、规律、模式或知识，达到为决策服务的目的，已经成为十分艰巨但是具有重大实际意义的任务。

4.5.1　数据挖掘的概念

1. 数据挖掘技术的由来

（1）从海量数据中提取有效信息

随着数据库技术的迅速发展以及数据库管理系统的广泛应用，人们积累的数据越来越多。激增的数据背后隐藏着许多重要的信息，人们希望能够对其进行更高层次的分析，以便更好地利用这些数据。目前的数据库系统虽然可以高效地实现数据的录入、查询、统计等功能，但无法发现数据中隐藏的关系和规则，无法根据现有的数据预测未来的发展趋势。由于缺乏挖掘数据背后隐知识的手段，导致了"数据爆炸但知识贫乏"的独特现象。

（2）支持数据挖掘技术的基础

数据挖掘技术是人们长期对数据库技术进行研究和开发的结果。从早期的各种商业数据只能存储在计算机数据库中，发展到可对数据库进行查询和访问，进而发展到对数据库的即时遍历，数据挖掘使数据库技术进入到了一个更先进的阶段。它不仅能对过去的数据进行查询和遍历，并且能够找出过去数据之间的潜在联系，进而促进信息的传递。现在，数据挖掘技术已经在商业领域得以应用，这是基于支撑这种技术的三种基础技术已经发展成熟，它们分别是海量数据搜集、强大的多处理器计算机和数据挖掘算法。

（3）从商业数据发现有价值的商业信息

从商业数据到商业信息的进化过程中，每一步前进都是建立在已有技术的基础上，数据挖掘是一个逐渐演变的过程。

数据挖掘的核心技术历经了数十年的发展，逐步形成了完整的知识技术体系，其中包括数理统计、人工智能、机器学习。今天，在这些成熟技术的基础上，加上高性能的关系数据库引擎以及广泛的数据集成，让数据挖掘技术在当前的数据仓库环境进入实用的阶段。

2. 数据挖掘的定义

数据挖掘有广义和狭义之分。

广义的数据挖掘，指从大量的数据中发现隐藏的、内在的和有用的知识或信息的过程。狭义的数据挖掘是指知识发现中的一个关键步骤，是一个抽取有用模式或建立模型的重要环节。

知识发现是识别出存在于数据库中有效的、新颖的、具有潜在价值的乃至最终可以理解的模式的非平凡过程。数据挖掘则是从数据库的大量数据中揭示出隐含的、先前未知的并有潜在价值的信息的非平凡过程。可见这两个术语的内涵大致相同。

数据挖掘更广义的定义是：数据挖掘意味着在一些事实或观察数据的集合中寻找模式的决策支持过程。实际上，数据挖掘的对象不仅是数据库，也可以是文件系统或其他任何组织在一起的数据集合。

一种较为公认的定义是由 G. Piatetsky - Shapir 等人提出的。数据挖掘是从大量的、不完全的、有噪声的、模糊的、随机的数据中，提取隐含在其中的、人们事先不知道的，但又是潜在有用的信息和知识的过程。这个定义说明的含义为：数据源必须是大量的、真实的、携带噪声的；发现的是用户感兴趣的知识；发现的知识要可接受、可理解、可运用；发现的知识支持特定的被发现的问题。

3. 数据挖掘和数据仓库

在大多数情况下，数据挖掘需要事先把数据从数据仓库拿到数据挖掘库或数据集市中，见图 4 - 3。从数据仓库中直接得到进行数据挖掘的数据有许多好处，数据仓库的数据清理和数据挖掘的数据清理类似，如果数据在导入数据仓库时已经清理过了，那么在数据挖掘时就没必要再清理一次，而且在此期间，所有的数据不一致的问题都已经解决了。

数据挖掘库可能是数据仓库的一个逻辑上的子集，而不一定是物理上单独的数据库。如果数据仓库的资源已经非常紧张，应该建立一个单独的数据挖掘库。数据仓库不是必需的，建立一个巨大的数据仓库，把各个不同源的数据统一在一起，解决所有的数据冲突问题，然后把所有的数据导入到一个数据仓库当中，这是一项巨大的工程。如果只是为了数据挖掘，可以把一个或几个事务数据库导入到一个只读的数据库中，就可以把它当作数据集市，然后在上面进行数据挖掘。

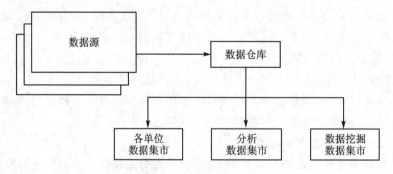

图 4 - 3 数据挖掘库与数据仓库的关系

4. 数据挖掘和在线分析处理

在线分析（OLAP）是决策支持领域的一部分，可以充分利用在线数据自动进行分析决策。传统的查询和报表工具是告诉数据库中有什么，OLAP 则更进一步告诉下一步会怎么样，以及如果采取这样的步骤又会发生什么。用户首先设定一个假设，然后用 OLAP 检索数据库来验证这个假设是否正确。比如，一个分析师想查找什么原因导致了贷款拖欠，他可能先做一个初始的假定，认为低收入的人信用度也低，然后用 OLAP 来验证这个假设。如果这个假设没有被证实，他可以去察看那些高负债的账户，如果还是不行，他也许要把收入和负债同时考虑，这样一直进行下去,直到找到他想要的结果或者放弃。换句话说,OLAP 分析师是先建立一系列的假设,然后通过 OLAP 来证实或推翻这些假设以便最终得到自己的结论。OLAP 分析过程在本质上是一个推理演绎的过程,但是如果分析的变量达到几十乃至上百个,那么用 OLAP 手动分析验证这些假设将是一件非常困难和痛苦的事情。

数据挖掘与 OLAP 不同的地方在于,数据挖掘不是用于验证某个假定的模式的正确性,而是在数据库中自己寻找模型。这其实在本质上是一个归纳的过程。比如,一个用数据挖掘工具的分析师想找到引起贷款拖欠的风险因素,数据挖掘工具可能帮他找到高负债和低收入是引起这个问题的因素,甚至还可能发现一些原本从来没有想过或试过的其他因素,比如年龄因素。

数据挖掘和 OLAP 具有互补性。在利用数据挖掘技术得出相应结论以后,如果想要采取行动,那么在行动之前要验证一下如果采取这样的行动会给公司带来什么样的影响,这时 OLAP 工具能回答这些问题。在知识发现的早期阶段,OLAP 工具还有其他一些用途,可以帮助探索数据,找到那些是对一个问题比较重要的变量,发现异常数据和互相影响的变量。这都能帮助人们更好地理解数据,加快发现知识的过程。

4.5.2　数据挖掘的研究内容

随着数据挖掘和知识发现(DMKD)研究逐步走向深入,数据挖掘和知识发现的研究已经在三大技术方面取得了一定的进展,涉及数据库、人工智能和数理统计。目前 DMKD 的主要研究内容包括基础理论、可视化技术、定性定量互换模型、知识表示方法、发现算法、数据仓库、半结构化和非结构化数据中的知识发现以及网上数据挖掘等。数据挖掘所发现的知识最常见的有以下 5 类。

(1) 分类知识

分类知识反映同类事物共同性质的特征型知识和不同事物之间的差异型特征知识,最为典型的分类方法是基于决策树的分类方法,它是从实例集中构造决策树,是一种有指导意义的学习方法。该方法先根据训练子集(又称为窗口)形成决策树,如果该树不能对所有对象给出正确的分类,那么选择一些例外加入到窗口中,重复该过程直到形成正确的决策集。最终结果是一棵树,其叶节点是类名,中间节点是带有分枝的属性,该分枝对应该属性的某一可能值。

(2) 关联知识

关联知识(Association)是反映一个事件和其他事件之间的依赖或关联的知识。如果两项或多项属性之间存在关联,那么其中一项的属性值就可以依据其他属性值进行预测。关联规则的发现可分为两步。第一步是迭代识别所有的频繁项目集,要求频繁项目集的支持率不低于用户设定的最低值;第二步是从频繁项目集中构造可信度不低于用户设定的最低值的规则。识别或发现所有频繁项目集是关联规则发现算法的核心,也是计算量最大的部分。

(3) 偏差型知识

偏差型知识是对差异和极端特例的描述,揭示事物偏离常规的异常现象,并对此进行存储,如标准类外的特例、数据聚类外的离群值等。所有这些知识都可以在不同的概念层次上被发现,并随着概念层次的提升,从微观到宏观,以满足不同用户、不同层次决策的需要。

(4) 广义知识

广义知识(Generalization)指类别特征的概括性描述知识。根据数据的微观特性发现其表征的、带有普遍性的、较高层次概念的、宏观的知识,反映了同类事物的共同性质,是对数据的概括、精炼和抽象。

广义知识的发现方法和实现技术有很多,比如数据立方体、面向属性的归约等。数据立方体还有其他一些别名,如"多维数据库""实现视图""OLAP"等,该方法的基本思想是实现某些常用的代价较高的聚集函数的计算,诸如计数、求和、平均、最大值等,并将这些实现视图储存在多维数据库当中。既然很多聚集函数需经常重复计算,那么在多维数据立方体中存放预先计算好的结果将能保证快速响应,并可灵活地提供不同角度和不同抽象层次上的数据视图。

另一种广义知识发现方法是面向属性的归纳方法,这种方法以类 SQL 语言表示数据挖掘查询,收集数据库中的相关数据集,然后在相关数据集上应用一系列数据推广技术进行数据推广,包括属性阈值控制、属性删除、概念树提升、计数及其他聚集函数传播等。

(5) 预测型知识

预测型知识根据时间序列型数据,按照历史的和当前的数据去推测未来的数据,也可以认为是以时间为关键属性的关联知识。时间序列预测方法有经典的统计方法、神经网络和机器学习等。1968 年,Box 和 Jenkins 提出了一套比较完善的时间序列建模理论和分析方法,这些经典的数学方法通过建立随机模型,如自回归模型、求和自回归滑动平均模型、自回归滑动平均模型和季节调整模型等,进行时间序列的预测。由于大量的时间序列是非平稳的,其数据分布和特征参数随着时间的推移而发生改变,因此,仅仅通过对某段历史数据的训练,建立单一的神经网络预测模型是无法完成准确的预测任务的。为此,人们提出了基于统计学和基于精确性的再训练方法,当发现现存预测模型不再适用于当前数据时,应及时对模型重新训练,获得新的权重参数,从而建立新的模型。也有许多系统借助并行算法的计算优势来完成时间序列的预测。

1. 数据挖掘和统计学的异同

数据挖掘和统计学有着共同的目标:发现数据中的结构。也正因为它们的目标相似,一些人认为数据挖掘是统计学的分支。这其实是一个错误的看法,因为数据挖掘涵盖了其他领域的思想、方法和工具,尤其是计算机学科,例如数据库技术和机器学习,而且它所关注的某些领域和统计学家所关注的内容有很大的不同。总的来说,数据挖掘和统计学的不同之处体现在以下几个方面。

① 从研究的目的来看,大多数情况下,数据挖掘的本质是很偶然地发现非预期但很有价值的信息。比如关联分析的本质就是要找到人们尝试之外、意料之外的关联。换句话说,数据挖掘过程本质上是实验性的。而统计分析则与此不同,它是一种确定性的分析,目的在于建立一个最合适的模型,虽然这个模型也许不能很好地解释观测到的数据。

② 从研究方法上看,数据挖掘通常基于支持度、置信度框架,没有一系列严格的假定,因此也没有响应的统计检验;而统计分析是建立在一系列统计分布的理论基础之上的,对应严格的统计检验结论。

③ 从数据形式来看,统计分析通常将数据看成一个按变量交叉分类的平面表,存储于计算机中等待分析。如果数据量较小,可以读入内存,但在许多数据挖掘问题中这是不可能的,等待分析的数据通常不能一次性读入内存。另外,大量的数据常常分布在不同的计算机上、甚至分布在全球互联网上,此类问题使得获得一个简单样本的可能性并不大。

④ 从数据整体来看,数据挖掘问题通常能够得到全部总体数据,响应的分析是基于全部

总体数据进行的。而统计分析则不同,统计分析通常基于样本数据,利用样本统计量去推断总体特征值。

⑤ 从分析的可行性上来看,海量的数据可能导致统计分析中的统计检验失效。基于这个原因,直接将一些统计分析应用于海量数据的分析和处理并不可行。而大部分数据挖掘系统将会利用计算机在分析者和数据之间起到必要的过滤作用,利用一系列快速而不失高效的算法,解决海量数据的问题。

⑥ 从实时分析看,数据的不断更新需要实时处理,统计分析则不能做到这一点。例如,银行事务每天都会发生,没有人能等三个月才得到一个可能的欺诈分析。类似的问题同样会发生在总体随时间变化的情形之下。

2. 数据挖掘的步骤

在实施数据挖掘之前,首先制定采取的步骤,即每一步具体做什么,达到什么样的目标,制定好的计划才能保证数据挖掘的正确实施并取得成功。很多软件供应商和数据挖掘顾问公司能够提供一些数据挖掘过程模型,以指导他们的用户一步步地进行数据挖掘工作。比如 SPSS 公司的 5A 和 SAS 公司的 SEMMA。

数据挖掘过程模型步骤主要包括:

① 定义商业问题。在开始知识发现之前首先要了解数据和业务问题。必须要对目标有一个明确的定义,即决定到底想要干什么。比如想提高电子信箱的利用率时,想做的可能是“提高用户使用率”,也可能是“提高一次用户使用的价值”,要解决这两个问题而建立的模型几乎是完全不一样的,必须根据要求做出选择。

② 建立数据挖掘库。建立数据挖掘库包括以下几个步骤:数据收集;数据描述;选择;数据质量评估和数据清理;合并与整合;构建元数据;加载数据挖掘库;维护数据挖掘库。

③ 分析数据。分析的目的是找到对预测输出影响最大的数据字段和决定是否需要定义导出字段。如果数据集包含了成百上千的字段,那么浏览分析这些数据将是一件非常耗时的事情,这时需要选择一个具有良好界面和功能强大的工具软件来协助完成这些事情。

④ 准备数据。这是建立模型之前的最后一步,可以把这个步骤分为 4 个部分:选择变量;选择记录;创建新变量;转换变量。

⑤ 建立模型。建立模型是一个反复的过程。需要仔细考察不同的模型以判断哪个模型对面临的商业问题最有效。先用一部分数据建立模型,然后再用剩下的数据来测试和验证这个得到的模型。有时还包括第三个数据集,称为验证集,这是因为测试集可能受模型特性的影响,这时需要一个单独的数据集来验证模型的准确性。训练和测试数据挖掘模型需要把数据分成两个组成部分:一个用于模型训练,另一个用于模型测试。

⑥ 评价和解释。模型建立好之后,必须评价得到结果、解释模型的价值。从测试集中得到的准确率只对用于建立模型的数据有意义。在实际应用中,需要进一步了解错误的类型和由此带来的相关费用的多少。经验证有效的模型并不一定是正确的模型。带来这一结果的直接原因就是模型建立中隐含的各种假定情况。因此直接在现实世界中测试模型非常重要。先在小范围内应用,取得测试数据,觉得满意之后再向大范围加以推广。

⑦ 实施。模型建立并经过验证以后,可以有两种主要的使用方法。第一种是提供给分析人员做参考;另一种是把此模型应用到不同的数据集上。

因为事物总是处于不断发展变化过程当中,模型的建立是基于以前的信息,很可能过一段时间之后，模型就完全偏离了实际情况。销售人员都知道，人们的购买方式随着社会的发展而变化。因此随着使用时间的改变，要不断地做验证测试来检测模型，有时甚至需要重新调整和创建模型。

3. 数据挖掘的功能

数据挖掘通过预测未来趋势及行为，做出超前的、基于知识的决策。数据挖掘的目标是从数据库中发现隐含的、有意义的知识，它主要包括以下 5 类功能。

（1）自动预测趋势和行为

数据挖掘自动在大型数据库中寻找预测性信息，以往需要进行大量手工分析的问题如今可以直接由数据本身得出结论。一个典型的例子是市场预测问题，数据挖掘使用过去有关促销的数据寻找未来投资中回报最大的用户，其他可预测的问题包括预报破产以及认定对指定事件最可能做出反应的群体。

（2）聚　类

数据库中的记录可被划分为一系列有意义的子集，即聚类。聚类增强了人们对客观事实的认识，这是概念描述和偏差分析的先决条件。聚类技术主要包括数学分类学和传统的模式识别方法。20 世纪 80 年代初，Mchalski 提出了概念聚类技术及其要点是在划分对象时不仅考虑对象之间的距离，还要求划分出的类具有某种内涵描述，从而避免了传统技术的某些片面性。

（3）关联分析

数据关联是指数据库中存在的一类重要的可被发现的知识。若两个或多个变量的取值之间存在某种规律性，就称之为关联。关联可分为简单关联、时序关联、因果关联。关联分析的目的是找出数据库中隐藏的关联网。有时并不知道数据库中数据的关联函数，即使知道也是不确定的，因此关联分析生成的规则带有可信度。

（4）概念描述

概念描述就是对某类对象的内涵进行描述，并概括这类对象的有关特征。概念描述分为特征性描述和区别性描述，前者描述某类对象的共同特征，后者描述不同类对象之间的区别。生成一个类的特征性描述只涉及该类对象中所有对象的共性。生成区别性描述的方法包括很多种，如采用决策树方法、遗传算法等。

（5）偏差检测

数据库中的数据常有一些异常记录，从数据库中检测这些偏差具有实际意义。偏差包括很多潜在的知识，如分类中的反常实例、观测结果与模型预测值的偏差、不满足规则的特例、量值随时间的变化等。偏差检测的基本方法是，寻找观测结果与参照值之间有意义的差别。

4. 数据挖掘的主要方法

数据挖掘技术主要来源于四个领域：机器学习、统计分析、神经网络和数据库，所以，基于数据挖掘技术的来源领域，数据挖掘的主要方法可以粗略划分为：机器学习方法、统计方法、神经网络方法和数据库方法。

机器学习方法主要包括：归纳学习方法（决策树、规则归纳等）、基于范例的推理 CBR、遗传算法、贝叶斯信念网络等。决策树是一种常用于预测模型的算法，它通过将大量数据有目的的分类，从中找到一些有价值的、潜在的信息。它的主要优点是描述简单，分类速度快，特别适合大规模的数据处理。

最有影响和最早的决策树方法是由 Quinlan 提出的著名的基于信息熵的 ID3 算法。

遗传算法是一种基于生物自然选择与遗传机理的随机搜索算法,是一种仿生全局优化方法。遗传算法具有的隐含并行性、易于和其他模型结合等性质使得它在数据挖掘中被加以应用。但遗传算法的算法较为复杂,收敛于局部极小的较早收敛问题尚未获得解决。

统计方法主要包括:回归分析、判别分析、聚类分析、探索性分析、以及模糊集、粗集、支持向量机等。模糊集方法即利用模糊集合理论对实际问题进行模糊模式识别、模糊评判、模糊决策和模糊聚类分析。系统的复杂性越高,其模糊性越强,一般模糊集合理论是用隶属度来刻画模糊事物的亦此亦彼性。粗集方法以粗集理论为基础。粗集理论是一种研究不精确、不确定知识的数学工具。粗集方法包括几个优点:不需要给出额外信息;简化输入信息的表达空间;算法简单,易于操作。粗集处理的对象是类似二维关系表的信息表。目前成熟的关系数据库管理系统和新发展起来的数据仓库管理系统,为粗集的数据挖掘奠定了坚实的基础。但粗集的数学基础是集合论,难以直接处理连续的属性。而现实信息表中连续属性是普遍存在的。因此连续属性的离散化是制约粗集理论实用化的难点。

神经网络方法主要包括:前向神经网络(BP 算法等)、自组织神经网络(自组织特征映射、竞争学习等)。基于分布式存储的特点,神经网络由于本身良好的鲁棒性、自组织自适应性、并行处理、分布存储和高度容错等特性非常适合解决数据挖掘的问题,因此近年来越来越受到人们的关注。

典型的神经网络模型主要分 3 大类:以感知机、BP 反向传播模型、函数型网络为代表的用于分类、预测和模式识别的前馈式神经网络模型;以 Hopfield 的离散模型和连续模型为代表的,分别用于联想记忆和优化计算的反馈式神经网络模型;以 ART 模型、Koholon 模型为代表的,用于聚类的自组织映射方法。神经网络方法的缺点是"黑箱"特性,人们不清楚网络的学习和决策过程。

数据库方法主要是基于可视化的多维数据分析或 OLAP 方法。

上述的遗传算法、近邻算法、规则推导等这些专门的分析工具已经发展了十几年的历史,不过这些工具所面对的数据量通常较小,而现在这些技术已经被直接集成到许多大型的工业标准的数据仓库和联机分析系统当中。

5. 数据挖掘的未来研究方向及热点

(1) 数据挖掘未来研究方向

当前,数据挖掘(DMKD)作为一项热门的技术,各项研究正在有序开展,研究的焦点主要集中到以下几个方面:

① 发现语言的形式化描述,即研究专门用于知识发现的数据挖掘语言,也许会像 SQL 语言一样走向形式化和标准化。

② 研究在网络环境下的数据挖掘技术(WebMining),特别是在互联网上建立 DMKD 服务器,并且与数据库服务器配合实现 WebMining。

③ 寻求数据挖掘过程中的可视化方法,使知识发现的过程能够被用户理解,也便于在知识发现的过程中进行人机交互。

④ 加强对各种非结构化数据的开采,如对文本数据、图形数据、视频图像数据、声音数据乃至综合多媒体数据的开采。处理的数据将会涉及更多的数据类型,这些数据的类型比较复

杂,结构比较独特。为了处理这些复杂的数据,就需要一些新的和更好的分析和建立模型的方法,同时还会涉及为处理这些复杂或独特数据所做的费时和复杂数据准备的一些工具和软件。

不管怎样,需求牵引与市场推动是永恒不变的主题,DMKD 将首先满足信息时代用户最关心的需求,大量的基于 DMKD 的决策支持软件产品将会问世。只有从数据中有效地提取信息,从信息中及时地发现知识,才能为人类的思维决策和战略发展服务。到那个时候,数据可以真正成为与物质、能源相媲美的资源,信息时代才会真正到来。

(2) 数据挖掘热点

就目前来看,根据全世界的科研趋势,将来的几个热点包括网站的数据挖掘、文本的数据挖掘及生物信息或基因的数据挖掘。

① 网站的数据挖掘。随着 Web 技术的发展,各类电子商务网站层出不穷,建立一个电子商务网站并不困难,困难的是如何让网站更有效益。要想有效益就必须吸引客户,增加能带来效益的客户忠诚度,电子商务业务的竞争比传统的业务竞争更加激烈。对网站数据进行分析和挖掘,充分了解客户的喜好、购买模式,设计出满足于不同客户群体需要的个性化网站,以此增强竞争力,已经成了商家的不二选择。在对网站进行数据挖掘时,所需要的数据主要来源于两个方面:一方面是客户的背景信息,该信息主要来自于客户的登记表;另外一部分数据主要来自浏览者的点击量,此数据主要用于考察客户的行为表现。但有时候,客户担心个人信息泄漏,并不肯将自己的个人信息填写在登记表上,或者填写虚假信息,这就会给数据分析和挖掘带来不便。在这种情况之下,就不得不从浏览者的表现数据中来推测客户的背景信息,进而再加以利用。

② 文本的数据挖掘。人们关心的另外一个对象是文本数据挖掘,例如在客户服务中心,把同客户的谈话内容转化为文本数据,再对这些数据进行挖掘,进而了解客户对服务的满意程度和客户的需求以及客户之间的相互关系等信息。可以看出,无论是在数据结构还是在分析处理方法方面,文本数据挖掘和网站数据挖掘相差极大。文本数据挖掘并不是一件容易的事情,尤其是在分析方法方面,还有很多问题需要加以解决。一般市场上常见的软件只是把文本移来移去,或简单地计算某些词汇的出现频率,并不具有真正的分析功能。

③ 生物信息或基因的数据挖掘。生物信息或基因数据挖掘则完全属于另外一个领域,在商业上的价值很难估计,但人类却受益匪浅。以基因为例,基因的组合千变万化,得某种病的人的基因和正常人的基因是否不同?能否找出其中不同的地方,进而对其不同之处加以修改,使之正常化?数据挖掘技术可以对这类问题提供很大的支持。对于生物信息或基因的数据挖掘和通常的数据挖掘相比,无论在数据的复杂程度、数据量还有分析和建立模型的算法而言,都变得更为为复杂。

4.6 搜索引擎技术

4.6.1 搜索引擎技术概述

搜索引擎是指根据一定的策略、运用特定的计算机程序从互联网上搜集信息,在对信息进行组织和处理后,为用户提供检索服务,将用户检索相关的信息展示给用户的系统。百度和谷歌等是搜索引擎的代表,国内的搜索引擎还有搜狗搜索、神马搜索等,国外的还有微软的必应搜索以及雅虎搜索等。

搜索引擎的工作原理包括抓取网页,处理网页和提供检索服务。每个独立的搜索引擎都有自己的网页抓取程序,它沿着网页中的超链接,连续地抓取网页。由于互联网中超链接的应用很普遍,理论上,从一定范围的网页出发,就能搜集到绝大多数的网页。搜索引擎抓到网页后,还要做大量的预处理工作,才能提供检索服务。其中,最重要的内容就是提取关键词,建立索引文件。搜索引擎是根据用户的查询请求,按照一定算法从索引数据中查找有效信息返回给用户。为了保证用户查找信息的精度和新鲜度,搜索引擎需要建立并维护一个庞大的索引数据库。一般的搜索引擎由网络机器人程序、索引与搜索程序、索引数据库等部分组成。搜索引擎工作原理如图 4 - 4 所示。

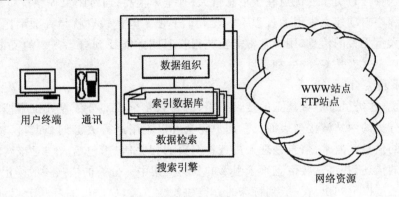

图 4 - 4　搜索引擎工作原理

1. 搜索引擎的组成

典型的全文搜索引擎主要由四大模块组成:索引器、爬虫程序、检索器、查询处理器。

（1）索引器

索引器包含文本索引器和辅助索引器。文本索引处理由爬虫程序抓取页面,并建立倒排索引。索引的建立理论上很简单,但如果要对数以十亿计的网页建立索引,则是一项巨大的挑战。而辅助索引器的作用就是对网页的元数据建立辅助索引,用来对用户所需的信息指定搜索结果。

（2）爬虫程序

搜索引擎需要对网页做相关分析,而爬虫程序就是将网页下载并扫描网页上的超链接,然后下载这些超链接所标识的网页,这个过程不断重复,直到满足某种条件时停止。所有被爬虫程序抓取的页面都会被存储在磁盘上,系统会分析这些页面,并建立索引,以方便后续的查询操作。

（3）检索器

根据用户提交的查询,检索器在索引库中快速地检索文档,并对用户查询与众多文档的相似度进行一一比对,对满足查询的文档按照某种规则进行排序。常用的检索模型有向量空间模型、布尔模型、语言模型、概率模型等。

（4）查询处理器

查询处理器是最终面向用户接口的工具。用户接口的作用是处理用户的查询语句、显示查询结果以及提供相关性反馈给用户。用户接口包括简单接口和复杂接口,复杂接口处理是按照一定语法组织起来的查询语句,这些语法一般包括布尔逻辑语法和搜索引擎自定义的查询语法。读取文本索引和辅助索引,然后反馈调取满足用户查询和等级排序的页面。

2. 搜索引擎分类

根据工作方式的不同,搜索引擎可以分为三种:全文搜索引擎、目录搜索引擎、元搜索引擎。以下分别介绍三种类型的搜索引擎。

(1)全文搜索引擎

全文搜索引擎最大的特点就是利用一种叫作"蜘蛛"或"爬虫"的程序在互联网众多的网页中搜集信息,并将这些信息用索引器来建立索引。用户通过查询接口输入查询后就可以立即得到结果。这种搜索引擎的优点在于信息量大,查全率很高,通过爬虫程序自动地爬取网页信息以及索引程序自动建立索引的过程不需要人工干预。但是缺点就是查准率比较低,反馈结果中包含着大量无关的信息,用户常常需要花很长时间才能找到自己需要的反馈信息。这类搜索引擎的典型代表是 Google 和百度。

(2)目录搜索引擎

严格来说,这类引擎不算真正的搜索引擎,因为它完全或部分依靠人工来搜集网页信息,只是按目录分类的网站链接列表而已。用户完全可以不用进行关键词查询,仅靠分类目录也可找到需要的信息。通常,信息处理人员查看网页的相关信息,包括人们对该网页的评价、分类以及相关的描述,并将这些信息置于引擎的分类框架中。分类的模式一般采用树型结构,从树的根节点逐层向下列出从一般到特殊的分类和各级子类,最底层的叶子节点则指向各个互联网上相关的网页链接。这类搜索引擎主要为用户提供浏览服务和检索服务,由于加入人工处理的环节,所以信息准确,导航质量高,但是由于人工需要耗费大量的人力和财力,维护的工作量非常大,信息更新也很难做到与互联网同步,因此,这种目录式搜索引擎不适合大范围的互联网,只适合在某个特定的网站中采用这种方式为用户提供检索服务,例如大型门户网站。

(3)元搜索引擎

元搜索引擎是建立在已有搜索引擎基础之上的一种搜索引擎,它把其他已存在的搜索引擎作为自己的成员搜索引擎,并把他们的结果重新组合,返回给用户。对于每一个用户的检索请求,元搜索引擎自己并不做任何处理,而是按照各个成员引擎的查询格式进行相应的转化之后,再分发到各个成员搜索引擎。各个成员搜索引擎返回结果给元搜索引擎之后,元搜索引擎进行结果组合,并按权重的序列输出给用户。这类搜索引擎的特点是:能够分散处理负载,增加检索的范围,使结果的信息量更大、更全面,同时还具有良好的可扩展性,可以加入多个搜索引擎,而且各个成员引擎可以缩小规模,提供更好的性能,检索响应时间更短,同时还可以保证检索的内容是最新的。其缺点是不能充分使用搜索引擎的功能,用户还需要做更多的筛选处理。

3. Web 搜索引擎工作原理

Web 搜索引擎的原理一般为:首先利用爬虫(Spider)进行全网搜索,自动抓取网页;然后将抓取的网页进行索引,同时也会记录与检索有关的属性,中文搜索引擎中还需要首先对中文进行分词;最后,接收用户查询请求,检索索引文件并按照各种参数进行复杂的运算,产生结果并返回给用户。

Web 搜索引擎的工作模式如下。

（1）利用网络爬虫获取网络资源

利用网络爬虫获取网络资源是一种半自动化的资源获取方式，此时由于尚未对资源进行分析和理解，因此不能称为信息而仅是资源。所谓半自动化，是指搜索器需要人工指定起始网络资源 URL（Uniform Resource Locator），然后获取该 URL 所指向的网络资源，最后分析该资源所指向的其他资源并加以获取。

网络爬虫访问资源的过程是对互联网上信息遍历的过程。在实际的爬虫程序中，为了保证信息收集的全面性、及时性，还有多个爬虫程序的分工和合作问题，往往有复杂的控制机制。

（2）利用索引器从搜索器获取的资源中抽取信息并建立利于检索的索引表

当用网络爬虫获取资源后，需要对这些进行加工过滤，去掉控制代码及无用信息，提取出有用的信息，并把信息用一定的模型表示，使查询结果更为准确。其中信息的表示模型一般有布尔模型、向量模型、概率模型和神经网络模型等。

Web 上的信息一般表现为网页，对每个网页，需要生成一个摘要，此摘要将显示在查询结果的页面中，告诉查询用户各网页的内容概要。模型化的信息将存放在临时数据库中，由于 Web 数据的数据量极为庞大，为了提高检索效率，需按照一定规则建立索引。

不同搜索引擎在建立索引时会考虑不同的选项，如是否建立全文索引，是否过滤无用词汇，是否使用 META 信息等。

索引的建立包括：

① 分析过程，处理文档中可能的错误；

② 文档索引，完成分析的文档被编码进存储器，有些搜索引擎还会使用并行索引；

③ 排序，将存储池按照一定的规则排序；

④ 生产全文存储器，最终形成的索引一般按照倒排文件的格式存放。

（3）检索及用户交互

检索及用户交互部分在信息索引库的基础上，接收用户查询请求，并到索引库检索相关内容，返回给用户。这部分的主要内容包括如下。

- 用户查询（Query）理解，即最大可能贴近地理解用户通过查询串想要表达的查询目的，并将用户查询转换化为后台检索使用的信息模型。
- 根据用户查询的检索模型，在索引库中检索出结果集。
- 结果排序，通过特定的排序算法，对检索结果集进行排序。

现在用的排序因素一般有查询相关度、Google 发明的 PageRank 技术、百度的竞价技术等。由于 Web 数据的海量性和用户初始查询的模糊性，检索结果集一般很大，而用户一般不会有足够的耐性逐个查看所有的结果，所以如何设计结果集的排序算法，把用户感兴趣的结果排在前面就显得尤为重要。

4.6.2　搜索引擎的关键技术

根据搜索引擎的目标和特点分析，确定搜索引擎的评价指标有响应时间、查全率、查准率和用户满意度等。其中响应时间指的是从用户提交查询请求到搜索引擎给出查询结果的时间间隔，响应时间必须在用户可以接受的范围内。查全率是指查询结果集信息的完备性。查准率是指查询结果集中符合用户要求的数目与结果总数之比。用户满意度是一个难以量化的概念，除了搜索引擎本身的服务质量以外，它还和用户群体，网络环境有关。在搜索引擎可以控制的范围内,其核心是搜索结果的排序,即如何把最合适的结果排到前面。

总体来说,Web 搜索引擎的 3 个重要问题包括:

① 响应时间:一般来说合理的响应时间体现在秒这个数量级;

② 关键词搜索:得到合理的匹配结果;

③ 搜索结果排序:如何对海量的结果数据排序。

因此搜索引擎的体系结构在设计时需要考虑信息采集、索引技术和搜索服务这三个模块的设计。

（1）信息采集

Web 搜索引擎的信息采集模块的主要功能是:执行基于超文本传输协议（Hypertext Transfer Protocol,HTTP）,从 Web 上收集页面信息,即 Web 机器人(爬虫)程序。

（2）网络爬虫技术

1）网络爬虫程序的工作模式

网络爬虫程序根据 HTTP 协议发送请求,并通过 TCP 连接接收服务器的应答。

由于 Web 搜索引擎需要抓取的页面数量惊人,所以建立快速分布式的网络爬虫程序才能满足搜索引擎对性能和服务的要求,其物理实现可能是一组终端。

2）网络爬虫程序的基础结构

首先,网络爬虫程序从 URL 链接库读取一个或多个 URL 作为初始输入并进行域名解析。然后,根据域名解析结果(IP)访问 Web 服务器,建立 TCP 连接,发送请求,接收应答,储存接收数据,并分析提取链接信息(URL)放入 URL 连接库。

爬虫程序递归执行该过程直到 URL 链接库为空。

（3）信息采集优化

信息采集优化需要考虑到网络连接优化策略、持久性连接和多进程并发设计等方面的问题。同时由于网络爬虫程序会频繁调用域名系统,域名系统缓存可提高爬虫程序性能,需要使用 Web 缓存技术,如相关域名系统的缓存策略。

● LRU(Least Recently Used)算法:将最近最少使用的内容替换出 Cache 缓存;

● LFU(Lease Frequently Used)算法:将访问次数最少的内容替换出 Cache 缓存;

● FIFO(First–In,First–Out)算法:在 Cache 缓存中执行数据的先进先出流程方法。

（4）索引技术

Web 爬虫抓取回来的页面信息需要放入索引数据库。索引建立的好坏对于搜索引擎会产生很大的影响,优秀的索引能够显著地提高搜索引擎系统运行的效率及检索结果的品质。文本分析技术是建立数据索引信息的支撑技术。

1）索引建立:预处理

当 Web 搜索引擎获得数据信息以后,首先需要对数据进行预处理,比如将句子切分成有意义的词汇。由于中文的特殊性在切分句子时会产生二义性,如何合理地切分词汇是一个技术难题。

从语言的角度分析,中文分词完全不同于英文分词,英文行文中,单词间以空格分隔;而中文只有字、句、段有明显分隔符,但是词没有形式上的分隔符存在。

2）索引建立:倒排文件模型

倒排文件(inverted file),是指一个词汇集合 W 和一个文档集合 D 之间对应关系的数据结构。建立倒排文件索引是建立索引数据库的核心工作。

（5）搜索服务

搜索服务是 Web 搜索引擎工作流程的最后一步，根据用户提交的查询关键字展开搜索，将匹配结果返回给用户。搜索服务的好坏直接影响 Web 搜索引擎的用户满意程度。

1）结果显示

接收用户的输入，提交用户搜索请求，然后根据搜索结果列表合理的展示给用户，并在保护隐私的前提下，记录用户使用行为的详细信息，以便提高下次服务的满意度。

2）网页快照

Web 上的数据每时每刻都在发生变化，所以随时存在着检索到的页面信息已经过期的可能。Web 搜索引擎为了提高服务质量，需要对搜索到的页面信息进行快照，以便在原来页面信息失效的情况下，保证用户能够通过快照功能查看页面。

4.6.3　物联网搜索引擎发展趋势

在物联网时代，搜索引擎带来了新的问题：首先需要从智能物体角度思考搜索引擎与物体之间的关系，主动识别物体并能够提取有用信息；其次需要在用户角度上对多模态信息加以利用，使查询结果更精确、更智能、更符合要求。

（1）基于物品的搜索引擎技术

物联网中存在海量的分布式资源（包括传感器、探测设备和驱动装置等），需要发展完整的技术体系，使未来物联网中的物品可以根据自身的特定能力、所处的环境情况以及它们的位置，完成对信息和数据独立的或者类别化的搜索与发现。

物联网的搜索与发现服务将不仅服务于人类，方便人们完成各种操作，同时也将为各种软件、系统、应用以及自动化的物品所使用，帮助它们收集各种分布于成千上万个组织、机构、地点位置的完整信息和状态数据，帮助它们明确所处环境中的基础设施配备情况，满足智慧物品的运动、操作、加热或者制冷，以及网络通信与数据处理等需求。

这些服务将在现实世界中的物体和实体对象与他们的数字化副本以及虚拟对等体之间对应关系的建立过程中发挥重要作用，而且这种对应关系的建立将是通过收集不同物品之间众多零散信息和数据而形成的。

在搜索和发现服务的研发过程中，必须建立通用的身份验证机制。将通用身份验证机制与细粒度的访问控制机制整合到一起，可以允许物联网中的资源持有者限制具体物品的发现权限，控制哪些物品或者人员可以使用他们的资源，或者和他们所持有的特定物品之间建立连接关系。出于搜索与发现效率的考虑，未来物联网中的信息将很可能是存在元数据结构或者语义标记的。但是这样做将导致人们面临新的问题，即如何保证未来物联网中海量的信息可以被自动地、可靠地发现和查找出来，而无须人为参与其中。

此外，还有几件需要重点解决的问题，那就是如何在地球地理数据与逻辑位置和地址（如邮政编码、地名等）之间建立交叉引用关系；如何通过搜索和发现服务处理标准的几何概念和位置规则等。

（2）基于简单标识的对象查找技术

基于数据对象和到标识目的的用户连接之间的确定关系生成搜索结果，其中一种搜索系统基于将用户上下文应用于信息上下文和连接上下文，从而生成包括标识个人和数据对象的目的目标排序列表。用户上下文标识与用户的身份有关的搜索上下文,并且信息上下文标识用户可访问的目的,包括数据对象和基于通信的动作(例如 IP 语音电话呼叫、即时通信会话记录等)。连接上下文标识遍及系统的所选择目的之间的关系,以及从所选择目的的现象确定的那些关系的强度,基于现象检测来更新连接上下文。连接上下文中的与用户上下文有关的部分用于对信息上下文中的与用户上下文有关的部分进行排序,从而产生目的目标的排序列表。

4.7　嵌入式系统

4.7.1　嵌入式系统概述

　　嵌入式系统被定义为:以应用为中心、以计算机技术为基础、软硬件可裁剪、适应应用系统,对功能、可靠性、成本、体积、功耗严格要求的专用计算机系统。

　　区别于可以执行多重任务的通用型计算机,嵌入式系统是为某些特定任务而设计的。有些系统则必须满足实时性要求,以确保安全性和可用性;另一些系统则对性能要求很低甚至不要求性能,以简化硬件、降低成本。嵌入式系统主要由嵌入式微处理器、外围硬件、嵌入式操作系统以及用户的应用程序等 4 个部分组成。它是集软硬件于一体的可独立工作的"器件"。

　　嵌入式系统一般指非 PC 系统,有计算机功能但又不称之为计算机的设备或器材。简单地说,嵌入式系统是集系统的应用软件与硬件于一体,类似于 PC 中 BIOS(Basic Input - Output System)的工作方式,具有高度自动化、响应速度快、软件代码小等特点,特别适合于要求实时和多任务的系统。嵌入式系统主要由嵌入式处理器、相关支撑硬件、嵌入式操作系统及应用软件系统等组成,是可以独立工作的"器件"。硬件部分包括处理器/微处理器、存储器、外设器件、I/O 端口和图形控制器等。嵌入式系统有别于一般的计算机处理系统,它不具备像硬盘那样大容量的存储介质,而大多使用 EPROM、EEPROM 或闪存(Flash Memory)作为存储介质。软件部分包括实时和多任务操作系统和应用程序,应用程序控制着系统的运作和行为,操作系统控制着应用程序编写与硬件的交互作用。

　　关于嵌入式系统的含义可从 4 个方面来理解:

　　① 嵌入式系统是面向用户、面向产品、面向应用的,它必须与具体应用相结合才会体现其价值。因此嵌入式系统具有很强的专用性,必须结合实际系统需求进行合理的裁减利用。嵌入式系统是将先进的计算机技术、半导体技术、电子技术和各个行业的具体应用相结合后的产物,因此,它是一个技术密集、资金密集、高度分散、不断创新的知识集成系统。嵌入式系统可以称为后 PC 时代和后网络时代的新秀。与传统的 PC、数字产品相比,利用嵌入式技术的产品具有自己的特点。由于嵌入式系统采用的是微处理器,采用独立的操作系统,实现相对单一的功能,所需外围器件相对较少。因而在体积、功耗上有一定的优势。

　　② 嵌入式系统是一个软、硬件高度结合的产物,软硬件的有机结合才能体现嵌入式系统的功能特点。为了提高执行速度和系统可靠性,嵌入式系统中的软件一般都固化在存储器芯片或单片机本身中,而不是存储于磁盘等载体中。片上系统、板上系统的实现,使得以 PDA 等为代表的产品拥有更加熟悉的操作界面和操作方式,比传统的商务通等功能更加完善和实用。

　　③ 为适应嵌入式分布处理结构和应用上网需求,嵌入式系统要求配备标准的一种或多种

网络通信接口。针对外部联网要求,嵌入设备必需配有通信接口,相应地需要 TCP/IP 协议软件支持;由于家用电器相互关联(如灯光能源控制、防盗报警、影视设备和信息终端交换信息)及实验现场仪器的协调工作等要求,嵌入式设备还需具备 IEEE1394、USB、CAN、Bluetooth 或 IrDA 通信接口,同时也需要提供相应的通信组网协议软件和物理层驱动软件。为了支持应用软件的特定编程模式,如 Web 或无线 Web 编程模式,还需要配备相应的网页浏览器。

④ 因为嵌入式系统往往和具体应用有机地结合在一起,它的升级换代也是和具体产品同步进行,因此嵌入式系统产品一旦进入市场,能够具有较长的生命周期。

嵌入式系统几乎包括了生活中的所有电器设备,如 PDA、手机、数字电视、微波炉、数码相机、电视机顶盒、家庭自动化系统、汽车、电梯、空调、安全系统、自动售货、工业自动化仪表与医疗仪器等。

嵌入式系统特点如下。

① 系统内核小。由于嵌入式系统一般是应用于小型电子装置的,系统资源相对有限,所以内核较之传统的操作系统要小很多。

② 专用性强。嵌入式系统的个性化很强,硬件和软件都必须具备高度可定制性。其中的软件系统和硬件的结合非常紧密,一般要针对硬件进行系统的移植,即使在同一品牌、同一系列的产品中也需要根据系统硬件的变化和增减不断进行修改。同时针对不同的任务,往往需要对系统进行较大更改,程序的编译下载要和系统相结合,这种修改和通用软件的"升级"完全是两个概念。

③ 系统精简。嵌入式系统一般没有系统软件和应用软件的明显区分,不要求其功能设计及实现上过于复杂,这样一方面利于控制系统成本,同时也利于实现系统安全。同时,嵌入式系统中的 CPU 是专门为特定应用设计的,具有低功耗、体积小、集成度高等特点,能够把通用 CPU 中许多由板卡完成的任务集成在芯片内部,从而有利于整个系统设计趋于小型化。

④ 高实时性的系统软件(OS)是嵌入式软件的基本要求。软件要求固态存储,以提高速度;软件代码要求高质量和高可靠性。

⑤ 嵌入式软件开发要想走向标准化,就必须使用多任务的操作系统。嵌入式系统的应用程序可以没有操作系统直接在芯片上运行;但是为了合理地调度多任务、利用系统资源、系统函数以及专家库函数接口,用户必须自行选配 RTOS(Real – Time Operating System)开发平台,这样才能保证程序执行的实时性、可靠性,并减少开发时间、保障软件质量。

⑥ 嵌入式系统开发需要开发工具和环境。由于嵌入式系统本身不具备自主开发能力,即使设计完成以后用户通常也是不能对其中的程序功能进行修改的,必须有一套开发工具和环境才能进行开发,用户才可以修改或者建立自己的程序。这些工具和环境一般是基于通用计算机上的软硬件设备以及各种逻辑分析仪、混合信号示波器等。开发时往往有主机和目标机的概念,主机用于程序的开发,目标机作为最后的执行机,开发时需要交替结合进行。

4.7.2 嵌入式系统的组成

一个嵌入式系统装置一般都由嵌入式计算机系统和执行装置组成,嵌入式计算机系统是整个嵌入式系统的核心,主要分成硬件层、中间层、系统软件层和应用软件层。执行装置也被称为被控对象,它可以接受嵌入式计算机系统发出的控制命令,执行所规定的操作或任务。

嵌入式系统的硬件体系结构如图 4-5 所示。

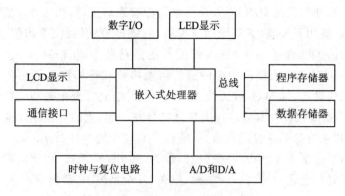

图 4 - 5　嵌入式系统的硬件体系结构

　　各种嵌入式处理器是嵌入式系统硬件中最核心的部分。嵌入式处理器一般可分为嵌入式微处理器（EMPU）、嵌入式微控制器（EMCU）、嵌入式 DSP 处理器（EDSP）、嵌入式片上系统（ESOC）4 类，如图 4 - 6 所示。

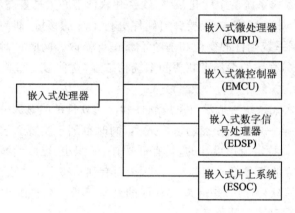

图 4 - 6　嵌入式处理器的分类

　　（1）嵌入式微处理器（Micro Processor Unit）

　　嵌入式微处理器是从通用计算机的 CPU 演变而来的。其特征是具有 32 位以上的处理器，具有较高的性能，其价格也相应较高。

　　与通用计算机的 CPU 不同之处在于，它在实际应用中只保留与应用紧密相关的功能硬件，去除了其他无关的冗余部分，可以以最低的功耗和资源实现应用系统的需要。

　　与工业控制计算机相比，嵌入式微处理器具有体积小、重量轻、成本低等优点。但是在电路板上必须包括 ROM、RAM、总线接口、各种外设等器件，从而降低了系统的可靠性，技术保密性也较差。

　　嵌入式微处理器及其存储器、总线、外设等安装在一块电路板上，称为单板计算机，具有体积小和功耗低的特点，如 STD - BUS、PC104 等。近年来，德国、日本的一些公司又开发出了类似火柴盒式、名片大小的嵌入式计算机系列 OEM 产品。

　　目前主要的嵌入式微处理器有：ARM、PowerPC、MIPS、Atom 等系列。其中 ARM 是专门为各类嵌入式系统开发的嵌入式微处理器；PowerPC 是 1990 年代初期由摩托罗拉与 IBM 合作共同开发的通用型嵌入式 CPU 架构，设计上更强调低耗电、非桌面功能。目前从世界上最高速的巨型机（HPC）、网络路由器、通信设备、机顶盒到游戏机都在使用着 PowerPC 架构的微处理机；MIPS 处理器是 20 世纪 80 年代初由斯坦福大学开发的 RISC 体系结构发展而来，MIPS 科技公司以 IP 授权方式向半导体厂家及嵌入式系统制造商提供 MIPS - Based 内核设计。

（2）嵌入式微控制器（Micro Controller Unit）

嵌入式微控制器的典型代表是单片机，将 CPU 和计算机的外围功能单元（如存储器、I/O 口、定时计数器、中断系统等）集成在一块芯片上。与嵌入式微处理器相比，单片机的最大特点是体积小，功耗和成本低。由于单片机的片内资源丰富，特别适用于控制场合，所以国外一般称之为微控制器。

（3）嵌入式 DSP 处理器（Digital Signal Processor）

DSP 是专门用于信号处理的处理器，具有很高的编译效率和指令执行速度，在系统结构和指令算法方面进行了特殊的设计。DSP 算法正在大量进入嵌入式领域，DSP 应用正在逐步从通用单片机中以普通指令实现 DSP 功能进一步过渡到采用嵌入式 DSP 处理器。

推动嵌入式 DSP 处理器发展的主要因素是嵌入式系统的智能化，例如各种带有智能逻辑的消费类产品，生物信息识别终端，带有加解密算法的键盘，ADSL 接入，实时语音压缩系统，虚拟现实显示等。这类智能化算法一般运算量较大，特别是向量运算、指针线性寻址等较多，而这些正是 DSP 处理器可以发挥优势的地方。

（4）嵌入式片上系统（System On Chip）

SOC 设计技术始于 20 世纪 90 年代中期，它使用专用集成电路 ASIC 芯片设计，至今已经有了较大程度的发展和应用。

嵌入式片上系统从整个系统性能要求出发，把微处理器、芯片结构、外围器件各层次电路直至器件的设计紧密结合起来，并通过建立在全新理念上的系统软件和硬件的协同设计，在单个芯片上实现整个系统的功能。

SOC 是一种基于 IP（Intellectual Property）核嵌入式系统级芯片设计技术，它将许多功能模块集成在一个芯片上。如 ARM RISC、MIPS RISC、DSP 或其他的微处理器内核，可以加上多种通信的接口单元，例如通用串行端口（USB）、TCP/IP 通信单元、GPRS 通信接口、GSM 通信接口、IEEE1394、蓝牙模块接口等，这些单元以往都是依照其各自功能做成一个个独立的处理芯片。

SOC 的最大特点是实现了软硬件的无缝结合，片内嵌入了操作系统的代码模块。SOC 具有极高的综合性，可以应用 VHDL 等硬件描述语言，实现一个复杂的系统。由于绝大部分系统构件都在片内，所以整个系统特别简洁，不仅减小了系统的体积和功耗，而且提高了系统的可靠性和设计生产效率。

4.7.3　嵌入式系统的发展前景及趋势

信息时代和数字时代的到来为嵌入式系统的发展带来了巨大的机遇，同时嵌入式系统厂商也面临着新的挑战。目前，嵌入式技术与因特网技术的结合正推动着嵌入式系统的飞速发展，嵌入式系统的研究和应用产生了新的显著变化。

新的微处理器不断推出，嵌入式操作系统自身结构的设计更加便于移植，能够在短时间内支持更多的微处理器。

嵌入式系统的开发成了一项系统工程,开发厂商不仅要提供嵌入式软硬件系统本身,同时还要提供强大的硬件开发工具和软件支持包。

早在20世纪80年代,国际上就有一些IT组织、公司开始进行商用嵌入式系统和专用操作系统的研发。从硬件方面讲,32位和64位微处理器是目前嵌入式系统的核心,它们的使用同样也是未来发展的一大趋势。为了抢占这个前景广阔的市场,包括Intel、Philip、AMD等国际厂商,竞相推出新的产品。近年来,Microchip推出具有数字信号处理能力的微控制器,Atmel也推出针对消费市场的可编程系统芯片。市场竞争日益激烈,同时也给嵌入式技术的发展带来了无限活力。

随着信息化、智能化、网络化的发展,嵌入式系统技术也将获得更为广阔的发展空间,而且已经在多个领域得到了应用。嵌入式技术的全面发展使其成为通信和消费类产品的共同发展方向。在通信领域,数字技术正在全面取代模拟技术。在广播电视领域,数字电视广播已在全球大多数国家推广,数字音频广播也已进入商品化试播阶段。而软件、集成电路和新型元器件在产业发展中的作用日益重要。所有这些都离不开嵌入式系统技术的支持。

信息时代使得嵌入式产品获得了巨大的发展契机,为嵌入式技术带来了美好的前景,同时也提出了新的挑战。未来嵌入式系统的发展趋势概括如下:

① 嵌入式开发是一项系统工程,要求不仅提供嵌入式软硬件系统本身,同时还需要提供强大的硬件开发工具和软件包支持。

很多厂商已经充分考虑到这一点,在主推系统的同时,将开发环境也作为重点推广。比如三星在推广ARM7、ARM9芯片的同时还提供开发板和板级支持包(BSP),而WindowsCE在主推系统时也提供Embedded VC++作为开发工具,还有Vxworks的Tornado开发环境,DeltaOS的Limda编译环境等都是这一趋势的典型体现。当然,这也是市场激烈竞争的必然结果。

② 随着因特网技术的成熟、带宽的提高,网络化、信息化的要求也随之提高,以往单一功能的设备如电话、手机、冰箱、微波炉等功能不再单一,结构变得更加复杂。这就要求嵌入式系统不仅在硬件上要集成更多的功能,采用更强大的嵌入式处理器,如32位、64位RISC芯片或DSP增强处理能力,同时增加功能接口和扩展总线类型等,加强对多媒体、图形等的处理,逐步实施片上系统(System On Chip,SOC)的搭建。在软件方面,采用实时多任务编程技术和交叉开发工具技术来降低功能复杂性,简化应用程序设计,保障软件质量和缩短开发周期。

③ 网络互联成为必然趋势。未来的嵌入式设备为了适应网络发展的要求,必然要求硬件上提供各种网络通信接口。传统的单片机对于网络支持不足,而新一代的嵌入式处理器已经开始内嵌网络接口,除了支持TCP/IP协议,还支持包括IEEE1394、USB、CAN、Bluetooth或IrDA通信接口中的一种或者几种接口,同时也需要提供相应的通信组网协议和物理层驱动软件。软件方面,系统内核支持网络模块,甚至可以在设备上嵌入Web浏览器,真正实现随时随地使用各种设备上网。

④ 精简系统内核、算法,降低功耗和软、硬成本。未来的嵌入式产品是软、硬件紧密结合的设备,为了减低功耗和成本,需要尽量精简系统内核,只保留和系统功能紧密相关的软、硬件,利用最低的资源实现最适当的功能。这就要求编程模型、软件算法、编译器性能等不断改进、优化和完善。

⑤ 提供友好的多媒体人机交互界面。嵌入式设备能与用户亲密接触,最重要的因素就是

它能提供非常友好的用户界面。通过手写文字输入、语音输入、收发电子邮件以及彩色图形、图像显示等手段,使用户获得自由和舒适的感受,这是已经实现和更进一步发展的目标。

从物联网、云计算、三网融合、智能电网等国家重点项目和规划,再到当前工作生活中无处不在的移动互联、多媒体显示、智能终端等诸多应用,我们可以看到,嵌入式系统的应用已给各领域带来了重大的变化。越来越多的半导体公司更加重视嵌入式系统设计和开发。同时,伴随着物联网的发展,嵌入式系统更是获得了新的巨大发展空间。

习　题

1. 简述云计算的基本概念与特点。
2. 简述云计算的服务模式与关键技术。
3. 简述云计算与物联网的关系。
4. 搜索引擎的工作原理是怎样的?
5. 物联网中的数据挖掘应具备哪些特点?
6. 简述机器学习与物联网的关系。
7. 简述人工智能与物联网的关系。
8. 简述嵌入式系统的组成。

第5章 物联网安全技术

安全是物联网得以广泛应用的重要因素之一,物联网作为物物相连的智能网络,存在传统的网络安全问题。同时,物理空间和信息空间的耦合关联使得物联网面临更为多样复杂的安全威胁,物联网混杂性和非确定性也对其安全带来了巨大的挑战。物联网作为超大规模的网络,组成形态各异,不同网络的异构性给跨域或跨网络的可信安全带来了严重的影响,加大了数据传输处理的难度。物联网中大量逻辑或物理实体基于网络互联,物理实体在信息交换过程中可能被偷窃、屏蔽或转移,容易造成个人隐私、商业机密甚至国家安全信息泄露,带来严重的后果。

5.1 物联网信息安全

5.1.1 物联网面临的信息安全问题

信息安全是指信息网络的硬件、软件及其系统中的数据受到保护,不受偶然的或者恶意的原因而遭到破坏、更改、泄露,系统能够正常可靠地持续运行,信息服务不会中断。信息在生产生活中扮演的角色越来越重要,而信息在存储、处理和交换的过程中,都存在泄密或被拦截、窃听、篡改和伪造的可能性。信息安全面临的主要威胁包括计算机病毒、信息泄露、拒绝服务、非授权访问、旁路控制、陷阱门、信息的完整性遭到破坏。信息安全的技术手段包括物理安全、防火墙、虚拟专用网、认证技术、安全数据库访问、入侵检测系统、入侵防御系统等。

随着物联网的快速发展,其在生活中的作用越发明显。目前,尽管物联网发展较快,但是在具体实现中还存在较多缺陷,其中安全性的缺陷尤为突出。随着物联网规模的不断增长,结合物联网实现技术的优缺点,物联网面临的威胁也变得日益严重和多样化。根据物联网分层特点,其面临的安全威胁可分为以下几个层次进行论述:感知节点安全、感知网络安全、自组网安全、传输网络安全、信息服务安全等。

单一的保密措施很难保证通信和信息的安全,必须综合应用各种保密措施,即通过技术的、管理的、行政的手段,实现信源、信号、信息三个环节的保护,达到信息安全的目的。

物联网系统的安全基本上和一般IT系统的安全一样,主要包括8个尺度:读取控制、用户认证、隐私保护、不可抵赖性、通信层安全、数据完整性、数据保密性、随时可用性。前4项主要处于物联网的应用层,后4项主要位于网络层和感知层。其中"隐私权"和"可信度"(数据完整性和保密性)问题在物联网体系中备受关注。如果从物联网系统体系架构的各个层面仔细分析,就会发现现有的安全体系基本上可以满足物联网应用的一般需求,尤其在其初级和中级发展阶段。

物联网应该说是一种广义的信息系统,因此物联网安全也属于信息安全的一个子集。对于信息安全而言,一般将其分成四个层次:物理安全,即信息系统硬件方面的安全问题;运行安全,即信息系统的软件方面,或者说是表现在信息系统代码执行过程中的安全问题;数据安全,即信息自身的安全问题;内容安全,即信息利用方面的安全问题。

物联网作为以控制为目的的数据体系与物理体系相结合的复杂系统,一般不会考虑内容安全方面的问题。但是,它与互联网在物理安全、运行安全、数据安全等方面则有着一定的异同性。这一点需要从物联网的构成来考虑。

1. 感知节点和感知网络的安全

在无线传感网中,通常是将大量的传感器节点放置在比较偏远或者环境比较恶劣的环境下,感知节点数目庞大而且分布的范围较广,攻击者可以轻易地接触到这些设备,而且有足够的时间对它们造成破坏。感知结点不仅要进行数据传输,而且还要进行数据采集、融合和协同工作。一般而言,传感器节点所有的操作都依靠自身所带的电池供电,其自身所带能源限制了传感器节点的计算能力、存储能力、通信能力,无法设计复杂的安全协议,因而也就失去了复杂的安全保护能力。

2. 自组网安全

自组网作为物联网的末梢网,进行组网时拓扑网络结构总是在动态发生变化,因此会导致节点间信任关系的不断变化,这给密钥管理造成很大的困难。同时,由于节点可以自由移动,与邻近节点通信的关系总是处于不断改变过程当中,节点的加入或离开无须任何声明,这样就很难为节点建立信任关系,无法防止 2 个节点之间的路径上可能会存在的想要破坏网络的恶意节点。路由协议中的现有机制还不能避免这种恶意行为的发生。

3. 传输网络安全

物联网的传输网络应当具有相对完整的安全保护能力,但是由于物联网中节点数量庞大,而且是以集群方式存在,当大量设备的数据同时发送时会造成网络拥塞。现有通行网络是面向连接的工作方式,而物联网的广泛应用必须解决地址空间空缺和网络安全标准等问题。从现状看物联网对其核心网络的要求,特别是在可信、可知、可管和可控等方面,已经超出了目前的 IP 网能够提供的范围,一般物联网会为其核心传输网络采用数据分组技术。

此外,现有的通信网络的安全架构一般基于人的通信角度进行设计,并不完全适用于设备间的通信,使用现有的互联网安全机制会割裂物联网设备间的逻辑关系。

4. 信息服务安全

由于庞大的物联网节点无人看守,而且物联网设备可能是先部署后连接网络,所以如何对物联网设备进行远程信息注册和业务信息配置成为一个问题。另外,数量庞大且多样的物联网平台必然需要一个强大而统一的安全管理平台,否则独立的平台无法兼容各式各样的物联网。但是,对物联网设备的日志等安全信息进行管理可能降低网络与业务平台之间的信任关系,导致新的安全问题产生。

5. RFID 系统的安全

RFID 是一种非接触式的自动识别技术,它通过射频信号自动识别目标对象并获取相关数据,可识别高速运动物体并可同时识别多个标签,识别工作无需人工干预,操作起来非常方便。RFID 系统同传统的互联网一样,容易受到各种攻击,这主要是由于标签和读写器之间的通信是通过电磁波的形式实现的,其过程中没有任何物理或者可视的接触,这种非接触方式和无线通信手段存在严重的安全漏洞。RFID 的安全问题主要表现在以下 3 个方面。

（1）RFID 标识访问安全

RFID 标识受本身的成本所限,很难具备足以保证自身安全的能力。非法用户可以利用合法的读写器或者自制的读写器,直接与 RFID 标识进行通信,这样就可以很容易地获取 RFID 标识中的数据,甚至修改 RFID 标识中的数据。

（2）RFID 读写器安全

RFID 读写器自身可以被伪造;RFID 读写器与主机之间的通信可以采用传统的攻击方法截获,所以 RFID 读写器自然也是攻击者要攻击的对象。由此可见,RFID 所遇到的安全问题,要比通常的计算机网络安全问题更加复杂。

（3）信息传输信道安全

RFID 信息传输使用的是无线通信信道,这就给非法用户的攻击带来了方便。攻击者可以采取的破坏性手段包括:非法截取通信数据;可以通过发射干扰信号来堵塞通信链路,使读写器过载,无法接收正常的标签数据,制造拒绝服务攻击;可以冒名顶替向 RFID 发送数据,篡改或伪造数据。

5.1.2 物联网信息安全关系

信息安全是物联网需要过的重要一关,在面对物联网中的信息安全问题时,需要从社会、相关设备、安全技术等多个方面来综合考虑,重点需要处理好六个安全关系。这六大关系是:物联网安全与现代社会,物联网安全与计算机、计算机网络,物联网应用系统与安全系统的关系,物联网安全与密码学,物联网与国家信息安全战略,以及物联网安全共性与信息安全共性技术之间的关系问题。

（1）物联网安全与现实社会的关系

人类创造了网络虚拟社会的繁荣,同时人类也在制造着网络虚拟社会的麻烦。现实世界中真善美的东西,网络的虚拟社会一样会存在;同样,现实社会中丑陋的东西,网络的虚拟社会一般也会存在着类似的表现形式。在很大程度上是人类自身造成了互联网上五花八门的信息安全问题。同样,物联网的安全也是现实社会安全问题的反映。因此,我们在建设物联网的同时,需要更努力地去应对物联网所面临的复杂的信息安全问题。物联网安全是一个系统的社会工程,光靠技术解决是不可能的,必然还要涉及政策、道德与法律规范。

（2）物联网安全与计算机应用系统的关系

病毒、木马、蠕虫、脚本攻击代码等恶意代码可以利用 E‑mail、FTP 与 Web 系统进行传播,网络攻击、网络诱骗、信息窃取可以在互联网环境中进行。那么,它们同样会对物联网应用系统构成威胁。所有的物联网应用系统都是建立在互联网环境之中的。因此,物联网应用系统的安全基于互联网安全的基础之上。互联网包括端系统与网络核心交换两个部分。端系统包括计算机硬件、操作系统、数据库系统等,而运行物联网信息系统的大型服务器或服务器集群,以及用户的个人计算机都是以固定或移动方式接入互联网,它们是保证物联网应用系统正常运转的基础。任何一种物联网功能和服务都需要通过网络核心部分才能在不同的计算机系统之间进行数据交互。

如果互联网核心交换部分不安全了,那么物联网信息安全的问题就是纸上谈兵。因此,保障物联网应用系统安全的基础是保证网络核心交换部分的安全,以及保证计算机系统的安全。

（3）物联网应用系统建设与信息安全系统建设的关系

在规划一种物联网应用系统时，除了要规划出建设系统所需要的资金，还需要考虑拿出一定比例的经费用于安全系统的建设，这是一个系统设计方案成熟度的标志。成功的网络应用技术与成功的应用系统的标志是功能性与安全性的统一。

物联网的建设涉及领域广阔，因此物联网的安全问题更应该引起高度重视。

（4）物联网安全与信息保密技术的关系

信息保密技术是数学的一个分支，它涉及数字、公式与逻辑。数学是精确的和遵循逻辑规律的，而计算机网络、互联网、物联网的安全涉及的是人与人之间的关系、人和物之间的关系，以及物与物之间的关系。信息保密技术是信息安全研究的重要工具，在网络安全中有很多重要的应用，物联网的信息保密技术会用于用户身份认证、敏感数据传输加密等方面，但是物联网安全涵盖的问题远不止信息保密涉及的范围。

（5）物联网安全与国家信息安全战略的关系

信息安全问题已成为信息化社会的一个焦点问题。物联网在互联网的基础上进一步发展了人与物、物与物之间的交互，它将越来越多地应用于现代社会的政治、经济、文化、教育、科学研究与社会生活的各个领域，物联网安全必然会成为影响社会稳定、国家安全的重要因素之一。

信息安全的保障在于建立信息安全体系。每个国家只有立足于本国，研究信息安全体系、培养专门人才、发展信息安全产业，才能构筑本国的信息安全防范体系。如果哪个国家不重视物联网信息安全，那么他们必将在未来的物联网国际竞争中处于被动和危险的境地。

（6）物联网安全与信息安全共性技术的关系

对于物联网安全来说，它既包括互联网中存在的安全问题，一般指网络环境中信息安全共性技术，也有它自身特有的安全问题，体现在物联网环境中信息安全的个性技术。无线传感器网络的安全性与 RFID 的安全性问题是物联网信息安全的主要个性化问题。

5.1.3 物联网信息安全的特征

目前物联网的研究与应用还处于快速发展时期，很多理论与关键技术有待突破，特别是与互联网和移动通信网相比，还没有展示出令人信服的实际应用。在物联网的推广应用过程中，应该借鉴互联网的发展经验来探讨物联网的安全问题。

安全是基于网络的各个系统运行的重要基础，物联网的开放性、包容性和匿名性也决定了其不可避免地存在着信息安全隐患，物联网的推广应用需要在物联网基本特征的基础上深入研究物联网信息安全。

从网络信息安全的角度来看，物联网作为一个多网络的异构融合网络，不仅存在与传感器网络、移动通信网络和互联网同样的安全问题，同时还有其特殊性，如隐私保护问题、异构网络的认证与访问控制问题、信息的存储与管理等。

在互联网的早期阶段，人们更关注基础理论和应用研究，随着网络和服务规模的不断扩大，安全问题显得尤为突出，并引起了人们的高度重视，相继推出了一些安全技术，如入侵检测系统、防火墙、PKI 等。

从物联网的信息处理过程来看，感知信息经过采集、汇聚、融合、传输、决策与控制等一系列过程。整个信息处理的过程体现了物联网安全的特征与要求，也揭示了所面临的一系列安全问题。

（1）感知网络的信息采集、传输与信息安全问题

感知节点呈现多源异构性，感知节点通常情况下功能单一、不需要消耗过多能量，因此它们无法拥有复杂的安全保护能力。而感知网络种类繁多，从道路导航到自动控制，从温度测量到水文监控，它们的数据传输和消息也没有特定的标准，所以没法提供统一的安全保护体系。

（2）核心网络的传输与信息安全问题

核心网络具有相对完整的安全保护能力，但是由于物联网中节点数量庞大，且以集群方式存在，因此会导致在数据传播时，由于大量设备的数据发送使网络拥塞，容易产生拒绝服务攻击。

（3）物联网业务的安全问题

支撑物联网业务的平台有着不同的安全策略，如云计算、分布式系统、海量信息处理等，这些支撑平台要为上层服务管理和大规模行业应用建立起一个高效、可靠和可信的系统，而大规模、多平台、多业务类型使物联网业务层次的安全面临新的挑战。

从物联网的安全特征来看，感知终端的位置信息是物联网的重要信息资源之一，也是需要保护的敏感信息，信息隐私是物联网信息机密性的直接体现。另外在数据处理过程中同样存在隐私保护问题，如基于数据挖掘的行为分析等。要建立访问控制机制，控制物联网中信息采集、传递和查询等操作，不会由于个人隐私或机构秘密的泄漏而造成对个人或机构的伤害。信息的加密是实现机密性的重要手段，物联网的多源异构性，使密钥管理显得更为困难，特别是对感知网络的密钥管理是制约物联网信息机密性的瓶颈。

物联网的信息完整性和可用性贯穿物联网数据流的全过程，网络入侵、拒绝攻击服务、路由攻击、Sybil 攻击等都可能破坏信息的完整性和可用性。

同时，物联网的感知互动过程也要求网络具有高度的稳定性和可靠性。物联网是与许多应用领域的物理设备连接在一起应用的，因此要保证网络的稳定可靠。比如，在仓储物流应用领域，物联网必须是稳定的，要时刻保证网络的连通性，不然无法准确检测进库和出库的商品货物。

从物联网设计的信息范围可以看出物联网的安全特征体现在感知信息的多样性、应用需求的多样性和网络环境的多样性，展现出网络规模大、数据处理繁琐、决策控制复杂的特点，因此给安全研究提出了新的挑战。

随着各国对物联网产业支持力度的不断加大，物联网信息安全服务的作用越来越重要，目前物联网信息安全的关注焦点包括以下几点。

（1）物联网安全网关

物联网设备缺乏认证和授权标准，有些甚至没有相关设计，对于连接到公网的设备，这将导致可以通过公网直接对其进行访问。另外，也很难保证设备的认证和授权实现没有问题，所有设备都进行完备的认证未必现实，可考虑额外加一层认证环节，只有认证通过，才能够对其进行访问。结合大数据分析，能够提供自适应访问控制。对于如摄像头这样的内部智能家居设备的访问，可将访问视为申请，由网关记录并通知网关 APP，由用户在网关 APP 端进行访问授权。

未来物联网网关可以发展成为应用平台，就像目前手机使用一样。物理网关对于嵌入式设备可以提供有用的安全保护。一是拥有本地接口和数据存储对于用户体验和实现交互是非

常重要的,二是即使与互联网的连接中断,这些应用也需要持续工作。低功耗操作和受限的软件支持意味着不应该进行频繁的固件更新。反之,网关可以主动更新高级防火墙等软件,进而保护嵌入式设备免受不明攻击。实现这些特性需要重新思考运行在网关上的操作系统及其相关运行机制。

软件定义边界可以被用来隐藏服务器和服务器与设备的交互,从而最大化地保障安全和运行时间。同时,安全网关还可与云端通信,实现对于设备的 OTA 升级,可以定期对内网设备状态进行检测,并将检测结果通过云端设备进行分析等等。

与此同时,也应意识到安全网关的局限性。安全网关更适用于对于固定场所中外部与内部连接之间的防护,如家庭、企业等场合;对于一些需要移动的设备的安全,如智能手表的使用,或者内部使用无线通信的环境,则可能需要使用其他的方式来加以解决。

（2）应用层的物联网安全服务

应用层的物联网安全服务主要包含两个方面,一是对于已有的安全能力的集成,二是通过数据分析驱动的安全。

由于感知层的设备性能所限,并不具备分析海量数据的能力,也不具备关联多种数据发现异常的能力,一种处理方式是在感知层与网络层的连接处提供一个安全网关,安全网关负责采集数据,如流量数据、设备状态等,这些数据上传到应用层,利用应用层的数据分析能力进行分析,根据分析结果产生控制指令完成相应操作。

像 URL 信誉服务、IP 信誉服务等这样传统的 Web 安全中的安全能力,同样可以集成到物联网环境中,可作为安全服务模块,由用户自行选择。

（3）漏洞挖掘研究

物联网漏洞挖掘对于感知层和网络层主要关注两个方面,一个是网络协议的漏洞挖掘,另外一个是嵌入式操作系统的漏洞挖掘,应用层大多采用云平台,属于云安全的范畴,可应用已有的云安全防护措施。

在现代的汽车、工控等物联网行业,各种网络协议被广泛使用,这些网络协议带来了大量的安全问题。需要对物联网中的协议通过一些漏洞挖掘技术进行检测,及时发现并修补漏洞,有效减少来自黑客的威胁,提升系统的安全可靠性。

嵌入式操作系统是物联网设备经常使用的软件,也是终端设备必备的软件,一旦这些嵌入式操作系统遭受攻击,将会对整个设备的运转产生巨大的影响。因此,一个重要的物联网安全研究方向就是对嵌入式操作系统的漏洞进行挖掘和弥补。

（4）物联网僵尸网络研究

2016 年最为有名的物联网僵尸网络是由恶意软件 Mirai 造成的,它通过感染网络摄像头等物联网设备进行传播,可发动大规模的 DDoS 攻击,它对 Brian Krebs 个人网站和法国网络服务商 OVH 发动 DDoS 攻击,对于美国 Dyn 公司的攻击也产生了大量的流量。对于物联网僵尸网络的研究包括传播机理、检测、防护和清除方法。

（5）区块链技术

在物联网环境中,所有日常家居物件都能自发、自动地与其他物件或外界世界进行互动,但是必须解决物联网设备之间的信任问题。传统的中心化系统中,信任机制比较容易建立,通过设立一个可信的第三方来管理所有设备的身份信息。但是物联网环境中设备众多,未来可能会达到百亿级别,这会对可信第三方造成相当大的压力。

区块链解决的核心问题是在信息不对称、不确定的环境下,如何建立满足经济活动发展的"信任"生态体系。区块链系统网络具有分布式异构特征,是典型的 P2P 网络,而物联网天然具备分布式特征,网中的每一个设备都能管理自己在交互作用中的角色、行为和规则,因此对建立区块链系统的共识机制具有重要的支持作用。

(6)物联网设备安全设计

很多安全问题其实来自于不安全的设计。物联网设备制造商一般没有很强的安全背景,其生产的产品是否是安全的也缺乏标准来认定。信息安全厂商可以从三点加以改进:一是将安全模块内置于物联网产品中,比如工控领域对于实时性的要求很高,而且一旦部署可能很长时间都不会对其进行替换,这时的安全可能更偏重于安全评估和检测。如果将安全模块融入设备的制造过程,将能显著降低安全模块的开销,对设备提供更好的安全防护。二是提供安全的开发规范,进行安全开发培训,指导物联网领域的开发人员进行安全开发,提高产品的安全性。三是对出厂设备进行安全检测,及时发现设备中的漏洞并协助厂商进行修复。

随着物联网功能业务的不断拓展,物联网信息安全服务的内涵也将不断得到延伸,越来越多的信息安全服务项目层出不穷。随着我国信息化和信息安全产业的发展,物联网信息安全服务将逐步得到完善。

5.2　物联网安全的关键技术

在信息时代,信息可以让团体或个人受益。同样,如果信息被人利用也可以用来威胁用户,造成破坏。在竞争激烈的大公司中,商业间谍经常会获取对方的情报。因此,在客观上就需要一些强有力的安全措施来保护机密数据不被窃取或篡改。

1．加　密

(1)保密性

加密能够向数据或业务流信息提供保密性,并能影响其他安全机制或对它们进行补充。

(2)加密算法

加密算法分为可逆加密算法和不可逆加密算法两种。

可逆加密算法又可以分为对称加密和非对称加密。对称加密,知道了加密密钥也就意味着知道了解密密钥,反之亦然;非对称加密,对于这种加密,知道了加密密钥并不意味着知道了解密密钥,反之亦然。

不可逆加密算法可以选择使用密钥,也可以选择不使用。在使用密钥时,这个密钥可以是公开的或是私有的。

(3)密钥管理

除了某些不可逆加密算法的情况之外,加密机制的存在意味着必须使用密钥管理机制。数据加密与解密从宏观上讲是非常简单的,很容易理解。加密与解密方法也是非常直接的,很容易掌握,可以很方便地对机密数据进行加密和解密,在保证加密安全的同时保证数据正常使用的便利性。

数据加密技术就是使用数字方法来重新组织数据,使得除了合法使用者外,任何其他人想要恢复原先的"消息"是非常困难的。数据加密就是对传输中的数据流加密,一般有线路加密和端对端加密两种方法。线路加密通常不考虑源端而只侧重加密传输线路。端对端加密则是使用者用加密软件在端的两头进行加密工作,将数据包封装后由互联网传输,当这些信息一旦到达目的地后,将由收件人运用相应的密钥进行解密,使密文恢复成为可读数据明文。一般常用的加密技术包括对称加密技术和非对称加密技术。对称加密技术是指同时运用一个密钥进行加密和解密,非对称加密技术就是加密和解密所用的密钥不一样,它有一对密钥,分别称为"公钥"和"私钥",这两个密钥必须成对使用,文件被公钥加密后必须用相应人的私钥才能解密,反之亦然。一般明文加密模型如图 5-1 所示。

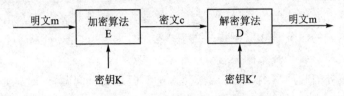

图 5-1　一般明文加密模型

物联网密钥管理系统面临两个主要问题。一个是如何构建一个贯穿多个网络的统一密钥管理系统,并与物联网的体系结构相适应。另一个是如何解决传感网的密钥管理问题,包括密钥的分配、更新和组播。

实现统一的密钥管理系统可以采用两种方式。第一,以互联网为中心的集中式管理方式,一旦传感器网络接入互联网,通过密钥中心与传感器网络汇聚点进行交互,实现对网络中节点的密钥管理。第二,以各自网络为中心,采用分布式管理方式对于互联网和移动通信网比较容易解决,但对多跳通信的边缘节点以及由于簇头选择算法和簇头本身的能量消耗,解决问题的关键是传感网的密钥管理。

无线传感器网络的密钥管理系统的安全需求如下:
① 密钥生成或更新算法的安全性;
② 前向私密性;
③ 后向私密性和可扩展性;
④ 源端认证性和新鲜性;
⑤ 抗同谋攻击。

根据以上要求,在密钥管理系统的实现方法中,提出了基于对称密钥系统的方法和基于非对称密钥系统的方法。在基于对称密钥的管理系统方面,从分配方式上又可以分为 3 类,包括预分配方式、基于密钥分配中心方式、基于分组分簇方式。典型的解决方法有 SPINS 协议、基于密钥池预分配方式的 Q-Composite 方法和 E-G 方法、多密钥空间随机密钥预分配方法、单密钥空间随机密钥预分配方法、对称多项式随机密钥预分配方法、基于地理信息或部署信息的随机密钥预分配方法、低能耗的密钥管理方法等。对称密钥系统与非对称密钥系统相比,在计算复杂度方面具有优势。但在密钥管理和安全性方面存在不足。例如,邻居节点间的认证较难实现,节点的加入和退出管理不够灵活等。

在物联网环境下,实现物联网设备与其他网络密钥管理系统的融合一般采取的措施为:将非对称密钥系统也应用于无线传感器网络;使用 TinyOS 开发环境的 MICA2 节点上,采用 RSA 算法实现传感器网络外部节点的认证以及 TinySec 密钥的分发;在 MICA2 节点上基于 ECC 实现 TinySec 密钥的分发。

2. 数据处理与隐私性

物联网应用不仅需要考虑信息采集的安全性,同时也要考虑信息传送的私密性,要求信息不能被篡改和非授权用户使用,同时还要考虑网络的安全性、可靠性和可信性。对于传感网而言,在信息的感知采集阶段就要进行相关的安全处理,对 RFID 采集的信息进行轻量级的加密处理后,再传送到汇聚节点。

基于软件的虚拟光学密码系统可以在光波的多个维度进行信息的加密处理,因此比一般传统的对称加密系统有更高的安全性,数学模型的建立和软件技术的发展有利于该领域的研究和推广。基于位置的服务是物联网提供的基本功能,是定位、电子地图、自适应表达、基于位置的数据挖掘和发现等多种技术的融合。

基于位置的服务面临严峻的隐私保护问题,这不但是安全问题,同时也是法律问题。基于位置服务中的隐私内容涉及位置隐私、查询隐私两个环节。一方面用户希望提供尽可能精确的位置服务,另一方面又希望个人的隐私得到保护。对人们来说,这确实是一个两难选择。

3. 数据完整性机制

数据完整性机制主要包括单个的数据单元或字段的完整性以及数据单元块或字段串的完整性两个方面。第一类完整性服务是实现第二类完整性服务的基础,因此,如果提供这两类不同的完整性服务就需要采取不同的机制。

确定单个数据单元的完整性涉及两个处理:一个在发送实体中进行,另一个在接收实体中进行。发送实体给数据单元附加一个由数据自己决定的量,而这个量可以是分组校验码或密码校验值之类的补充信息,而且它本身也可以被加密。接收实体则产生一个相当的量,并把它与收到的量进行比较,以确定该数据在传输过程中是否被人为篡改。但这个机制不能单独防止对单个数据单元的重演。因此在开放式系统互联模型结构的层检测操作就有可能导致重发或纠错等恢复行为。

对于连接方式的数据传输,为了确保数据单元序列的完整性,除了需要防止扰乱、丢失、插入、重演或篡改数据等,还需要某种明显的编序形式,例如采用序号、时标式密码链等。对于无连接的数据传输,为了防止单个数据单元的重演,时标可以用于提供一种有限的保护形式。

4. 安全路由协议

物联网的路由可能需要穿越不同类型的网络,如基于 IP 地址的互联网路由协议、基于标识的移动通信网和传感网的路由算法。需要解决的两个问题包括:解决多网融合的路由问题和传感网的路由问题。前者可以考虑将身份标识映射成类似的 IP 地址,实现基于地址的统一路由体系;后者基于传感网计算资源的局限性和易受攻击的特点,需要设计抗攻击的安全路由算法。

无线传感器节点在电量、计算能力、存储容量等方面都相对有限,在信息处理和实施防御方面具有较多限制,而且常常被部署于野外,因此它极易受到各类攻击。针对无线传感器网络中数据传送的特点,目前已提出许多较为有效的路由技术。按路由算法的实现方法划分:洪泛式路由,如 Gossiping 等;以数据为中心的路由,如 Directed Diffusio 等;层次式路由,如 LEACH(Low Energy Adaptive Clustering Hierarchy)等;基于位置信息的路由,如 GPSR(Greedy Perimeter Stateless Routing)等。

5. 鉴别交换机制

鉴别交换机制是通过信息交换以确保实体身份的一种机制。

(1) 可用于鉴别交换的技术

● 利用鉴别信息,如通信字,它由发送实体提供,并由接收实体进行检验;

● 密码技术;

● 利用实体的特征或占有物。

(2) 对等实体鉴别

鉴别交换机制可被结合进网络的第 N 层,以提供对等实体鉴别。如果这种机制在鉴别实体时得到的是否定结果,那么将会导致连接拒绝或连接终止,而且还会在安全审计线索中增加一条记录,或向安全管理中心进行报告。

(3) 确保安全

在利用密码技术时,可以结合"握手"协议的使用,以防止重演(即确保有效期)。

(4) 应用环境

选择鉴别交换技术取决于它们应用的环境。在许多场合下,需要同下列各项结合起来使用:

● 时标和同步时钟;

● 双向和三向握手(分别用于单方和双方鉴别);

● 由数字签名或公证机制实现的不可否认服务。

6. 认证与访问控制

认证指使用者采用某种方式来"证明"自己的身份,网络中的认证主要包括身份认证和消息认证。身份认证是指可以使通信双方确信对方的身份并交换会话密钥。认证的密钥交换中两个最重要的问题是保密性和及时性。消息认证一般是指接收方希望能够保证其接收的消息确实来自真正的发送方。广播认证是一种特殊的消息认证形式,在广播认证中,一方广播的消息被多方认证,传统的认证是区分不同层次的,网络层的认证就负责网络层的身份鉴别,业务层的认证就负责业务层的身份鉴别,两者彼此独立存在。

在物联网中,业务应用与网络通信紧紧地联系在一起,认证有其特殊性。物联网的业务由运营商提供,认证结果可以只通过网络层来实现。对于敏感业务,还需要做业务层的认证。对于普通业务来说,可以不再需要业务层的认证,网络认证已经满足需求。在物联网的认证过程中,一个重要的研究部分是传感网的认证机制。

(1) 认证机制

① 基于轻量级公钥算法的认证技术。基于 RSA 公钥算法的 TinyPK 认证方案和基于身份标识的认证算法。

② 基于预共享密钥的认证技术。SNEP 方案中提出两种配置方法:节点之间的共享密钥和每个节点和基站之间的共享密钥。

③ 基于单向散列函数的认证方法。

(2) 访问控制

访问控制是对用户合法使用资源的认证和控制,目前信息系统的访问控制主要是基于角色的访问控制机制(RBAC)及其扩展模型。与传统网络系统不同,对物联网而言,末端是感知网络,可能是一个感知节点或一个物体,进行资源控制时不能一概而论。

① 基于角色的访问控制在分布式的网络环境中会有不相适应的表现。

② 节点不是用户,而是各类传感器或其他设备,并且种类繁多。

③ 物联网表现的是信息的感知互动过程,而 RBAC 机制中,一旦用户被指定为某种角色,其可访问资源就相对固定,新的访问控制机制是物联网和互联网都值得研究的问题。

基于属性的访问控制(Attribute Based Access Control,ABAC)是研究的热点,主要的发展方向包括基于密钥策略和基于密文策略,目的是改善基于属性的加密算法的性能。

7. 入侵检测与容侵容错技术

容侵对于网络运行和网络安全非常重要,它是指如果在网络中存在恶意入侵,网络依然能够正常地运行。现阶段无线传感器网络的容侵技术的关注点主要体现在网络的拓扑容侵、安全路由容侵、数据传输过程中的容侵机制等方面。

无线传感器网络可用性的另一个要求是网络的容错性。无线传感器网络的容错性指的是当部分节点或链路失效后,网络能够进行传输数据的恢复或者网络结构自愈,从而尽可能减小节点或链路失效对无线传感器网络功能的影响。目前相关领域的研究主要集中在网络拓扑容错、网络覆盖容错以及数据检测中的容错机制实现等几个方面。

一般无线传感器网络中的容侵框架包括 3 个部分:

① 判定恶意节点;

② 发现恶意节点后启动容侵机制;

③ 通过节点之间的协作,对恶意节点做出处理决定。

8. 决策与控制安全

物联网的数据是双向流动的信息流,一是利用庞大的感知节点采集物理世界的各种信息,经过数据的分析处理,存储于网络数据库当中。二是根据用户的需求,进行数据的挖掘、决策和控制,实现与物理世界中任何连接物体的互动。在数据采集处理中,隐私泄露等安全问题严峻;在决策控制中,涉及可靠性等安全因素;在传统的无线传感器网络中,侧重于对感知端的信息获取,对决策控制的安全考虑相对较少;在互联网的应用中,侧重于信息的获取与挖掘,对第三方的控制考虑较少,而物联网中对物体的控制是一个重要的组成部分,需要进一步的研究。

5.3 物联网信息安全体系

5.3.1 物联网的安全层次模型及体系结构

大量现有的协议和技术可以解决互联网场景中大部分的安全问题,由于物联网硬件节点和无线传感器网络的限制,现有技术的作用具有一定局限性。此外,传统的安全协议消耗大量的内存和计算资源。由于物联网设备通常都部署在恶劣的、不可预知的甚至是敌对的环境中,在这些环境下设备容易遭受损坏,这也限制了安全技术的作用。因此,现有安全技术的实施仍然是一项具有挑战性的任务。

5.3.2 物联网感知层安全

物联网感知层的功能是实现智能感知外界信息功能,包括信息采集、捕获和物体识别,该层的典型设备包括各类传感器(如红外、超声、温度、湿度、速度等)、RFID 装置、图像捕捉装置(如摄像头)、全球定位系统(如 GPS、北斗系统)、激光扫描仪等,其涉及的关键技术包括传感器、RFID、自组织网络、近距离无线通信、低功耗路由等。

全面感知层包括感知子系统和控制子系统,主要通过智能嵌入式芯片负责从物理世界采集原始信息,并根据系统指令实现对物理世界的标识、感知、协同和互动。典型的设备包括各类传感器、RFID 装置、图像采集装置、执行器单元以及全球定位系统(GPS)。全面感知层可以说是工业物联网中最基础的部分,它的架构特点是本身组成局部传感网,并通过网关节点与外网连接,因此这一层次可能受到局域网内部和通过网关节点的外部两方面的威胁。一旦传感层的节点(普通节点或网关节点)受到来自于网络的数据攻击(例如 DDoS 攻击),传感层的普通节点就有可能被外部攻击者屏蔽,严重影响传感层可靠性,继而导致传感层的普通节点被外部攻击者控制,丢失节点密钥,最终传感层的网关节点就会被外部攻击者完全掌控,导致接入物联网的超大量传感节点的标识、识别、认证和控制都会产生一系列问题。

物联网感知层面临的安全威胁主要如下:

① 物理攻击:攻击者实施物理破坏使物联网终端无法正常工作,或者盗窃终端设备并通过破解获取用户敏感信息。

② 假冒传感节点威胁:攻击者假冒终端节点加入感知网络,上报虚假感知信息,发布虚假指令或者从感知网络中合法终端节点骗取用户信息,影响业务正常开展。

③ 传感设备替换威胁:攻击者非法更换传感器设备,导致数据异常,破坏业务正常开展。

④ 拦截、篡改、伪造、重放:攻击者对网络中传输的数据和信令进行拦截、篡改、伪造、重放,从而获取用户敏感信息或者导致信息传输错误,业务无法正常开展。

⑤ 卡滥用威胁:攻击者从接触到或者捕获的物联网终端的(U)SIM 卡拔出并插入其他终端设备中使用,对网络运营商业务造成不利影响。

⑥ 耗尽攻击:攻击者向物联网终端泛洪发送垃圾信息,耗尽终端电量,使其无法继续工作。感知层通过电子标签或 RFID 进行识别,再通过传感器网络进行全方位的感知。因此,在安全防护方面,要对 RFID 相关物理设备进行保护,对传感器节点进行保护,定期进行安全验证与鉴权;还应在传感器节点之间建立信息安全传输机制,保证传送数据不会被未授权节点获取或获取后无法解析。

(1) 传感技术及其联网安全

作为物联网的基础单元,传感器在物联网信息采集层面完成的工作是物联网感知任务成败的关键。传感器技术是物联网技术的基础、应用的基础和未来泛在网的基础。传感器感知了物体的信息,RFID 赋予电子编码信息。传感网到物联网的演变是信息技术发展的阶段过程,传感技术利用传感器和多跳自组织网,协作地感知、采集网络覆盖区域中感知对象的信息,并发布给它的上一层。由于传感网络本身具有无线链路较为脆弱、网络拓扑动态变化、节点计算能力和存储能力有限、支配能源有限、无线通信过程中易受干扰等特点,传统的安全机制并不能应用到传感网络中。

目前传感器网络安全技术主要包括基本安全框架、密钥分配、入侵检测、安全路由和加密技术等。安全框架主要有以数据为中心的自适应通信路由协议(SPIN)、Tiny 操作系统保密协议(Tiny Sec)、名址分离网络协议(Lisp)、轻型可扩展身份验证协议(LEAP)等。传感器网络的密钥分配主要倾向于采用随机预分配模型的密钥分配方案。入侵检测技术常常作为信息安全的第二道防线,主要包括被动监听检测和主动检测两大类。安全路由技术常采用的方法包括加入"容侵策略"。除了上述安全保护技术外,由于物联网节点资源受限,且是高密度冗余散布,不可能在每个节点上运行一个全功能的入侵检测系统(IDS),所以如何在传感网中合理地分布 IDS,有待于进一步研究。

（2）RFID 安全问题

传感技术是用来标识物体的动态属性,物联网中采用 RFID 电子标签则是对物体静态属性的标识,即构成物体感知的前提。RFID 是一种非接触式的自动识别技术,它通过射频信号自动识别目标对象并获取相关数据,识别工作无须人工干预。RFID 也是一种简单的无线系统,该系统用于控制、检测和跟踪物体,由很多应答器(电子标签)和一个读写器组成。

通常采用 RFID 技术的网络涉及的主要安全问题有标签本身的访问缺陷、通信链路的安全、移动 RFID 的安全等。其中,标签本身的访问缺陷是比较突出的问题,其具体是指包括授权以及未授权的用户都可以通过合法的读写器读取 RFID 电子标签,而且标签的可重写性使得标签中数据的安全性、有效性和完整性都得不到保证;移动 RFID 的安全是指主要存在假冒和非授权服务访问问题。目前 RFID 安全性机制所采用的方法主要有物理方法、密码机制以及二者结合的方法。

5.3.3　物联网网络层安全

物联网网络层主要实现信息的转发和传送,它将感知层获取的信息传送到远端,为数据在远端进行智能处理和分析决策提供强有力的支持。考虑到物联网本身具有专业性的特征,其基础网络可以是互联网,也可以是具体的某个行业网络。

可靠网络层保证感知数据在异构网络中的可靠传输,其功能相当于 TCP/IP 结构中的网络层和网络层,包括信息网络和识别、数据存储、数据压缩和恢复。构成该层的要素包括网络基础设施、通信协议以及通信协议间的协调机制。可靠网络层的安全主要是传统互联网、移动网、专业网、三网融合通信平台等基础性网络的安全,其可能受到的安全威胁包括:垃圾数据传播(垃圾邮件、病毒等);假冒攻击、中间人攻击等(存在于所有类型的网络);DDoS 攻击(来源于互联网,可扩展到移动和无线网);跨异构网络的攻击(互联网、移动);针对三网融合通信平台的攻击等。

传感器感知到的信息通过初步处理和过滤后通过网络层传到后台进行处理。因此,在网络层要保证端到端的数据加密、节点安全性验证,以及网络接入安全性。通过验证、鉴权、密钥等技术确保端到端的网络安全性;此外,通过相关的数据加密算法,确保数据的完整性和安全性。

物联网的网络层按功能可以大致分为接入层和核心层,因此物联网的网络层安全主要体现在两个方面。

（1）来自物联网接入方式和各种设备的安全问题

物联网的接入层将采用如移动互联网、有线网及各种无线接入技术。接入层的异构性使得如何为终端提供移动性管理以保证异构网络间节点漫游和服务的无缝移动成为研究的重点,其中安全问题的解决将得益于切换技术和位置管理技术的进一步研究。另外,由于物联网接入方式将主要依靠移动通信网络,移动网络中移动站与固定网络端之间的所有通信都是通过无线接口来传输的。然而无线接口是开放式的,任何使用无线设备的个体均可以通过窃听无线信道而获得其中传输的信息,甚至可以对无线接口中传输的消息修改、插入、删除或重传,达到假冒移动用户身份以欺骗网络端的目的。由此可见,物联网的接入层存在无线窃听、身份假冒和数据篡改等不安全的因素。

(2)来自传输网络的相关安全问题

物联网的网络核心层主要依赖于传统网络技术,现有的网络地址空间短缺是其面临的最大问题,其主要解决方法寄希望于正在推进的 IPv6 技术。IPv6 采纳 IPSec(IP Security)协议,在 IP 层上对数据包进行了高强度的安全处理,提供数据源地址验证、无连接数据完整性、数据机密性、抗重播和业务流加密等安全服务。

实际上,IPv4 网络环境中大部分安全风险在 IPv6 网络环境中仍将存在,而且某些安全风险随着 IPv6 新特性的引入将变得更加严重。第一,分布式拒绝服务攻击(DDOS)等异常流量攻击仍然存在,甚至更为严重,此外还有 IPv6 协议本身机制的缺陷所引起的攻击。第二,针对域名服务器(DNS)的攻击未能消除,而且在 IPv6 网络中提供域名服务的 DNS 更容易成为黑客攻击的目标。第三,IPv6 协议作为网络层的协议,仅对网络层安全有影响,其他(包括物理层、数据链路层、传输层、应用层等)各层的安全风险在 IPv6 网络中仍将保持不变。第四,采用 IPv6 替换 IPv4 协议需要一段时间,向 IPv6 过渡只能采用逐步演进的办法,为解决两者间互通所采取的各种措施将带来新的安全风险。

5.3.4　物联网应用层安全

物联网应用是信息技术与行业专业技术紧密结合的产物。物联网应用层充分体现了物联网智能处理的特点,其涉及的技术包括业务管理、中间件、数据挖掘等。考虑到物联网涉及诸多领域和行业,因此广域范围的海量数据信息处理和业务控制策略将在安全性方面面临巨大挑战,尤其是业务控制、认证机制、管理机制、中间件以及隐私保护等安全问题显得更为突出。

(1)业务控制、管理和认证

由于物联网设备可能是先部署、后连接网络,而物联网节点因较为分散或工作环境恶劣,因此一般无人值守,所以如何对物联网设备远程登录,并且对业务信息进行配置就成了一道难题。网络层的认证负责网络层的身份鉴别,业务层的认证负责业务层的身份鉴别,两者独立存在。但是大多数情况下,物联网机器都是拥有专门的用途,因此其业务应用与网络通信密切相关,很难独立存在。

应用层面向终端用户提供个性化业务,包括身份认证、隐私保护等,同时面向协同处理层,预留人机交互接口并提供用户操作指令,用户通过这些接口可以使用 TV 端、PC 端、移动端等多终端设备对网络进行访问。综合应用层具有多样性和不确定性的特点,不同的工业现场应用环境对安全有不同的需求,其面临的威胁也呈现出多样化:超大量终端、海量数据、异构网络和多样化系统下的多种不同安全问题,有些安全威胁难以预测。数据共享是物联网应用层的特征之一,但数据共享可能带来数据隐私性、访问权限可控性、信息泄露等方面的问题。使用场景的不同将决定对安全需求的不同,例如隐私保护问题就是在特殊应用环境中出现的。

(2)中间件

中间件是物联网系统的一个重要组成部分。目前,使用最多的几种中间件系统是:COR-BA、DCOM、J2EE/EJB 以及被视为下一代分布式系统核心技术的 Web Services。

在物联网中,中间件主要包括服务器端中间件和嵌入式中间件。服务器端中间件是物联网业务基础中间件,一般都是基于传统的中间件(如应用服务器),加入设备连接和图形化组态展示模块的构建;嵌入式中间件存在于感知层和网络层的嵌入式设备中,是一些支持不同通信协议的模块和运行环境。中间件的特点是其固化了很多通用功能,但在具体应用中多半需要二次开发来实现个性化的行业业务需求。

中间件采用网格运算或云计算的方式调配、组织这些平台的运算能力。智能处理平台的处理层会依据需求将原始感知数据以不同的格式进行处理,从而实现同一感知数据在不同应用系统间的数据共享,同时根据感知数据和应用层用户指令进行智能决策、调控子系统内部的预设规则,改变控制子系统的运行状态。智能处理层的安全风险主要包括数据智能处理失控、非法人为干预(内部攻击)、设备(特别移动设备)丢失等,由于将工业控制系统引入其中,所面临的风险主要有:中间件受到病毒的威胁;由于阻塞、欺骗、拒绝服务等问题 使系统控制命令延迟或失真,导致无法进入稳定状态;容灾性差,无法有效控制和恢复灾难造成的后果等。

(3)隐私保护

在物联网发展的过程中,大量的数据涉及个体隐私问题(如个人出行路线、消费习惯、个体位置信息、健康状况、企业产品信息等),因此隐私保护是必须考虑的一个问题。物联网安全技术研究的热点问题将是如何设计不同场景、不同等级的隐私保护。当前隐私保护方法主要有两个发展方向:一是对等计算(P2P),通过直接交换共享计算机资源和服务;二是语义 Web,通过规范定义和组织信息内容,使之具有语义信息,能被计算机理解,从而实现与人的相互沟通。通过网络层传送到应用层的数据量大,数据存在异构性,因此应用层在云平台处理海量异构数据时,为了加强对个人隐私和各类应用数据的保护,加强云计算安全,需要建立起一个统一的标准体系和安全管理平台,特别需要注意运用数据访问权限、授权管理等安全防护手段。

5.4 无线传感器网络安全机制

随着传感器、计算机、无线通信及微机电等技术的发展和相互融合,在传感器技术进步的基础上产生了无线传感器网络(Wireless Sensor Network,WSN),目前 WSN 的应用越来越广泛,已涉及国防军事、国家安全等敏感领域,安全问题的解决是这些应用得以实施的基本保证。WSN 一般部署广泛,结点位置不确定,网络的拓扑结构也处于不断变化之中。

另外,结点在通信能力、计算能力、存储能力、电源能量、物理安全和无线通信等方面存在固有的局限性,WSN 的这些局限性直接导致了许多成熟、有效的安全方案无法顺利应用。正是这种"供"与"求"之间的矛盾使得 WSN 安全研究成为热点。

5.4.1 WSN 安全问题

1. WSN 与安全相关的特点

WSN 与安全相关的特点主要有以下几个。

① 资源受限,通信环境恶劣。许多成熟、有效的安全协议和算法无法顺利应用,主要是由于 WSN 单个结点能量有限,存储空间和计算能力差。另外,结点之间采用无线通信方式,信道不稳定,信号不仅容易被窃听,而且容易被干扰或篡改。

② 网络无基础框架。在 WSN 中,各结点以自组织的方式形成网络,以单跳或多跳的方式进行通信,由结点相互配合实现路由功能,没有专门的传输设备,传统的端到端的安全机制

无法直接应用。

③ 部署区域的安全无法保证,结点易失效。传感器结点一般部署在无人值守的恶劣环境或敌对环境中,结点很容易受到破坏或被俘,一般无法对结点进行维护,其工作空间本身就存在不安全因素,结点很容易失效。

④ 部署前地理位置具有不确定性。在 WSN 中,结点通常随机部署在目标区域,任何结点之间在部署前是否存在直接连接都是未知的。

2. 安全需求

WSN 的安全需求主要有以下几个方面。

① 机密性。机密性要求对 WSN 结点间传输的信息进行加密,让任何人在截获结点间的物理通信信号后不能直接获得其所携带的消息内容。

② 完整性。WSN 的无线通信环境为恶意结点实施破坏提供了方便,完整性要求结点收到的数据在传输过程中未被插入、删除或篡改,即保证接收到的消息与发送的消息是一致的。

③ 真实性。WSN 的真实性主要体现在两个方面:点到点的消息认证和广播认证。点到点的消息认证使得某一结点在收到另一结点发送来的消息时,能够确认这个消息确实是从该结点发送过来的,而不是别人冒充的;广播认证主要解决单个结点向一组结点发送统一通告时的认证安全问题。

④ 健壮性。WSN 一般被部署在恶劣环境、无人区域或敌方阵地中,外部环境条件具有不确定性,另外,随着旧结点的失效或新结点的加入,网络的拓扑结构不断发生变化。因此,WSN 必须具有很强的适应性,整个网络的安全不会受到单个结点或者少量结点变化的威胁。

⑤ 可用性。可用性要求 WSN 能够按预先设定的工作方式向合法的用户提供信息访问服务。然而,攻击者可以通过信号干扰、伪造或者复制等方式使 WSN 处于部分或全部瘫痪状态,从而破坏系统的可用性。

⑥ 新鲜性。在 WSN 中由于网络多路径传输延时的不确定性和恶意结点的重放攻击,使得接收方可能收到延后的相同数据包。新鲜性体现消息的时效性,要求接收方收到的数据包都是最新的、非重放的,这样才能进一步提高信息的安全性。

⑦ 访问控制。WSN 不能通过设置防火墙进行访问过滤,由于硬件受限,也不能采用非对称加密体制的数字签名和公钥证书机制。WSN 必须建立一套符合自身特点、综合考虑性能、效率和安全性的访问控制机制。

5.4.2　传感器网络的安全策略

无线传感器网络的安全目标是要解决网络的安全需求。由于无线传感器网络本身的特点,其安全目标的实现与一般网络不同,在研究和移植各种安全技术时,必须进一步考虑以下约束。

① 能量限制。节点在部署后很难替换和充电,所以设计安全算法时首要考虑的因素是低能耗。

② 节点布置的随机性。节点往往是被随机地投放到目标区域,节点之间的位置关系在布置前一般是不可预知的。

③ 通信的不可靠性。无线信道通信的不稳定、节点并发通信的冲突和多跳路由的较大延迟要求设计安全算法时必须合理协调节点通信,考虑容错问题,并尽可能减少对时间同步的

要求。

④ 节点的物理安全无法保证。在进行安全设计时必须考虑节点的检测、撤除问题,同时还要将节点导致的安全隐患扩散限制在最小范围内。

⑤ 有限的存储、运行空间和计算能力。传感器节点 CPU 的运算能力无法与一般的计算机相提并论,并且其用来存储、运行代码的空间也十分有限。

⑥ 安全需求与应用相关。无线传感器网络的应用十分广泛,而不同的应用对安全的需求往往是不同的。

此外,安全是系统可用的前提,需要在保证通信安全的前提下,降低系统开销,研究可行的安全算法。目前主要存在两种设计思路。

一种方案是从维护路由安全的角度出发,寻找尽可能安全的路由以保证网络的安全。如果路由协议被破坏导致传送的消息被篡改,那么对于应用层上的数据包来说,没有任何安全性可言。一种方法是"有安全意识的路由"(SAR),其思路是找出真实值和结点之间的关系,然后利用这些真实值去生成安全的路由。该方法解决了两个问题,即如何保证数据在安全路径中传送和路由协议中的信息安全性。在这种模型中,当结点的安全等级达不到要求时,就会选择退出以保证整个网络的路由安全。可以通过多径路由算法改善系统的稳健性(Robustness),数据包通过路由选择算法在多径路径中向前传送,在接收端内通过前向纠错技术得到重建。

另一种方案是把关注点放在安全协议方面。假定传感器网络的任务是提供安全保护的,提供一个安全解决方案将为解决这类安全问题带来一个合适的模型。在具体的技术实现上,先假定基站总是正常工作的,并且总是安全的,满足必要的计算速度、路由、存储器容量,基站功率满足加密等要求;通信模式是点到点,通过端到端的加密保证了数据传输的安全性;射频层总是处于正常工作状态。基于以上前提,典型的安全问题可以总结如下:

① 信息被非法用户截获;

② 一个结点遭破坏;

③ 识别伪结点;

④ 如何向已有传感器网络添加合法的结点。

此方案不采用任何路由机制。在此方案中,每个结点和基站分享一个唯一的 64 位密钥和一个公共的密钥,发送端会对数据进行加密,接收端接收到数据后根据数据中的地址选择相应的密钥对数据进行解密,完成数据的传输。

无线传感器网络中的两种专用安全协议:安全网络加密协议 SNEP(Sensor Network Encryption Protocol)和基于时间的高效的容忍丢包的流认证协议 μTESLA。SNEP 的功能是提供结点到接收机之间数据的鉴权、加密、刷新,而 μTESLA 的功能是对广播数据的鉴权。因为无线传感器网络可能是布置在敌对环境中,为了防止供给者向网络注入伪造的信息,需要在无线传感器网络中实现基于源端认证的安全组播。但由于在无线传感器网络中不能使用公钥密码体制,因此源端认证的组播并不容易实现。传感器网络安全协议 SPINK 中提出了基于源端认证的组播机制 μTESLA,该方案是对 TESLA 协议的改进,使之适用于传感器网络环境。其基本思想是整个网络需要保持松散同步,采用 Hash 链的方法在基站生成密钥链,每个结点预先保存密钥链最后一个密钥作为认证信息,基站按时段依次使用密钥链上的密钥加密消息认证码,并在下一时段公布该密钥。

5.5 WLAN 面临的安全风险

1. WLAN 目前发展状况

随着无线技术的发展,无线网络成为市场热点,其中无线局域网(WLAN)正广泛应用于大学校园、车站、宾馆等众多场合。但是,由于无线网络的特殊性,给网络入侵者提供了便利,他们无须通过物理连线就可以对网络进行致命的攻击,这也使得 WLAN 的安全问题显得尤为突出。

WLAN 网络通常置于防火墙后,黑客一旦攻破防火墙就能以此为跳板,攻击其他内部网络,使防火墙形同虚设。与此同时,由于 WLAN 国家标准 WAPI 还未出台,IEEE802.11 网络仍将为市场的主角,但因其安全认证机制存在极大安全隐患,这也让 WLAN 的安全状况不容乐观。

对于 WLAN,可分为光 WLAN 和射频 WLAN。光 WLAN 采用红外线传输,不受其他通信信号的干扰,不会穿透墙壁,覆盖范围很小,仅适用于室内环境,最大传输速率只有 4M bit/s。由于光 WLAN 传送距离和传送速率方面的局限,现在的 WLAN 一般都采用射频载波传送信号。

射频 WLAN 采用 IEEE 802.11 协议通过 2.4 GHz 频段发送数据,通常采用直接序列扩频(DSSS)方式进行信号扩展。最高带宽为 11 Mbit/s。根据 WLAN 的布局设计,可以分为接入点(AP)模式(基础结构模式)和无接入点模式(移动自组网模式)两种。

2. WLAN 中的安全问题

在现代 WLAN 网络中,主要使用的是射频 WLAN。由于传送的数据是利用电磁波在空中进行辐射传播的,可以穿透天花板、地板和墙壁,发射的数据可能到达预期之外的接收设备,所以数据安全也就成为最重要的问题。因此,思考和解决这些安全问题很有必要。一些常见的网络安全问题如下:

① 针对 IEEE 802.11 网络采用的有线等效保密协议(WEP)存在的漏洞,网络容易被入侵者侵入;

② 对于 AP 模式,入侵者只要接入非授权的假冒 AP,也可以进行登录,欺骗网络该 AP 为合法节点;

③ 未经授权擅自使用网络资源和相关网络服务;

④ 非法用户的接入导致合法用户的服务和性能被严重限制;

⑤ 恶意的媒体访问控制(MAC)地址伪装,以及地址欺骗和会话拦截;

⑥ 802.11 无法防止入侵者采用被动方式监听网络流量,以及用户的信号侦听;

⑦ 非法用户的严重入侵,可能导致网络瘫痪。

针对以上威胁问题,经过研究分析,常规的无线网络安全技术有以下几种。

(1)服务集标识符(Service Set ID,SSID)

通过对多个无线接入点 AP 设置不同的 SSID,并要求无线工作站出示正确的 SSID 才能访问 AP,这样就可以允许不同群组的用户接入,并对资源访问的权限进行区别限制。但是这只是一个简单的口令,所有使用该网络的人都知道该 SSID,很容易泄露,只能提供较低级别的安全,而且如果配置 AP 向外广播其 SSID,那么安全程度还将下降,因为任何人都可以通过工具得到这个 SSID。

(2) 介质访问控制(Media Access Control,MAC)

介质访问控制又称为物理地址过滤。由于每个无线工作站的网卡都有唯一的物理地址,因此可以在 AP 中手工维护一组允许访问的 MAC 地址列表,实现物理地址过滤。这个方案要求 AP 中的 MAC 地址列表必须随时更新,无法实现机器在不同 AP 之间的漫游,可扩展性差,而且在理论上 MAC 地址可以伪造,因此这种授权认证级别较低。

(3) 虚拟专用网络(Virtual Private Network,VPN)

VPN 是指在一个公共 IP 网络平台上通过隧道以及加密技术保证专用数据的网络安全性。它不属于 IEEE 802.11 标准定义,但是用户可以借助 VPN 来抵抗无线网络的不安全因素,同时还可以提供基于 Radius 的用户认证以及计费。

(4) 连线对等保密(Wired Equivalent Privacy,WEP)

链路层采用 RC4 对称加密技术,用户的密钥必须与 AP 的密钥相同时才能获准存取网络的资源,从而防止非授权用户的监听以及非法用户的访问。WEP 提供 40 位(有时也称为 64 位)和 128 位长度的密钥机制,但是它仍然存在许多缺陷,例如,一个服务区内的所有用户都共享同一个密钥,一个用户丢失或者泄露密钥将使整个网络不安全。而且由于 WEP 加密一旦被发现有安全缺陷,可以在几个小时内被破解。

(5) 端口访问控制技术(IEEE 802.1x)

该技术是用于无线局域网的一种增强性网络安全解决方案。当无线工作站与 AP 关联后,是否可以使用 AP 的服务要取决于 IEEE 802.1x 的认证结果。如果认证通过,则 AP 为用户打开这个逻辑端口,否则不允许用户上网。IEEE 802.1x 除提供端口访问控制能力之外,还提供基于用户的认证系统及计费,特别适合于无线接入解决方案。

5.6　云计算面临的安全风险

由于云计算是架构在传统服务器设施上的一种服务的交互和使用模式,因此传统互联网环境下存在的诸多安全问题都可能在云计算环境中出现。另外,云计算具有规模大、价格低、资源共享等自身特点,可能会在网络上引入新的安全风险或改变原有的安全风险影响程度和范围。下面结合云计算的几个特点,简要分析一下云计算可能面临的安全风险。

1. IaaS 的安全与风险分析

① 用户的数据在云中存在泄露的危险。当用户迁移到云的时候,对于客户和他们的数据来说,有两大改变。其一,数据通常是从单租户环境迁移到多租户环境的,这就是数据泄露问题发生的源头;其二,相对于客户的地理位置来说,数据会被远程存储。数据泄露只不过是一个客户到另一个客户的数据迁移,实际上在云中的每个客户都应该是相互独立的,都不能访问其他客户的数据,而应该只能访问他们自己的数据。

② 计算服务性能不可靠。主要包括硬件与软件问题。硬件问题包括服务器、存储、网络的问题,硬件的不兼容、不稳定以及不易维护性,这都有可能造成计算性能的不可靠;软件主要指统一部署与硬件之上的虚拟化软件的可靠性能,包括兼容性、稳定性和可维护性等。

③ 远程管理认证危险。IaaS 资源在远端,当进行远程认证访问时存在危险,比如账户的

盗用、冒用和丢失等。

④ 虚拟化技术所带来的风险。由于 IaaS 基于虚拟化技术搭建,虚拟化技术所带来的风险便不可避免,包括堆栈溢出、权限管理、虚拟化管理程序软件会成为被攻击的目标等。

⑤ 用户本身的问题。包括数据放在哪里,如何保证数据安全性等。

⑥ 服务中断。包括数据中心宕机,停止对外服务,以及灾难、电力供应等的毁灭性破坏。此类破坏大部分为不可抗拒性破坏,由于 IaaS 从层面上来说,更接近底层硬件设施,因而对硬件设施的这些问题,应该给予更多的关注。此类事件一旦发生,便会造成数据中心毁灭性的破坏。

2. PaaS 的安全与风险分析

① 应用配置不当。在云基础架构中运行应用以及开发平台时,应用在默认配置下安全运行的概率机会基本为零。因此,最需要做的事就是改变应用的默认安装配置。需要熟悉应用的安全配置流程,通过配置确保其安全。

② 平台构建存在漏洞,可用性、完整性差。任何平台都存在漏洞的风险,有些平台在极端环境下可用性、完成性的工作能力不够,比如在大量网络连接下,Web 服务器的承受能力有限等。在对外提供 API 的平台应用中,可能存在堆栈溢出的漏洞、编程环境的漏洞、高权限非法获取的漏洞等。

③ SSL 协议及部署缺陷。对 PaaS 用户而言,第三个需要考虑的威胁是 SSL 攻击。SSL 是大多数云安全应用的基础。众多黑客社区都在研究 SSL,在不久的将来 SSL 或许会成为一个主要的病毒传播媒介。因此,客户必须采取可能的办法来缓解 SSL 攻击,这样做只是为了确保应用不会被暴露在默认攻击之下。

④ 云数据中的非安全访问许可。对于 PaaS 用户而言,第 4 个需要考虑的威胁是需要解决对云计算中数据的非安全访问的问题。实际上许多应用存在着严重的信息漏洞,数据的基本访问许可往往由于设置不当造成的。从安全的角度讲,这意味着系统需要批准的访问权限太多。

3. SaaS 的安全与风险分析

① 数据安全。SaaS 提供的是一种数据托管服务,成千上万的企业将自己的信息托管于 SaaS 服务商。在信息输过程中极易丢失或被非法入侵主机的黑客篡改、窃取,被病毒所破坏或者因为程序的复制而不小心被其他使用者看到。

② 垃圾邮件与病毒。病毒、蠕虫邮件在网络中传播时大量占用用户网络带宽资源,企业中被感染的局域网用户机器被植入木马程序,可能导致敏感、机密信息数据泄露(如重要文件、账号密码等)。

③ 软件漏洞以及版权问题。

④ 操作系统以及 IE 浏览器的安全漏洞。由于目前操作系统、IE 浏览器漏洞较多,容易被病毒、木马程序等破坏。因此导致用户口令丢失的事情无法彻底避免,从而使得安全性得不到保障。

⑤ 人员管理以及制度管理的缺陷。服务商内部人员的诚信、职业道德可能造成安全危险。另外,保密规范和条款缺失,安全法律制度的不健全,也是一个急需解决的问题。

⑥ 缺少第三方监督认证机制。

5.7　IPv6面临的安全风险

尽管IPv6设定之初就已经开始考虑安全问题,也确实因其强大的地址容量为网络安全带来了不少好处,但是IPv6在任播服务、分片攻击、路由头协议、ICMPv6、碎片包、SLAAC和巨大地址数量等方面都可能给网络带来潜在危险。

(1) 任播服务

侦测是大部分攻击采取的第一步。IPv6协议提高了效率,简化了处理过程,然而也带来了探测的便利性。比如IPv6协议中提供的任播服务(Any-cast),坏节点可以通过收集Any-cast回复讯息来探索想要攻击的网络内部的具体情况,为进一步攻击做好准备。应对方法为可以通过防火墙或其他安全设备严格筛选,尤其是严格控制或者隔绝任何来自可信任域外部的Any-cast请求来完成。另一个需要考虑的问题是,随着IPv6对IPSec的普遍支持,对于包过滤型防火墙,如果使用IPSec的ESP,3层以上的信息不可见,控制难度增加。在IPSec条件下阻止对方的Any-cast,要求对IPSec进行有效地控制和检测,这将会是下一代互联网中一个巨大的挑战。

(2) 分片攻击

IPv6下的访问控制同样依赖防火墙或者路由器访问控制表(ACL)等控制策略,根据地址、端口等信息实施控制,而分片攻击可以利用分片逃避网络监控设备,如防火墙和IDS。由于多个IPv6扩展头的存在,防火墙很难计算有效数据报的最小尺寸,甚至传输层协议报头不在第一个分片分组内的可能,这使得网络监控设备仅仅检查IPv6包的头部而无法进行访问控制。要保证防火墙能够真正阻隔这些探测和攻击,需要监控设备对分片进行重组来实施基于端口信息的访问控制策略。

(3) ICMPv6

IPv6协议中的ICMPv6允许地址方在组播的时候回复一个错误的原因。这从某一方面说是对通信本身有利,然而这可能被某些节点利用,比如伪装想要攻击的地址,发出某条不合理的组播信息,来诱导大量的目的节点发出错误回复、报告错误原因,这样就可以引起一连串回复攻击,造成该地址的服务停止或网络的资源损耗,影响网络质量。对于这种情况,网络需要的是对组播发出地址使用返回路径巡查,防止地址的伪装,避免利用组播错误信息实现DDOS或其他攻击。此外,对于ICMP消息的控制需要更加小心,因为ICMPv6对IPv6至关重要,如MTU发现、自动配置、重复地址检测等。在IPv4向IPv6过渡时,如何防止伪造源地址的分组穿越隧道也成为一个重要的问题。

(4) 地址定义

IPv6中的组播地址定义方式给攻击者带来了一些机会。IPv6地址定义FF05::2为所有路由器,而FF05::3是所有的DHCP服务器。通过对所有路由器的组播或者所有DHCP服务器的组播,可能让攻击者定位这些重要资源的地址和位置信息,所以可能会出现一些专门攻击这些服务器的拒绝服务攻击。严格控制可以发出组播信息的节点或是筛选组播服务的可用命令对降低这种攻击的可能性将会起到积极的作用。

(5) 由头协定

另一种绕过防火墙的方式是利用IPv6的路由头协定。IPv6协议决定了任何节点必须要能够处理 IPv6 的路由头判定下一跳的信息,这允许某一个节点处理通过路由头中对下一跳的内容进行指定,诱导其他节点将收到的流量转发出去。这样路由头可能被用来绕过某些节点的输入地址控制,而利用一些公共的受信任的节点来转发"坏节点"的内容,以达到躲过访问控制,窃取目的节点信息或发动攻击的目的。要避免这样的情况,需要防火墙或公共受信任的节点的监控系统必须对转发包内的每一跳的地址仔细查询,这需要具有极高的性能判断每条地址,并有效地通过分析判断将有危险性的地址拦截,但这样也可能导致防火墙和内部网络沟通不良,从而造成对新地址的内容无法转发等后果,因此需要根据网络内部情况对防火墙的设置进行最佳处理,以达到安全和通信的双重保障。

(6)默认协议开启

IPv6 和 IPv4 在相当长时间内将处于共存状态,而两种协议并存的过程中也会有一些问题。由于现在 IPv6 下的保护软件不充分,很多 IPv4 下被禁止的服务可能因疏忽而由 IPv6 进入。比如 IPv6 下的 Telnet 默认开启,对于很多在 IPv4 下禁止用户随意连接的主机而言,攻击者现在可以通过 IPv6 连接到用户的主机上,所以很多用户需要再次使用命令阻止 IPv6 下的 Telnet 连接。

(7)SLAAC

IPv6 支持任一节点都有可能向 DNS 上传域名和地址的 SLAAC 协议,以此来提高 DNS 的更新速率,但是这样也会增加冒用域名的风险。如果 DNS 使用 SLAAC 作为其更新的手段之一,必须要确定向其更新的节点的安全性,就如同 DHCP 中一样。目前已经提出了新的 DNSSec 来保证 DNS 的安全性,然而在此之前,为了尽量降低这种伪造可能带来的巨大风险,需要对上传的域名信息认真审核。

(8)巨大地址空间

在下一代互联网中,扫描威胁由于巨大地址空间而显得较为薄弱,但对于扫描的防护依然不可忽视。攻击者可以通过运用一些策略,来简化和加快子网扫描。例如通过 DNS 发现主机地址;猜测管理员经常采用的一些简单的地址;由于站点地址通常采用网卡地址,可以用厂商的网卡地址范围缩小扫描空间;攻破 DNS 或路由器,读取其缓存信息等,仍然需要对全网扫描这种行为严格控制。同时由于每个节点都可以获得多个 IPv6 的全局地址,这会加大防火墙过滤的复杂程度,并且可能需要更多的资源来管理。

5.8 我国信息安全战略

鉴于信息安全对国家安全的战略意义及网络信息技术在我国社会生产生活中越来越广泛的运用,有必要从战略的高度考虑并实施规划我国的信息安全管理工作。

我国信息安全管理的战略目标是提高国家的信息化水平,增强信息安全的防范及控制能力,创建安全健康的国内网络信息环境,切实保障国家安全。

具体任务包括增强信息安全法制保障能力,通过法律的手段来有效地遏制网络非法行为;增强信息安全的保障机制,促进信息技术的优化升级;建立基于统一指挥、统一领导的、统一协调的信息安全组织结构,增强信息安全的监督机制,制定完善的安全审查、风险控制与监督机制。

我国在信息安全战略管理过程中坚持的基本方针以预防为主,综合防范。保障信息安全的首要重点就是要防范各类网络非法行为,利用建立网络信息安全监管机制积极地预防可能出现的网络信息安全事件。同时由于网络信息安全涉及的领域非常广泛,需要社会多方力量共同努力才能有效地防范网络信息安全事件的发生。另外,还需要充分运用技术、管理、法律等多种手段。

面对我国严峻的信息安全管理形势和日益复杂的网络信息环境,我国的信息安全战略管理道路任重而道远。但是不管怎样,还是必须结合国家信息安全管理面临的实际情况,有计划、有重点、有步骤地逐步推进信息安全战略管理,最终建立一个具有中国特色的完善的信息安全战略管理体系。针对我国信息安全管理目前面临的实际情况,应按照下面几点逐步推进信息安全战略管理。

第一,在全国范围内建立起信息安全管理的大致组织框架体系,构建保证信息安全战略管理的基本组织支撑。

第二,加强信息方面的人才培养,逐步培养出一批杰出的信息技术及信息管理人才,为信息安全管理储备坚实的人才力量。

第三,集中精力研发操作系统、计算机芯片及网络信息监控等项目的关键技术,逐步摆脱在这些方面对国外的依赖。

习　题

1. 为什么说物联网的安全具有其特殊性?
2. 简述物联网面临的安全威胁。
3. 简述物联网的安全机制。
4. 简述物联网安全与传统网络安全的区别。
5. 简述物联网各层的安全问题。

第6章 物联网应用

物联网时代的来临使人们的日常生活发生了许多变化,同时也给人们的工作和生活带来许多意想不到的惊喜。本章将重点介绍物联网的应用案例,包括智能交通、智能家居、智能物流、智慧医疗和其他应用。物联网发展不仅需要技术,更需要应用,应用是物联网发展的强大推动力。

6.1 智慧地球与智慧城市

6.1.1 智慧地球

"智慧地球"是 IBM 公司首席执行官彭明盛在 2008 年首次提出的新概念。他认为,智能技术正应用到生活的各个方面,如智慧的医疗、智慧的交通、智慧的电力、智慧的食品、智慧的货币、智慧的零售业、智慧的基础设施甚至智慧的城市,这使地球正变得越来越智能化。

智慧地球的目标是让世界运转的更加智能化,让个人、企业、组织、政府、自然和社会之间的互动效率更高,其核心是以一种更加智慧的方法,通过利用新一代信息技术来改变相互交互的方式,以便提高交互的明确性、效率、灵活性和响应速度。

物联网是智慧地球发展的基石。构建智慧地球,将物联网和互联网进行融合,不是简单的将实物与互联网进行连接,不是简单的"鼠标"加"水泥"的数字化和信息化,而是需要进行更高层次的整合,需要"更透彻的感知,更全面的互联互通,更深入的智能化"。

① 物联网带来更透彻的感知。这是超越传统传感器的一个更为广泛的概念。具体来说,是指随时随地利用任何可感知信息的设备或系统。通过使用这些设备或系统,从人的血压到公司财务数据或城市交通状况等任何信息,都可以被快速获取进行分析,以便于立即制定应对措施和进行长期规划。

② 物联网带来更全面的互通互联。即通过各种形式的高速、高宽带的通信网络,将个人、电子设备、组织和政府信息系统中收集和存储的分散信息连接起来,进行交互和多方共享,从而更好地对环境和业务状况进行实时监控,从全局的角度分析形势并实时解决问题,从而彻底改变整个世界的运作方式。

③ 物联网带来更深入的智能化。即深入分析收集到的数据,以获取更加新颖、系统、全面的洞察力来解决特定的问题。这要求使用先进技术(如数据挖掘和分析工具、科学模型和功能强大的运算系统),通过分析、汇总和计算,整合跨地域、跨行业和跨部门的数据和信息,并将特定的知识应用到特定行业、场景和解决方案中,以更好地支持决策和行动。

④ 物联网使地球变得更加智慧。IBM 提出的"智慧地球"关注新锐洞察、智能运作、动态构架和绿色节能这四个关键问题。物联网能提高人类的洞察力,让人们知道如何利用从众多资源中获取的大量实时信息来做出明智的选择;物联网能提高人类的运作能力,让人们知道如何动态地满足人类灵活的生活和工作需求;物联网能提高人类的及时响应,让人们知道如何构

建一个低成本、智能和安全的动态基础设施;物联网能提高人类的生活环境,让人们知道如何针对能源和环境可持续发展的要求,提高效率、高效节能,使生活更加节能和环保。

物联网不仅是传感器、手机、家居等物品与互联网的融合,而是更高层次的整合,能带来"更透彻的感知,更全面的互联互通,更深入的智能化"。物联网将使地球变得更加智慧。

建设物联网需要三大基石:

① 标识物体,包括通过 RFID、传感器将物体的信息实时反映出来;

② 传输的通道,比如电信网;

③ 高效的、动态的、可大规模扩展的资源计算处理能力,比如云计算。

物联网通过将 RFID 技术、传感器技术、纳米技术等新技术充分运用在各行各业之中,将各种物体充分连接,并通过无线等网络将采集到的各种实时动态信息送达计算机处理中心,进行汇总、分析和处理,从而构建智慧地球。在物联网中,商业系统和社会系统将与物理系统融合起来,形成新的智慧的全面系统,地球将达到"智慧"运行的状态,这将提高资源利用率和生产力水平,改善人与自然的关系。

6.1.2　智慧城市

2010 年,IBM 提出了"智慧的城市"愿景,并研究出由关系到城市主要功能的不同类型的网络、基础设施和环境六个核心系统组成:组织/人、业务/政务、交通、通信、水和能源。这些系统不是零散的,而是以一种协作的方式相互衔接。而城市本身,则是由这些系统所组成的宏观系统。

智慧城市是智慧地球的体现形式,是借助新一代的物联网、云计算、决策分析优化等信息技术,将人、商业、运输、通信、水和能源等城市运行的各个核心系统整合起来,实现更透彻的感知、更全面的互联互通、更深入的智能化,从而实现以下目标:

① 灵活:能够实时了解城市发生的突发事件,并能适当即时地部署资源以做出响应;

② 便捷:远程访问"一站式"政府服务,在线支付账单,进行交易;

③ 安全:更好地进行监控,更有效地预防犯罪和开展调查;

④ 更有吸引力:通过收集并分析数据和智能信息来更好地规划业务基础架构和公共服务,从而创造更有竞争力的商业环境吸引投资者;

⑤ 生活质量更高:越少的交通拥堵意味着越少的污染;降低交通拥堵和服务排队所浪费的时间意味着市民可以更好地均衡工作和生活;更少的污染和更完善的社会服务意味着市民可以拥有更健康快乐的生活;

⑥ 广泛参与合作:实现政府不同部门之间常规事务的整合以及与其他私营机构的协作,提高政府工作的透明度和效率。

智慧城市就是运用信息和通信技术手段感测、分析、整合城市运行核心系统的各项关键信息,通过物联网、云计算等感知、获取、传输、处理于一体的信息技术在城市基础设施以及政治、经济、文化、社会等各个领域的深入应用,从而对包括民生、环保、公共安全、城市服务、工商业活动在内的各种需求做出智能响应。其实质是利用先进的信息技术,实现城市智慧式管理和运行,进而为城市中的人创造更美好的生活,促进城市的和谐、可持续成长。

建设智慧城市在实现城市可持续发展、引领信息技术应用、提升城市综合竞争力等方面具有重要意义。由于智慧城市综合采用了包括射频传感技术、物联网技术、云计算技术、下一代通信技术在内的新一代信息技术,因此能够有效地化解"城市病"问题。这些技术的应用能够使城市变得更易于被感知,城市资源更易于被充分整合,在此基础上实现对城市的精细化和智能化管理,从而减少资源消耗,降低环境污染,解决交通拥堵,消除安全隐患,最终实现城市的可持续发展。

智慧城市正是在充分整合、挖掘、利用信息技术与信息资源的基础上,汇聚人类的智慧,赋予物体以智能,从而实现对城市各领域的精确化管理,实现对城市资源的集约化利用,提升居民的生活水平和生活便利性。智慧城市功能如图 6-1 所示。

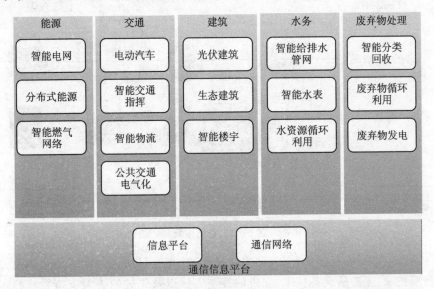

图 6-1 智慧城市功能图

信息资源在当今社会发展中具有重要作用。一方面,智慧城市的建设将极大地带动包括物联网、云计算、下一代互联网以及新一代信息技术在内的战略性新兴产业的发展;另一方面,智慧城市的建设对医疗、交通、物流、金融、通信、教育、能源、环保等领域的发展也具有明显的带动作用,对我国扩大内需、调整结构、转变经济发展方式的促进作用同样显而易见。因此,建设智慧城市对我国综合竞争力的全面提高具有重要的战略意义。

随着人类社会的不断发展,未来城市将承载越来越多的人口。目前,我国正处于城镇化加速发展的时期,部分地区"城市病"问题日益严峻。为解决城市发展难题,实现城市可持续发展,建设智慧城市已成为当今世界城市发展不可逆转的历史潮流。

智慧城市的建设在国内外许多地区已经展开,并取得了一系列成果,国内的如智慧上海、智慧双流等;国外如新加坡的"智慧国计划"、韩国的"U-City 计划"等。

6.2 智能电网

2001 年,美国电力科学研究院提出了智能电网(Intelli Grid)的观念。智能电网是物联网在电力领域的一种应用,具体体现了物联网"带来更透彻的感知"的理念。智能电网就是电网的智能化,它是以集成的、高速双向通信网络为基础,通过先进的传感技术、测量技术、设备技术、控制方法、决策支持系统,实现电网可靠、安全、经济、高效、环保的运行。智能电网通过在用户终端安装智能电表,来感知电网的运行情况,然后通过各种不同发电形式的接入,以信息化、数字化、自动化、互动化为特征,实现电网优化高效的运行。智能电网如图 6-2 所示。

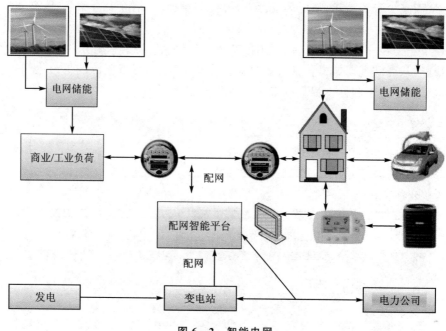

图 6-2　智能电网

智能电网就是电网的智能化,它是建立在集成的、高速双向通信网络的基础上,通过先进的传感和测量技术、先进的设备技术、先进的控制方法以及先进的决策支持系统技术的应用,实现电网可靠、安全、经济、高效、环境友好和使用安全的目标,达到电网和用户互惠互利的目的。智能电网主要特征包括自愈、激励和抵御攻击,提供满足用户需求的电能质量,容许各种不同发电形式的接入,启动电力市场以及资产的优化高效运行。

6.2.1　电力系统概述

电力系统是由发电、输电、变电、配电与用电等环节组成的电能生产、消费系统。自然界中的能源主要有煤、石油、天然气、水能、风能、太阳能、海洋能、潮汐能、地热能、核能等。传统的电力系统是将煤、天然气或燃油通过发电设备,转换成电能,再经过输电、变电、配电的过程供应给各种用户。

电力网络是电力系统中除了发电设备与用电设备之外的部分,主要是指输电、变电、配电三个环节。电力网络将分布在不同地理位置的发电厂与用户连成一体,把集中生产的电能送到分散的不同用户。图 6-3 所示为传统大型电力系统的结构示意图。

从世界经济发展的角度看,电力系统的发展程度与技术水平是一个国家国民经济发展水平的重要标志。进入 21 世纪,能源需求不断增加,全球资源环境的压力日益增大,而节能减排的呼声也越来越高,电力行业面临着前所未有的挑战。"智能电网"的建设成为各国政府大力推动的工作。

智能电网并非是一堆先进技术的展示,也不是一种着眼于局部的解决方案。智能电网是以先进的计算机、电子设备和高级元器件等为基础,通过引入通信、自动控制和其他信息技术,

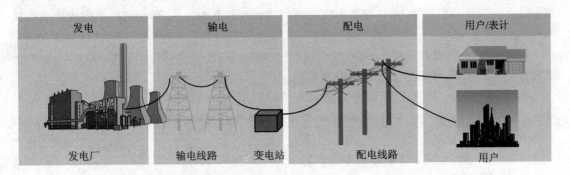

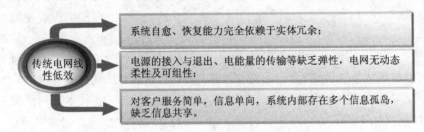

图 6-3　传统电力系统结构示意图

实现对电力网络的改造,达到电力网络更加经济、可靠、安全、环保的目标。为了准确理解智能电网,需要站在全局性的角度观察问题,综合考虑智能电网的 4 个维度,即绩效目标、性能特征、技术支撑和功能实现。

　　智能电网的性能特征界定了它不同于其他形式电网建设方案的关键点,体现了电网的智能性和容载能力,也是实现上述绩效目标的内在要求。

　　① 自愈性——稳定可靠。自愈是实现电网安全可靠运行的主要功能,指无需或仅需少量人为干预,实现电力网络中存在问题元器件的隔离或使其恢复正常运行,最小化或避免用户的供电中断。通过进行连续的评估自测,智能电网可以检测、分析、响应、甚至恢复电力元件或局部网络的异常运行。

　　② 交互性——电力用户。电网运行中与用户设备和行为进行交互,将其视为电力系统的完整组成部分之一,可以促使电力用户发挥积极作用,实现电力运行和环境保护等多方面的收益。

　　③ 协调性——电力市场。与批发电力市场甚至是零售电力市场实现无缝衔接;有效的市场设计可以提高电力系统的规划、运行和可靠性管理水平;电力系统管理能力的提升促进电力市场竞争效率的提高。

　　④ 安全性——抵御攻击。无论是物理系统还是计算机遭到外部攻击,智能电网均能有效抵御由此造成的对电力系统本身的攻击伤害以及对其他领域形成的伤害;一旦发生中断,也能很快恢复运行。

　　⑤ 兼容性——发电资源。传统电力网络主要是面向远端集中式发电的,通过在电源互联领域引入类似于计算机中"即插即用"技术,尤其是分布式发电资源,电网可以容纳包含集中式发电在内的多种不同类型发电,甚至是储能装置。

　　⑥ 高效性——资产优化。引入最先进的 IT 和监控技术优化设备和资源的使用效益,可

以提高单个资产的利用效率,从整体上实现网络运行和扩容的优化,降低它的运行维护成本和投资。

⑦ 优质性——电能质量。在数字化、高科技占主导的经济模式下,电力用户的电能质量能够得到有效保障,实现电能质量的差别定价。

⑧ 集成性——信息系统。实现包括监视、控制、维护、能量管理(EMS)、配电管理(DMS)、市场运营(MOS)、ERP 等和其他各类信息系统之间的综合集成,并实现在此基础上的业务集成。

智能电网建设包括以下两个基本的内容:

① 智能电网将能源资源开发、转换、蓄能、输电、配电、供电、售电、服务,以及与能源终端用户的各种电气设备、用能设施,通过数字化和网络通信系统互联起来,使用智能控制技术使整个系统得到优化;

② 智能电网能够充分利用各种能源资源,重点是天然气、风力、太阳能、水力等可再生能源、核能,以及其他各种能源资源,依靠分布式能源系统、蓄能系统的优化组合,实现精确供能,将能源利用率与能源供应安全提高到一个新的水平,使环境污染与温室气体排放降低到一个可接受的程度,使用户成本和效益达到一种合理的状态。

要实现智能电网的目标,必须利用先进的感知技术、网络通信技术、信息处理技术,实现对电力网络智能识别、定位、跟踪、监控和管理,因此物联网技术在推进智能电网的研究与建设中将起到重要的作用。智能电网输电流程如图 6-4 所示。

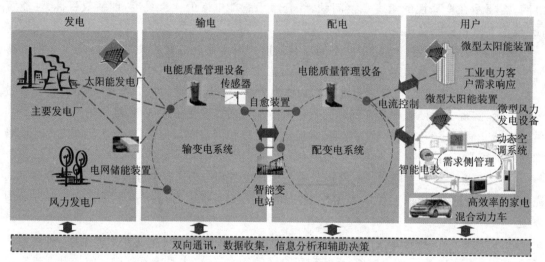

图 6-4　智能电网输电流程图

6.2.2　智能电网的技术支撑

（1）建立稳固、灵活的电网结构

我国能源分布与生产力布局极不平衡,为了缓解这一现象所带来的不利影响,我国开展实施了直流联网工程、特高压联网工程、点对点或点对网送电等工程的建设,加快能源的流动。如何进一步优化特高压和各级电网规划成为亟待解决的关键问题。随着电网规模的扩大、互联电网的形成,电网的安全稳定性问题日益突出,也相应地提高了对主网架结构的规划设计要求。只有灵活的电网结构才能应对自然灾害和社会灾害等突发灾害性事件对电网安全的影响。

（2）实现标准、开放、集成的通信系统

智能电网的发展对网络安全提出了更高的要求，智能电网需要具有实时监视环境和分析当前系统状态的能力：既包括对已经发生的扰动做出响应的能力，也包括识别故障早期征兆的预测能力，其监测范围将大范围扩展、全方位覆盖，为电网运行、综合管理等提供外延的应用支撑，而不仅局限于对电网装备的监测。

（3）配备高级的电力电子设备

电力电子设备可以实现电能质量的改善与控制，为用户提供电能质量，满足其特定需求的电力，同时它们也是能量转换系统的关键部分，所以电力电子技术在发电、输电、配电和用电的全过程中均发挥着重要作用。现代电力系统应用的电力电子装置几乎全部使用了全控型大功率电力电子器件、各种新型的高性能多电平大功率变流器和 DSP 全数字控制技术，包括智能电子装置、静止同步补偿器、可控硅并联电抗器、多功能固态开关、动态电压恢复器、有源滤波器、故障电流限制器以及高压直流输电所用装置和配网用的柔性输电系统装置等。

（4）智能调度技术和防护系统

智能调度是智能电网建设中的重要环节，调度的智能化是对现有调度控制中心功能的重大扩展，智能电网调度技术是支持系统全面提升调度系统驾驭大电网和进行资源优化配置的能力、科学决策管理能力、纵深风险防御能力、灵活高效调控能力和公平友好市场调配能力的技术基础，是智能调度研究与建设的核心。调度智能化的最终目标是建立一个基于广域同步信息的网络保护和紧急控制一体化的新理论与新技术，协调电力系统元件保护和控制、紧急控制系统、区域稳定控制系统、解列控制系统和恢复控制系统等具有多道安全防线的综合防御体系。智能化调度的核心是在线实时决策指挥，目标是防治灾变，避免大面积连锁故障的发生。

（5）高级配电自动化

高级的配电自动化将包含系统的监视与控制、配电系统管理功能及与用户的交互，实现高度的自动化。为此，高级的配电自动化需要更复杂的控制系统。

① 系统全部元件必须在一个开放式的通信体系结构内并具有协同工作能力；

② 使用传感器、通信系统和分布式的计算主体，对电力交换系统的扰动快速做出反应，以使其影响最小化；

③ 使用经由分布式计算的局部分布式控制。

（6）高级读表体系和需求的管理智能

智能电网的核心在于构建具备智能判断与自适应调节能力的多种能源统一。分布式管理的智能化网络系统，可对电网与用户用电信息进行实时监控和采集，并且采用最经济与最安全的输配电方式将电能输送给终端用户，实现对电能的最优配置与利用，提高电网运营的可靠性和能源利用效率。所以电网的智能化首先需要电力供应机构精确得知用户的用电规律，从而对需求和供应有一个更好的平衡。

目前国外推动智能电网建设，一般以构建高级量测体系为切入点。同时，高级读表体系为电力系统提供了系统范围的可观性。它不但可以使用户能够实时参与电力市场，而且能够实现对诸如远程监测、分时电价和用户侧管理等快速准确的系统响应，构建智能化的用户管理与服务体系，实现电力企业与用户之间基本的双向互动管理与服务功能以及营销管理的现代化运行。随着技术的发展,将来的智能电表还可能作为互联网路由器,推动电力部门以其终端用户为基础,进行通信、运行宽带业务或传播电视信号的整合。

6.2.3 智能电网与物联网

1. 物联网在智能电网中的应用

物联网在智能电网中的作用可以归结为以下几点。

（1）环境感知深入化

随着物联网应用的深入,未来智能电网中从发电厂、输变电、配电到用电全过程,电气设备中可以使用各种传感器,对从电能生产、传输、配送到用户使用的内外部环境进行实时的监控,从而快速地识别环境变化对电网的影响;通过监控各种电力设备的参数,可以及时、准确地实现对从输配电到用电的全面在线的监控,实时获取电力设备的运行信息,及时发现可能出现的故障,快速管理故障点,提高系统安全性;利用网络通信技术,汇集电力设备、输电线路、外部环境的实时数据,通过对信息的智能处理,既提高了设备的自适应能力,又实现了智能电网的自愈能力。

（2）信息交互全面化

物联网技术可以将电力生产、输配电管理、用户等系统各方参与者有机地联结起来,通过网络实现对电网系统中各个环节数据的自动感知、采集、汇聚、传输、存储,全面的信息交互为数据的智能处理提供了条件。

（3）信息处理智能化

基于物联网技术组建的智能电网系统,处理的信息包括从电能生产、配电调度、安全监控到用户计量计费全过程的数据,这些数据集中反映了从发电厂、输变电、配电到用电全过程状态,管理人员为了实现对电网系统资源的优化配置,可以通过数据挖掘与智能信息处理算法,从大量的数据中提取对电力生产、电力市场智慧处理有用的信息,达到提高能源的利用率、节能减排的目的。

2. 物联网应用示例

（1）输变电线路检测与监控

在现代电网系统中,输电线路状态的在线自动监测是物联网在智能电网中的一个重要应用。传统的高压输电线检测与维护是由人工完成的。人工方式在高压、高空作业中存在的缺点包括难度大、繁重、危险、不及时和不可靠。在输电网大发展的形势下,输电线路更加复杂,覆盖的范围更加广泛,人工检测方式已经不能够满足很多线路分布在山区、河流等各种复杂的地形中的要求。

可以选择和使用各种传感器,包括温度、湿度、振动、倾斜、距离、应力、红外、视频传感器等,它们可以被用于检测高压输电线路与杆塔的气象条件、覆冰、振动、导线温度与弧垂、输电线路风偏、杆塔倾斜,甚至是人为的破坏。传感器将实时感知的信息传送到地面固定或移动的手持接收装置。接收装置将接收到的感知信息与通过 GPS 系统得到的位置信息汇聚之后,通过移动通信网或其他通信方式,传送到测控中心。测控中心通过对各个位置感知的环境信息、机械状态信息、运行状态信息,进行综合分析与处理,对输电线路、杆塔与设备信息进行实时监控和预警诊断,对故障快速定位与维修,提高输电线路、杆塔与设备的自动检测、维护与安全水平。

（2）变电站状态监控

为了把发电厂发出的电能输送到较远的地方，必须升高电压变为高压电，经过高压输电线路进行远距离传输之后，到用户附近再按需要把电压降低，这种升降电压的工作依靠变电站来完成。城市、农村周边都会有各种规模的变电站。按规模大小不同，可称为变电所、配电室等。变电站的主要设备是开关和变压器，变电站的工作人员需要经常对变电站的线路与设备进行检测与维修。传统的检测与维护方法工作量大，巡检周期长，维护工作主要依赖于工作人员的工作经验，无法及时地掌握整个变电站各个设备与部件的运行状态。

在建设智能电网的同时，可以对原有的传统变电站与数字化变电站进行升级和改造。智能变电站应该具备自动、互联与智能的特征。其经过智能化改造后可以实现无人值守。传感器可以应用于智能变电站的多种设备之中，感知和测量各种物理参数。在智能变电站中使用传感器测量的对象包括负荷电流、红外热成像、风速、温度、湿度、局部放电、旋转设备振动、油中水含量、溶解气体分析、液体泄漏、低油位，以及架空电缆结冰、摇摆与倾斜等。通过使用各种基于多种传感器的感知与测量设备，管理人员可以及时采集、分析智能变电站的环境、重要设备、线路的运行状态，实时掌握变电站运行状态，预测可能存在的安全隐患，及时采取预防与处置措施。

（3）配用电管理

配用电管理的核心设备是智能电表。智能电表是嵌入式电能表的统称，它具有自动计量计费、数据传输、过载断电、用电管理等功能。传统的电表，抄表员要每月定期到用户家中读出用电的度数，然后按照电价计算出用户应缴纳的费用。这种传统电表已经逐步被数字电表所取代了。使用电子电表之后，用户预先到银行或代理点去缴费，工作人员将用户购买的电量用机器写到他的 IC 卡上。用户回到家中，将 IC 卡插到数字电表中，数字电表就存入了用户购买的电量，在用完之前会提示用户及时续费。这种数字电表比起传统电表有了进步，但仍然不能适应智能电网的需要。现在通过互联网实现远程管理，支付更加方便和快捷。

家庭用户的 220 V 交流电通过智能电表接入家中，可以远程进行通信和控制。智能电表可以记录不同时间的家庭用电数据。家庭用电数据可以通过手工完成远距离数据终端抄表，或者经由移动通信网、电话交换网、互联网、有线电视网中的任何一种网络，接入电力公司网络之中，传送到数据库服务器中。电力公司数据库存储有不同时间的家庭用电数据，可以根据分时用电的价格计算出用户应缴的费用，而用户可以直接通过网上银行支付或通过手机支付。同时，网络公司关于停电或其他服务的通知也可以通过智能电表传送给家庭网络的主机。这样就可以实现从供电、用电、计量、计费与收费全过程的自动服务与管理。

智能电网的建设要使用数以亿计的各种类型的传感器，实时感知、采集、传输、存储、处理与控制，同时涉及实现电力传输的电网与信息传输的通信网络的基础设施建设，从电能生产到最终用户用电设备的环境、设备运行状态、安全的海量数据，物联网与云计算技术能够为智能电网的建设、运行与管理提供重要的技术支持。同时，智能电网也必将成为物联网最有基础、要求最明确、需求最迫切的一类应用。

智能电网对社会发展的作用越大、重要性越高，受关注的程度也就越高。智能电网面临的信息安全形势越发严峻，近年来发生的对电网信息系统攻击的情况就明显地反映出这一点。智能电网信息安全技术的研究将会伴随着智能电网技术的发展同步展开。

6.3 智能物流

6.3.1 智能物流概述

智能物流(Intelligent Logistics System,ILS),简单地说就是物联网在物流领域的应用,它是指在物联网的广泛应用的基础上利用先进的信息管理、信息处理技术、信息采集技术、信息流通等技术,完成将货物从供应者向需求者移动的整个过程,其中包括仓储、运输、装卸搬运、包装、流通加工、信息处理等多项基本活动。它是一种为需方提供最佳的服务,为供方提供最大化利润,同时消耗最少的社会和自然资源,争取以最少的投入来获得最大的效益的整体智能社会物流管理体系。智能物流是物流信息化的发展目标以及现代物流业发展的新方向。

有效管控运输业务过程如图6-5所示,基于物联网的货物实时运输状态监控如图6-6所示。

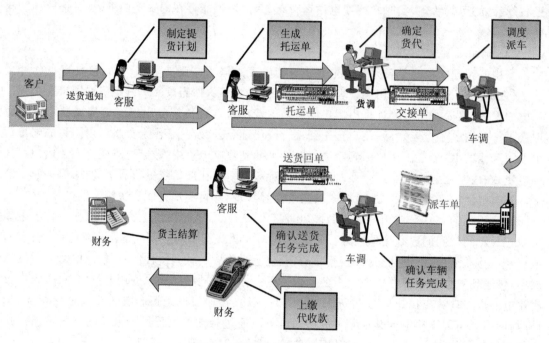

图6-5 有效管控运输业务过程

物流随商品生产的出现而出现,也随商品生产的发展而发展。物联网的发展离不开物流行业。早期的物联网叫传感网,而物流业最早就开始有效应用传感网技术,比如 RFID 在汽车上的应用,都属于基础的物联网应用。

从目前物联网的应用领域分析,可以看出一般物联网运用主要集中在物流和生产领域。智能物流打造了集信息展现、电子商务、仓储管理、物流配载、金融质押、海关保税等功能为一体的物流信息服务平台。其以功能集成、效能综合为主要开发理念,以电子商务、网上交易为主要交易形式,建立了高标准、高品位的综合信息服务平台,并为金融质押、海关保税等功能预

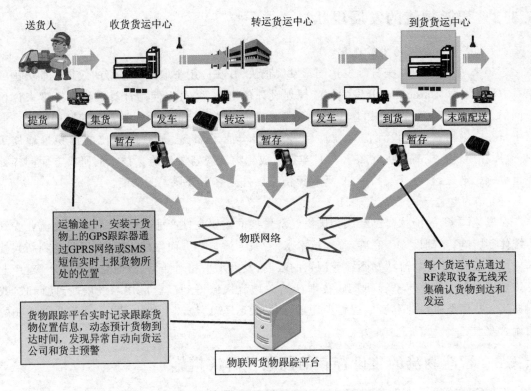

图 6-6 基于物联网的货物实时运输状态监控

留了接口,还可以为物流客户及管理人员提供一站式综合信息服务。

由 RFID 及移动手持设备等软硬件设备和技术组成物联网后,基于感知的货物数据便可建立全球范围内货物的状态监控系统,提供全面的跨境贸易信息、货物信息和物流信息跟踪,帮助国内制造商、进出口商、货代等贸易参与方随时随地掌握货物及航运信息,提高国际贸易风险的控制能力。实践证明,物流与物联网关系十分密切,通过物联网建设,企业不但可以实现物流的顺利运行,市民生活和城市交通也将获得很大的改善。

RFID 技术大规模应用于物流领域。物流领域包括商品零售供应链、工业和军事物流。

工业物流管理主要包括航空行李、航材、钢铁、酒类、烟草等领域的物流管理及海关通关车辆(集装箱)的监管。我国已成为世界制造大国,大中型企业的信息化管理水平不仅是改变传统产业的锐利武器,还是企业集聚优势、提高自身竞争力、融入经济全球化的战略选择,而RFID 技术正是提高企业物流信息化管理水平的重要手段。

"物联网"给 RFID 产业带来很大的市场空间。但是,我国 RFID 产品在物流领域的应用市场并不理想,据统计,RFID 系统成本的 60%～70% 在"标签",价格因素是制约它在物流市场大规模应用的"瓶颈"。价高难以形成规模市场;反过来,没有规模市场又难以降低产品成本,这是矛盾对立的。有专家认为,价格的底线是"标签"的价格应小于所安装"物品"价格的1%。对于车辆或武器装备,这个底线不是门槛,但是对于物流中的普通"商品",它就是面临解决的重要问题。

6.3.2　智能物流的发展现状

（1）国外智能物流的发展现状

近年来,智能物流在美日等发达国家发展很快,并在应用中取得了很好的效果。如美国的第三方物流公司 Catepillar 开发的物流规划设计仿真软件,可以使用计算机仿真模型来评价不同的仓储、库存、客户服务和仓库管理策略对成本的影响。世界最大的自动控制阀门生产商 Fisher 在应用物流规划设计仿真软件后,销售额增加了 65%,从仓库运出的货物量增加了44%,库存周转率提高了将近 25%。日本在集成化物流规划设计仿真技术的研发方面同样处在世界领先地位,研制开发的 RaiC 等物流仿真软件具有十分强大的功能。

（2）国内智能物流的发展现状

在发达国家,智能物流已经成为国民经济发展的重要支柱产业。然而,我国的物流业受到传统体制影响,基础设施不完善,管理技术水平、服务质量等方面发展不平衡,而且受到新兴技术应用不足、企业对物流认知不够等因素的限制,发展水平相对滞后,物流总体水平不高,产业总体规模不大。从总体来看,RFID 技术开始在物流领域得到广泛应用与发展,与此同时,我国物流公共信息平台的发展尽管起步晚,但是发展迅速,已经产生和壮大了一批有重要影响的物流企业。

6.3.3　智能物流的建设存在的问题及解决措施

作为物联网的一种重要应用形式,智能物流的建设离不开网络信息的链接,但当今信息技术不断发展的同时也面临着网络安全问题,而且在竞争日益激烈的今天,面对各种大量的消费需求与客户订单,怎样能使物流业更加智能化和人性化,更加满足人们的需求,并能在最优化的条件下实现效益最大化,这些都是要考虑的问题。

（1）实施智能物流的成本开发高

实现智能物流 RFID 技术开发的成本对于建设智能物流道路来说是一个重要的问题,虽然 RFID 技术有很多优势,但是很多人会对 RFID 应用有疑问,那就是 RFID 成本问题。物联网技术的应用成本包括接收设备、系统集成、计算机通信、数据处理平台等综合系统的建设等。这对低利润率的物流产业来说可谓代价高昂。在我国,RFID 的推广与发达国家相比依然有很大差距,要实现智能物流的道路还有很大发展空间。

（2）难以形成统一的业界标准

物联网是一个多设备、多网络、多应用、互联互通、互相融合的网络,相关的接口、通信协议都需要有统一标准来引导。从整体看,各行业应用特点及用户需求各不相同,国内目前尚未形成统一的物联网技术标准规范,这成为影响物联网发展的一个重要问题。标准的研究一是要有权威性、二是要有应用性、要被行业接受,还要与国际标准体系接轨和融合。

就目前而言,欧美国家基本实现了物流工具和设施的统一标准,如托盘采用 1 000 mm×1 200 mm 标准、集装箱的几种统一规格及条码技术等,因此大大降低了系统运转难度。在物流信息交换技术方面,欧洲各国不仅实现企业内部的标准化,而且也实现了企业之间及欧洲统一市场的标准化,这就使各国之间的系统交流更简单和具有效率。我国可以效仿一些国家的有益经验来发展物流业。

（3）智能物流的安全隐患

自从早期恩智浦（非接触智能卡）经典芯片被破解事件发生后，曾有研究机构披露，伦敦 Oyster 旅游智能卡所使的类似芯片族也有安全漏洞，而其所采用的 Mifare Classic 芯片组在研究员的实验中安全防护"完全无效"。此事件后，业界对 RFID 技术的安全性进行了激烈的讨论，而且目前尚未有完全有效的方法来杜绝"破解""克隆"等非法手段。信息一旦泄漏，不仅牵涉到个人隐私、企业机密泄露，甚至还会波及国家安全。系统的开放性和安全性在未来的发展中会继续存在矛盾性，而这个矛盾在传统的情况下如何加以解决？这些变化与发展制约着整个系统开放性的发展。而现阶段要解决安全问题，一是要靠技术，安全防卫技术是决定性因素，二是要依赖于软件开发的严谨管理和设计流程，三是要依靠法律的约束力，最后还得借助于内部管理的牵引力。安全的问题也在时刻变化着，包括对安全问题的认识、安全防卫技术的更新等。由于信息系统存在开放性和安全性这两个矛盾体，因此如何在开放性系统和安全性之间保持平衡，成为当今网络信息安全管理的重要问题。如何平衡这个矛盾体系将是我们面临的一大挑战。因此，一方面需要出台配套保障信息安全、保护个人隐私的法令、法规，加强信息应用监管体系的约束力度；另一方面也需要继续加强信息安全技术的进步。

（4）政府政策要有所侧重并付诸实践

政府部门，特别是开展物联网发展的地方政府的相关扶持政策真正落实到实践上的很少，更多地还仅仅停留在纸面上，我国很多物流企业都是自主经营的，这就是我国物流业得不到提升的一大障碍之一，如果能够不断实现一些小型物流企业与大型物流的整合，并且政府能在资金技术上对一些小型物流企业进行支持，可使物流也不断得到统一化和标准化，在一定程度上也有利于我国物流行业的发展。从而更有利于物流业与物联网的整合，加快我国实现智能物流的步伐。

6.3.4　智能物流常见应用领域

1. 港口智能物流

（1）我国的港口智能化建设

港口智能化是指将互联网技术与移动通信技术、全球定位系统、地理信息系统以及无线射频识别技术相结合，并通过智能物流系统应用于整个港口的作业、物流运输、仓储管理等港口管理服务的各个方面，并把港口作业流程高效、准确、实时的整合成一个完整系统。

提高港口智能化程度，使港口口岸发挥更高效的功能，一是在设施及装备硬件上达到智能化建设需求；二是要在整合港口作业及相关管理流程上做到统一规划、系统实施；三是在智能化建设认识上，突破传统的信息化建设，将信息化、智能化技术系统应用到智能港口建设当中，而智能物流系统正是为这样的系统应用提供了有效平台。

（2）智能物流系统

在港口智能化建设过程中，需要应用计算机、互联网、物联网、无线通信以及 GPS、GIS、自动化装卸操作设备、智能化操作机器人等各项先进的信息化技术和自动化技术，而这些技术的载体就是智能物流系统。智能物流系统提供从前所不能提供的增值性物流服务，这些增值性的物流服务将增强物流服务的便利性，加快反应速度和降低服务成本，延伸企业在供应链中上下游的业务。

智能物流系统所涵盖的技术内容十分丰富，其中包括物流规划设计的物流实时跟踪技术、仿真技术、网络化分布式仓储管理及库存控制技术、物流运输系统的调度与优化技术、物流基础数据管理平台和软件集成技术等。

2. 航空智能物流

相比于公路物流、水运物流、铁路物流、管道物流等而言,我国空港物流的发展特点主要有以下几点:

(1) 园区化发展

空港物流是在航空货运的基础上升级发展而来的,从单一的航空货仓,逐渐向具有综合服务功能,具有现代物流特点和现代供应链优势的空港物流园区方向发展。空港物流园区是以现代空港物流为基础,依托航空港,以航空及机场地面配套物流设施为核心,以运输服务作为手段,为多家航空公司、航空货运代理、综合物流企业提供公共物流设施、物流信息服务及综合物流服务的场所。从服务内容上看,空港物流园区一般提供生产加工、货物运输、综合商务、配套服务等多种功能。

(2) 集群化发展

作为比较成熟的应用系统,空港物流在这一产业链中由于其稀缺性和重要性而居于领导地位,起着凝聚、黏合作用,空港物流的发展及空港物流园区的形成使空港区域形成了强大的辐射力,吸引相关产业在空港附近集中,从而形成了服务于空港物流的产业集群和相对完整的产业链条。空港物流产业链的形成是空港物流园区的层级发展,不仅大力发展物流核心业务,达到商品流通的快速实现,而且也努力满足消费者和园区流通主体的各种需求,帮助服务对象在通关、包装、加工、信息支持、商务谈判及政策引导等多方面的要求,实现空港物流的增值服务和支持功能。

空港物流产业链的形成和集聚,还包括围绕空港发展起来的相关产业。空港物流具有明显的区域优势,非常适合具有高新技术、现代服务业及高端商贸流通业的发展,因而诸如汽车、航空、高端电子、精密仪器、生物工程、生态农业、商务等行业能够依托空港而在周边发展起来,再加上政府对空港周边的产业政策和税收优惠,空港周边往往会形成相关产业园区,共同构成空港物流产业链。

(3) 区域化发展

我国面积广大,人流、商流、物流的区域差异性大,而空港物流则依托着各地的空港,因而具有明显的区域化发展趋势。区域经济发展水平较高一方面产生了更高的物流需求水平,从而扩大了空港物流业的规模,形成空港核心竞争力。例如,经济外向度高的东南沿海地区往往是空港物流快速发展的区域。

在这些区域内的物流业,如快递业、货运代理业、第三方物流、交通运输业、配送与包装服务业等都较为完善,这些支撑产业为空港物流发展打下了坚实基础,有助于其良性发展。

3. 在粮食物流中的应用

粮食物流是指粮食从生产布局到收购、储存、运输、加工到销售整个过程中的商品实体活动,以及在流通环节的一切增值活动。它包含了粮食运输、仓储、装卸、包装、加工、配送和信息应用的一条完整的环节链。现代粮食物流体系是由完善配套的粮食流通基础设施、高效合理的运作方式、科学规范的管理方法和及时准确的信息服务所组成。将现代科学技术和先进管理手段应用到粮食流通各环节,优化粮食物流、商流、资金流、信息流,共同构成一个协调高效低耗的粮食流通完整体系。现代粮食物流要求企业从原材料采购到成品销售全环节相关的运输、仓储、库存、包装、装卸、配送实施一体化高效规范管理,利用现代技术装备的流通基础设施和流通各环节的信息服务,追求"零库存管理""准时制生产""及时供货""完美订货""协同配送"等,实现粮食物流全环节安全、经济、高效。粮食物流的发展趋势是信息化、网络化、标准化和现代化。

现代粮食物流,主要包括大流通和小配送两个过程。随着经济的发展,城镇化的进程,人们对粮食的购买模式也发生着变化,突出表现在粮食购买的小批量与多品种,这就要求有粮食配送体系作支撑。粮食配送主要包括企业对零售领域的配送与对居民的直接配送。对于粮食配送来说,最重要的就是快速、准确,通过在粮食配送车辆、包装之间实施物联网技术,可以实现对整个配送过程的动态掌握,配送车辆中小包装粮食的品种信息也可以一目了然,大大提高了粮食配送的效率与准确率。另外,通过物联网技术的应用,粮食配送中心还可以实现对零售商粮食的货架、库存情况动态监控,对粮食存放条件、销售状况都可以远距离地感知,从而做出合理的配送决策。

解决制约我国粮食物流发展的对策主要有以下几点。

(1)加快培育粮食产业链

粮食产业链是指从粮食选种、育种、栽种、田间管理、收获、储藏、加工、销售、消费的相互联系、相互依存的各个环节,粮食物流在粮食产业链中起着承前启后的关键连接作用。加快培育粮食产业链:一是在粮食产前要协助农业部门加强对农民选种、育种、栽培等技术指导和农资服务工作;二是在粮食产中要协助农技部门为农民提供防治病虫害等农技服务和指导工作,并广开粮食信息渠道,为农民提供粮食行情、信息服务;三是在粮食产后,粮食部门要为农民提供粮食干燥、储藏、运输、加工等粮食流通服务工作。从而通过高效优质的服务进一步密切粮农关系,促进粮食产业化经营及粮食种植结构的调整,进而促进粮食物流的发展。

(2)加快培育现代粮食物流市场体系

基于市场需求,选择在大中型城市尤其是商业氛围浓厚的城市,重点培育、扶持大中型骨干粮食企业,按照现代物流的思路重组现有资源,催生新的物流资源,提高其参与国际内粮食流通的竞争力,增加辐射面,扩大影响力。在小城市、小城镇,重点培育面向零售网点的粮食配送中心。积极引导有条件的中小型粮食批发中心,向配送粮食及其制成品的方向发展。

(3)加快粮食物流信息服务体系建设

有条件地区、单位应抓紧建立粮食物流信息平台,为粮食企业提供更多、更及时、更准确的市场信息。积极引导粮食企业充分利用现代信息网络技术,参与电子商务活动,开展网上交易,使粮食在网上实现无物化流动,进而实现"节时、节费、高效"的目的。

(4)加快实施粮食品牌战略

一是粮食企业要树立品牌即资源的意识,鼓励支持粮食企业积极创立属于自己的品牌,提高其核心竞争力;二是粮食主产区不仅要打响成品粮品牌,而且要打响原粮品牌。

在实施过程中,要充分认识到粮食物流的管理水平与企业的能力,使之与技术的发展水平相适应,做到相互促进。另外,要充分发挥粮食大企业的作用,以其在粮食供应链中的主体地位,促进物联网在粮食物流中的实施。

总之,物联网作为一项新的应用技术,将给众多的传统行业带来变革,粮食物流也应及早谋划这一新技术的应用,以提升我国的粮食物流运作水平,为粮食物流主体带来效益,为国家进行粮食调控提供条件。但也应清楚地认识到,在其应用的过程中还存在很多技术上、管理上与运作上的问题,需要进一步研究和探讨。

6.4　智能交通应用

智能交通系统(ITS)最早出现在欧美国家,但是广泛应用且发展成熟于日本。ITS 将先进的信息技术、传感技术、电子控制技术、数据通信传输技术以及计算机处理技术等有效地集成运用于整个交通运输管理体系,从而建立起一种大范围、全方位、实时、准确、高效的综合运输和管理系统。ITS 作为交通领域物联网的典型应用,是未来全球道路交通的发展趋势和现代化城市的先进标志。未来的基于物联网技术的城市交通网络与现有的智能交通系统相比,对信息资源的开发利用率,对信息采集的精度、覆盖度,对商业模式的重视程度都将进一步深化。基于其更透彻地感知城市交通参与要素,使得城市交通相关信息进一步互联互通。其借助于对城市交通网络更深入的智能化协同控制,推进了城市交通领域的信息化、智能化水平以及物联网核心技术的发展和产业化。

相对于以前依次进行的被动式交通控制及环形线圈和视频为主要手段的车流量检测,物联网时代的智能交通,全面涵盖了信息采集、动态诱导、智能管控等环节。通过对机动车信息的实时感知和反馈,在 GPS、RFID、GIS 等技术的集成应用和有机整合的平台下,实现了车辆从物理空间到信息空间的唯一性双向交互映射,通过对信息空间的虚拟化车辆的智能管控,实现对真实物理空间的车辆和路网的“可视化”管控。

得益于物联网感知层的传感器技术的发展,实现了车辆信息和路网状态的实时采集,从而使得路网状态仿真与推断成为可能,更使得交通事件从“事后处置”转化为“事前预判”这一主动警务模式,可以说是智能交通领域管理体制的深刻变革。

6.4.1　智能交通系统的模型框架

智能交通跟人们的日常出行息息相关,针对目前交通信息采集手段单一,数据收集方式落后,缺乏全天候实时提供现场信息的能力的实际情况,以及道路拥堵疏通和车辆动态诱导手段不足,突发交通事件的实时处置能力有待提升的工作现状,基于物联网架构的智能交通体系综合采用线圈、微波、地磁检测、视频等固定式的多种交通信息采集手段,结合公交、出租车及其他业务车辆的日常运营,采用搭载车载定位装置和无线通信系统的浮动车检测技术,实现路网断面和纵剖面的交通流量、占有率、旅行时间、平均速度等交通信息要素的全面全天候实时获取。通过路网交通信息的全面实时获取,利用无线传输、数学建模、数据融合、人工智能等技术,结合警用 GIS 系统,实现公交优先、公众车辆和特殊车辆的最优路径规划、动态诱导、交通堵塞预警、绿波控制和突发事件交通管制等功能。通过路网流量分析预测和交通状况研判,为路网建设和交通控制策略调整、相关交通规划提供辅助决策和反馈。

这种架构下的智能交通体系结合车载无线定位装置和多种通信方式,通过路网断面和纵剖面交通信息的实时全天候信息采集和智能分析,实现了路径规划、车辆动态诱导、信号控制系统的智能绿波控制和区域路网交通管控,为新建路网交通信息采集功能设置和设施配置提供规范和标准,便于整个交通信息系统的集成整合,为大情报平台提供有效服务。通过路网流量分析预测和交通状况研判,为路网建设和交通控制策略调整、相关交通规划提供反馈信息和辅助决策。

一般物联网下的智能交通系统模型如下。

① 中心型子系统。该子系统针对交通管理、商用车辆、收费管理、维护与工程管理、信息服务提供、尾气排放管理、突发事件管理、公共交通管理、车队及货运管理及存档数据管理等问题分别设置了子系统。该类子系统的共同特点是空间上保持独立性,即在空间位置的选择上不受交通基础设施的制约。这类子系统与其他子系统的联络通畅依赖于有线通信。

② 区域型子系统。该子系统包括道路子系统、公路收费子系统、停车管理子系统、商用车辆核查子系统和安全监控子系统等。这类子系统通常需要进入路边的某些具体位置来安装或维护诸如检测器、信号灯、程控信息板等设施。区域型子系统通常要与一个或多个中心型子系统通过有线方式连接,同时还需要与经由其所部署路段的车辆交互信息。

③ 车辆型子系统。该类子系统的特点是安装在车辆上。根据载体车辆的种类,车辆型子系统又可细分为普通车辆子系统、商用车辆子系统、公交车辆子系统、紧急车辆子系统和维护与工程车辆子系统。这些子系统可根据需要与中心型子系统、区域型子系统进行无线通信,也可与其他载体车辆进行车辆间通信。

④ 旅行者子系统。该类子系统以旅行者或旅行服务业经营者为服务对象,运用智能交通系统的有关功能实现对多方式联运旅行的有效支持。远程旅行支持子系统和个人信息访问子系统属于旅行者子系统。旅行者子系统可通过有线或无线方式与其他类型的子系统间进行直接的信息传递。

每种类型的子系统通常能共享通信单元。具体通信单元的选定具有一定的自由度,有线通信单元可选择同轴电缆、双绞线网络或光缆等。作为子系统间信息渠道的一个组成部分,通信单元所起的作用仅仅是传递信息,并不参与智能交通系统的信息加工和处理。而广域无线通信技术领域近些年来发展很快,可供选择的技术种类繁多且不断推陈出新。

目前我国的智能交通系统主要有三部分。

(1) 城市智能交通

为了缓解不断增加的城市交通压力,智能交通系统在我国城市交通管理中得到了越来越多的重视和应用,对缓解交通压力起到重要作用。城市智能交通系统是通过先进的交通信息采集技术电子控制技术、数据通信传输技术和计算机处理技术等,把采集到的各种道路交通信息和各种道路交通相关的服务信息传输到城市交通指挥中心,交通指挥中心对来自交通信息采集系统的实时交通信息进行分析处理,借助交通控制与交通组织优化模型进行交通控制方案的设计与优化,经过分析处理后的综合交通管理方案和交通服务信息等内容,通过数据通信传输设备分别传输到各种交通控制设备和交通系统的各类用户,也可以通过发布设备为道路使用者提供服务,从而实现对城市交通的全面优化管理与控制,为各类用户提供丰富的交通信息服务。城市交通信号控制系统的网络架构由交通管理中心、数据传输终端、现场设备组成,现场设备包括车辆检测器、信号控制机、电子警察等。如图 6-7 所示。

(2) 城际智能交通

在城际交通方面,高速公路管理所需的交通工程设施,特别是高速公路的通信、监控和收费系统的需求量也在急剧增加。高速公路智能交通系统是以信息技术、电子传感技术、数据通信传输技术、控制技术及计算机技术、交通工程等技术为基础的综合性、集成化大系统,主要由通信系统、监控系统和收费系统三大部分组成。随着中国高速公路投资规模的不断扩大,建设

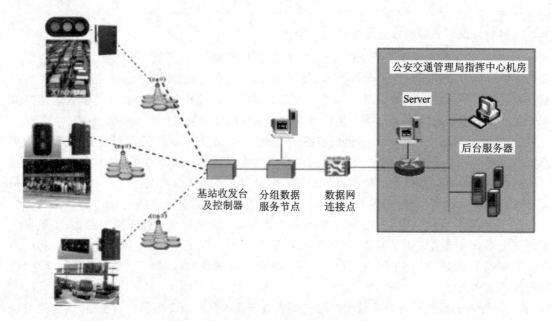

图 6-7 城市交通信号控制系统网络架构

里程的不断增加,如何提高高速公路使用效率、安全和舒适程度和管理水平,降低能源消耗,减少环境污染,成为亟待解决的问题。解决这一难题的有效手段之一就是建设和利用高速公路智能交通系统。

（3）城轨智能交通

城市轨道交通已经成为城市公共交通系统的一个重要组成部分。国外城市轨道交通起步较早,世界主要大城市大多有成熟的轨道交通系统。根据国外的经验,加大轨道线网密度既能提高土地集约利用程度,又能促进城市公共交通的发展,城市用地布局与空间结构规划更加合理和高效。

智能交通系统不仅是当前国际交通运输研究领域的前沿和热点,更是我国提高产业竞争力、发展低碳经济、合理规划城市发展,以及解决民生交通问题的一个主要途径。作为物联网产业链中的重要组成部分,智能交通具有行业市场成熟度较高、政府扶持力度大的特点,在建设"数字城市"和"智慧城市"的行动中,智能交通系统在已经许多城市开始规模化应用,市场前景广阔,投资机会巨大,将成为未来一段时期内物联网产业发展的重点领域。物联网在智能交通领域已具有一定基础,例如"车-路"信息系统一直是智能交通发展的重点领域。在国际上,美国的 IVHS、日本的 VICS 等系统通过车辆和道路之间建立有效的信息通信,实现智能交通的管理和信息服务。当然,要在交通领域做到全方位的感知网络,依然还需要一段时间的发展与建设。

6.4.2 智能交通系统体系结构

从实际系统组成分析,基于物联网技术的智能交通系统具有典型的物联网三层架构,即由感知互动层、网络传输层、应用服务层三个层次构成。其中,感知互动层主要实现交通信息流的采集、车辆识别和定位等;网络传输层主要实现交通信息的传输,一般包括核心层和接入层,这是智能交通物联网中较为特殊的地方;应用服务层中的数据处理层主要实现网络传输层与各类交通应用服务间的接口和服务调用,包括对交通数据进行分析和融合、与 GIS 系统的协同操作等。

（1）智能交通感知互动层

实时、准确地获取交通信息是实现智能交通的依据和基础。交通信息分为静态信息和动态信息两大类,静态信息主要是基础地理信息、道路交通地理信息、交通管理设施信息、停车场信息、交通管制信息以及车辆和出行者的出行统计信息等。静态信息的采集可以通过调研或测量来取得。数据获取后,一般存放在数据库中,一段时间内保持相对稳定;而动态交通信息包括时间和空间两个维度上不断变化的交通流信息,主要有车辆位置和标志、停车位状态、交通网络状态（如行驶速度、行车时间、交通流量）等。

智能交通感知互动层通过多种传感器、RFID、二维码、GPS、GIS 等数据采集技术,实现车辆、道路和出行者等交通信息的全方位感知。其中不仅包括传统智能交通系统的交通流量感知,也包括车辆位置感知、车辆标志感知等一系列对交通系统的全面感知功能。

（2）智能交通网络传输层

网络传输层通过泛在的互联功能,实现感知信息高可靠性、高安全性的传输。智能交通信息传输技术主要包括智能交通系统的接入技术、车路通信技术、车车通信技术等。专用短程通信（DSRC）技术是智能交通领域为车辆与道路基础设施间通信而设计的一种专用无线通信技术,也是一种针对装载于移动车辆上的车载单元（电子标签）与固定于路侧单元或车道之间通信接口的规范。

DSRC 技术通过信息的双向传输,将车辆和道路基础设施连接成一个网络,支持点对点通信。点对多点通信具有双向、高速、实时性强等特点,广泛应用于道路收费、车载出行信息服务、车辆事故预警停车场管理等领域。

除车路通信技术外,车车通信技术也是智能交通物联网的一项重要内容。其主要是依赖于移动自组织网络技术或车载自组织网络。车车通信在几十到几百米的范围内,不需要路边通信基础设施的支持,在车辆之间可以直接传递信息。

（3）智能交通应用服务层

智能交通感知互动层所采集到的未加工过的交通数据可能是视频也可能是蜂窝网的基站信号或者 GPS 的轨迹数据,这些原始数据被送给应用服务层,从中提取出有效的交通信息,进而为交管部门、大众或其他用户提供决策依据。

智能交通应用服务层主要包括各类应用,既包括独立区域的独立应用,如交通信号控制服务和车辆智能控制服务等,也包括大范围的应用,如不停车收费服务、出行者信息服务和交通诱导服务等。

6.4.3 物联网在智能交通方面的应用

1. 交通信号实时采集系统

目前,车辆信息采集方式主要有两种。

一种是固定式采集技术,通过安装环形线圈、微波检测器、地磁检测器、超声波检测器、视频检测器、电子标签阅读器等检测设备,从正面或侧面对道路断面的机动车信息进行检测,这也是较为常用和成熟的方式。目前在路口及卡口等交通节点,大量采用环形线圈检测设备和视频监控设备。但采用这两种设备也存在一定的不足:线圈检测只能感知车辆通过情况,对具体车辆信息等无法感知;视频检测在天气状态不好的情况下效果不能满足要求。因此,为了实现交通信息的全天候实时采集,必须集成使用多种信息采集技术进行多传感器信息采集,在后台对多源数据进行数据融合、结构化描述等数据预处理,为进一步的情报分析提供标准数据格式。

另外一种是浮动车信息采集技术。浮动车通常是指具有定位和无线通信装置的车辆。浮动车系统一般包括 3 个组成部分:车载设备、无线通信网络和数据处理中心。浮动车将采集所得的时间和位置数据上传给数据数据处理中心,由数据处理中心对数据进行存储、预处理,然后利用相关模型算法将数据匹配到电子地图上,计算或预测车辆行驶时间、行驶速度等参数,对路网和车辆实现"可视化"管控。浮动车采集技术是固定点采集技术的重要补充手段,它实现了路网全流程的信息采集。结合固定点式采集(断面信息采集),可以为路网数学模型的建立提供更加全面丰富的数据,为路网状态仿真提供更为精准的依据。

目前,浮动车主要由安装了具有交互功能的车载导航设备的出租车、公交车以及其他公务或警务车辆来担当。

2. 交通诱导系统

交通诱导系统指在城市或高速公路网的主要交通路口,布设交通诱导屏,为出行者指示相关道路的交通状况,让出行者根据路况选择合适的行驶道路,这样既为出行者提供了出行诱导服务,同时调节了交通流量的分配,改善了交通状况。交通诱导系统包括四个子系统:交通流采集子系统、车辆定位子系统、交通信息服务子系统和行车路线优化子系统。

（1）交通流采集子系统

实现交通诱导的前提条件是城市安装自适应交通信号控制系统。这个子系统包括两个重要内容:一个是交通信号控制应是实时自适应交通信号控制系统,另一个是接口技术的研究,即把获得的网络中的交通流传送到交通流诱导主机,利用实时动态交通分配模型和相应的软件进行实时交通分配,滚动预测网络中各路段和交叉口的交通流量,为诱导提供依据。

（2）车辆定位子系统

车辆定位子系统的功能是确定车辆在路网中的准确位置。车辆定位技术主要有如下几种方法:地图匹配定位、全球定位系统、惯性导航系统、推算定位、路上无线电频率定位。

（3）交通信息服务子系统

交通信息服务子系统是交通诱导系统的重要组成部分,它把主机运算出来的交通信息(也包括预测的交通信息),通过各种公众传播媒体发布给用户。这些媒体包括互联网计算机、有线电视、收音机、路边的可变信息标志和车载信息系统等。

（4）行车路线优化子系统

行车路线优化子系统按照车辆定位子系统所确定的车辆在网络中的位置和出行者输入的目的地,结合交通数据采集子系统传输的路网交通信息,为出行者提供避免交通拥挤、减少延误、省时高效到达目的地的行车路线。该系统可在车载信息系统的显示屏上给出实时车辆行驶道路状况图,并用箭头线标示推荐的最佳行驶路线。

6.5 智慧医疗应用

6.5.1 智慧医疗的概念

医疗资源的特殊性决定了其在全世界范围内都仍属于稀缺资源,这种供求关系在一定程度上带来了病患看病难的问题。而我国医疗环境还不健全,长期存在的"重医疗,轻预防;重城市,轻农村;重大型医院,轻社区卫生"的倾向短时间内无法扭转,居民过多依赖大型医院,进一步激化了就医矛盾,一号难求的现象频发。

医疗卫生体系的发展水平关系到社会和谐和人民群众的身心健康,也是社会关注的热点。伴随着物联网技术的发展,发达国家和地区纷纷大力推进基于物联网技术的智慧医疗应用。物联网技术可以使得智慧医疗系统实时地感知各种医疗信息,方便医生快速、准确地掌握病人的病情,提高诊断的准确性;同时,医生可以对病人的病情进行有效跟踪,进一步提升医疗服务的质量;另外,可以通过传感器终端的延伸,加强医院服务的质量,从而达到有效整合资源的目的。

智慧医疗英文简称 WIT120,它通过打造健康档案区域医疗信息平台,利用最先进的物联网技术,实现患者与医务人员、医疗设备、医疗机构之间的互动,逐步达到信息化。智慧医疗是在智慧医疗概念下对医疗机构的信息化建设。简单来说,智慧医疗可以是基于移动设备的掌上医院,在数字化医院建设的基础上,创新性地将现代移动终端作为切入点,将手机的移动便携特性充分应用到就医流程当中。智慧医疗关系图见图 6-8。

4G,WI-FI等无线网络

图 6-8 智慧医疗关系图

基于物联网技术的智慧医疗系统可以便捷地实现医疗系统互联互通,方便医疗数据在整个医疗网络中的资源共享;可以降低信息共享的成本,显著提高医护工作者查找、组织信息并做出回应的能力;可以使对医院决策具有重大意义的综合数据分析系统、辅助决策系统和对临床有重大意义的医学影像存储和传输系统、医学检验系统、临床信息系统、电子病历等得到普遍应用。

同时,基于物联网技术的智慧医疗系统可以优化就诊流程,缩短患者排队挂号的等候时间,实行挂号、检验、缴费、取药等一站式、无胶片、无纸化服务,简化看病流程,有效解决群众看病难问题;可以提高医疗相关机构的运营效率,缓解医疗资源紧张的矛盾;可以针对某些病历或某些病症进行专题研究,为其提供数据支持和技术分析,推进医疗技术和临床研究,激发更多医疗领域内的创新发展。

物联网生物传感器技术应用如图 6-9 所示。该技术通过使用生命体征检设备、数字化医疗设备等传感器,采集用户的体征数据,通过有线或无线网络将这些数据传递到远端的服务平台,由平台上的服务医师根据数据指标,为远端用户提供保健、预防、监测、呼救于一体的远程医疗与健康管理服务体系,提高了医疗资源的有效利用率。

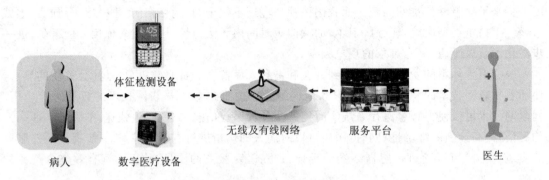

图 6-9　物联网生物传感器技术应用

智慧医疗具有以下六大特征:

① 智慧的医疗系统具有互联互通的特性。不论病人身在何处,当地被授权的医生都可以透过一体化的系统了解病人的就医历史、过去的诊疗记录以及保险细节等情况,使病人在任何地方都可以得到连续一致的护理服务。

② 智慧医疗具有普及性的特征。为了解决"看病难"的症结,智慧医疗可以确保农村和地方社区医院能与中心医院衔接,从而实时听取专家建议、转诊和培训,突破乡镇与城市、社区与大医院之间的观念限制,全面地为所有人提供高质便民的医疗服务。

③ 智慧医疗具有预防性的特征。随着系统对于新信息的感知、处理和分析,它将可以实时发现重大疾病的征兆,并实时实施快速和有效响应。从病人角度来说,通过个人病况的不断更新,对慢性疾病或其他病症都可以采取相对应的措施,有效预防病情的恶化或者病变的发生。

⑤ 智慧医疗具有协作的特性。智慧医疗体系的实现可以铲除信息孤岛,从而记录、整合和共享医疗信息和资源,实现互操作和整合医疗服务,可以在医疗服务、社区卫生、医疗支付等机构之间交换信息和协同工作。

⑤ 智慧医疗具有可以激发创新的特性。它可以推进医疗技术和临床研究,激发更多医疗领域内的创新发展。

⑥ 智慧医疗具有可靠的特性。它在允许医疗从业者研究分析和参考大量科技信息去支撑诊断的同时,也保证了这些患者的个人资料得到妥善安全的存储和保护。通过设定资料访问调取权限,保证只有被授权的专业医疗人员能够使用。

智慧医疗还可以让整个医疗生态圈的每一个群体受益。数字化对象,实现互联互通和智能的医疗信息化系统,使整个医疗体系联系在一起,病人、医生、研究人员、医院管理系统、药物供应商、保险公司等都可以从中受益。智慧医疗将可以解决城乡医疗资源不平衡的问题,缓解大医院的拥挤情况,政府也可以更少的成本提高对于医疗行业的监督。

6.5.2 智慧医疗系统体系结构

智慧医疗技术是先进的信息网络技术在医学及医学相关领域（如医疗保健、健康监控、医院管理、医学教育与培训）中的一种有效的应用，是物联网发展的一大成果。智慧医疗技术不仅是一项技术的发展与应用，也是医学与信息学、公共卫生与商业运作模式相结合的产物。智慧医疗技术的发展对推动医学信息学与医疗卫生产业的发展具有十分重要的意义，而物联网技术可以使医疗保健、健康监控、医院管理、医疗教育与培训成为一个有机的整体。医疗卫生信息化包括医院管理、社区卫生管理、卫生监督、疾病管理、妇幼保健管理、远程医疗与远程医学教育等领域的信息化。

智慧医疗由三部分组成，分别为智慧医院系统、区域卫生系统、家庭健康系统。

1. 智慧医院系统

智慧医院系统由数字医院和提升应用两部分组成。

数字医院部分通过医院信息系统（Hospital Information System，HIS）、实验室信息管理系统（Laboratory Information Management System，LIMS）、医学影像信息存储和通信系统（Picture Archiving and Communication Systems，PACS）以及医生工作站四个部分，实现病人诊疗信息和行政管理信息的收集、存储、处理、提取及数据交换。

（1）医院信息系统

随着信息技术的快速发展，国内越来越多的医院正加速实施基于信息化平台的医院信息系统（HIS）的整体建设，以提高医院的服务水平与核心竞争力，从而为患者提供更舒适、更快捷的医疗服务。对医院进行信息化改造不仅可以提升医生的工作效率，还能提高患者满意度和信任度。因此，医疗业务应用与基础网络平台的逐步融合正成为国内医院，尤其是大中型医院信息化发展的新方向。

医院信息系统是由医院计算机网络与运行在计算机网络上的 HIS 软件组成的，包括门诊管理子系统、住院管理子系统、药品管理子系统、手术管理子系统、检查管理子系统等 10 多个子系统。

HIS 是现代化医院运营所必需的技术支撑环境和基础设施，是以病人的基本信息、医疗经费与物资管理为主线，通过涵盖全院所有医疗、护理与医疗技术科室的管理信息系统，并接入互联网以实现远程医疗、在线医疗咨询与预约等服务。

（2）实验室信息管理系统

LIMS 系统作为一种信息化管理工具，负责将以数据库为核心的信息化技术与实验室管理需求相结合。实验室管理的对象包括与实验室有关的人、事、物、信息、经费等内容。

（3）医学影像信息存储和通信系统

PACS 系统是应用在医院影像科室的系统，主要负责把日常产生的各种医学影像（包括核磁、CT、超声等设备产生的图像）通过各种通信接口以数字化的方式在数据库中保存，当需要的时候可在授权前提下能够很快地调回使用，同时增加一些辅助诊断管理功能。它在各种影像设备间传输存储数据时具有十分重要的作用。

（4）医生工作站

医生工作站包括门诊和住院诊疗的接诊、检查、诊断、治疗、处方和医疗医嘱、病程记录、会诊、转科、手术、出院、病案生成等全部医疗过程的工作平台。医生工作站的核心工作是采集、存储、传输、处理和利用病人健康状况和医疗信息。

提升应用部分主要是指远程图像传输、海量数据计算处理等技术在数字医院建设过程的应用,实现医疗服务水平的提升。例如:

- 远程探视,避免病患与探访者的直接接触,防止疾病蔓延,缩短恢复进程,保护探访者和患者;
- 远程会诊,支持优势医疗资源共享和跨地域优化配置;
- 自动报警,对病患的生命体征数据进行监控,降低重症护理成本;
- 临床决策系统,协助医生分析具体病历,为制定准确有效的治疗方案提供参考信息;
- 智慧处方,分析患者过敏和用药史,反映药品产地批次等信息,有效记录和分析处方变更等信息,为慢性病治疗和保健提供参考。

2. 区域卫生系统

区域卫生系统由区域卫生平台和公共卫生系统两部分组成。

区域卫生平台是指能够收集、处理、传输包括社区、医院、医疗科研机构、卫生监管部门在内的所有记录信息的区域卫生信息平台;包括旨在运用先进的科学和计算机技术,帮助医疗单位以及其他有关组织开展疾病危险度的评价,制订以个人为基础的危险因素干预计划,减少医疗费用支出,以及制定预防和控制疾病的发生和发展的电子健康档案(Electronic Health Record,HER)。例如:

- 社区医疗服务系统,提供一般疾病的基本治疗、慢性病的社区护理、大病向上转诊、接收恢复转诊的服务。
- 科研机构管理系统,对医学院、药品研究所等医疗卫生科院机构的病理研究、药品与设备开发、临床试验等信息进行综合管理。

公共卫生系统包括卫生监督管理系统和疫情发布控制系统。

3. 家庭健康系统

家庭健康系统与市民息息相关,包括针对行动不便无法送往医院进行救治的病患的视讯医疗,对慢性病以及老幼病患的远程照护,对残疾、智障、传染病等特殊人群的健康监测,还包括自动提示用药时间、剩余药量、服用禁忌等的智能服药系统。

从技术角度分析,智慧医疗的概念框架包括基础环境、基础数据库群、软件基础平台及数据交换平台、综合运用及其服务体系、保障体系五个方面。

① 基础环境:通过建设公共卫生专网,实现与政府信息网的互联互通;建设卫生数据中心,为卫生基础数据和各种应用系统提供安全保障。

② 基础数据库:包括居民健康档案数据库、药品目录数据库、PACS影像数据库、LIS检验数据库、医疗设备、医疗人员数据库等卫生领域的六大基础数据库,完善居民信息的存储与管理。

③ 软件基础平台及数据交换平台提供三个层面的服务:

- 基础架构服务,提供虚拟优化服务器、存储服务器及网路资源;
- 平台服务,提供优化的中间件,包括应用服务器、数据库服务器、门户服务器等;
- 软件服务,包括应用、流程和信息服务。

④ 综合应用及其服务体系:包括智慧医院系统、区域卫生平台和家庭健康系统三大类综

合应用。

⑤ 保障体系:包括安全保障体系、标准规范体系和管理保障体系三个方面。从技术安全、运行安全和管理安全三方面构建安全防范体系,切实保护基础平台及各个应用系统的可用性、机密性、完整性、可控性、抗抵赖性和可审计性。

智慧医疗网络如图 6-10 所示。

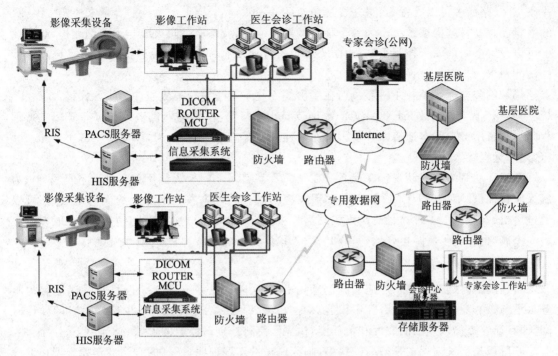

图 6-10　智慧医疗网络图

6.5.3　智慧医疗实施案例及分析

1. 视频探视

一般来说,医院对 ICU/CCU 病房的探视有明确的时间和次数限制,而病人家属希望能随时对病人进行探视,以便及时了解病人的病情变化,或者安慰病人进行治疗。因此,如何能便捷安全地探视在医院 ICU/CCU 病房接受治疗的病人,一直是医院和病人家属之间亟须解决的矛盾。视频探视系统就可以解决这一问题,让病人家属可以随时随地探视在病房中接受治疗的病人。病患者家属可通过远程探视电话、互联网预约等方式与病人进行远程视频通话。视频探视系统减轻了 ICU/CCU 病房的探视压力,较好地满足了病人家属随时随地能对病人进行探视的愿望。

(1) 视频探视系统架构

视频探视系统充分利用了 3G 或 4G 网络的特性,针对核心网的分组交换业务域(PS 域)和电路交换业务域(CS 域)均提供了相应的解决方案,从而为用户提供了多种选择方式。

(2) 视频探视系统设计功能

视频探视系统能通过设在医院的探视亭、具有互联网连接的计算机和手机进行视频探视。

对于通过手机进行探视的方式,提供基于 CS 域和 PS 域两种解决方案。

视频探视系统与以下设备之间存在接口:

① 医疗行业综合应用网关:病人家属进行预约以及探视密码的发送,因此系统需要与医疗行业的综合信息应用网关进行通信。

② MSC:如果采用 CS 域的探视方案,移动视频探视系统将与 MSC 采用 El 进行连接。一条 El 线路最多可以支持 30 路并发视频通话,因此需要综合考虑系统的容量来决定 El 接口的数量。移动视频探视系统设为一个独立的局域网,局域网通过防火墙与因特网相连,防火墙上可以设置必要的安全控制策略,由防火墙负责过滤所有进出移动视频探视系统平台局域网的访问请求。

局域网包含无线 Wi-Fi 接入点,在病房等不便于布网线的区域通过无线方式接入探视系统。Wi-Fi 需要支持 IEEE 802.11n/g/b,支持 100 M 带宽,局域网提供 100 M 带宽以支持远程(手机、家用 PC)和本地接入。与因特网的连接带宽应不小于 36 M,以支持手机用户和家庭 PC 用户远程接入探视系统。

基于移动网络的移动视频探视系统在病人及其家属之间架设了无缝的视频沟通平台,为病人家属提供了对 ICU/CCU 病房的远程探视功能。病人家属在病房外的任何地点,都可以通过手机、互联网等多种途径对病人实现远程视频探视,无须再前往医院病房,极大地方便了病人家属,也保证了医院更好地管理和为病人提供更好的服务,实现多方共赢。

2. 远程健康监护

目前国内各大医院都在加速实施信息化平台、医院信息系统(HIS)建设,以提高医院的服务水平与核心竞争力。智慧医疗不仅能够有效提升医生的工作效率,减少疾病患者的候诊时间,而且能够提高病人的满意度和信任度,树立医院科技创新服务的形象。

心脏病是突发性死亡率最高的疾病,临床医学的实践证明,98% 的心源性猝死患者在发病前多则几个月、少则几天都会出现心律失常等疾病发作的前期征兆,如采取适当措施,早期就诊,将极大地减少突发性心源性猝死的悲剧的发生。在中国和发达国家,患有高血压疾病的人群数量庞大,但世界卫生组织专家指出:尽管心血管疾病是头号杀手,但如果积极预防,每年可挽救数百万人的生命。因此,对心血管患者等高危人群进行早期诊断、预防,并加强日常管理是降低心血管疾病的发病率和死亡率的唯一有效方法。

(1)远程健康监护系统架构

远程健康监护系统包括远程健康监护终端、移动无线网络、监控服务中心及后台专家处理系统。远程健康监护终端包含用户心脉等参数的采集处理模块和通信模块,其中通信模块由模组和专号段的 SIM 卡组成。远程健康监护终端采集的数据通过移动无线网络传输到监控服务中心,中心将用户的身体参数发往专家处理系统,由医学专家进行实时诊断,并给出诊断结果及建议。诊断结果存储在监控服务中心,同时通过移动通信网络及时反馈给用户,使用户能够及时了解自己的病情,根据具体情况决定是否采取进一步治疗措施。

远程健康监护系统与以下设备之间存在接口:

① 医疗行业综合应用网关:检测情况数据的发送以及监控服务中心处理报告的反馈,因此系统需要与医疗行业的综合信息应用网关进行通信;

② 远程健康监护终端:远程健康监护终端与监控服务中心之间需要通过移动无线网络通道进行通信;

③ 移动计费接口：诊断和会诊费用，由移动计费系统按照远程健康监护系统终端的信上传记录进行计费，并生成账单。

远程健康监护系统流程如下：

① 当用户在日常感到不适时，使用远程健康监护终端进行血压、心电测量，并将测量数据立即发送到监控服务中心服务器；

② 会诊医院医生登录监控服务中心，对测量数据分析结果和治疗建议以短信方式发送到用户的远程健康监护终端，同时按症状的严重程度短信分别通知用户及其绑定的亲友、医生等人员；在用户出现需紧急处置的症状后，经用户授权，将协调医疗机构参与救助；

③ 监控服务中心将用户一定时期内的测量数据自动生成变化曲线，用户长期绑定的医生可查看用户血压等数据的变化曲线，帮助医生充分了解和分析用户每次测量时其服用的药物对病情控制的效果。

用户只需在家或附近社区医院现场检测血压、心电等状况，远程健康监护系统会将检测的状态数据发送到后台监护服务中心的数据库，并可以进行存储和管理。专家对用户数据进行分析诊断，并得出诊断结果和建议，社区医院通过授权账号登录后台系统查看分析报告。对于病情紧急和严重患者，系统将提供 24 小时监护、专家会诊，直至要求使用者到医院就医等各项措施。

（2）远程健康监护系统设计功能

远程健康监护是指运用物联网、医疗、通信等技术，通过各种医学传感器采集使用者身体状态信息，将所得数据、文字、语音和图像等信息进行远距离传送，实现远程诊断、远程会诊及护理、远程探视、远程医疗信息服务等。

为降低心血管疾病的发病率和死亡率，对心血管患者早期诊断、预防和完善日常管理，远程健康监护可以着重于远程血压监护和远程心电监护，在此基础上可扩展到其他疾病甚至传统医疗服务（如专家咨询、健康评估、健康干预等）或信息化增值服务（如健康讲座、远程挂号、导医等）。

传统健康监护产品模式存在以下一些弊端：

① 不能提供上传数据的健康测量仪，只提供心电、血压测量及存储，而且无法发送测量数据，达不到实时监控的目的；

② 便携式连续监测健康仪作为一种临床医疗设备，价格昂贵，而且对日常健康管理意义不大，医生无法观察连续不断的心电及血压数据；

③ 片段监测健康仪可进行实时片段心电及血压的测量并发送数据到诊断中心，监测和诊断方式与远程健康监护相同，但产品全部以医院为主要销售渠道，作为医院的辅助诊断手段，有很大的局限性。

远程健康监护优势及特点如下：

① 就医方便：通过家庭自检或社区医院进行远程健康监护，节省使用者去医院的时间，缓解了大型医院排队看病、人员拥堵的现象；

② 服务专业：将远程健康监护系统检测后的数据远程发送给大型医院的专业医生进行分析，使用者可在家里或社区医院里享受专业治疗；

③ 治疗及时：远程健康监护系统可充分采集数据，并可长期绑定获取有经验的医生的医疗服务，大大提高了对高血压、心血管疾病诊断的准确性和治疗的有效性，确保使用者得到及

时的治疗。

6.6 物联网与智能制造

6.6.1 工业 4.0 时代

工业自动化与物联网及服务网络的结合使得生产过程中一切环节都可以实现变换,工厂完全成为信息物理融合系统(CPPS)中的"智能空间",是集成生产、仓储、营销、分销及服务一体的数字信息链。

人类正在经历一场全新的工业革命,其规模并不亚于前三次工业革命:18 世纪以蒸汽机的广泛应用为标志的第一次工业革命、19 世纪电力广泛应用的第二次工业革命和 20 世纪以互联网为标志的第三次革命。由智能机器人掀起的第四次工业革命将带领人类进入一个新的阶段,一个依靠信息的时代。

机器与人工智能的完美结合带来的影响将在不远的将来得以展现,同时人类在工业生产与决策过程中的价值和可靠性将会受到挑战。从市场营销、客户关系,到人力资源管理,新一代机器将为企业组织带来巨大变化。

这一变化的特点主要包括三点:基于研究与技术的巨大优势、主要源于物质世界的数字化进步、将众多新技术加以整合而形成全新的系统。对于企业来说,这种结合将产生更高的价值,产生更大的创新性与灵活性。对于管理来说,这一技术变革将打破旧有的组织方式,为员工提供便于发挥他们创造性、自主性的工具和解决方案。

工业领域成为前沿阵地,工业界是这一革命的一线阵地。随着机器人、电子技术及人工智能所实现的跨越式发展,工业生产正快速进入自动化时代,即工业 4.0 时代。

这一工业革命中的一大创新就是产品的数字化记忆,相当于一种微缩"黑匣子",被植入每个产品中,记载该产品在生产、维修、回收过程中的所有信息,就像航行日志或产品历史记录仪。有了这个记录,产品之间可以相互交流或与消费者沟通。

工业生产将进入产品定制化阶段。这将让人们重新思考生产单位,特别是机器人在工业中扮演的角色。装有 3D 摄像机的机器人可以自由操纵产品,而操作指令完全来自于产品本身。

在生产车间汽车组装生产线上,一名工人配合一个机器人,甚至只有一个机器人坐在车身里就可以完成组装需要的各类操作。生产系统由一些具有社会性的机器运作,与"云端"平台自动连接,寻找能够解决不同问题的专家。专家则掌握着虚拟工具及全套维修技术。机器人会主动整合所有信息以不断完善自己的性能。

未来的物质世界将会变成一个巨大的物联网,所有的物体都可以物联网实现互联互通。在这个信息物理系统中,物体与机器可以自我管理并进行自我改善。在这一技术海啸中,工业将成为变革的代表。

6.6.2 制造业概述

制造业是指对原材料(采掘业的产品和农产品)进行加工或再加工,以及对零部件装配的工业的总称。制造业直接体现了一个国家的生产力水平,是区别发展中国家和发达国家的重要判断条件。制造业在世界发达国家的国民经济中占有重要份额。制造业包括产品设计、制造、原料采购、仓储运输、订单处理、批发经营、零售等多个方面。

实践证明,制造行业信息化综合集成应用是大型集团企业信息化的大势所趋。国外许多大型企业一般通过数字化技术的综合集成应用,实现了产品研制、采购、销售等在全球范围内的协同管理。因此,产品创新设计、异地协同制造、集团企业经营综合管理等信息技术的集成应用是提高我国集团性企业核心竞争力、参与全球竞争的重要技术武器。制造业信息化经历了一段较长时间的发展。早在 2005 年,即有 26.4% 的企业建设了基础网络,应用快速增长,但是计算机技术仅仅是实现信息化发展的一种手段和工具。在生产制造中,只有科学的流程化管理才能真正带来效率的改变。

采集数据恰恰是物联网较为典型的应用形式,物联网因其具有实时性、精细化以及稳定度高等特点,可对生产过程中的设备物料以及环境物理量等多种数据进行采集和传输,可满足精益制造的多种要求,从而使制造业的信息化建设落到实处,并可提高效率、减少浪费。

当前,我国正在加快推进新型工业化的进程,新型工业化的首要任务是进一步推进信息化与工业化深度融合,但目前仍面临着一些需要解决的问题。例如,两化融合的核心技术和创新水平有待进一步提高。而进行两化融合的重要基石是掌握工业化与信息化融合关键技术,直接关系到两化融合能否顺利推进。两化融合关键技术包括设计智能物流关键技术、电子商务关键技术、自动化关键技术、工业控制自动化关键技术、技术改造关键技术等。物联网作为两化深度融合的关键技术,工业物联网的应用不仅将改造提升传统产业,促进先进制造业的发展,更将培育发展新兴产业,促进现代服务业的发展。

1. 物联网在工业中获得广泛应用

物联网成为促进工业控制能力与管理水平持续提升的重要途径,信息技术的发展提高了工业领域数据采集(信息获取)、传递和信息处理方面的能力,进而推动了工业生产的控制与管理手段的进步。传统应用中简单的数据采集将发展成为具备智能处理能力的信息获取,并进一步向着网络化和微型化方向发展;数据传输的数字化和网络化已成为现实,形成了集散式系统、现场总线等新的工业控制基础设施;生产管理逐渐从生产企业内部扩大到贯穿于设计、制造、销售到回收的整个生产链;在设计、制造企业生产组织模式、集成技术及支撑软件平台、现代物流、供应链、电子商务等方面,大量控制和管理技术及系统软件应运而生。

物联网应用于装备制造企业生产加工等领域,可以协助完善和优化生产管理体系,能够提高生产效率,降低生产成本。借助 RFID 技术、宽带接入技术和云计算等实行对生产车间的远程监测、设备升级和故障修复,对现场工作人员进行实时监控和管理,在生产车间做到所有产品相关信息充分共享。对于在设备制造过程中出现的种种问题可以第一时间解决,发现任何与程序有关的细小误差都可以及时解决,并通过物联网进行远程修复或者联系现场人员进行人工修理,大大降低设备的返修率,提高成品的出厂率,避免大量后期人力物力的资源浪费。

当一个重型设备出厂时,后续往往跟着大量的设备零件和技术工人的组装维护。通过RFID 的即时跟踪可以及时有效地发现是否所有的设备和相关零件都已经打包运输,做到完整的设备运输,防止半路中货物中转发生零部件丢失或者损坏。一旦发现零部件丢失或损坏,可以第一时间联系生产车间,进行及时的善后,防止企业的形象和信誉受损,以及给企业造成不必要的经济损失。

对于装备制造业,一旦生产制造出的产品在用户现场出现故障,就需要企业派人前往现场进行检修、处理和修复，需要企业投入大量的人力、物力、财力，更重要的是由于售后服务人员赶往现场解决处理设备故障时需要一定的时间，因此一旦出现问题就有可能费时费力。而利用物联网技术，就可以把所有生产出来的产品和设备通过 RFID、视频监控、各种报警装置与互联网联系起来，搭建一个远程的设备监管平台。产品设备的制造商接入专门的节点，通过远程监控的办法，对设备进行实时监控，对可能出现的问题进行及时的提醒和处理，做到安全第一，预防为主。

2. 物联网应用涉及工业领域的多个方面

（1）制造业供应链管理

物联网应用于企业原材料采购、库存、销售等领域，通过完善和优化供应链管理体系，提高了供应链效率，降低了生产成本。空客（Airbus）通过在供应链体系中应用传感网络技术，构建了全球制造业中规模最大、效率最高的供应链体系。

（2）生产过程工艺优化

物联网技术的应用提高了生产线过程检测、实时参数采集、生产设备监控、材料消耗监测的能力和水平。生产过程的智能监控、智能诊断、智能决策、智能维护水平不断提高。钢铁企业应用各种传感器和通信网络，在生产过程中实现对加工产品的各项参数的实时监控，从而提高了产品质量，优化了生产流程。

（3）产品设备监控管理

各种传感技术与制造技术相融合，实现了对产品设备操作使用记录、设备故障诊断的远程监控。通过传感器和网络对设备进行在线监测和实时监控，并提供设备维护和故障诊断的解决方案。

（4）环保监测及能源管理

物联网与环保设备的融合实现了对工业生产过程中产生的各种污染源及污染治理各环节关键指标的实时监控。在重点排污企业排污口安装无线传感设备，不仅可以实时监测企业排污数据，而且可以远程关闭排污口，防止突发性环境污染事故的发生。电信运营商已经推出了基于物联网的污染治理实时监测解决方案。

（5）工业安全生产管理

基于物联网技术，把感应器嵌入和装备到矿工设备、矿山设备、油气管道中，可以及时了解危险环境中工作人员、设备机器、周边环境等方面的情况，将现有分散、独立、单一的网络监管平台提升为系统、开放、多元的综合网络监管平台，实现实时感知、准确辨识、快捷响应和有效管控。

3. 物联网技术促进工业领域节能减排

我国工业自动化和信息化水平为发展工业物联网提供了良好的基础条件。与此同时，国家两化融合战略、产业振兴战略的提出，对信息技术在传统产业的融合应用方面提出了新的要求。我国制造业面临着提高生产制造效率、实现节能减排和完成产业结构调整的战略任务。物联网技术在工业领域当中的应用将对企业的生产、经营和管理模式带来深刻变革，特别是对于精度要求极高的超精密加工制造，高温、高压、高湿、强磁场、强腐蚀等极端条件下的制造加工等领域将产生深远的影响。

作为世界制造大国，我国现有工业规模为发展物联网提供了良好的基础条件和市场空间。

特别是在制造业领域,产业链长、企业规模大、产业结构复杂,为物联网发展提供了巨大的市场优势。同时,国内通信服务与通信制造产业能力较强,符合建立工业物联网应用的网络基础条件。

工业领域是我国的"耗能污染大户",工业中的二氧化硫排放量、化学需氧量分别占全国总排放量的 86% 和 38%。因此,推行节能减排,倡导低碳经济,着力点在工业。通过以物联网为代表的信息领域革命性技术来改造传统工业,是我国低碳工业发展的迫切需求和必由之路。利用物联网技术,人们可以凭借较低的投资和使用成本实现对工业全流程的"泛在感知",获取由于成本原因无法在线监测的重要工业过程参数,并以此为基础实施优化控制,实现节能降耗和提高品质的目标。通过发展物联网技术将极大提升工业控制领域的节能减排。一般来说,工业技术发展、产业政策、经济环境的变化和市场巨大的需求说明我国工业领域自动化与信息化亟须跨越式发展。以物联网作为下一代制造信息服务基础设施,将大幅度提高制造效率、改善产品质量、降低产品成本和资源消耗,为用户提供更加透明和个性化的服务,大大提高生产效率。因此,发展工业物联网技术是推动我国工业自动化与信息化发展的关键。

6.6.3　物联网工业生产应用

1. 车间管理系统

物联网的技术之一是 RFID 技术,它在传统制造业中的应用是面向制造业的工业信息化应用系统,利用高新技术特别是自动化技术、信息技术对制造业进行有益的改造和信息服务。RFID 在传统制造业中的应用一般针对我国制造业的实际情况,以开发先进的、集成化的、面向生产线的管理软件为目的,可以有效地提高制造企业的运行效率和服务质量。

将 RFID、JIT、MES、网络等技术应用于生产管控,可有效地指导工业流程,实时、准确、全面地反映生产过程状态信息,与 ERP、CRM、SCM 形成良好互补,推动"透明工厂"的建设,推进生产、管理和组织架构的优化,促进 JIT 生产模式的实现;将物料与在制品的追踪管理与品质、效益、效率、仓管、物流等紧密结合,可促使车间劳动者、生产与物料供应商形成利益共同体。

RFID 在传统制造业中的应用(MES)充分利用 RFID 的特性,适应国内传统制造车间的环境要求,具备防潮、防雷、防电磁干扰、防热、防油等特点,采用特定的、可安装于复杂工业现场的 RFID 数据采集终端,满足对物料、在制品的无接触自动采集需要,并为管理系统提供信息输入接口和查询界面,便于管理人员随时查看和决策。

同时,在 RFID 数据采集终端的基础上,以物料及在制品跟踪为核心,开发出一套具备软件基础平台和系列应用模块的车间级生产执行管理系统。

运用 RFID 技术,可以改善传统工作模式,实现制造业对产品的全程控制和追溯。而开发一个完整的、基于 RFID 的生产过程控制系统,就是将 RFID 技术贯穿于生产全过程,形成企业的闭环生产。

基于 RFID 的车间管理系统包括如下的工作。

(1) 总体架构和系统模型的建设

通过对网络架构、通信路由、工厂设备、软硬件组合、系统规模与性能进行深入分析,确立监控系统软件与数据采集硬件设备之间的层次关系,决定各功能模块的划分、模块之间的接口,完成总体架构的建设。充分考虑系统的可配置性、可集成性、可靠性、可适应性和可扩展性。

（2）软件平台的架构建设

基于面向对象设计技术、分布式网络和各种先进的数据库组态技术，建设适合实时、现场、远程监控的，利于修改和扩容的系统软件基础平台，充分体现面向离散对象的系统应用集成，支持实时活动，实现基于现场管理规划和综合管理知识的管控结合。软件平台的架构建设主要包括软件系统功能定位、数据存储、网络应用、平台选型和数据采集、客户端查询浏览等架构组成的建设。

（3）功能模块的具体软件开发

功能模块包括生产过程建模、现场数据采集、物料跟踪查询、生产计划及生产管理、在制品跟踪查询、处理品生命周期档案、质量及绩效分析查询、网际网络应用等。

（4）工作流研究

工作流研究包括设计工作流模型及网络数据流规划，支持各种控制和沟通策略，支持生产过程的各种工作流程，实现制造生产和管理过程的自动驱动、记录、跟踪、分析、信息共享等，并较好集成 CORBA/ATEP 以实现与 ERP、PDM、SFC 等的无缝对接，形成一个信息流的顺畅通道。

（5）设备通信与集成和数据接口技术

该项工作包括规范不同行业、不同类型的被监控设备与系统接口；进行各种设备和系统的数据格式及协议转换方式的研究，应满足高速、大容量的数据存储和访问，并具有实时、连续的历史数据检索与回放功能，可提供复杂、特别的数据查询。

（6）智能化决策支持功能的实现

实时监控是为了给调度、运行操作人员的决策提供数据，如果系统能在反映生产状况的同时具有数据分析功能，进而提供操作方案和建议，其实用性才能得以真正体现。智能技术的应用结合专家经验的归纳表达有利于这一问题的解决。

车间生产线自动化管理如图 6-11 所示。

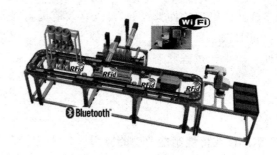

图 6-11　车间生产线自动化管理

2. 物料、仓储、供应链管理

车间管理系统主要解决了生产过程中实时监控和管理的需求，集中于企业内部生产线的问题。这里的物流、仓储供应链主要是围绕着产品的外围运营来发挥作用。

以仓储系统为例，面对每天都要重复进行的收货、入库工作，如何才能快速完成大批量货物的快速核对、收取是一个库管人员必须面对的问题传统的通过在货架上贴手写卡片来区分货位的方式，不仅费时费力，还经常会发生取错货物和多次重复取货物的错误，管理效率较低。同时，大仓库停业盘点所造成的损失是显而易见的，但是不进行盘点又无法真实地掌握库房的情况。在整个仓库作业中，叉车的资源相对稀少，如何将其充分利用是提高整个仓库工作效率的一个关键。要想充分地利用叉车，就必须通过管理系统进行叉车的调度，使其始终在最高效的线路上处于满负荷的工作状态。

利用物联网技术可以很好地解决上述问题。

① 打包贴标系统：在货物入库前，设置打包区域，根据实际仓库管理应用需求，将相应单品按指定数量打成独立的包装，将操作信息写入标签内，悬挂或粘贴标签于包装箱上。

② 出入库检验系统：包括固定式读写器、传感器系统、过程控制器、指示灯、指示面板、报警器等。

管理人员实时掌握库存物资的进、销、存状况，实现信息透明的资产管理方式，从技术手段上遏制不轨行为的发生；减少物资的积压，加速资金周转，便于指导生产；减少了人工统计的工作量，提高作业效率；解决了人工统计易出现人为差错和信息交流不及时的弊病。

如果企业和各分支机构的仓库均安装远距离射频识别设备，并实现系统网络连接，使之具备通行自动识别、出入库实时记录、授权通行、非法进出告警、信息查询、数据分析等多种功能，对于实时、准确、完整地掌握物资流动情况，提高科学管理效能将起到积极作用。远距离射频识别技术的实施，有助于物流体系达到可靠的安全保障，是企业信息化管理的有力措施，可以更好地达成"有效监管"和"提高效益"的目标。

6.7　精细农业

我国是农业大国，而非农业强国。多年来果蔬高产量主要依靠农药化肥的大量投入，大部分化肥和水资源没有被有效利用而是随地弃置，导致大量养分损失并造成环境污染。

6.7.1　精细农业概述

精细农业（Precision Agriculture）指的是利用全球定位系统（GPS）、地理信息系统（GIS）、遥感（RS）、连续数据采集传感器（CDS）、变率处理设备（VRT）和决策支持系统（DSS）等现代高新技术，获取农田小区作物产量和影响作物生长的环境因素（如土壤结构、含水量、病虫草害地形、植物营养等）实际存在的空间及时间差异性信息，分析影响土地产量差异的原因，并采取技术上可行、经济上有效的调控措施，区别对待，按需实施、定位调控的"处方农业"。

精细农业集生产、加工、销售、科研于一体，实现全天候、反季节、周期性的企业化规模生产；它集成现代生物技术、农业工程、农用新材料等学科，以现代化农业设施为依托，科技含量高，产品附加值高，土地产出率高和劳动生产率高，是我国农业新技术的革命。

基于物联网技术的发展，精细农业可以通过各种无线传感器实时采集农业生产现场的光照、温度、湿度等参数及农产品生长状况等信息，并可对生产环境进行远程监控。将采集参数信息数字化后，经由实时传输网络进行汇总整合，利用农业专家精细系统进行定时、定量、定位等云计算处理，及时精确的遥控指定的农业设备自动开启、自动调节或自动关闭。农业结合物联网技术，瓜果蔬菜什么时候应该浇水、施肥、打药，什么时候应该调节温度、湿度、光照、二氧化碳的浓度等参数，这些以前曾被"模糊"处理的问题，都有信息化精细监控系统实时定量"精确"把关，农民只需按个开关，做个选择，或是完全凭"指令"，就能种好菜、养好花。

1. 农业种植与物联网

从农产品生产不同的阶段来看，无论是从种植的培育阶段还是收获阶段，都可以用物联网技术来提高其工作效率和进行精细化管理。物联网技术在农业领域中有着广泛的应用，如图 6-12 所示。

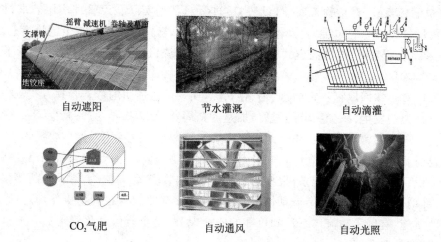

图 6-12　物联网技术在农业生产中的应用

（1）种植准备的阶段

可以通过在大棚里布置各类传感器,实时采集当前状态下的土壤信息,据此来选择合适的农作物并提供科学的种植信息及种植数据经验。

（2）种植和培育阶段

可以用物联网的技术手段进行实时的温度、湿度、二氧化碳浓度的信息采集,且可以根据信息采集情况进行自动的现场控制,实现高效管理和实时监控,从而针对环境的变化做出及时调整,保证植物育苗在最佳环境中生长。例如:通过远程温度采集,可了解实时温度情况,然后手动或自动在办公室对其进行温度调整,而不需要人工去实施现场操作,从而节省了一定的人力资源。

（3）农作物生长阶段

可以利用物联网实时监测作物生长的环境信息、养分信息和作物病虫害情况,提前预防或在早期采取对策,防止减产等损失。利用相关传感器准确、实时地获取土壤水分、环境温湿度、光照等情况,通过实时的数据监测和专家经验相结合,配合控制系统调整作物生长环境,改善作物营养状态,及时发现作物的病虫害爆发征兆,维持作物最佳生长条件,对作物的生长管理和为农业提供科学的数据信息等方面都能起到非常重要的作用。

（4）农产品收获阶段

可以利用物联网技术把农作物的各种状态变量进行采集,反馈到前端,从而在种植收获阶段进行更精准的测算。物联网农业智能测控系统能大大提高生产管理效率、节省人工,效果非常明显。例如,对于大型农场来说,几千亩的土地如果用人力来完成浇水施肥、手工加温、手工卷帘等工作时,其工作量相当庞大且难以管理。如果采用物联网技术,只需通过监控设备下发指令,前后不过几秒,完全替代了人工操作的繁琐,而且能非常便捷地为农业各个领域的研究提供强大的科学数据理论支持,其作用在当今高度自动化、智能化的社会中效果是非常明显的。

2. 智能精确农业的特点

在应用领域,智能精确农业在大范围应用过程中具有以下特点:

① 其克服了传统控制系统的多线路铺设、工程量大、线路复杂、成本高等缺点,分布式管

理采用多区化调控管理,各区独立智能化总线寻址控制,系统铺设简单,精确度高,可控区域广;

② 远程自动控制,参数实时在线显示,精确度高,真正实现"在家也能种田";

③ 集成加热系统、通风系统、遮荫/保温内帘幕系统、外遮荫系统、空气循环系统、植物保护系统、高压喷雾降温系统、湿帘-风机系统、屋顶喷淋系统、补充光照系统、灌溉施肥系统、废液回收-消毒系统、电气与计算机控制系统等于一体,真正实现多功能,可运用于多种场合;

④ 智能化、傻瓜化的人机操作界面。

3. 精细农业相关技术

精细农业的发展进步主要是借助航空与航天遥感技术,利用高空间和高光谱分辨率的特点,及时提供农作物长势、水肥状况和病虫害情况的"征兆图(Symptom Maps)"供相关人员诊断、决策和估产。通过与航空遥感或小卫星群建立全球数据采集网,可获取实时数据。利用已存储的土壤背景数据库,农田灌溉、施肥、种子等数据库以及新获取的"征兆图",进行分析、判断,形成"诊断图",将这些结果与 GIS 相结合进行综合分析,并做出投入产出估算,提出实施计划或方案;将 GPS 与 GIS 集成系统装载在农业机械上,实现农田作业的自动指挥和控制,可完成自动播种、施肥、除草、灌溉、培土以及收割等工作。为了保证作业的精确性,需要建立相应的专题电子地图和广域或局域 GPS 差分服务网。

全球定位系统的优势是精确定位,地理信息系统的优势是管理与分析,遥感的优势是快速提供各种作物生长与农业生态环境在地表的分布信息,它们可以做到优势互补,促进精细农业的发展。

(1) 遥感技术(RS)技术

遥感技术可以客观、准确、及时地提供作物生长和作物生态环境的各种数据信息,它是精细农业获取田间数据的重要来源。遥感技术在精细农业中的应用主要包括以下几方面。

1) 农作物播种面积检测和估算

遥感可实时记录农作物覆盖面积数据,通过这些数据可以对农作物分类,并在此基础上估算出每种作物的播种面积。

2) 监测作物长势和估算作物产量

农作物遥感估产包括农作物长势、农业环境污染、水土流失、土地荒漠化和盐渍化等监测,这种监测可长期开展,在监测过程中不断提供农业资源的数字变化和不同时间序列的图像依据,农田管理者可以通过遥感提供的信息,及时发现作物生长中出现的问题,采取针对性措施进行田间管理。还可以根据不同时间序列的遥感图像,了解不同生长阶段中作物的长势,提前预测作物产量。

3) 灾害遥感监测和损失评估

气候异常对作物生长具有一定的影响。利用遥感技术可以监测与定量评估作物受灾程度,对作物损失进行评估,包括小麦、水稻、棉花等农作物的产量预测和牧草等草场产量估测。然后针对具体受灾情况,进行补种、浇水、施肥或排水等抗灾措施。在自然灾害监测方面,通过开展北方地区土地沙漠化监测、黄淮海平原盐碱地调查及监测、北方冬小麦旱情监测等项目,在维护国家的生态环境方面发挥了重要作用。

4) 作物生态环境监测

利用遥感技术可以对土壤侵蚀面积、土壤盐碱化面积、主要分布区域以及土地盐碱化变化趋势进行监测,也可以对土壤、水分和其他作物生态环境进行监测,这些信息有助于田间管理者采取相应的措施。

5)农业资源调查及动态监测

农业资源调查包括土地利用现状、土壤类型、草场、农田等农业资源的调查及评价,提供农业资源的准确数值和分布图像,可以有效保证基本农田管理和农业发展监测。

(2)全球定位系统(GPS)技术

GPS配合GIS,可以引导飞机飞播、施肥、除草等。GPS设备装在农具机械上,可以监测作物产量、计算虫害区域面积等。GPS接收机在精细农业中的作用包括精确定位、田间作业自动导航和测量地形起伏状况。GPS接收机需要结合农田机械使用,随着农田机械在田间作业,同时进行精确定位、田间作业自动导航。利用GPS定位系统,农田机械可以根据土地差异,自动调节种子、肥料和化学药剂的投放量。例如,播种机会根据地块内部土壤结构、有机质含量、不同土壤含水量来确定具体地点播种的疏密,这反映出"精细农业"田间作业具有定位化的特点。由于GPS具有精确定位功能,农业机械可以将肥料送到作物生长的准确位置,也可以将农药喷洒到准确位置。这不仅有助于提高作物产量,也可以降低肥料和农药的消耗,节约成本、保护生态。

(3)地理信息系统(GIS)技术

地理信息系统可以被用于农田土地数据管理,土壤查询,自然条件、作物苗情、作物产量等数据调查,并能够方便地绘制各种农业专题地图,也能采集、编辑、统计、分析不同类型的空间数据。目前,地理信息系统在精细农业中主要应用于以下三个方面。

1)管理数据

GIS技术以地理空间数据为核心,通过GIS可以管理农业空间数据和实现远程查询各种地理空间数据,包括图形和图像等内容,同时提供分析工具,参与分析过程,显示与输出分析的结果等。

2)绘制作物产量分布图

安装GIS的新型联合收割机,在田间收割农作物时,每隔一定时间记录下联合收割机的位置,同时产量计量系统随时自动称出农作物的重量,置于粮仓中的计量仪器能测出农作物流入储存仓的速度及已经流出的总量,这些结果随时在驾驶室的显示屏上进行显示,并被记录在地理数据库中。利用这些数据,在地理信息系统支持下,可以制作农作物产量分布图,指导种植生产以及粮食运输等问题的筹划和解决。

3)农业专题图分析

通过GIS提供的复合叠加功能,将不同农业专题数据组合在一起,形成新的数据集。通过对其分析,可以看出土地上各种限制因子对作物的相互作用与相互影响,从中发现它们之间的关系。

(4)农田信息采集与处理技术

农田信息包括过去积累的信息和作物生产过程中实时收集的信息,必须首先从获得信息的方法入手,尽量以低成本的方法获得多方面的生产信息,为农业生产提供更多的决策依据。这些信息包括:产量数据采集,土壤数据采集(包括土壤含水量、土壤肥力、pH等指标),苗情、病虫草害数据,以及农田近年来的轮作情况、平均产量、耕作和施肥情况,作物品种、化肥、农药、气候条件等信息。

(5) 变量作业控制技术

精细农业是基于时空变异的现代农业经营、管理技术,因此变量作业控制技术(Variable Rate Treatment,VRT)是精细农业的核心,变量作业机械是实现这一核心必不可少的关键性手段。

变量作业控制技术包括基于传感器(Sensor-based)的 VRT 和基于作业处方图(Map-based)的 VRT。依据作业处方图的变量作业技术,为得到作业处方图,首先必须全面获取作物产量、土壤参数等的时空变异信息,接着还要根据植物生长模型以及气象等环境条件,预测作业的发芽率、长势以及养分需求,然后综合上两步的分析结果,再利用地理信息系统(GIS)和决策支持系统(DDS),就可以最终得到所期望的作业处方图。由于这张处方图是建立在试验分析基础之上的,它与实际的农田需要(例如施肥需求量)可能存在一定的差异性。因此,人们期望如果在条件允许的情况下,应用现代传感技术适时监测作物(或土壤)的需肥量,然后适时控制机器进行变量作业,从而实现更精细的因时、因地、按需施肥,但这后一种变量作业技术需要具备能实时监测作物需要或土壤成分或病虫草害分布的技术与设备,针对这种要求要达到实用程度还有一定的困难。在现代精细农业中,变量技术应用于农作物的播种、施肥、灌溉等环节。

① 精细播种:将精细种子工程与精细播种技术有机结合,要求精细播种机播种均匀、精量播种、播深一致。精细播种技术既可节约大量优质种子,又可使作物在田间获得最佳分布,为作物的生长和发育创造最佳环境,充分提高作物对太阳能和营养的利用率。

② 精细施肥:要求能根据不同地区、不同土壤类型以及土壤中各种养分的盈亏情况,作物类别和产量水平,将氮、磷、钾以及多种微量元素与有机肥料加以科学配方,从而做到有目的地的施肥,既可减少因过量施肥造成的环境污染和农产品质量下降,又可节约成本。需要采取科学合理的施肥方式和采用自动控制的精细施肥机械设备。

③ 农药精细喷洒:农药精细喷洒是根据田间杂草的分布情况,在杂草分布的地方喷洒农药,避免对种植作物的误喷洒。农药喷洒时根据田间杂草分布处方图,通过计算机程序或者人工半自动方法按照喷洒处方图实现农药的喷洒。通过上述方法尽量减少农药的使用数量及农药对环境造成的污染。

④ 精细灌溉:在自动监测控制条件下的精细灌溉工程技术,采用滴灌、微灌、渗灌和喷灌等手段,根据不同作物不同生长阶段的土壤墒情和作物需水量,实施实时精确量灌溉,可提高水资源有效利用率,减少不必要的浪费,同时保证了经济效益和生产效益。

6.7.2 物联网在农业中的应用

1. 典型应用之智能农业大棚

环境在温室大棚中起着重要的作用。由于瓜果蔬菜对生长环境有着严格的要求,所以现代农业搭建了温室大棚来控制植物的生长环境,以实现跨地区与跨季节的瓜果蔬菜培育。

传统的大棚环境控制依赖于全人工的方式来完成。在每个大棚中放置温度计,湿度计,二氧化碳浓度计等测量工具,由技术员巡查每一大棚的环境参数后,若发现环境参数不对,就要采取一定的措施来进行补偿。比如,温度过高的话,就要打开卷帘通风或者打开通风机等,对于只有少量大棚的农户,这样的操作方式还可以应付自如,但如果大棚数量众多,就需要花费大量的人工去查看各大棚的环境参数,然后对环境异常的大棚进行操作,工作效率低下。

温室大棚环境智能监控系统利用物联网技术,可实时远程获取温室大棚内部的空气温湿度、土壤水分温度、二氧化碳浓度、光照强度及视频图像。通过模型分析,远程或自动控制湿帘风机、喷淋滴灌、内外遮阳、顶窗侧窗、加温补光等农业设备,保证温室大棚内环境最适宜作物生长,为作物生长实现高产、优质、高效、生态、安全的目标创造条件。图 6-13 所示为智能大棚系统示意图。

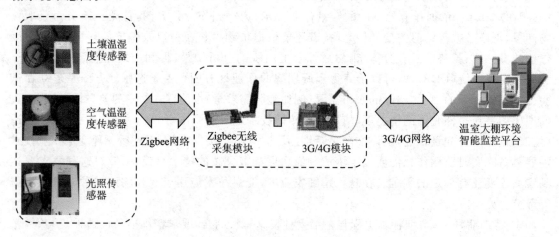

图 6-13 智能大棚系统示意图

温室大棚环境智能监控系统还可以通过手机、平板电脑、计算机等多种通信终端向农户推送实时监测信息、预警信息、农技知识等,实现温室大棚集约化、网络化远程管理,充分发挥物联网技术在设施农业生产中的作用。可用于管理各种类型的日光温室、连栋温室、智能温室。

通过在温室中配置无线传感器,实时监测温室内的空气温湿度、光照、地温、土壤湿度等参数。监测数据通过 3G/4G 网络上传到中央监管服务平台,然后由各功能子系统做进一步处理,支持 WEB 发布、短信告警、趋势分析、报表打印、历史数据存储等功能。

在温室环境里,利用无线传感器网络可以监控每一个温室作为测量控制区,采用不同的传感器节点和具有简单执行机构的节点(风机、低压电机、阀门等工作电流偏低的执行机构)构成无线网络来测量土壤湿度、土壤成分、降水量、温度、空气湿度、pH 值和光照强度、CO_2 浓度、大气压等来获得作物生长的最佳条件,同时将生物信息获取方法应用于无线传感器节点,为温室精准调控提供科学依据。

智能大棚环境数据传输基于无线传输网络,无须安装、部署和维护有线数据电缆。将原有传感器无线化,利用无线 Zigbee 模块,与传统的传感器模块整合为一体,通信距离可达 100 m以上,安装、维护和移动简单,也可以实现回收和更换使用位置,更方便农民自己安装和维护。无线网关将无线传感器采集到的数据进行汇总并传输到农业服务管理平台,由管理人员统一进行维护。通过这种方式可以大大降低成本,且管理方便灵活。

6.8 智能家居

智能家居是以住宅为平台,按照智能家居系统设计方案,利用网络通信技术、综合布线技术、自动控制技术、音视频技术、安全防范技术等多种技术,将家居生活有关的设施集成,构建高效的住宅设施与家庭日常事务的管理系统,提升家居安全性、便利性、舒适性、艺术性,并实现环保节能的居住环境。

智能家居通过物联网技术将家中的各种设备(如照明系统、音视频设备、窗帘控制、空调控制、网络家电、安防系统以及三表抄送等)连接到一起,提供家电控制、照明控制、窗帘控制、电话远程控制、室内外遥控、防盗报警、环境监测、暖通控制、红外转发以及可编程定时控制等多种功能和服务。与普通家居相比,智能家居不仅具有传统的居住功能,同时兼有建筑、网络通信、信息家电、设备自动化,提供集系统、结构、服务、管理为一体的高效、舒适、安全、环保的居住环境,并能实现全方位的信息交互功能。它可以帮助家庭与外部保持信息交流顺畅,优化人们的生活方式,帮助人们合理安排时间,增强家居生活的安全性,甚至能为各种能源消费节约资金。

6.8.1　智能家居系统概述

当前,随着经济的飞速发展,国民收入日趋增长,人们已经不再单方面追求财产的数量,而是越来越注重生活的质量,如何生活得更轻松、更快乐、更放心是他们的首要目标,即如何使家居系统更加智能和具有人性化的特点。而对于居者来说,住宅的建筑面积即使再大,人们也不得不面对一些基本的问题,最明显的无疑就是清洁、安全问题。

随着时代的发展,人们已经不再局限于传统的家居享受方式。家中的灯光模式,即灯光数量、灯光颜色、灯光效果等,可以随着场合的不同随意更改;将 3D 影院搬入家居,足不出户,就可以在家里带上 3D 眼镜体验 3D 效果带来的视觉冲击;在外面可以通过手机远程遥控自己家中的各类电器,如回家前可以远程遥控家中的空调,令其提前开始制冷,遥控自家的热水器,在回家前将热水提前烧开;回家的路上车子的信息能被监控器识别,在快到家的时候,大门自动打开,并显示欢迎回家之类的标语等。传统的观念很难满足诸如此类的需求,引入新的概念,改变传统方式,才会在这个问题上取得突破性进展。

智能家居是 IT 技术、网络技术、控制技术向传统家电产业渗透发展的必然结果。从社会背景层面来看,信息化产业的高度发展,通信的自由化与高层次化,业务量的急速增加与人类对工作环境的安全性、舒性、效率性要求的不断提高,造成家居智能化的需求大为增加。从科学技术方面来说,计算机控制技术的发展与电子信息通信技术的成长,也极大地促成了智能家居的诞生及发展。

智能家居可以说是一个多功能的技术系统,包括照明控制、家电控制、可视对讲、家庭内部的安全防范、家居综合布线系统、室内环境状况监测和设备控制、远程视频监控、声音监听,甚至还包括远程医疗、远程教学等。图 6-14 为智能家居示意图。

6.8.2　家庭自动化

提起自动化,很多人首先想到的就是工厂车间。其实自动化早已出现在人们日常生活的方方面面。如家庭中的电表、水表、煤气表的运转,无须人为控制,就可以自动为用户记录家庭耗能量和自来水用量;再如全自动洗衣机、洗碗机、消毒柜、遥控电视机、空调机等自动化设施简直是不胜枚举。这些仪表和自动装置,使人们从日常烦琐的家务劳动中解放出来,为人们创造了良好舒适的生活环境。

家庭自动化是智能家居的一个重要系统,在智能家居刚出现时,家庭自动化甚至就等同于智能家居,今天它仍是智能家居的核心之一。

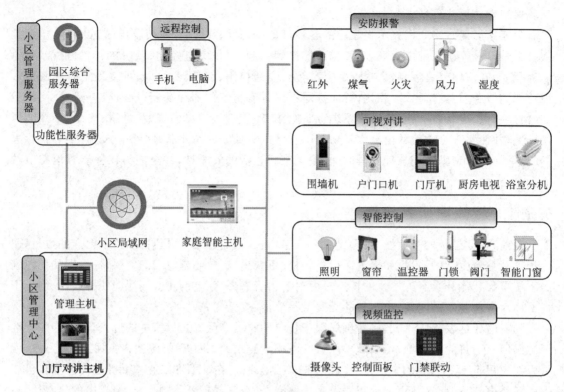

图 6－14　智能家居示意图

家庭自动化是指利用微处理电子技术来集成或控制家中的电子电器产品或系统,从而增加家庭电器的智能性,使其更加实用。例如:照明灯、电饭锅、计算机设备、保安系统、暖气及冷气系统、视讯及音响系统等。家庭自动化系统的核心是 CPU,通过 CPU 的数据处理接收来自相关电子电器产品(外界环境因素的变化,如太阳初升或西落造成的光线变化等)的信息后,再以既定的程序发送适当的信息给其他电子电器产品。

自动控制系统可用于对收音机、空调器、电视机、音响装置、清洁器等电器的集中管理和自动控制,它由微型计算机和控制器组成。例如,控制空调系统,根据季节的变化自动调节室内的温度和湿度;使能源、照明和热水供应等设备最佳运行或使电子炉灶、清洁器定时完成做饭和清扫等工作。

家庭安全系统是针对家庭防火、防气和水漏泄、防盗的设施,它由传感器、家用计算机和相应的控制系统组成。传感器对周围的光线、温度和气味等参量进行检测,发现漏气、漏水、火情和偷盗等情况时将有关采集数据发送给计算机,计算机根据提供的信息进行实时判断,一旦超出正常范围立即采取相应的措施或报警。如发生火情时,计算机可控制灭火器灭火,并通过电话机向主人或有关部门报告。

电话、电视机等电器可在计算机的控制下形成统一的家用信息系统,并通过通信线路与社会信息中心相连,使家庭信息系统成为社会信息中心的终端,随时可从信息中心获取所需要的各种信息。家庭计算机辅助教育系统可用于在家中学习各种知识。利用可视数据系统,可以在家订购货物、车票、机票、旅馆房间,检索情报资料,阅读电子报刊等。家庭自动化的进一步发展可能实现在家办公,使家庭成为工厂或办公室的"终端"。利用家庭信息系统还可以进行健康管理,如对老人或体弱者通过每天测量体温、脉搏和血压,并将结果输入终端机,由联网医师分析并给予诊断。因此,家庭自动化将是工厂自动体和办公室自动化的延伸和组成部分。

现在,一些企业推出了家用机器人。它可以代替人完成端茶洗碗、扫除、值班以及与人下棋等工作。家用机器人与一般的产业机器人不同,它属于智能机器人,依靠各种传感器,既能听懂人的命令,又能识别三维物体,还具有灵活的仿真多关节手臂。这些家用设备的出现正是家庭自动化的最好体现。

6.8.3　家庭网络

随着智能家居的普遍应用,家庭自动化的许多产品功能将融入这些新产品当中,从而使单纯的家庭自动化产品在系统设计中越来越少,其核心地位也将被家庭信息系统所代替,它将作为家庭网络中的控制网络部分在智能家居中发挥重要作用。

未来,家庭办公将成为一种趋势,家庭成为一个更为舒适的办公环境,也是一个更好的居住环境。人们可以利用自己的笔记本电脑在各个地方随时保持与公司计算机网络的连接状态,随时随地进行数据通信,同样可以通过网络共享办公资源,使用打印机、投影仪等外设,而不必一定要通过缆线才可以保持通信状态。

个人可通过无线耳机与手机通信,打电话或收听音乐。数字相机、数码摄像机可利用无线信号与数字相框、打印机、计算机通信,把拍摄到的图像显示出来,也可以利用无线信号与电视相连,欣赏精彩的节目。

在短距离无线通信产品的帮助下,人们将获得更多的行动自由,而不必面对一堆杂乱无章的连接线,省去了许多维护工作。

家庭网络(Home Network)是融合了家庭控制网络和多媒体信息网络于一体的家庭信息化平台,是在家庭范围内实现信息设备、娱乐设备、家用电器、自动化设备、照明设备、保安装置及水电气热表设备、家庭求助报警设备等互连和管理,以及数据和多媒体信息共享的系统。

家庭网络相比起传统的办公网络来说,加入了很多家庭应用产品和系统,如家电设备、照明系统,因此相应技术标准也更为复杂。家庭网络的发展趋势是将智能家居中其他系统融合进去,最终形成一体。

家庭物联网系统旨在为未来家庭打造一个物联网平台,在这个平台上能够实现家庭需要的视频交互、自动化监视和操作等。家庭物联网系统涉及的网络包括因特网、家庭无线路由器组成的家庭宽带网络、Zigbee 无线家庭监控网络、手机移动网络等,将这些网络有机地结合起来,便能实现家庭物联、操控的所有要求。

采用物联网技术的智能家居系统可以通过以下几种方式实现对家居系统中的各种设备的控制。

① 传统手动控制:保留智能住宅内所有灯及电器的原有手动开关、自带遥控等各种控制方式,对住宅内所有电灯及电器无须进行改造,充分满足家庭内不同年龄、不同职业、不同习惯的家庭成员及访客的操作需求;不会因为局部智能设备的临时故障,导致设备失控问题的发生。

② 智能无线遥控:通过遥控器,实现对所有灯光、电器及安防的各种智能遥控以及一键式场景控制,实现全部或部分灯光及电器的开关、临时定时等遥控,各种编址操作,一键式情景模

式,配合数字网络转发器,实现本地及异地万能遥控,居家控制更加简单。

③ 一键情景控制:一键实现各种情景灯光及电器组合效果,可以用遥控器、智能开关、电脑等实现"回/离家、会客、影院、就餐、起夜"等多种场景一键设置。

④ 电话远程控制:可以实现用电话或手机远程控制整个智能住宅系统以及实现安防系统的自动电话报警功能。无论人在何处,只要一个电话就可以随时实现对住宅内所有电灯及各种电器的远程控制,离家时,忘记关灯或电器,打个电话就可实现全关;回家前,打个电话可以先把热水器启动,空调打开;如果配置了安防系统,则当家里发生入室盗窃等突发情况时,安防系统可自动拨打预设的电话号码进行报警。

⑤ 互联网远程监控:通过互联网实现远程监控、操作、维护以及系统备份与系统还原,通过用户授权,可以实现远程售后服务。无论在世界各地,只要通过互联网都可随时了解家里电器的开关状态,包括远程控制。另外,可以随时根据需求更改系统配置、定时管理事件,还可随时修改报警电话号码;如果授权工程师等服务人员,可以让他们协助远程售后服务。

⑥ 事件定时管理:可以个性化定义各种灯及电器的定时开关事件,一个事件管理模块总共可以设置多个事件,完全可以将每天、每月、甚至一年的各种事件设置进去,充分满足用户的实际需求。可设置早上定时起床模式、晚上自动关窗帘模式,以及出差模式等。

⑦ 设备联动控制:根据家庭里设置的各种传感器探测到的信息,按照事先设定的条件,联动相应的设备,以达到节能、环保、舒适、方便的目的。

作为一种发展趋势,智能家居系统毫无疑问正受到越来越多的家庭的欢迎。但是目前智能家居的市场还比较混乱,存在一些亟待解决的问题。例如相关行业没有统一的标准,产品参差不齐,而且功能完善的一线品牌产品造价偏高,仅有少数人群可以承受。另外,如何提供更完善、优质的售后服务也是目前尚待解决的一个问题。随着这些问题的逐步解决,结合物联网应用的智能家居系统必将获得更大的发展。

6.9 基于无线传感网的智能家居实训

1. 实验目的

● 掌握 CBT－SuperIOT 实验平台上传感器与处理器通过串口通信的协议;
● 掌握 Qt 的信号与槽机制的使用;
● 学习 Qt 如何使用第三方串口插件。

2. 实验环境

● 硬件:CBT－SuperIOT 实验平台,PC 机 Pentium 500 以上,硬盘 40 G 以上,内存大于 256 M;
● 软件:Vmware Workstation＋RHEL6＋xshell 终端＋ ARM－LINUX 交叉编译开发环境,Qtcreator 开发环境。

3. 实验内容

● 分析传感器通过串口发送数据的格式及各个位代表的含义;
● Qt 对串口类的使用;
● 实现基于 ZigBee 无线传感网的智能家居应用。

4. 实验原理

（1）串口通信数据格式

本实验使用三个 zigbee 节点传感器，分别为人体检测传感器，温湿度传感器和烟雾传感器，它们实时采集数据然后通过 zigbee 的组网方式把数据发送到 zigbee 协调器端，然后协调器通过串口发送到处理器，处理器再做进一步的处理。其具体传输方式如图 6 - 15 所示。

图 6 - 15　传感器数据传输方式

CBT - SuperIOT 实验平台规定传感器数据传输格式如下：

```
u8 DataHeadH;       //包头 0xEE
u8 DataDeadL;//包头 0xCC
u8 NetID;//所属网络标识 00(zigbee) 01(蓝牙)02(WiFi)03(IPv6)04(RFID)
u8 NodeAddress[4];//节点地址
u8 FamilyAddress[4];//根节点地址
u8 NodeState;//节点状态 （00 未发现）（01 已发现）
u8 NodeChannel;//蓝牙节点通道
u8 ConnectPort;//通信端口
u8 SensorType;//传感器类型编号
u8 SensorID;      //相同类型传感器 ID
u8 SensorCMD;//节点命令序号
u8 Sensordata1;//节点数据 1
u8 Sensordata2;//节点数据 2
u8 Sensordata3;     //节点数据 3
u8 Sensordata4;     //节点数据 4
u8 Sensordata5;//节点数据 5
u8 Sensordata6;     //节点数据 6
u8 Resv1;//保留字节 1
u8 Resv2;//保留字节 2
u8 DataEnd;           //节点包尾 0xFF
```

一帧数据为定长 26 字节。在这三个传感器中，主要通过 SensorType 位来判断传输过来的数据来源于哪个传感器，然后在分析相应的数据节点位的数据，最终得到想要的信息。Qt 代码得到的数据截图如图 6 - 16 所示。

图中 07 代表人体检测节点，0a 代表温湿度传感器节点。人体检测的数据节点代表当前的检测状态（是否检测到人），图中表示没有检测到人。温湿度传感器的数据节点代表当前的温度和湿度百分比。

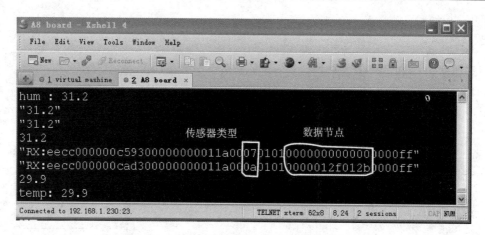

图6-16 串口的数据分析

（2）Qt 串口类的使用

1）找到串口类相关文件

串口类文件如图6-17所示，把这几个文件放到工程文件夹下。

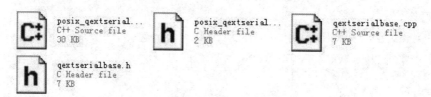

图6-17 串口类文件

2）在工程里添加这个类

在工程文件中找到如图6-18所示的"headers"，右击后会弹出四个选项，选择"add Existing Files"。

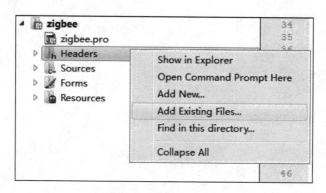

图6-18 添加串口类

找到"posix_qextserialport. h"和"qextserialport. h"进行添加。添加"posix_qextserialport. cpp"和"qextserialport. cpp"。

3）工程中对串口类的使用

① 对串口的初始化。

```
void Widget::comportInit(comThread * &comport, Posix_QextSerialPort * &myCom,
                                        QString devname, int comNO)
{

    myCom = new Posix_QextSerialPort(devname,
                          QextSerialBase::Polling); //新建串口类
    if(myCom->open(QIODevice::ReadWrite)){

        //return true;
    }else{
        //return false;
    }
        myCom->setBaudRate((BaudRateType)19);    //设置波特率 115200

        myCom->setDataBits((DataBitsType)3);    //设置数据位 8
        myCom->setParity((ParityType)0);        //设置校验 0
        myCom->setStopBits((StopBitsType)0);    //设置停止位 1
        myCom->setFlowControl(FLOW_OFF);    //设置流控制
        myCom->setTimeout(10);                //设置延时
    comport = new comThread(myCom,this);
     connect(comport,SIGNAL(sensorData(QByteArray)),nodeform,
                          SLOT(reveiceSensordata(QByteArray)));
    comport->start();    //启动线程
}
```

② 读取串口的数据。

```
QByteArray temp = comPort->readAll()。//temp 里存放串口发过来的数据。
```

(3) 信号与槽机制

1) 信号与槽的概述

信号和槽机制是 QT 的核心机制,要精通 QT 编程就必须对信号和槽有所了解。信号和槽是一种高级接口,应用于对象之间的通信,它是 QT 的核心特性,也是 QT 区别于其他工具包的重要地方。信号和槽是 QT 自行定义的一种通信机制,它独立于标准的 C/C++语言。

2) 信　号

信号的声明是在头文件中进行的,QT 的 signals 关键字指出进入了信号声明区,随后即可声明自己的信号。例如,下面是在 homeform. h 定义了两个信号:

```
signals:
    void tempSender(double temp);

    void humSender(double hum);
```

这两个信号在程序中负责发送温度和湿度的值。另外需要注意的是信号的返回值只能是void,不要指望能从信号返回什么有用的信息。

3) 槽

槽是普通的 C++成员函数,可以被正常调用,它们唯一的特殊性就是很多信号可以与其相关联。当与其关联的信号被发射时,这个槽就会被调用。槽可以有参数,但槽的参数不能有默认值。既然槽是普通的成员函数,因此与其他的函数一样,它们也有存取权限。槽的存取权限决定了谁能够与其相关联。同普通的 C＋＋成员函数一样,槽函数也分为三种类型,即 public slots、private slots 和 protected slots。

① public slots:在这个区内声明的槽意味着任何对象都可将信号与之相连接。这对于组件编程非常有用,使用者可以创建彼此互不了解的对象,将它们的信号与槽进行连接以便信息能够正确传递。

② protected slots:在这个区内声明的槽意味着当前类及其子类可以将信号与之相连接。这适用于那些槽,它们是类实现的一部分,但是其界面接口却面向外部。

③ private slots:在这个区内声明的槽意味着只有类自己可以将信号与之相连接。这适用于联系非常紧密的类。

下面是定义在 homeform. cpp 中的两个槽函数。

```
public slots:
    void setTemplabel(double temp);
    void setHumlabel(double hum);
```

4) 信号与槽的关联

通过调用 QObject 对象的 connect 函数来将某个对象的信号与另外一个对象的槽函数相关联,这样当发射者发射信号时,接收者的槽函数将被调用。该函数的定义如下:

```
bool QObject::connect (const QObject * sender, const char * signal,
        const QObject * receiver, const char * member) [static]
```

这个函数的作用就是将发射者 sender 对象中的信号 signal 与接收者 receiver 中的 member 槽函数联系起来。当指定信号 signal 时必须使用 QT 的宏 SIGNAL(),当指定槽函数时必须使用宏 SLOT()。下面是 homeform. cpp 中将信号与槽连接起来

```
connect(this,SIGNAL(humSender(double)),this,SLOT(setHumlabel(double)));
connect(this,SIGNAL(tempSender(double)),this,SLOT(setTemplabel(double)));
```

如果发射者与接收者属于同一个对象的话,那么在 connect 调用中接收者参数可以省略。如下图:

```
connect(this,SIGNAL(humSender(double)),SLOT(setHumlabel(double)));
```

```
connect(this,SIGNAL(tempSender(double)),SLOT(setTemplabel(double)));
```

(4) 关键代码分析

1) Qt 中给窗口添加背景

```
void Widget::setWidgetbackground(QWidget * widget,QPixmap image)
{
    QPalette palette;
    palette.setBrush(backgroundRole(),QBrush(image));
    widget->setPalette(palette);
}
```

其中参数 ＊widget 表示要进行改变的窗口,QPixmap image 表示图片的路径。一般图片

的路径我们这样申明：

```
QPixmap myPixmap(":/rcs/mainpage.jpg");
setWidgetbackground(this,myPixmap);
```

当然给窗体添加背景不止有这一种方法。

2）使 pushbutton 变得漂亮

```
void Widget::setButtonbackground(QPushButton * button,QPixmap picturepath)
{
    button->setFixedSize(picturepath.width(),picturepath.height());
    button->setIcon(QIcon(picturepath));  //设置按钮图标
    button->setFlat(true);   //使按钮变平
    button->setIconSize(QSize(picturepath.width(),picturepath.height()));
    button->setToolTip("");  //光标进入后的提示信息
}
```

这个函数的功能就是能使按键变得适应图片，只要有一个漂亮的图标，就能变成一个漂亮的按键。

3）Qt 线程的使用

```
 #ifndef COMTHREAD_H
#define COMTHREAD_H

#include <QThread>
#include "posix_qextserialport.h"

class comThread : public QThread
{
    Q_OBJECT
public:
    explicit comThread(Posix_QextSerialPort * &com,QObject * parent);
    void ReceiveData();
    virtual void run();   //线程执行的任务
private:
    Posix_QextSerialPort * comPort;   //声明一个串口
signals:
    void sensorData(QByteArray);   //发送串口数据
public slots:

};

#endif // COMTHREAD_H
```

这个线程的主要目的是循环检测串口是否接收到数据，如果有数据它将以信号的形式把数据发送到相应的窗口。在代码中调用线程类并在其中使用 run()这个函数来完成要执行的任务。

```
void comThread::ReceiveData()
{
    QByteArray temp = comPort->readAll();    //读取串口数据
    if(!temp.isEmpty())    //判断是否为空
    {
        if(temp.length() > COMDATAMAXLENGTH) //判断是否满足命令长度
        {
            temp.clear();
        }
        if(temp.length() == COMDATAMAXLENGTH &&
                    (quint8)temp[0] == 0xee &&
                    (quint8)temp[1] == 0xcc &&
                    (quint8)temp[COMDATAMAXLENGTH-1] == 0xff) //判断数据的包头,和包尾。
        {
            emit sensorData(temp);    //发送数据
        }
    }
}
void comThread::run()
{
    While(1)    //循环检测串口
    {
        ReceiveData();
        msleep(20);
    }
}
```

值得一提的是,很有必要在 while 循环中添加一个延时,主要是把 cpu 时间片让给其他线程。

5. 实验步骤

(1) 打开 RHEL6 虚拟机 输入查看网络连接命令(确定 IP 地址)

```
[root@localhost ~]# ifconfig eth3
eth3      Link encap:Ethernet   HWaddr 00:0C:29:4F:66:3A
          inet addr:192.168.1.12  Bcast:192.168.1.255   Mask:255.255.255.0
          inet6 addr: fe80::20c:29ff:fe4f:663a/64 Scope:Link
          UP BROADCAST RUNNING MULTICAST   MTU:1500   Metric:1
          RX packets:349924 errors:0 dropped:0 overruns:0 frame:0
          TX packets:416925 errors:0 dropped:0 overruns:0 carrier:0
          collisions:0 txqueuelen:1000
          RX bytes:167613886 (159.8 MiB)   TX bytes:409374631 (390.4 MiB)
          Interrupt:19 Base address:0x2024

[root@localhost ~]#
```

重启虚拟机的 smb、nfs 以及关闭防火墙(如果经常关闭虚拟机要执行此操作)。

```
[root@localhost ~]# service smb restart
关闭 SMB 服务:                                              [确定]
启动 SMB 服务:                                              [确定]
[root@localhost ~]# service nfs restart
关闭 NFS mountd:                                            [确定]
关闭 NFS 守护进程:                                          [确定]
关闭 NFS quotas:                                            [确定]
关闭 NFS 服务:                                              [确定]
启动 NFS 服务:

                                                           [确定]
关掉 NFS 配额:                                              [确定]
启动 NFS 守护进程:                                          [确定]
启动 NFS mountd:                                            [确定]
[root@localhost ~]# service iptables stop
[root@localhost ~]#
```

（2）通过 smb 服务器把 Qt 实例源码 zigbee 目录（在光盘 Cortex - A9\Linux\SRC\item\
　　 items\智能家居\zigbee 目录）放到共享目录

（3）搭建 Qt linux 编译环境

在 linux 虚拟机上进行如下操作来查看 qmake 的路径：

```
[root@localhost /]# which qmake
/usr/local/Trolltech/QtEmbedded - 4.7.0 - arm/bin/qmake
```

由于编译的 Qt 源码要在开发平台上运行使用，所以必须要使用这个路径的 qmake。如
果没有这个文件路径，需要下载平台配套编译好的 QtEmbedded - 4.7.0 - arm. tar. gz 压缩
包，解压之后放到/usr/local/Trolltech/目录下。然后配置环境变量如下：

```
[root@localhost /]# export PATH = /usr/local/Trolltech/QtEmbedded - 4.7.0 - arm/bin: $ PATH
```

然后再次执行：

```
[root@localhost /]# which qmake
/usr/local/Trolltech/QtEmbedded - 4.7.0 - arm/bin/qmake
```

出现上面的结果证明 Qt 环境已经搭建完成。

（4）编译 Qt 源码程序

进入 Qt 源码里执行如下命令：

```
root@localhost zigbee]# qmake;make
```

这个命令顺利执行完后会生成可执行文件，在编译前可能需要 make clean 命令清除一下
信息。

（5）挂载虚拟机共享目录（通过 nfs 服务）

```
[root@Cyb - Bot /]# mount - t nfs - o nolock 192.168.1.12:/CBT - SuperIOT /mnt/nfs
[root@Cyb - Bot /]# cd /mnt/nfs
```

以上要根据自己的实际共享目录来操作。

（6）运行 Qt 程序

进入开发平台的/mnt 目录下，找到 Qt 源码的位置并进入这个文件夹。

```
[root@Cyb-Bot zigbee]# pwd
/mnt/nfs/zigbee
[root@Cyb-Bot zigbee]# ./zigbee-qws
```

（7）程序运行效果

程序运行效果如图 6-19～图 6-22 所示。

图 6-19　程序运行效果

图 6-20　传感器报警设置

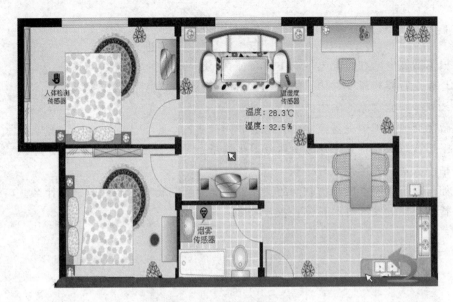

图 6-21 传感器的布局

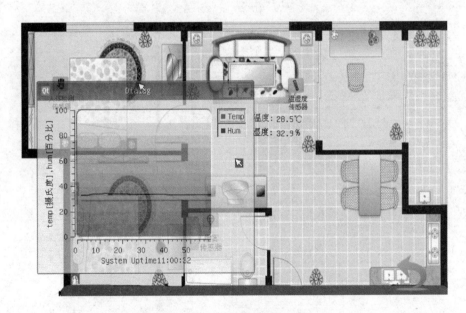

图 6-22 温湿度的图表显示

备注:本实验需要将全功能物联网教学科研平台上配套的 ZigBee 模块烧写指定程序,方可由 Cortex - A9 平台完成对 ZigBee 无线传感网信息的处理,因此在做实验前,请确保平台上 ZigBee 模块已经烧写有配套的程序。

ZigBee 部分配套程序请读者参加 ZigBee 部分实验指导书《无线传感网络演示实验》章节,此处不再赘述。

习　题

1. 根据智能电网和传统电网的主要特征,简要对比两者之间的不同。
2. 什么是智能物流? 与传统物流相比,智能物流有哪些特点?
3. 请列举智能物流的应用。
4. 智能交通系统中主要应用到哪些物联网技术?
5. 畅想智慧医疗将会怎样改变医疗卫生质量。
6. 精细农业的关键技术有哪些?
7. 如何理解智能家居与物联网的关系? 智能家居与传统家居的区别是什么?
8. 智能家居的关键技术有哪些?